曼妙微观结构

花在丛中笑

杭州电子科技大学，金思桂、林颂钧、何志伟

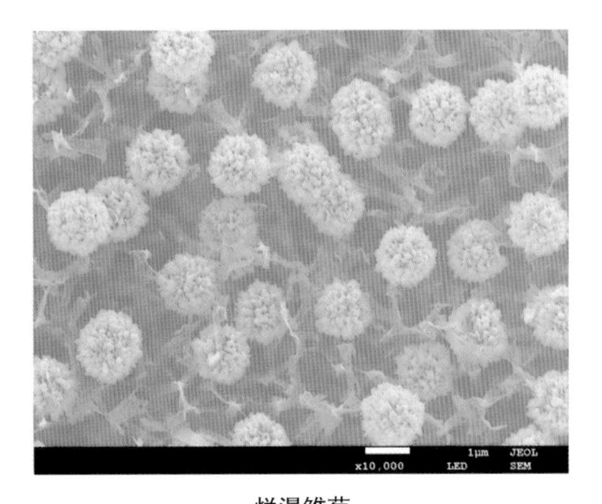

烂漫雏菊

大连工业大学，吕佳慧、李慧君、李若畅、陈妍、马红超、付颖寰

水墨田园

东南大学，宋淑贵

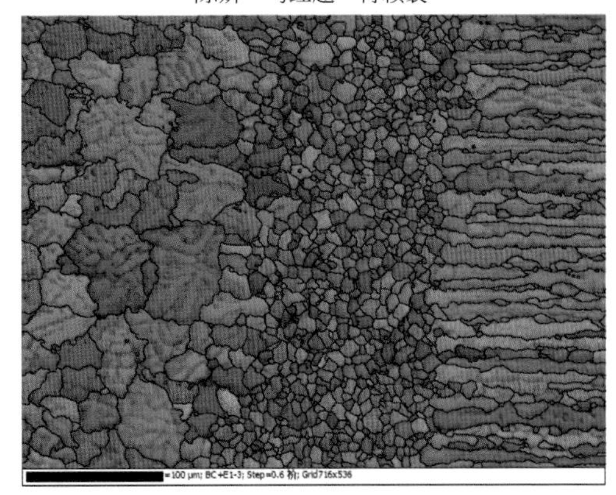

迥异邻居

黄淮学院，胡亚帅、许家璇、杨晴、耿鹏震、郭林林

蜂恋蕨枝

南京大学，沈演

松枝春雪

东北大学秦皇岛分校，赵艺含

神奇自然纹理

香港火山岩柱

甘肃张掖丹霞

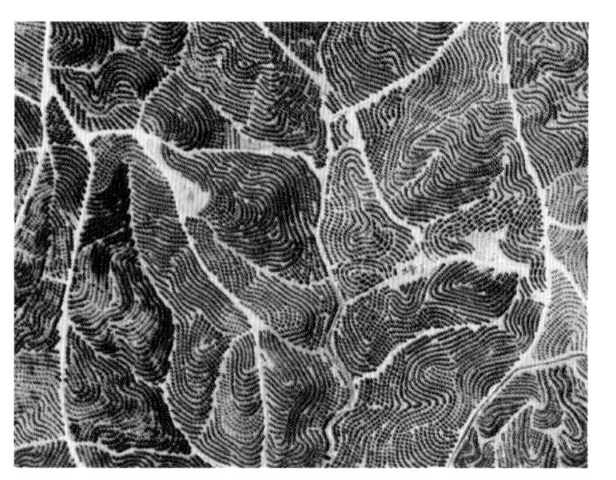

西班牙桔园

美国布莱斯石林

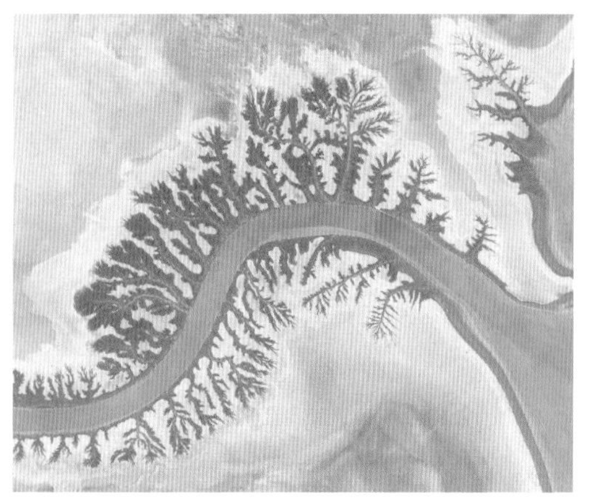

伊朗水系

美国红崖保护区

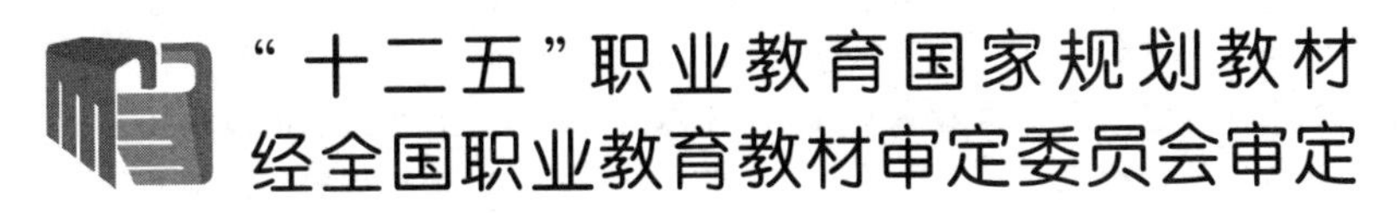

修订版

金相检验

第3版

主编　张　博
参编　燕样样　贾金龙　弋　楠　张保林
王　俊　李　莎　史　文（企业）
胡美些　万荣春　杨　健（企业）
张天广（企业）
主审　白培谦（企业）

机械工业出版社

本书是“十二五”职业教育国家规划教材修订版，根据《国家职业教育改革实施方案》及《高等职业学校专业教学标准（试行）》编写而成。本书内容包括金相检验基础知识、钢的宏观检验技术、金相检验技术、结构钢的金相检验、工具钢的金相检验、不锈钢的金相检验、铸钢和铸铁的金相检验、钢的化学热处理及表面淬火的金相检验、焊接件的金相检验以及非铁金属的金相检验。本书采用高质量金相照片，编写主线由不同热加工状态得到的正常组织识别，到典型缺陷特征的判断、缺陷组织原因分析逐级递进；结合工程实例，使用现行检验标准，突出了教材实用性。

本书可作为高职高专院校材料类专业、金属材料检测类专业的教材，也可作为理化检验人员培训教材。

本书配有电子教案、助教课件，凡使用本书作为教材的教师可登录机械工业出版社教育服务网 www.cmpedu.com 注册后下载。咨询电话：010-88379375。

图书在版编目（CIP）数据

金相检验/张博主编. —3 版（修订本）. —北京：机械工业出版社，2021.3（2023.7 重印）
“十二五”职业教育国家规划教材
ISBN 978-7-111-67611-9

Ⅰ.①金… Ⅱ.①张… Ⅲ.①金相组织-检验-高等职业教育-教材 Ⅳ.①TG115.21

中国版本图书馆 CIP 数据核字（2021）第 034857 号

机械工业出版社（北京市百万庄大街 22 号 邮政编码 100037）
策划编辑：薛 礼 责任编辑：薛 礼
责任校对：王 欣 封面设计：陈 沛
责任印制：任维东
北京中兴印刷有限公司印刷
2023 年 7 月第 3 版第 5 次印刷
184mm×260mm · 16.5 印张 · 1 插页 · 406 千字
标准书号：ISBN 978-7-111-67611-9
定价：48.00 元

电话服务
客服电话：010-88361066
010-88379833
010-68326294

网络服务
机 工 官 网：www.cmpbook.com
机 工 官 博：weibo.com/cmp1952
金 书 网：www.golden-book.com
机工教育服务网：www.cmpedu.com

第3版前言

党的二十大报告指出："建设现代化产业体系。坚持把发展经济的着力点放在实体经济上，推进新型工业化、加快建设制造强国、质量强国、航天强国、交通强国、网络强国、数字中国。"二十大报告进一步确立了建设制造强国，推动制造业向高端化、智能化、绿色化高质量发展的基本国策。金相检验是装备制造业中的一门专业课，是检测和评价金属制品质量的一种方法，在控制产品质量、提高国产品牌替代率方面起着重要的作用。

本书是"中国特色高水平高职学校和专业建设计划"材料成型与控制技术专业群课程建设成果教材。

本书在第2版的基础上主要从以下几方面进行了修订：

1. 书中加入视频、音频等多媒体资源，丰富教材形式，与在线开放课程、国家资源库课程同步，打造立体化教材。

2. 更新金相检验标准，本书对第2版出版后颁布的国家标准进行了同步更新。

3. 书中有机融入素质教育，以学生为中心，以立德树人为根本，强调知识、能力和思政目标并重，实现知识传授与价值引领同步。

4. 根据读者的反馈意见，对书中一些内容整合删减，表述更精炼。删除第2版的第十一单元，失效分析基础是概括性的内容，在许多院校是单开的一门课程；删除实验部分，随着实训教学条件完善，理论实践一体化教学渐普及，教学模式已经改变，教材也随之改变。

5. 增加锆合金金相检验新模块。锆合金主要在核电企业中使用；替换非铁金属钛合金的金相检验内容，丰富钛合金的金相检验内容，增加图片、分析案例。负责钛合金金相检验内容更新的宝钛集团工程师史文参与了钛合金国家标准GB/T 5168—2020修订。

6. 插入彩页，以期提高学生的学习兴趣。选取了精美的显微图片，使学生很容易联想到生活景象，会感叹微观世界和宏观世界何其相像；精选的自然界优美图案，会使学生在观察显微组织结构时找到与自然界影像相似的特点。

全书共十个单元，由陕西工业职业技术学院张博教授任主编并统稿。具体分工如下：兰州工业学院贾金龙和陕西工业职业技术学院王俊、李莎负责视频、音频等多媒体资源的制作；内蒙古机电职业技术学院胡美些副教授编写第一单元模块一、模块二，渤海船舶职业学院万荣春博士编写第三单元模块四，中航工业西安航空发动机（集团）杨健研究员编写第六单元和第十单元模块一、模块二；宝钛集团史文编写第四单元模块六和第十单元模块三；国核锆铪理化检测有限公司张天广编写第十单元模块四；陕西工业职业技术学院燕样样高级实验师编写第一单元模块五、模块七，第三单元模块一、模块二、模块三和模块五及附录，弋楠编写第一单元模块三、模块四、模块六和第七单元，张博编写第二单元、第四单元（模块六除外）、第五单元和第八单元，张保林编写第九单元。本书由陕西汽车集团有限公司白培谦研究员主审。白培谦研究员对本书内容及体系提出了很多宝贵的建议，在此表示衷心的感谢！

本书在编写过程中，参阅了国内外有关教材和资料，得到了西安交通大学研究员郭生武、宝钛集团实验中心李剑，宝钛集团国核宝钛锆业李恒羽、西安中展检测温筠的指导和帮助，在此一并表示衷心感谢！

由于编者水平有限，书中难免有不妥之处，恳请读者批评指正。

编　者

第2版前言

本书是按照教育部《关于开展“十二五”职业教育国家规划教材选题立项工作的通知》，经过出版社初评、申报，由教育部专家组评审确定的“十二五”职业教育国家规划教材，是根据《教育部关于“十二五”职业教育教材建设的若干意见》及教育部新颁布的《高等职业学校专业教学标准（试行）》，同时参考相关职业资格标准，在第1版的基础上修订的。

金相检验是材料质量评测的重要方法之一。本书主要介绍常用金属材料显微组织的检验，讨论组织结构与材料成分、热加工工艺以及对应性能之间的关系。通过检验材料内部的微观组织，判断热加工工艺是否正确，追溯出现组织缺陷的原因。本书编写过程中力求体现职业教育的特色，强调理论实践一体化，注重技能培养，并加入行业发展的新知识、新方法。本书编写模式新颖，以必备基础知识为起点，金相检验方法为中介，逐渐过渡到学习内容，其与企业相应金相检验岗位工作内容一致，实现教学内容与工作岗位要求的对接。本书内容应用了大量的工程案例，为了便于掌握，编者在工程案例前加入了必要的基本组织分析。

本书在第1版的基础上，主要从以下几方面进行了修订：

1）补充必要的图片和表格，更为直观地体现显微组织。

2）增加钢中常见相似组织鉴别的内容，配合丰富的显微组织照片讲解相似组织的区别，易于初学者尽快掌握显微组织的判断方法。

3）增加定量金相分析模块，顺应金相检验发展需求。

4）得到中国航空工业集团公司检测专家帮助，重编铝合金、铜合金、钛合金和不锈钢的金相检验部分，使本书内容更为贴近企业实际需求。

5）更新检测标准，与行业发展同步。

本书在内容处理上主要有以下几点说明：

1）第一单元，学过金属材料与热处理专业基础课的院校可以选择性学习，建议从模块五开始。第一单元模块七为阅读材料，不占课时。

2）从第四单元开始涉及具体材料的金相检验，每种材料都按照由简单组织到复杂组织的顺序排序，先学习不同热加工状态的正常组织，再深入分析典型缺陷组织，判断产生缺陷的原因。各院校可以根据总课时选择性安排学习内容。

3）第十一单元作为选学内容。

4）全书课时约72学时。

全书共11个单元，由陕西工业职业技术学院张博教授任主编并负责统稿。具体编写分工如下：内蒙古机电职业技术学院胡美些副教授编写第一单元模块一、二、三，渤海船舶职业学院万荣春博士编写第三单元模块四，中航工业西安航空发动机（集团）有限公司杨健研究员编写第六、十单元，陕西工业职业技术学院燕样样高级实验师编写第一单元模块五、七，第三单元模块 一、二、三、五及实验、附录，张博编写第四、五、八单元，张保林编写第七、九单元，朱蓉英编写第一单元模块四、六及第二单元，李红莉编写第十一单元。

本书由陕西汽车集团有限公司白培谦研究员任主审。编写过程中，编者参阅了国内外出版的有关教材和资料，得到了西安煤矿机械有限公司王维发高工、渤海船舶职业学院王学武教授的有益指导，在此一并表示衷心感谢！本书经全国职业教育教材审定委员会专家赵红军、李柏模审定，教育部评审专家在评审过程中对本书提出了很多宝贵的建议，在此对他们表示衷心的感谢！

由于编者水平有限，书中不妥之处在所难免，恳请读者批评指正。

编　者

第1版前言

本书是为进一步落实《国务院关于大力发展职业教育的决定》的文件精神，根据目前职业教育材料类专业现状并结合职业教育教学改革对教材建设的要求，按职业教育材料类专业教学研讨及教材建设会议讨论通过的大纲而编写的，材料类其他专业也可作为专业辅助课程有选择地学习。

本书编写思路是以材料成分—工艺—组织—性能—金相检验为主线，根据材料的使用类别，分别讨论金相检验的内容。全书共分三个部分：第一部分为金属学与热处理基础；第二部分为金相宏观检验和微观检验，微观检验是核心内容，主要按照金属材料的用途分类编写，内容包括常用典型金属材料的金相检验，并突出缺陷组织的分析判断；第三部分为失效分析，概括性地介绍了失效分析，并说明金相检验在失效分析中的地位。

本书在借鉴同类书籍的基础上着重突出以下几个特点：第一，内容结合国家和行业现行标准，使检验的依据规范化、标准化。第二，编写内容由浅到深，由基础理论到生产实际。这一特点表现在对材料常规工艺下的正常组织分析讨论的基础上，对易出现的典型组织缺陷也展开分析，结合实例图片说明，使教材内容富有针对性和实用性。第三，图文对照，图片丰富多样。金相检验主要是微观组织分析，所以显微组织图片对学习过程的理解有直接帮助。

本书共分11个单元，其中第一单元的部分内容、第三单元、实验及附录由燕样样编写，第六、十单元由姚永红编写，第九单元由王艳芳编写，第十一单元由李红莉编写，其余部分由张博编写并统稿，陕西汽车集团有限责任公司白培谦高级工程师任主审。

本书金相图片部分取自李炯辉主编的《金属材料金相图谱》，部分为陕西工业职业技术学院金相室燕样样制作，另有一部分来自其他参考资料或实验室；本书在编写过程中还参考了其他许多文献资料。在此向资料的原作者表示感谢。此外，西安航空发动机（集团）有限公司杨健高级工程师、西安煤矿机械有限公司王维发高级工程师、陕西省理化检验学会及西安交通大学材料学院的相关老师给予了编者很大的支持和帮助，在此一并表示感谢。

由于作者水平有限，书中难免有错误或欠妥之处，敬请同行和读者提出批评和建议，以利于今后修改完善。

编　者

二维码索引

（续）

名称	二维码	页码	名称	二维码	页码
音频　金相显微镜的操作		67	视频　轴承钢的金相检验		112
音频　偏振光的基础知识		73	视频　模具钢		124
视频　显微硬度计的使用		79	视频　工具钢的金相检验		124
音频　定量金相概述		80	音频　工具钢的金相检验		127
视频　钢材的分类		102	视频　工具钢金相检验典型案例_1		136
视频　结构钢金相检验		102	视频　耐热钢的金相分析		149
视频　纤维组织形成		104	视频　不锈钢的金相分析		149
视频　淬透性		108	音频　特殊钢常规金相分析		155
音频　结构钢金相检验		109	视频　铸锭的组织		156
视频　滚动轴承的结构		112	视频　铸钢的金相检验		156

（续）

名称	二维码	页码	名称	二维码	页码
视频　铸钢		157	视频　钢的化学热处理		189
视频　树枝晶		157	视频　井式渗碳炉		189
视频　高锰钢水韧处理		160	音频　表面处理后的金相检验		196
音频　铸钢和铸铁的金相检验		162	视频　表面感应淬火		202
视频　铸铁的石墨化		166	视频　火焰表面加热淬火		205
视频　球状石墨生成过程		177	视频　焊接接头的宏观检验		211
视频　球化不良缺陷形成原因		183	视频　焊接区域显微组织特征		214
视频　球墨铸铁件失效分析		184	视频　铝合金的金相检验		226
视频　表面处理后的金相检验		187	视频　钛合金的镦拔		238

目　录

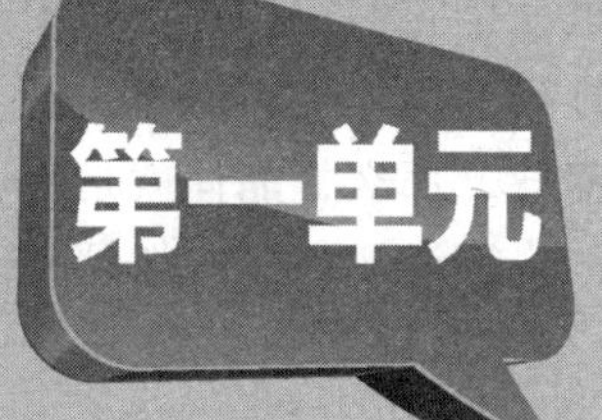

金相检验基础知识

内容导入

金属学是研究金属的结构和性能并建立其成分、结构及性能之间关系的科学。金属学是由金相学发展演变而来的，不同的金属元素或合金，具有完全不同的物理、化学和力学性能。即使是化学成分相同的材料，采用不同的加工工艺，也会使性能产生明显的差异，其根本原因是改变了金属的内部结构。因此，只有从研究金属的内部结构着手，才能掌握金属材料变化的规律。

模块一　金属与合金的晶体结构

金属和合金在固态时，通常都是晶体。晶体是指原子在三维空间中做有规则周期重复排列的物质，也就是说，在金属和合金中，原子的排列是有规则的，而不是杂乱无章的。

音频　金相学概述

一、纯金属的晶体结构

1. 晶体结构的基本知识

晶体中原子的排列可用X射线分析等方法加以测定。晶体中最简单的原子排列方式如图1-1a所示。

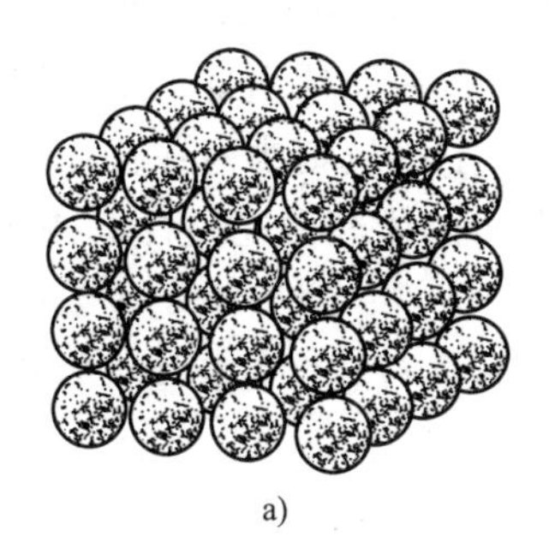
a)

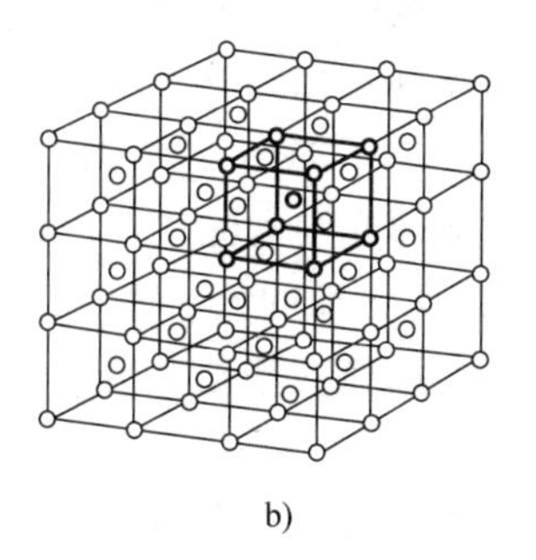
b)

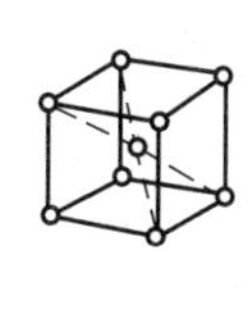
c)

图1-1　晶体中原子排列示意图

a）原子堆垛模型　b）晶格　c）晶胞

晶体结构是指晶体中的原子或离子、分子等的具体排列式样，也就是它们在三维空间中有规则、周期性的重复排列方式。由于组成晶体的物质质点不同，排列的规律也不一样，所以就存在各种各样的晶体结构。假设晶体中的物质质点都是固定的钢球，那么，晶体就是由这些刚球堆垛而成的，其模型如图 1-1a 所示。从该图可见，原子在各个方向的排列都是很有规律的。为了便于研究，往往把构成晶体的实际质点忽略掉，而将它们抽象地认为是纯粹的几何点，称为阵点或点阵。这种阵点有规则地周期性重复排列所构成的空间几何图形即称为空间点阵。为了方便，可把点阵用直线连接起来形成空间格子，称为晶格，如图 1-1b 所示。

因为晶格中的阵点排列具有周期性，因此，为了研究方便，常从晶格中选取一个能够完全反映晶格特征的最小几何单元来分析阵点排列的规律性，这个最小的几何单元就称为晶胞，如图 1-1c 所示。晶胞的大小和形状常用晶胞的棱边长度 a、b、c 及棱边间的夹角 α、β、γ 表示，如图 1-2 所示。

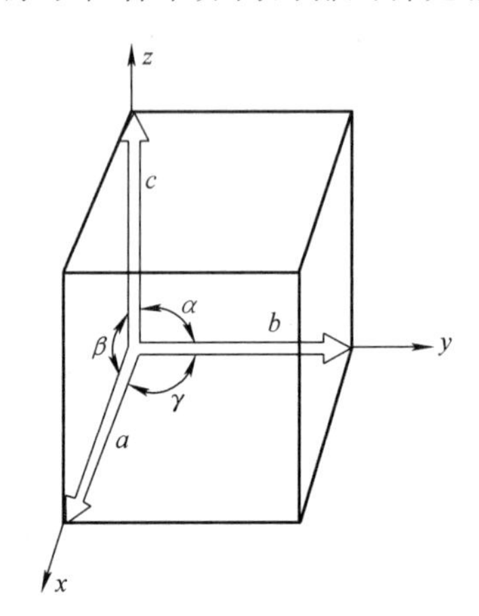

图 1-2 晶胞的晶格常数和轴间夹角表示方法

2. 纯金属的晶体结构

不同金属具有不同的晶格类型。工业上使用的金属元素中，除一些具有复杂晶格类型的外，绝大多数金属的晶体结构都是比较简单的。其中最常见的有三种，即体心立方结构、面心立方结构和密排六方结构，如图 1-3 所示。

具有体心立方结构的金属有 α-Fe、Cr、V、Nb、Mo、W 等 30 多种；具有面心立方结构的金属有 γ-Fe、δ-Fe、Co、Ni、Al、Ag 等；具有密排六方结构的金属有 Zn、Mg、Be、α-Ti、α-Co、Cd 等。体心立方结构的致密度约为 68%，面心立方和密排六方结构的致密度都约为 74%。

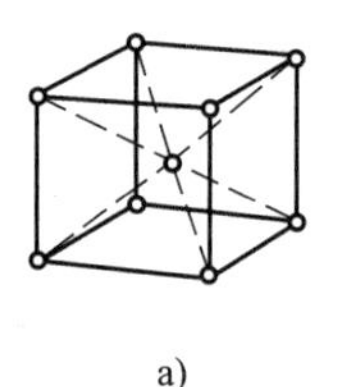

a)

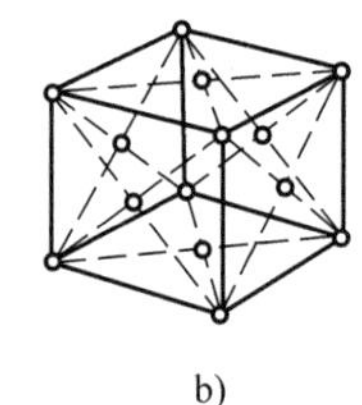

b)

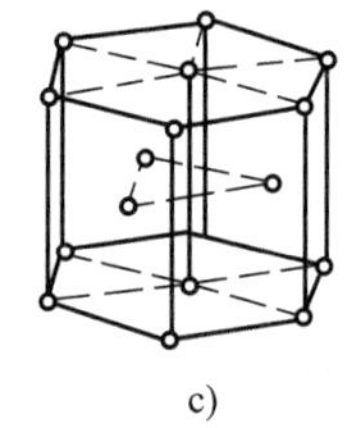

c)

图 1-3 常见三种晶格形式

a）体心立方 b）面心立方 c）密排六方

二、实际金属的结构

理想状态的晶体其原子是按照一定的几何规律在空间作周期重复排列而构成的。实际使用的金属材料，大都是多晶体（即由许许多多的晶粒组成），在每一晶体内部，由于种种原因（如结晶条件、压力加工、原子的热运动等），其局部区域原子的规则排列往往受到干扰和破坏，而不像理想的晶体那样规则和完整。因此，实际的金属晶体兼有完整性（规则性）和不完整性（不规则性），是两方面的统一体。从原子排列的角度看，完整性是主要的，不完整性是在晶体中原子呈规则排列的基础上出现的，它们对金属材料的性能有重大影响。

1. 多晶体结构

如果将一块金属打断，用肉眼或放大镜观察其断面时，往往可看到一颗颗的小颗粒。如果进一步将其断面磨平、抛光并经腐蚀后，置于金相显微镜下观察，还会清晰地看到这些颗粒的大小、形态和分布情况。这种在金相显微镜下所观察到的金属组织称为显微组织。金属晶体中的这些小颗粒称为晶粒，晶粒与晶粒之间的界面称为晶界，图 1-4 所示为工业纯铁的显微组织。

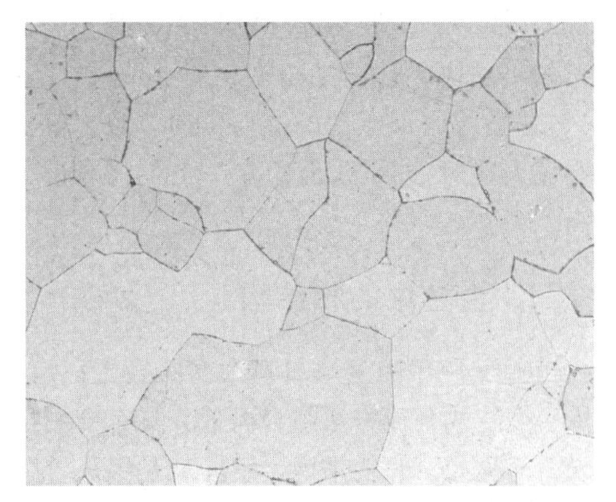

图 1-4　工业纯铁的显微组织（400×）

如果一块晶体内部的晶格位向完全一致，则这块晶体只有一个晶粒，称为单晶体。而一般金属材料都是由许多晶粒组成的多晶体。在多晶体中，每个晶粒的晶格位向基本上是一致的，但各个晶粒彼此间的位向却不同。

在单晶体中，由于各个方向上的原子密度不同，故单晶体在不同方向上的物理、化学和力学性能也不相同，即具有各向异性。但是，测定实际金属的性能，在各个方向上却基本一致，显示不出很大差别，即具有各向同性或伪同向性。这是因为，实际金属是由许多位向不同的晶粒组成的多晶体，一个晶粒的各向异性在许多位向不同的晶粒之间可以互相抵消或补充，故金属呈现出各向同性。

2. 晶体中的缺陷

晶体缺陷对金属性能和组织转变等有很大影响。根据晶体缺陷的几何特点，常分为点缺陷、线缺陷和面缺陷。

（1）点缺陷　点缺陷是指长、宽、高尺寸都很小的缺陷。最常见的点缺陷是晶格空位和间隙原子，如图 1-5 所示。在晶格空位和间隙原子附近，由于原子间作用力的平衡被破坏，其周围原子发生靠拢或撑开，因此晶格发生歪曲（也称为晶格畸变），使金属的强度提高、塑性降低。

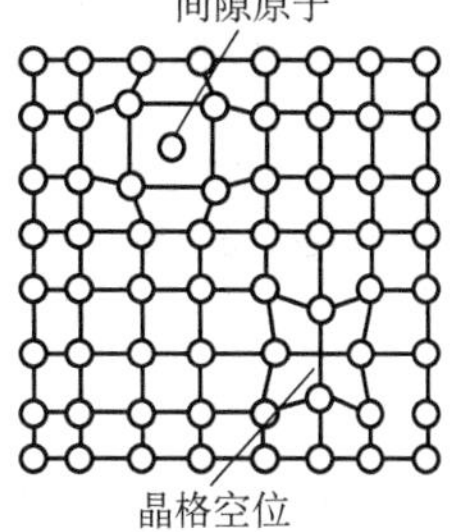

图 1-5　晶格空位和间隙原子示意图

值得注意的是，晶体中的晶格空位和间隙原子皆处在不断地变化运动中。晶格空位和间隙原子的运动是金属原子扩散的主要形式之一。金属的固态相变和化学热处理过程均依赖于原子扩散。

（2）线缺陷　线缺陷是在空间的一个方向上尺寸很大，其他两个方向上尺寸很小的一种缺陷。晶体中的线缺陷通常是指各种类型的位错。位错是晶体中一层或几层原子排错了位置而形成的一种缺陷。

晶体中位错的多少可用位错密度表示。位错的存在对金属的力学性能（如强度、塑性等）产生重要影响。研究证明，如果晶体没有位错，相当于理想晶体，不易塑性变形，强度极高。当晶体有位错存在时，由于结构的不完整性有助于塑性变形的进行，使得实际金属材料的强度低得多。

（3）面缺陷　面缺陷是在两个方向的尺寸很大，第三个方向的尺寸很小而呈面状的缺陷。这类缺陷主要是指晶界和亚晶界。

1）晶界。多晶体中两个相邻晶粒之间的位向不同，过渡层原子排列不规则，使晶格处于歪扭畸变状态，因而在常温下会对金属塑性变形起阻碍作用，从宏观上来说，即表现出晶界处具有较高的强度和硬度。晶粒越细小，晶界越多，它对塑性变形的阻碍作用越大，金属的强度、硬度也就越高。

2）亚晶界。在多晶体的每一个晶粒内，存在着许多尺寸很小、位向差也很小（不超过2°）的小晶块，它们互相嵌镶而成晶粒。这些小晶块称为亚晶粒（也称为嵌镶块或亚结构），亚晶粒内部原子的排列位向一致，其边界称为亚晶界。亚晶粒尺寸大小与金属加工条件有关，并对金属的强度有一定的影响，在晶粒大小一定时，亚晶粒越细，屈服强度也越高。

三、合金中的相结构

工业上使用的金属材料大多是合金。合金是由两种或两种以上的金属或金属与非金属经熔炼、烧结或其他方法组合而成并具有金属特性的物质。组成合金最基本的、独立的物质称为组元，简称元。一般来说，组元就是组成合金的元素或是稳定的化合物。当不同的组元组成合金时，这些组元之间由于物理的和化学的相互作用，形成具有一定晶体结构和一定成分的相。

相是指合金中结构相同、成分和性能均一，并以相界面相互分开的组成部分。由一种固相组成的合金称为单相合金，由几种不同的相组成的合金称为多相合金。不同的相具有不同的晶体结构，合金按相的晶体特点可分为固溶体和金属化合物两大类。

1. 固溶体

合金的组元之间以不同的比例相互混合，混合后形成的固相晶体结构与组成合金的某一组元相同，这种固相就称为固溶体。这一组元称为溶剂，而其他组元称为溶质。固溶体有置换固溶体和间隙固溶体，如图1-6所示。置换固溶体中有的溶质能以任意比例溶入溶剂，其溶解度可达100%，这种固溶体称为无限固溶体。间隙固溶体都是有限固溶体，其溶质元素都是半径小于0.1nm的非金属元素，如H、O、N、C、B等。

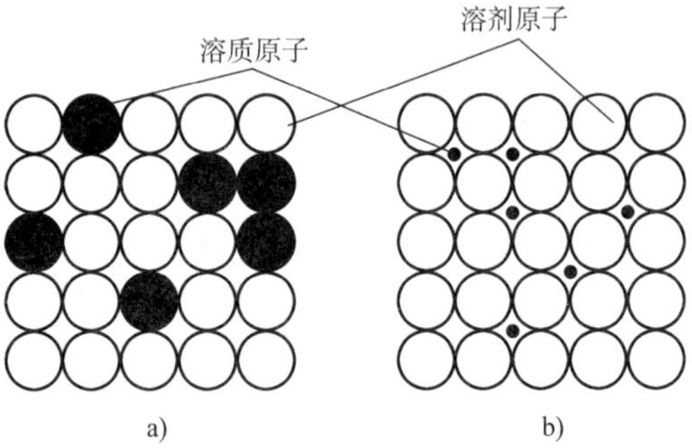

图1-6 两种类型的固溶体

a）置换固溶体 b）间隙固溶体

2. 金属化合物

合金中的另一类相是金属化合物，它是合金组元间发生相互作用而形成的一种新相，又称为中间相。其晶格类型和性能均不同于任何一组元，一般可以用分子式大致表示其组成。因其具有一定的金属性质，所以称为金属化合物。Fe_3C（碳素钢中）、CuZn（黄铜中）、$CuAl_2$（铝合金中）等都是金属化合物。

3. 机械混合物

纯金属、固溶体、化合物都是组成合金的基本相。由两相或多相按固定比例构成的组织称为机械混合物。组成机械混合物的各个相仍然保持各自的晶体结构和性能，因此，整个机械混合物的性能取决于构成它的各个相的性能以及各个相的数量、形状、大小及分布状况等。

模块二 铁碳合金相图

钢和铸铁是现代工业中应用最广泛的金属材料，其基本组成是铁、碳元素，故称为铁碳合金。铁碳合金相图是一个较复杂的二元合金相图，它全面概括了钢铁材料的组织结构、成分及温度之间的关系，对研究钢铁材料、制订热加工工艺等有重要的指导作用。在介绍铁碳合金相图之前，先了解纯金属的结晶。

一、纯金属的结晶

金属由液态转变为固态的过程称为凝固。凝固后的固态金属一般都是晶体，所以，这一过程又称为结晶。结晶后所形成的组织，如晶粒形状、大小和分布等，对金属的加工性能和使用性能影响很大。

从图1-7中可以看到，金属在结晶之前，温度连续下降，当液态金属冷却到熔点 T_m（理论结晶温度）时，并不开始结晶，而是需要继续冷却到 T_m 以下某一温度 T_n，液态金属才开始结晶。金属的实际结晶温度 T_n 与理论结晶温度 T_m 之差称为过冷度，用 ΔT 表示，$\Delta T = T_m - T_n$。过冷度的大小由冷却速度决定，冷却速度越快，过冷度越大。

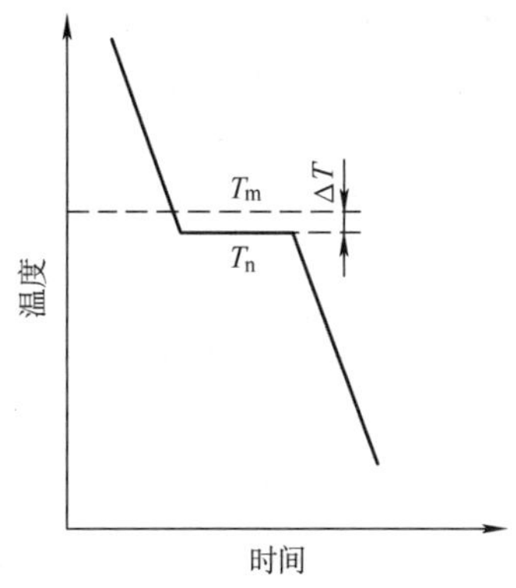

图1-7　纯金属结晶冷却曲线示意图

金属结晶时从液相转变为固相是放热反应过程，从固相转变为液相则为吸热反应过程，当液态金属冷却到 T_n 时，放热补偿了散失到周围环境的热量，所以在冷却曲线上出现了平台。平台延续的时间就是结晶过程所用的时间。

纯金属的结晶过程由形核与核长大两个过程所组成。结晶时首先在液体中形成具有某一尺寸（临界尺寸）的晶核，然后这些晶核不断凝聚液体中的原子而长大。

视频　纯金属的结晶

视频　铁碳合金相图

二、铁碳合金相图分析

合金的凝固过程也是由形核与长大过程组成的，但不完全等同于纯金属的结晶，有匀晶转变、共晶转变、包晶转变等。

1. 相图

相图是表示合金系中的合金状态与温度、成分之间关系的一种图解。通过相图可以了解各种成分的合金在不同温度下存在哪些相，各相的成分及其相对含量。二元相图是最简单的相图，对二元系合金来说，通常用横坐标表示成分，纵坐标表示温度。建立相图的方法有实验测定法和理论计算法两种，目前用的相图大部分都是根据实验方法建起来的。

合金在结晶过程中，各个相的成分以及它们的相对含量都是不断变化的，为了解相的成分及其相对含量，就需要应用杠杆定律。合金的结晶过程以铁碳合金为例加以说明。

铁碳相图是表示在缓冷条件下，不同成分铁碳合金的状态或组织随温度变化的图形。

2. 铁碳合金相图的特性点与特征线

铁碳相图中相结构为铁素体、奥氏体和渗碳体。

（1）铁素体（Ferrite）　碳在 α-Fe（体心立方晶格）中的间隙固溶体称为铁素体，用符号F表示。其溶碳能力很低，室温下的铁素体含碳量可以忽略不计，抗拉强度在180～280MPa，硬度<100HBW。

铁素体的强度和硬度不高，但有很好的塑性和韧性，在770℃以下具有铁磁性，在

770℃以上将失去铁磁性。

（2）奥氏体（Austenite） 碳在γ-Fe（面心立方晶格）中的间隙固溶体称为奥氏体，用符号A表示，硬度在170~220HBW，一般存在于727℃以上的高温范围。奥氏体硬度低、塑性好，为非铁磁性相。

奥氏体在1148℃时溶碳能力最大（$w_C=2.11\%$），随着温度降低，溶碳能力逐渐减小，727℃时$w_C=0.77\%$。

（3）渗碳体（Cementite） 分子式为Fe_3C，是一种复杂晶格的金属化合物，不发生同素异构转变，一旦生成，碳的质量分数不变（$w_C=6.69\%$），硬度很高（950~1050HV），塑性和韧性很差，脆性极大。

图1-8所示为铁碳合金相图。该图中各特性点的温度、碳的质量分数及意义见表1-1。应该注意的是，特性点的符号是国际通用的，不能随便变换。

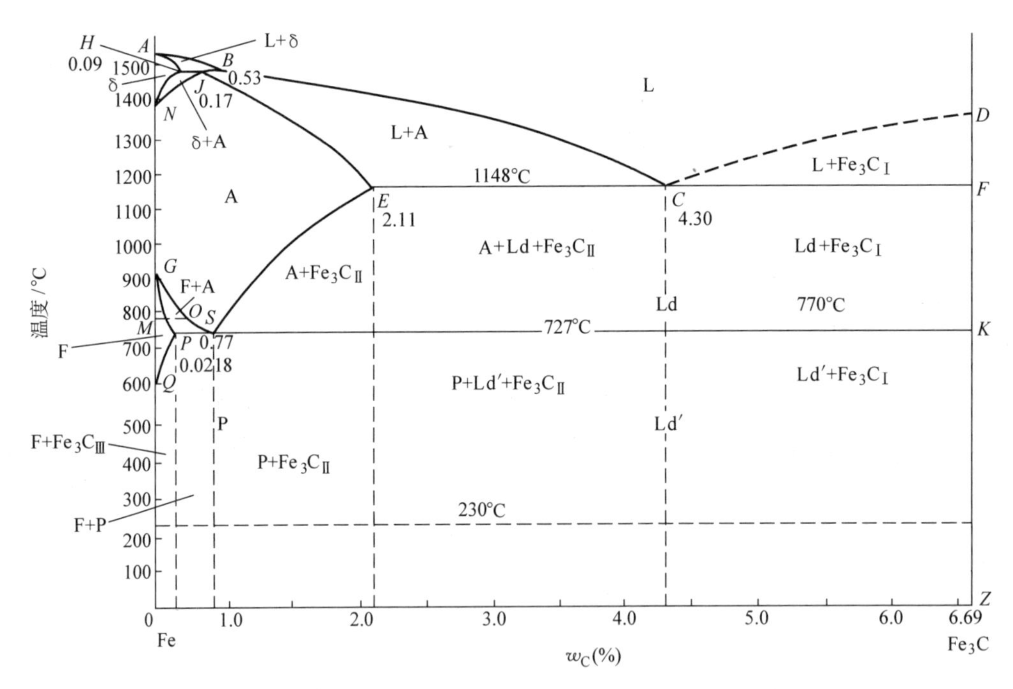

图1-8 铁碳合金相图

表1-1 铁碳合金相图中的特性点

符号	温度/℃	w_C(%)	说明	符号	温度/℃	w_C(%)	说明
A	1538	0	纯铁的熔点	*J*	1495	0.17	包晶点
B	1495	0.53	包晶转变时液态合金的成分	*K*	727	6.69	渗碳体的成分
C	1148	4.30	共晶点	*M*	770	0	纯铁的磁性转变点
D	1227	6.69	渗碳体的熔点	*N*	1394	0	γ-Fe⇌α-Fe的转变温度
E	1148	2.11	碳在γ-Fe中的最大溶解度	*P*	727	0.0218	碳在α-Fe中的最大溶解度
G	912	0	α-Fe⇌γ-Fe转变温度(A_3)	*S*	727	0.77	共析点(A_1)
H	1495	0.09	碳在δ-Fe中的最大溶解度	*Q*	600	0.0057	600℃时碳在α-Fe中的溶解度

Fe-C合金相图中的*ABCD*为液相线，*AHJECF*为固相线，相图中有五个单相区，它们是：

ABCD 以上——液相区，用符号 L 表示。

AHNA——固溶体区，用符号 δ 表示。

NJESGN——奥氏体区，用符号 A 或 γ 表示。

GPQG——铁素体区，用符号 F 或 α 表示。

DFKZ——渗碳区，用 Fe_3C 或 C_m 表示。

Fe-C 合金相图上有三条水平线，即 *HJB*——包晶转变线，*ECF*——共晶转变线，*PSK*——共析转变线。

此外，相图上还有两条磁性转变线：770℃ *MO* 虚线为铁素体的磁性转变线，230℃ 虚线为渗碳体的磁性转变线。

3. 典型转变过程

（1）包晶转变（水平线 *HJB*）　在 1495℃ 恒温下，碳的质量分数为 0.53%的液相与碳的质量分数为 0.09%的 δ 铁素体发生包晶反应，形成碳的质量分数为 0.17%的奥氏体，其反应式为

$$L_B+\delta_H \rightleftharpoons A_J$$

此类转变仅发生在碳的质量分数为 0.09%~0.53%的铁碳合金中。

（2）共晶转变（水平线 *ECF*）　共晶转变发生在 1148℃ 的恒温下，由碳的质量分数为 4.3%的液相转变为由碳的质量分数为 2.11%的奥氏体和碳的质量分数为 6.69%的渗碳体所组成的混合物，该混合物称为**莱氏体**（Ledeburite），用 Ld 表示。其反应式为

$$Ld \rightleftharpoons A_E+Fe_3C$$

在莱氏体中，渗碳体是连续分布的相，而奥氏体则呈颗粒状分布在其上，由于渗碳体很脆，所以莱氏体的塑性是很差的，无实用价值。

凡碳的质量分数在 2.11%~6.69%的铁碳合金都发生共晶转变。

（3）共析转变（水平线 *PSK*）　共析转变发生在 727℃ 恒温下，是由碳的质量分数为 0.77%的奥氏体转变成碳的质量分数为 0.0218%的铁素体和渗碳体所组成的混合物，称为**珠光体**（Pearlite），用符号 P 表示。其反应式为

$$A_S \rightleftharpoons P\ (F_P+Fe_3C)$$

珠光体组织是片层状的，其中的铁素体体积约为渗碳体的 8 倍，所以在金相显微镜下，较厚的片是铁素体，较薄的片是渗碳体。

所有碳的质量分数超过 0.0218%的铁碳合金都发生共析反应。共析转变温度常标为 A_1 温度。

此外，Fe-C 合金相图中还有三条重要的固态转变线。

GS 线——奥氏体中开始析出铁素体（冷却时）或铁素体全部溶入奥氏体（加热时）的转变线，常称此温度为 A_3 温度。

ES 线——碳在奥氏体中的溶解度线，此温度常称为 A_{cm} 温度。低于此温度时，奥氏体中仍将析出 Fe_3C，把它称为二次 Fe_3C，记作 Fe_3C_{II}，以区别从液相中经 *CD* 线直接析出的一次渗碳体（Fe_3C_{I}）。

PQ 线——碳在铁素体中的溶解度线，在 727℃ 时，碳在铁素体中的最大溶解度（质量分数）仅为 0.0218%，随着温度的降低，铁素体中的溶碳量是逐渐减少的，因此，铁素体从 727℃ 冷却下来，会析出渗碳体，称为三次渗碳体，记作 Fe_3C_{III}。

三、铁碳合金的平衡结晶过程及其组织

Fe-C 合金相图根据碳的质量分数及组织特征可分为三个部分，即

- 工业纯铁（w_C<0.0218%）
- 钢（0.0218%<w_C<2.11%）
  - 亚共析钢（0.0218%<w_C<0.77%）
  - 共析钢（w_C=0.77%）
  - 过共析钢（0.77%<w_C<2.11%）
- 白口铸铁（2.11%<w_C<6.69%）
  - 亚共晶白口铸铁（2.11%<w_C<4.3%）
  - 共晶白口铸铁（w_C=4.3%）
  - 过共晶白口铸铁（4.3%<w_C<6.69%）

现以工业纯铁和钢为例，分析铁碳合金平衡结晶过程的组织转变。所选取的合金成分在相图上的位置如图 1-9 所示。

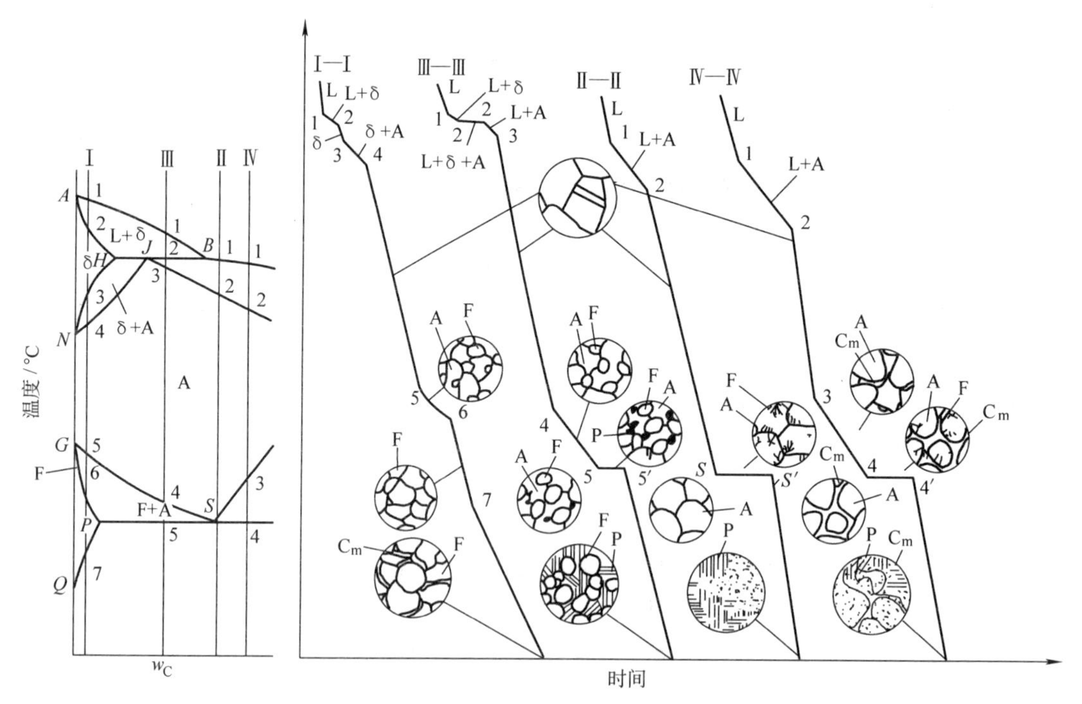

图 1-9　工业纯铁和钢平衡结晶过程的组织转变示意图

1. 工业纯铁

碳的质量分数为 0.01%的合金在相图中的位置如图 1-9 中 Ⅰ 线所示，结晶过程如图 1-9 中 Ⅰ—Ⅰ 所示。合金液冷却到 1 点开始结晶出 δ 固溶体，至 2 点结晶结束，合金全部为 δ 固溶体。δ 固溶体冷却到 3 点时，开始发生固溶体的同素异构转变 δ→A。转变时，A 的晶核优先在 δ 相的晶界上形成，然后长大。到 4 点合金全部变为单相奥氏体 A。奥氏体冷到 5~6 点间又发生同素异构转变 A→F。同样，铁素体也是在奥氏体的晶界上优先形核而后长大。到 6 点合金组织全部为铁素体 F。铁素体冷到 7 点时，碳在铁素体中的溶解度达到饱和，温度再下降便析出三次渗碳体 $Fe_3C_{Ⅲ}$。三次渗碳体也是从铁素体的晶界上析出的，由于数量

很少，一般沿铁素体晶界呈断续片状分布。由于渗碳体的析出，铁素体中的含碳量沿 *PQ* 线变化，至室温时，几乎降到零。

碳的质量分数为0.0218%的合金，冷却到室温时所析出的三次渗碳体的量最多，应用杠杆定律计算如下：

$$w_{Fe_3C_{Ⅲ最大}}=\frac{0.0218}{6.69}\times100\%\approx0.33\%$$

由于含碳量极低，三次渗碳体的含量极少，所以实际组织中是看不到三次渗碳体的。工业纯铁的实际显微组织如图1-4所示。

2. 共析钢

工业用T8钢即为共析钢，其碳的质量分数 w_C 的允许范围为0.75%～0.84%，下面以 w_C=0.77%共析钢为例分析，结晶过程如图1-9中Ⅱ—Ⅱ所示。合金液冷却到1点时开始结晶出奥氏体。1～2点间按匀晶转变结晶，奥氏体开始以树枝状生长，最后得到多面体的奥氏体晶粒。在继续冷却时，碳的质量分数为0.77%成分的奥氏体冷到 *S* 点（727℃）时，就发生共析转变，转变在恒温下进行，至 *S′* 点转变结束，得到珠光体组织，珠光体一般呈片状，如图1-10所示。珠光体中的渗碳体称为共析渗碳体。

图1-10　共析钢中的显微组织（400×）

由于珠光体中的渗碳体数量较铁素体少，因此片状珠光体中渗碳体形成窄条，铁素体形成宽条。金相试样浸蚀后，铁素体和渗碳体的相界面凹陷下去，在直射光的照射下，变成了黑色线条。当放大倍数较大时，可以看到渗碳体四周有一圈黑线围着。若放大倍数较低，显微镜的鉴别能力又小于渗碳体片层厚度时，只能看出一条黑线，这条黑线就代表渗碳体边缘的两条界线，也表示渗碳体相。当放大倍数更小或珠光体很细密时，甚至其中的铁素体与渗碳体也无法分辨，珠光体只是灰暗的一片。

3. 亚共析钢

以碳的质量分数为0.45%的合金为例，其结晶过程如图1-9中Ⅲ—Ⅲ所示。合金在1～2点间结晶出δ固溶体，冷到2点（1495℃）时，δ固溶体的碳的质量分数为0.09%，液相的碳的质量分数为0.53%。此时液相和δ固溶体发生包晶转变，转变在恒温下进行。由于合金的碳的质量分数（0.45%）大于包晶点 *J* 的碳的质量分数为（0.17%），所以包晶转变结束时，除了δ固溶体和部分液相转变为奥氏体外，还剩余有一定量的液相，这些液相在2～3点的温度间继续结晶出奥氏体，其成分沿 *JE* 线变化。而原来包晶转变产物，即成分为 w_C=0.17%的奥氏体，其成分也沿 *JE* 线变化。冷至3点，合金全部由碳的质量分数为0.45%的奥氏体所组成。

当奥氏体冷到4点时，开始从奥氏体中析出铁素体，称之为先共析铁素体。在4～5点间，由于低碳成分的铁素体不断析出，奥氏体的量不断减少，而剩余奥氏体的含碳量不断升高，沿 *GS* 线从4点向 *S* 点变化，先共析铁素体的含碳量沿着 *GP* 线变化。当温度冷到5点

(727℃) 时，先共析铁素体的碳的质量分数达到 0.0218%，而剩余奥氏体的碳的质量分数到达到 0.77%，因此剩余奥氏体就要发生共析转变，生成珠光体。此时合金组织为珠光体和铁素体。

在 5 点以下冷却时，不论是共析铁素体或是珠光体中的铁素体，其含碳量均沿 PQ 线降低，多余的碳以三次渗碳体形式析出，但数量很少，显微组织中无法辨认，可予以忽略。所以碳的质量分数为 0.45%的亚共析钢，其室温组织是铁素体和珠光体。

所有亚共析钢冷却到室温后，均由铁素体和珠光体组成。随着钢中含碳量增高，珠光体量增加而铁素体量减少。因此，通常可以近似地根据共析钢的显微组织来估计它的含碳量：钢中碳的质量分数 $w_C \approx P \times 0.77\%$，式中 P 为珠光体在显微镜的视场中所占的面积百分比。

各种不同含碳量的亚共析钢的显微组织如图 1-11 所示。

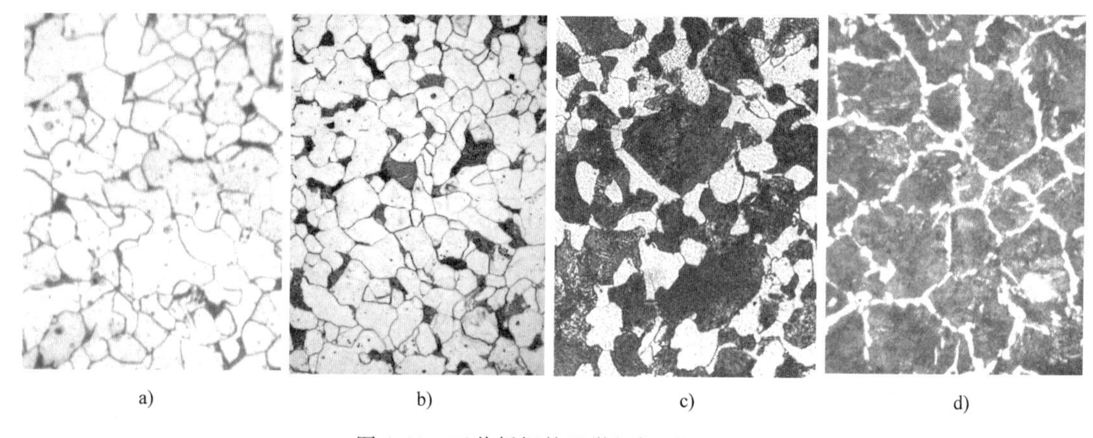

a) b) c) d)

图 1-11 亚共析钢的显微组织（400×）

a）10 钢 b）20 钢 c）45 钢 d）65 钢

初学者常常弄不清楚什么是组织，什么是相，其实这两个概念是有关联性的，主要区别是尺度不同，视角不同。金相中所说的组织，是指用肉眼、低倍放大镜或普通光学金相显微镜观察到的金属和合金的形貌。显微镜常用放大 100~500 倍，肉眼分析小于 20 倍。相是合金的晶体结构，是原子尺度的排列方式，要用高端分析仪器（X 射线、电子探针等）分析研究，它更为微观，在普通显微镜下无法看到，但是研究组织变化机理的时候常常要用到。

相组成了组织，组织可由单相组成，也可由多相组成。单相组织如铁素体组织，浸蚀后如图 1-4 所示的白色、多边形晶界。多相组织如珠光体组织，浸蚀后如图 1-10 所示的片层状组织形态，由铁素体相和渗碳体相组成这种片层状形貌特征的组织，称为片状珠光体。

如图 1-11 所示，45 钢的退火组织大致一半是黑灰色珠光体，另一半是白色块状铁素体。其中的珠光体部分是共析转变产物，由铁素体+渗碳体组成，这部分铁素体呈片状，生成时期和块状铁素体不同，块状铁素体是在珠光体共析反应前从原奥氏体中析出的，所以形态也不同。金相分析就是由组织形态研究材料的成分、结构与性能之间的关系。

可以用杠杆定律计算出合金中组织组成物和相组成物的含量。

例如，计算碳的质量分数为 0.45%的合金的组织组成物：

$$w_{F}=\frac{0.77-0.45}{0.77-0.0218}\times100\%=42.8\%$$

$$w_{P}=\frac{0.45-0.0218}{0.77-0.0218}\times100\%=57.2\%$$

或者 $w_{P}=1-w_{F}$。

计算碳的质量分数为0.45%的合金的相组成物：

$$w_{F}=\frac{6.69-0.45}{6.69-0.0218}\times100\%=93.6\%$$

$$w_{Fe_3C}=\frac{0.45-0.0218}{6.69-0.0218}\times100\%=6.4\%$$

4. 过共析钢

以碳的质量分数为1.2%的合金为例，其结晶过程如图1-9中Ⅳ—Ⅳ所示。合金冷却到1点后，由液相中结晶出奥氏体。到2点时，全部凝固为奥氏体。当冷到3点时，奥氏体中含碳量达到饱和，温度再下降就开始析出二次渗碳体，它是沿奥氏体晶界析出的，所以在显微组织上呈网状分布。用含量为4%的硝酸酒精溶液浸蚀后，二次渗碳体呈白色、连续、均匀网状，如图1-12a所示。碱性苦味酸钠煮沸热蚀后，二次渗碳体呈黑色网状，如图1-12b所示。由于渗碳体的析出，剩余奥氏体的含碳量沿 *ES* 线变化而逐渐减少。当冷到4点（727℃）时，奥氏体中碳的质量分数达到0.77%。此时，奥氏体发生共析转变而形成珠光体，至4′点转变结束，温度再下降后组织基本不变，也就是在共析转变前奥氏体和二次渗碳体的相对量。

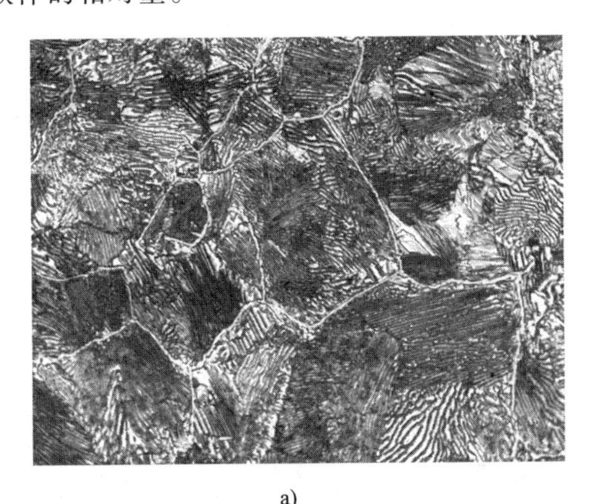

a)

b)

图1-12　过共析钢的显微组织（400×）

a）含量为4%硝酸酒精溶液浸蚀　b）碱性苦味酸钠煮沸热蚀

想一想

45钢是工业中常用亚共析钢，其碳的质量分数允许范围为0.42%～0.50%。试比较从45钢含碳量下限到含碳量上限，对应的组织铁素体与珠光体数量是怎样变化的。

模块三 钢在加热及冷却时的组织转变

一、钢在加热时的组织转变

加热是热处理的第一道工序。由 Fe-Fe_3C 相图可知，温度在 A_1 以下钢的平衡组织为铁素体和渗碳体，当温度超过 Ac_1（对共析钢）或 Ac_3（对亚共析钢）或 Ac_{cm}（对过共析钢）时，钢的组织为单相奥氏体。

1. 奥氏体的形成过程

实验证明，奥氏体的形成也是由形核和长大两个步骤所组成的。现以共析钢为例说明奥氏体的形成过程。图 1-13 所示为共析钢的奥氏体形成过程示意图。

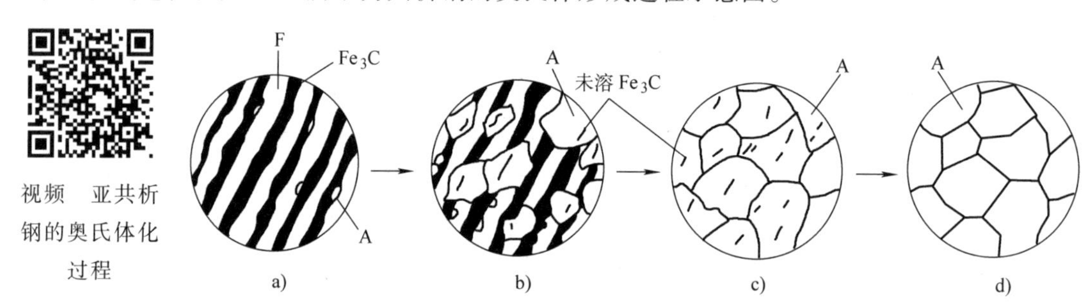

图 1-13 共析钢的奥氏体形成过程示意图

a）奥氏体的形核 b）奥氏体的长大 c）剩余 Fe_3C 的溶解 d）奥氏体均匀化

亚共析钢和过共析钢的奥氏体形成过程与共析钢基本相同，但只有当前者的加热温度超过 A_3，后者的加热温度超过 A_{cm} 并保温足够时间时，才能获得均匀单相的奥氏体。

2. 影响奥氏体形成速度的因素

（1）加热温度 加热温度越高，原子扩散能力越强，奥氏体形成就越快。

（2）原始组织 在化学成分相同时，钢的原始组织越细，奥氏体的形成速度就越快。

（3）化学成分 钢中含碳量越高，奥氏体的形成速度越快。

3. 奥氏体晶粒的长大

奥氏体晶粒大小是评定钢加热时质量的重要标准之一，对钢的冷却转变过程及其所获得的组织与性能有很大影响，对热处理实践也具有重要意义。

（1）奥氏体晶粒度 晶粒大小用晶粒度表示（通常晶粒度分成 8 级）。目前世界上通用的方法是通过与标准金相图片进行比较来确定晶粒度的级别。具体操作可按照 GB/T 6394—2017《金属平均晶粒度测定方法》进行。

1）起始晶粒度。奥氏体转变刚刚完成，其晶粒边界刚刚相互接触时的奥氏体晶粒的大小称为奥氏体的起始晶粒度。一般起始晶粒度总是十分细小、均匀的。

2）实际晶粒度。钢在某一具体的热处理或热加工条件下获得的奥氏体实际晶粒的大小称为奥氏体的实际晶粒度。它取决于具体的加热温度和保温时间。实际晶粒度总比起始晶粒度大，实际晶粒度对钢热处理后获得的性能有直接的影响。

3）本质晶粒度。本质晶粒度表示钢在一定的条件下奥氏体晶粒长大的倾向性。凡随着奥氏体化温度升高，奥氏体晶粒迅速长大的称为本质粗晶粒钢。相反，随着奥氏体化温度升高，在930℃以下时，奥氏体晶粒长大速度缓慢的称为本质细晶粒钢。超过930℃，本质细晶粒钢的奥氏体晶粒也可能迅速长大，有时，其晶粒尺寸甚至会超过本质粗晶粒钢，如图1-14所示。钢的本质晶粒度与钢的脱氧方法和化学成分有关，一般用Al脱氧的钢为本质细晶粒钢，用Mn、Si脱氧的钢为本质粗晶粒钢。含有碳化物形成元素（如Ti、Zr、V、Nb、Mo、W等）的钢也属于本质细晶粒钢。

对材料930℃±10℃保温3～8h，测定其晶粒度，1～4级为本质粗晶粒钢，5～8级为本质细晶粒钢，9级以上为超细晶粒。

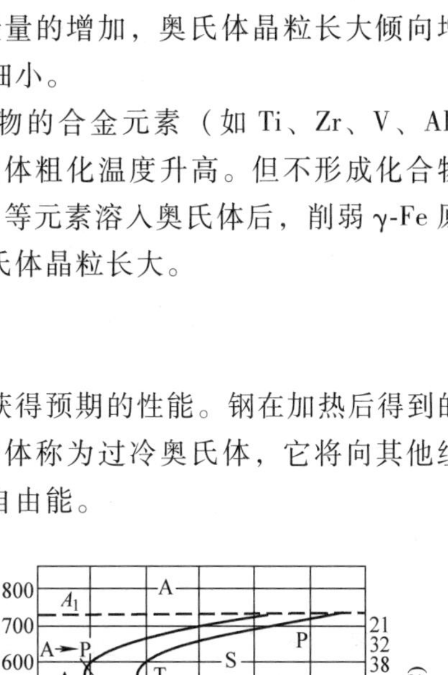

图1-14　奥氏体晶粒度随加热温度变化趋势图

（2）影响奥氏体晶粒长大的因素

1）加热温度和保温时间的影响。加热温度升高，原子扩散速度呈指数关系增大，奥氏体晶粒急剧长大。保温时间延长，奥氏体晶粒长大。

2）加热速度的影响。加热速度越快，奥氏体转变时的过热度也越大，奥氏体的实际形成温度也越高，起始晶粒度则越细。

3）含碳量的影响。在一定含碳量范围内，随着含碳量的增加，奥氏体晶粒长大倾向增大，但当含碳量超过某一限度时，奥氏体晶粒反而变得细小。

4）合金元素的影响。当钢中含有能形成难熔化合物的合金元素（如Ti、Zr、V、Al、Nb、Ta等）时，会强烈阻止奥氏体晶粒长大，并使奥氏体粗化温度升高。但不形成化合物的合金元素，如Si、Ni、Cu则影响不大。Mn、P、S、N等元素溶入奥氏体后，削弱γ-Fe原子间的结合力，加速铁原子的自扩散，所以，会促进奥氏体晶粒长大。

二、钢在冷却时的组织转变

钢经过加热和保温后，将以不同的方式冷却下来，获得预期的性能。钢在加热后得到的奥氏体冷却到A_1以下，是不稳定相，这种不稳定的奥氏体称为过冷奥氏体，它将向其他组织转变，因为这种过冷奥氏体的自由能高于其他组织的自由能。

在热处理实际生产中，奥氏体的冷却方法有两大类，一类是等温冷却，另一类是连续冷却。

1. 过冷奥氏体等温转变图

过冷奥氏体等温转变图形如英文字母“C”，故又称为C曲线，也称为TTT（Time Temperature Transformation）图。共析钢的过冷奥氏体等温转变图如图1-15所示。

图1-15　共析钢的过冷奥氏体等温转变图

（1）等温转变图分析　图1-15中最上面的一条水平虚线为钢的临界温度A_1线，下方的一条水平线Ms为马氏体转变开始温度，另一条水平线Mf为马氏体转变终了温度。A_1与Ms线之间有两条C曲线，左边一条为过冷奥氏体转变开始线，右边一条为过冷奥氏体转变终了线。

A_1 线以上是奥氏体稳定区，*Ms* 线与 *Mf* 线之间的区域为马氏体转变区，过冷奥氏体冷却到 *Ms* 以下时将发生马氏体转变。两条 C 曲线之间的区域为过冷奥氏体转变区，在该区域过冷奥氏体将向珠光体或贝氏体转变，转变终了线右侧区域为过冷奥氏体转变产物区。

在 A_1 温度以下，过冷奥氏体转变开始线与纵坐标之间的水平距离称为过冷奥氏体在该温度下的孕育期。从图 1-15 可见，在不同温度下等温，其孕育期是不同的。在 550℃ 左右共析钢的孕育期最短，转变速度最快，此处俗称为等温转变图的“鼻尖”。过冷奥氏体转变终了线与纵坐标之间的水平距离表示在不同温度下转变完成所需要的总时间。

（2）影响等温转变图的因素　下列各种因素主要影响等温转变图的形状和位置。

1）含碳量的影响。与共析钢相比，亚共析钢和过共析钢的等温转变图都多出一条先共析相析出曲线。在发生珠光体转变以前，亚共析钢会先析出铁素体，过共析钢则先析出渗碳体。碳元素影响等温转变图，对于亚共析钢，碳的质量分数升高，等温转变图向右移；对于过共析钢，碳的质量分数升高，等温转变图向左移。即共析钢的过冷奥氏体是碳钢中最稳定的奥氏体。

2）合金元素的影响。一般情况下，除 Co 和 Al（w_{Al}>2.5%）以外的所有溶入奥氏体中的合金元素，都会增加过冷奥氏体的稳定性，使等温转变图向右移，并使 *Ms* 点降低。其中 Mo 的影响最为强烈。加入微量的 B 可以明显地提高过冷奥氏体的稳定性。

3）奥氏体状态的影响。晶粒细化有利于新相的形核和原子的扩散，有利于先共析相和珠光体转变，但晶粒度对贝氏体和马氏体转变的影响不大。

奥氏体的均匀程度也会影响等温转变图的位置，成分越均匀，奥氏体的稳定性越好，奥氏体转变所需时间越长，等温转变图往右移。奥氏体化温度越高，保温时间越长，则奥氏体晶粒越粗大，成分越均匀，从而增加了它的稳定性，使等温转变图右移，反之则向左移。

2. 过冷奥氏体连续冷却转变图

共析钢的过冷奥氏体连续冷却转变图如图 1-16 所示，它只有珠光体转变区和马氏体转变区，无贝氏体转变区。珠光体转变区由三条线构成，图中左边一条线为过冷奥氏体转变开始线，右边一条为转变终了线，两条曲线下面的连线为过冷奥氏体转变终止线。*Ms* 线和临界冷却速度 v_c 线以下为马氏体转变区。

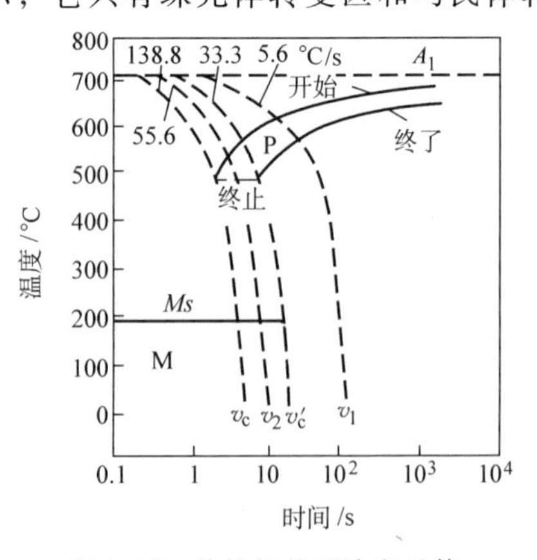

图 1-16　共析钢的过冷奥氏体连续冷却转变图

从图 1-16 可以看出，当过冷奥氏体以 v_1 速度冷却，冷却曲线与珠光体转变开始线相交时，奥氏体便开始向珠光体转变，当与珠光体转变终了线相交时，表明奥氏体转变完毕，获得 100% 的珠光体。但冷却速度增大到 v_c 时，冷却曲线不与珠光体转变线相交，而与 *Ms* 线相交，此时发生马氏体转变。冷至 *Mf* 点转变终止，得到的组织为马氏体+未转变的残留奥氏体。冷却速度介于 v_c 与 v_c' 之间时，则过冷奥氏体先开始珠光体转变，但冷到转变终了线时，珠光体转变停止，继续冷却至 *Ms* 点以下，未转变的过冷奥氏体开始发生马氏体转变，最后的组织为珠光体+马氏体。

亚共析钢和过共析钢的过冷奥氏体连续冷却转变图相对复杂，这里不讨论。

视频　钢的珠光体转变

3. 钢的珠光体转变

由于珠光体转变发生在 A_1～550℃较高温度范围内，所以又称为高温转变。珠光体转变是单相奥氏体分解为铁素体和渗碳体两个新相的机械混合物的相变过程，是典型的扩散型相变。

（1）珠光体的组织形态与力学性能　按珠光体中的渗碳体形态，可把珠光体分成片状珠光体和粒状珠光体两种。

1）片状珠光体。片状珠光体是过冷奥氏体在 A_1～550℃等温转变的产物，由片层相间的铁素体和渗碳体组成，若干大致平行的铁素体和渗碳体组成一个珠光体领域或珠光体团，在一个奥氏体晶粒内，可形成几个珠光体团，各珠光体团之间的位向互相交错。珠光体团中相邻的两片渗碳体（或铁素体）之间的距离称为珠光体片间距，它是用来衡量珠光体组织粗细程度的一个重要指标。珠光体片间距的大小主要与过冷度（即珠光体的形成温度）有关，而与奥氏体的晶粒度和均匀性无关。

片状珠光体的力学性能主要取决于片间距和珠光体团的直径，珠光体的直径越小，片间距越小，则钢的强度和硬度越高。一般按片层粗细程度将珠光体分为片状珠光体、细片状珠光体和极细片状珠光体，如图 1-17 所示。

a)

b)

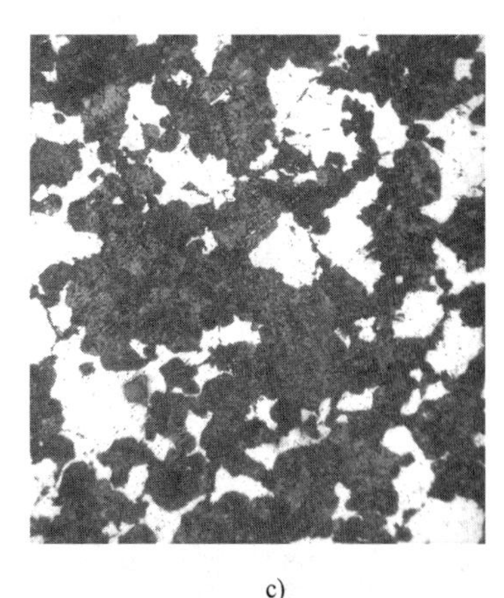

c)

图 1-17　珠光型的组织（400×）

a）片状珠光体　b）细片状珠光体（索氏体）　c）极细片状珠光体（托氏体）

2）粒状珠光体。片状珠光体经球化退火后，其组织变为在铁素体基体上分布着颗粒状渗碳体的组织，称为粒状珠光体。粒状珠光体的力学性能主要取决于渗碳体颗粒的大小、形态与分布状况。一般情况下，钢的成分一定时，渗碳体颗粒越细，形状越接近等轴状，分布越均匀，其强度和硬度就越高，韧性越好，如图 1-18 所示。图 1-18a 所示为 T10 钢 770℃保温 3h，炉冷至 670℃保温 3h，炉冷至 500℃出炉空冷所获得的组织；图 1-18b 所示为 9CrSi 钢 810℃保温 3h，炉冷至 710℃保温 3h，再炉冷至 500℃后出炉空冷所获得的组织。

在相同成分下，粒状珠光体的硬度比片状珠光体稍低，但塑性较好，并有较好的冷加工性能。

（2）珠光体的形成过程　与一般相变相同，珠光体的形成也是由形核和长大两个过程

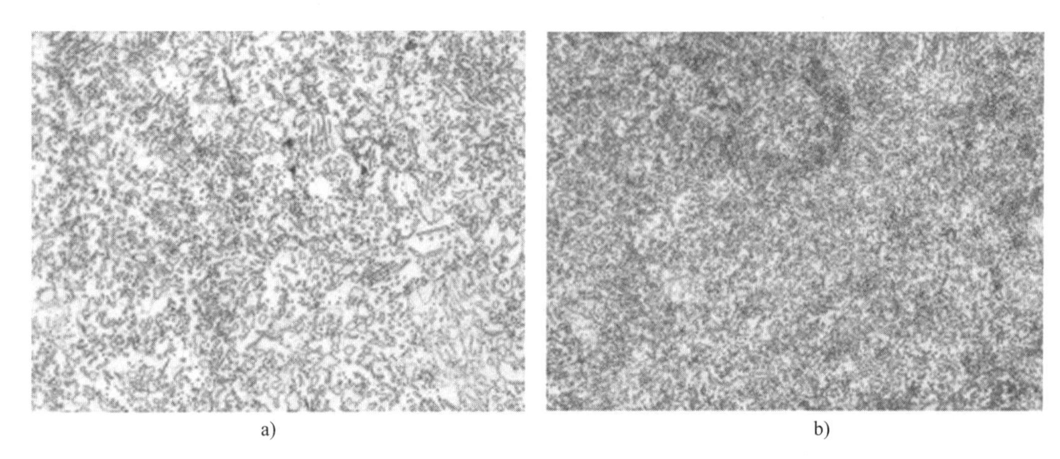

a) b)

图 1-18 高碳钢及高碳合金钢球化退火后的粒状珠光体比较（500×）

a）T10 钢 b）9CrSi

所组成的。过冷奥氏体转变成珠光体时，晶格的重构是由铁原子的自扩散来完成的。

4. 钢的马氏体转变

马氏体（Martensite）是碳在 α-Fe 中的过饱和固溶体，用符号 M 表示，马氏体硬度高，韧性差，耐磨性好。

奥氏体冷却到 $Ms \sim Mf$（约 240～-50℃）时迅速完成由 γ-Fe 向 α-Fe 晶格改组，没有碳的扩散，称为切变，因此马氏体中碳的质量分数就是原奥氏体的碳的质量分数，大量的碳原子使 α-Fe 晶格严重畸变，使硬度提高，却是不稳定的组织。

（1）马氏体的组织形态 马氏体的形态多种多样，但最常见的为板条状马氏体和片状（或针状）马氏体。

1）板条状马氏体。板条状马氏体是中、低碳钢，以及马氏体时效钢、不锈钢等铁基合金中形成的一种典型马氏体组织，它由许多成群的、相互平行排列的板条所组成，如图 1-19a 所示。板条的长短继承原奥氏体晶粒的大小。

板条状马氏体的亚结构主要为高密度的位错，这些位错分布不均匀，且相互缠结，形成

a)

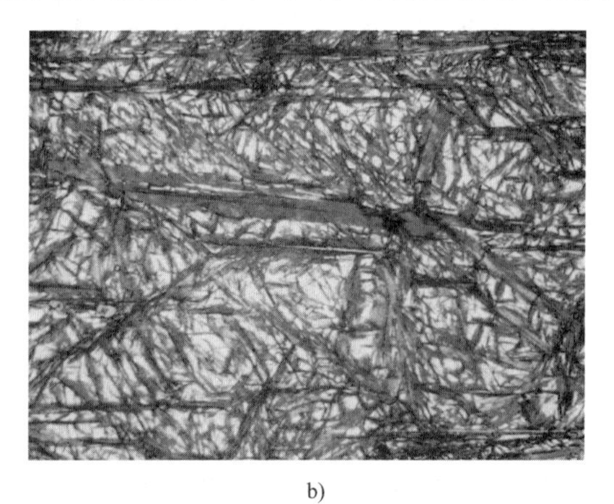

b)

图 1-19 不同形态的马氏体（500×）

a）低碳板条状马氏体 b）高碳片状马氏体

胞状亚结构。

由于板条状马氏体主要产生于低碳钢淬火组织中，故又称为低碳马氏体；因其形成温度比片状马氏体高，也称为高温马氏体；其亚结构为高密度的位错，故又有位错马氏体之称。因其形成温度较高，故在形成过程中会析出碳化物（自回火），在金相分析时易被浸蚀而呈较深的颜色。板条状马氏体具有很好的硬度、强度和韧性配合的综合力学性能。

2）片状马氏体（$M_{片}$或$M_{针}$）。空间立体形态为双凸透镜状，由于金相试样磨面是平面，所以在光学显微镜下呈现针状或竹叶状，又称针状马氏体，如图1-19b所示。马氏体叶片大小不等，不平行，呈一定角度，有时呈闪电状“Z”字形特征。

在原奥氏体晶粒中首先形成的马氏体片是贯穿整个晶粒的，但一般不穿过晶界，只将奥氏体晶粒分割。以后陆续形成的马氏体片由于受到限制而越来越小，所以片状马氏体的最大尺寸取决于原始奥氏体晶粒大小，奥氏体晶粒越粗大，马氏体片越大，反之则越细。当最大尺寸的马氏体片小到光学显微镜无法分辨时，便称为隐晶马氏体。马氏体的周围往往存在着残留奥氏体。

片状马氏体产生于高碳钢淬火组织中，故又称为高碳马氏体；且在低温下形成，所以也称为低温马氏体；因其亚结构为孪晶，又有孪晶马氏体之称。

在电子显微镜下可以观察到片状马氏体存在大量的显微裂纹，这些显微裂纹是由于马氏体高速形成时互相撞击或与晶界撞击所造成的。马氏体片越大，显微裂纹越多，显微裂纹的存在增大了钢的脆性。

需要注意的是，图1-19所示的两张图是为了能清晰显示板条状马氏体和片状马氏体的组织特征而专门拍摄的粗大组织，热处理加热温度比正常工作温度高很多，实际生产中很难发现。

实验证明，钢的马氏体形态主要取决于马氏体形成温度和含碳量。高温形成板条状马氏体，低温形成片状马氏体。碳是强烈降低马氏体开始形成温度Ms点的元素，因此碳对钢中马氏体的形态有决定性的影响。碳的质量分数大于1%的马氏体为片状马氏体，碳的质量分数小于0.2%的马氏体是板条状马氏体，介于两者之间的为两种马氏体的混合组织，如图1-20所示。淬火冷却的前期（高温）主要形成板条状马氏体，后期（低温）主要形成片

a)

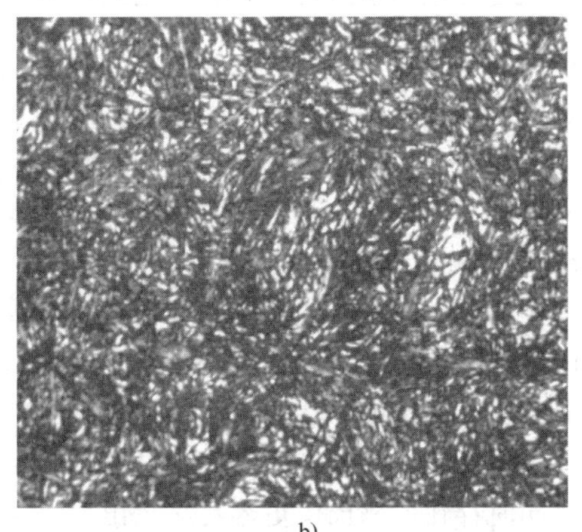

b)

图1-20　$0.2\%<w_C<1.0\%$的碳素钢淬火后得到的混合马氏体（400×）

a）45钢淬火马氏体　b）T8钢淬火马氏体

状马氏体。

(2) 马氏体的力学性能

1) 马氏体的硬度与强度。钢中马氏体力学性能的显著特点是强度和硬度高。马氏体的硬度主要取决于它的含碳量，随碳含量的增加，马氏体的硬度增大，当碳的质量分数达到0.6%时，淬火钢的硬度接近最大值。当碳含量进一步增加时，虽然马氏体的硬度会有所提高，但由于残留奥氏体的含量也增加，会使钢的硬度有所下降，如图1-21所示。合金元素对马氏体的硬度影响不大，但可以提高它的强度。马氏体强化途径主要有固溶强化、相变强化和时效强化。

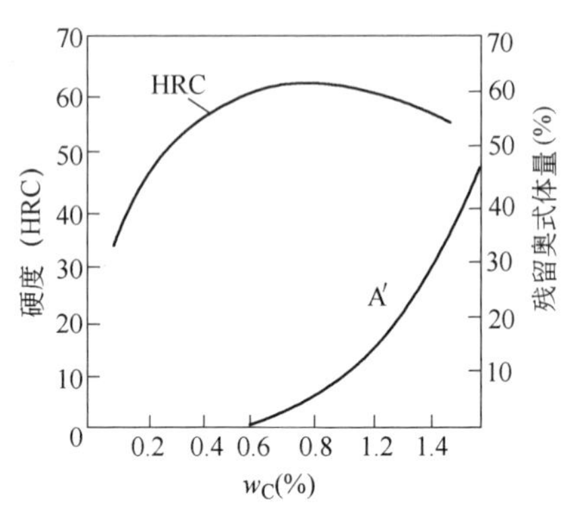

图1-21 碳含量对淬火钢硬度的影响

2) 马氏体的塑性和韧性。马氏体的塑性和韧性主要取决于它的亚结构，片状马氏体具有高硬度、高强度，但韧性很差，而具有相同强度的板条状马氏体的韧性要好得多，即板条状马氏体不但具有高硬度、高强度，而且还具有相当高的塑性和韧性。其原因主要是片状马氏体中存在的孪晶亚结构大大减少了有效滑移，同时片状马氏体含碳量高，晶格畸变大，淬火应力大，以及存在大量的显微裂纹，这些都是造成它的韧性差的原因。而板条状马氏体含碳量低，可以发生自回火，碳化物分布又均匀。同时，由于它的位错密度分布不均匀，存在低密度区，为位错提供了活动余地，缓和了局部应力集中，延缓裂纹形核和削减已存在裂纹尖端的应力峰值，有利于提高韧性。另外，由于淬火应力小，不产生显微裂纹，裂纹也不容易通过板条状马氏体。因此，板条状马氏体不仅具有很高的强度和韧性，而且还具有低的韧脆转折温度、小的缺口敏感性和小的过载敏感性。马氏体组织的性能见表1-2。

表1-2 马氏体组织的性能

马氏体类型	R_m/MPa	R_{eL}/MPa	硬度(HRC)	A(%)	a_K/(J/cm^2)
板条状马氏体(w_C=0.2%)	1500	1300	50	9	60
片状马氏体(w_C=1.0%)	2300	2000	66	1	10

(3) 化学成分对马氏体转变的影响 钢的 *Ms* 点主要取决于它的奥氏体成分，其中碳是影响最强烈的因素，随着奥氏体中含碳量的增加，*Ms* 和 *Mf* 点都不断下降。溶入奥氏体中的合金元素除Al、Co提高 *Ms* 点，Si、B不影响 *Ms* 点以外，绝大多数合金元素均不同程度地降低 *Ms* 点。一般而言，凡是降低 *Ms* 点的合金元素，均会降低 *Mf* 点。

5. 钢的贝氏体转变

贝氏体（Bainite）转变是介于马氏体转变和珠光体转变之间的转变，又称为中温转变。贝氏体也是铁素体和渗碳体的混合物。其既有珠光体转变特征，又具有马氏体转变特征，是一个有碳原子扩散的共格切变过程。根据形成温度的不同，贝氏体可分为上贝氏体和下贝氏体。

贝氏体转变有不完全性，即奥氏体转变不能全部生成贝氏体，在金相浸蚀时，不耐腐蚀，比同时存在的马氏体更容易显示出形态来，颜色比马氏体深。

(1) 贝氏体的组织形态

上贝氏体形成于贝氏体转变区中较高温度范围内。钢中的贝氏体成束分布，是平行排列的铁素体和夹于其间的断续的条状渗碳体的混合物。在中、高碳钢中，当上贝氏体形成量不多时，在光学显微镜下可观察到成束排列的铁素体的羽毛状特征，图 1-22a 所示为上贝氏体的显微组织形态。

下贝氏体形成于贝氏体转变区较低温度范围内。典型的下贝氏体是在片状铁素体内沉淀碳化物的两相混合组织。下贝氏体的空间形态呈双凸透镜状，在光学显微镜下呈黑色针状或竹叶状，针与针之间呈一定夹角，图 1-22b 所示为下贝氏体的显微组织形态。

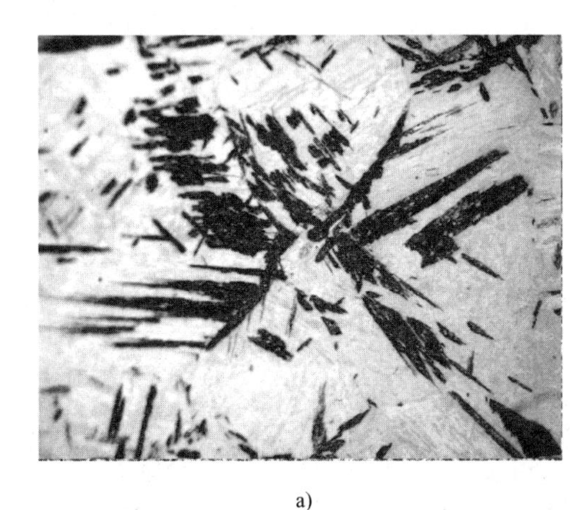

a)

b)

图 1-22 典型的贝氏体（500×）

a）羽毛状的上贝氏体 b）针状的下贝氏体

视频 贝氏体转变

（2）贝氏体的力学性能 贝氏体的力学性能主要取决于它的组织形态。上贝氏体形成温度较高，铁素体条粗大，碳的过饱和度低，因此，其强度和硬度较低。另外，由于碳化物颗粒粗大，且呈断续条状分布，故其韧性也较低。

下贝氏体的铁素体针细小，分布均匀，在铁素体内又沉淀析出大量细小、弥散的碳化物，而且铁素体内还含有过饱和碳和高密度位错，因此，下贝氏体不但强度高，而且韧性也好，缺口敏感性小，韧脆转折温度低。T8 钢过冷奥氏体转变温度与转变产物的组织和性能见表 1-3。

表 1-3 T8 钢过冷奥氏体转变温度与转变产物的组织和性能

转变温度范围/℃	过冷度	转变产物	代表符号	组织形态	层片间距/μm	转变产物硬度(HRC)
A_1~650	小	珠光体	P	粗片状	约 0.3	<25
650~600	中	索氏体	S	细片状	0.1~0.3	25~35
600~550	较大	托氏体	T	极细片状	约 0.1	35~40
550~350	大	上贝氏体	$B_{上}$	羽毛状	—	40~45
350~*Ms*	更大	下贝氏体	$B_{下}$	针叶状	—	45~50
Ms~*Mf*	最大	马氏体	M	板条状	—	≈40
				双凸透镜状	—	>55

6. 魏氏体组织的形成

在亚共析钢和过共析钢中，由高温以较快的速度冷却时，先共析的铁素体或渗碳体从奥氏体晶界上沿着奥氏体的一定晶面向晶内生长，呈针状析出。在光学显微镜下可以观察到从奥氏体晶界上生长出来的铁素体或渗碳体近似平行，呈羽毛状或三角形，其间存在着珠光体的组织。这种组织称为**魏氏体组织**（Widmanstatten Structure），如图 1-23 所示。魏氏组织的形成与碳含量有关，w_C = 0.12%～0.50%的钢容易形成。亚共析钢中魏氏体组织为铁素体，过共析钢中魏氏体组织为渗碳体。

魏氏体组织常伴随着奥氏体晶粒粗大而出现，因此，使钢的力学性能，尤其是塑性和冲击韧度显著降低，同时使韧脆转折温度升高。魏氏体组织容易出现在过热钢中，奥氏体晶粒越粗大，越容易出现魏氏体组织。钢中的魏氏体组织一般可通过细化晶粒的正火、退火以及锻造等方法加以消除，程度严重的可采用二次正火方法加以消除。

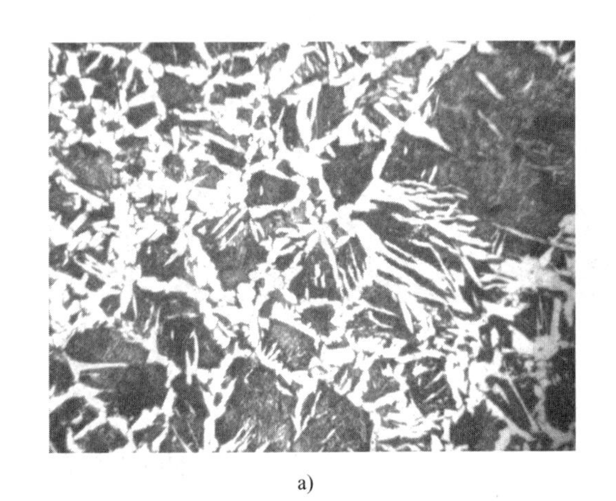

a)

b)

图 1-23 典型的魏氏组织（100×）

a）亚共析钢的魏氏组织——针状铁素体 b）过共析钢的魏氏体组织——针状渗碳体

模块四 钢的热处理及其组织

一、钢的热处理概述

热处理是通过加热、保温和冷却改变金属内部的组织结构（有时也包括改变表面化学成分），使金属获得所需性能的一种热加工技术。钢的热处理工艺种类很多。根据加热、冷却方式及获得的组织、性能的不同，可分为普通热处理（不改变化学成分，如退火、正火、淬火、回火）、化学热处理（改变化学成分，如渗碳、渗氮）及复合热处理（如渗碳淬火、形变热处理）等。按照热处理在金属材料或机器零件整个生产工艺过程中所处位置和作用的不同，热处理工艺又可分为预备热处理和最终热处理。无论是普通热处理还是化学热处理，都由三个基本过程组成，即加热、保温和冷却。热处理工艺曲线示意图如图 1-24 所示。

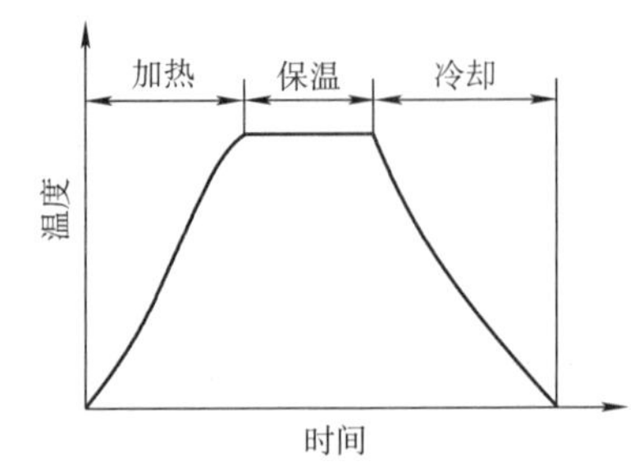

图 1-24 热处理工艺曲线示意图

退火与正火属于普通热处理，是生产上应用广泛的热处理工艺。一般作为毛坯件的预备热处理。其目的在于改善组织（如铸造、焊接、锻造引起的组织不均匀、晶粒粗大、魏氏体组织、带状组织、残留应力等缺陷）、调整硬度（退火降低硬度、正火提高硬度）、改善加工性能，为后续工序（如切削加工、淬火等）做好组织准备。对于一些受力不大、性能要求不高的机器零件，退火和正火也可作为最终热处理。而对于铸件，退火和正火通常就是最终热处理。

钢的淬火与回火是热处理工艺中最重要、也是用途最广的工序。淬火可以大幅度提高钢的强度与硬度。淬火后，为了消除淬火钢的残留应力，得到不同强度、硬度与韧性的结合，需要配以不同温度的回火。所以，淬火与回火是不可分割的、紧密衔接在一起的两种普通热处理工艺。淬火与回火作为各种机器零件及工、模具的最终热处理，是赋予钢件最终性能的关键性工序，也是钢件热处理强化的重要手段之一。

二、钢的退火

退火是将钢加热到临界点以上（某些退火也可在临界点以下）保温一定时间，然后缓慢冷却（一般为随炉冷却），以获得接近平衡状态组织的热处理工艺。

退火的分类方法不同，种类较多。碳素钢退火与正火工艺的加热温度范围如图 1-25 所示。在此仅对完全退火、不完全退火和球化退化进行介绍。

1. 完全退火

将亚共析钢加热至 Ac_3 以上 30 ~ 50℃，保温一定时间后随炉缓慢冷却，获得接近平衡状态组织的热处理工艺，称为完全退火。所谓“完全”是指加热时钢的内部组织全部发生了相变重结晶。

完全退火的目的是降低硬度，改善组织和可加工性以及消除内应力等。

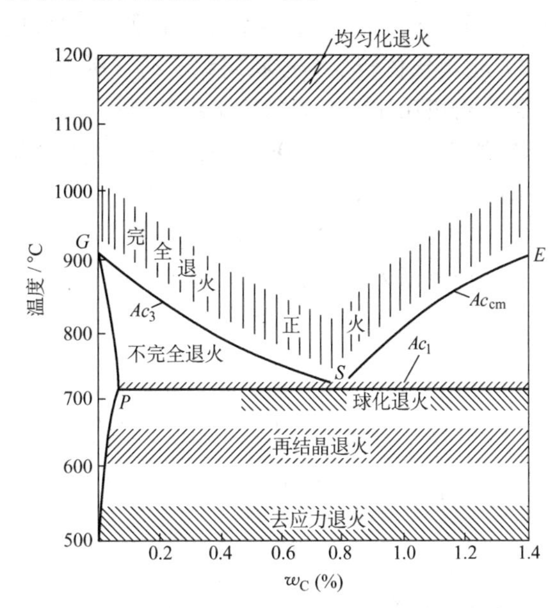

图 1-25 碳素钢退火与正火工艺的加热温度范围

工件在退火温度下的保温不仅要使工件透烧（使心部达到所要求的加热温度），而且要保证其全部转变为奥氏体，以达到完全重结晶及奥氏体成分均匀化的目的。完全退火的保温时间与钢材成分、工件厚度、加热方式、装炉量和装炉方式等因素有关。

2. 不完全退火

亚共析钢在 $Ac_1 \sim Ac_3$ 或过共析钢在 $Ac_1 \sim Ac_{cm}$ 两相区加热，保温足够时间后缓慢冷却的热处理工艺称为不完全退火。“不完全”是指两相区加热时只有部分组织进行了相变重结晶。

不完全退火的目的是消除热加工所产生的内应力，使钢件软化或改善工具钢的可加工性。两相区加热时仅发生部分相变重结晶，故先共析铁素体或先共析碳化物的形态和分布基本保留。

如果亚共析钢的终锻（轧）温度适当，未发生晶粒粗化，铁素体和珠光体的分布也无异常，则可采用不完全退火，细化晶粒、改善组织、降低硬度和消除内应力。亚共析钢不完全退火温度一般为 740~780℃。由于加热温度低，操作条件好，节省燃料和时间，故在钢厂应用较广。过共析钢不完全退火是为了细化和均匀组织，降低硬度和消除内应力。

3. 球化退火

球化退火是不完全退火的一种特例，目的是将共析钢及过共析钢中的片状碳化物转变为球状碳化物，使之均匀分布于铁素体上。

碳化物由片状转变为球状后有以下优点：硬度降低，使钢的可加工性得到改善；加热时，球状碳化物溶入奥氏体较慢，奥氏体晶粒不易长大，故有较宽的淬火加热温度范围；淬火后得到隐晶马氏体，残留奥氏体量较少，并保留一定量细小均匀分布的球状碳化物，淬火开裂倾向小；塑性、韧性较好，冷成形加工性能得到改善。

球化退火主要用于 w_C>0.6%的高碳工模具钢及轴承钢等，目的是改善可加工性，并为最终热处理做好组织准备。有时为改善低、中碳钢的冷成形性，也可采用球化退火。

获得球状碳化物的途径主要有三种：

1）片状珠光体的球化。

2）马氏体在低于 A_1 温度的分解即调质处理。

3）由奥氏体转变为球状组织。通常所说的球化退火主要是指由奥氏体转变为球状组织的退火。由奥氏体转变为球状组织的退火工艺有以下三种：

① 加热到 Ac_1 以上 20℃左右，然后随炉冷却到 Ar_1 以下一定温度，即一般的球化退火。

② 加热到 Ac_1 以上 20℃左右，然后在略低于 Ar_1 的温度等温，又称为等温退火。

③ 在 Ac_1 以上 20℃和 Ar_1 以下 20℃左右交替保温，又称为周期球化退火。

常用球化退火工艺示意图如图 1-26 所示。

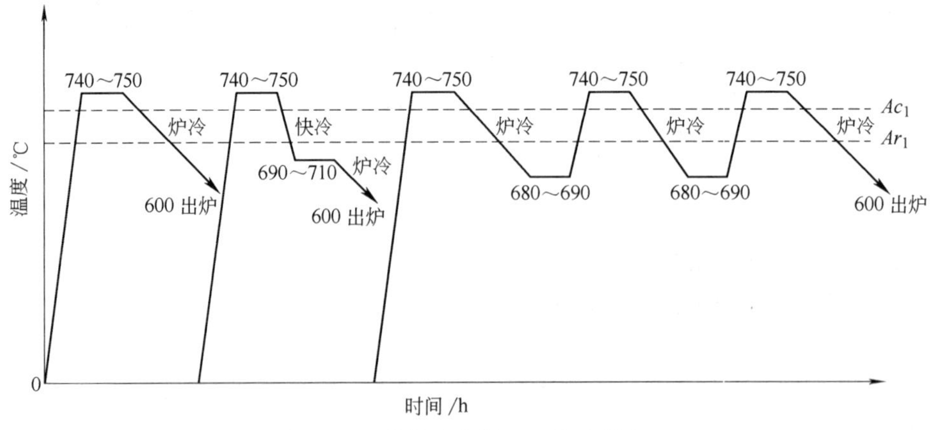

图 1-26 常用球化退火工艺示意图

球化退火后的粒状珠光体组织与调质后的回火索氏体组织如图 1-27 所示。

球化退火后，碳化物形态、大小及分布对钢材的工艺性能和使用性能影响很大。如滚动轴承钢球化退火后的组织对成品的接触疲劳寿命有显著影响。生产上要求对球化退火组织参照有关标准进行检查和评级。

加热温度是球化退火成功与否的关键。加热温度较低，奥氏体中残留有未溶碳化物，且奥氏体的碳浓度很不均匀，缓冷时在高碳区可非自发形成碳化物核且长大成球状碳化物，或

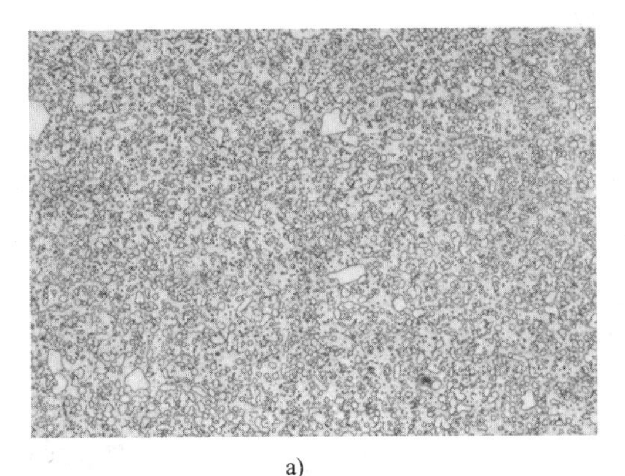

a)

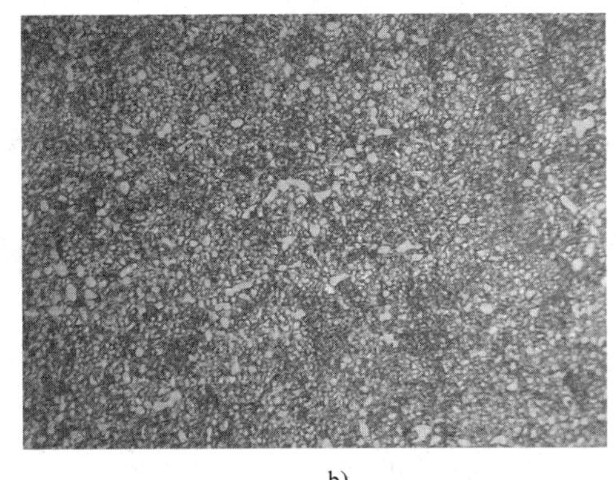

b)

图 1-27　球化退火后的粒状珠光体组织与调质后的回火索氏体组织（400×）
a）T12 钢球化退火组织　b）T12 钢 800℃淬火 600℃回火组织

未溶碳化物直接长大，从而形成球状珠光体。相反，如果奥氏体化温度较高，碳化物溶解完全，奥氏体成分均匀，则冷却时将在奥氏体晶界形成碳化物核，向晶内长成片状珠光体。所以球化退火加热温度一般为 Ac_1 以上 20~30℃，不能超过 Ac_1 太多。在含有强碳化物形成元素的合金工具钢或轴承钢中碳化物较稳定，溶入奥氏体的速度缓慢，因此比碳素工具钢容易球化，但对球化后组织要求更高。具有明显网状碳化物的过共析钢，必须先进行正火消除碳化物网，再进行球化退火。

加热温度控制很重要，执行工艺时要按照技术规范操作，同样我们做人做事都应该在法律框架下行事，要讲规矩，守原则。

除选用合适的加热温度外，冷却速度也影响球化效果。冷却太快，碳化物颗粒太细，并有形成片状碳化物的可能，致使硬度偏高。冷却过慢，碳化物颗粒过于粗大。

三、钢的正火

正火是将钢加热到 Ac_3 或 Ac_{cm} 以上 30~50℃（图 1-25）并保温一定时间，然后出炉在空气中冷却的热处理工艺。与完全退火相比，二者的加热温度及保温时间相同，但正火冷却速度较快，转变温度较低，发生伪共析转变。当钢中 $w_C=0.6\%\sim1.4\%$ 时，正火组织中不出现先共析相，全部是伪共析珠光体。因此，正火后获得的组织比相同钢材退火的要细，强度、硬度也较高。表 1-4 为 45 钢加热温度 840℃，以不同方式冷却后的力学性能。含有强碳化物形成元素钒、钛、铌等的合金钢，常采用更高的加热温度，如 20CrMnTi 钢的正火加热温度为 Ac_3 以上 120~150℃。其原则是在不引起晶粒粗化的前提下尽量采用高的加热温度，以加速合金碳化物的溶解和奥氏体的均匀化。

表 1-4　45 钢加热温度 840℃，以不同方式冷却后的力学性能

冷却方法	R_m/MPa	R_{eL}/MPa	$A(\%)$	$Z(\%)$	硬度
退火——炉内缓冷	530	280	32.5	49.3	160~200HBW
正火——空气冷却	670~720	340	15~18	45~50	170~240HBW
淬火——水中冷却	1000	720	7~8	12~14	52~58HRC
调质——淬火+高温回火	750~850	—	20~25	—	210~250HBW

根据钢种和截面尺寸的不同，通过正火分别达到下述不同目的。

1）对于大型铸、锻件和钢材，正火可以细化晶粒、消除魏氏体组织或带状组织，为下一步热处理做好组织准备，相当于退火的效果。

2）低碳钢退火后硬度太低，在切削加工中易粘刀，可加工性差。通过正火可减少钢中的先共析铁素体，获得细片状珠光体，使硬度提高到140~190HBW，改善钢的可加工性。

3）对于过共析钢，正火可消除网状碳化物，便于球化退火。

4）正火也可以作为某些中碳钢或中碳合金结构钢工件的最终热处理，代替调质处理，使工件具有一定的综合力学性能。

四、钢的淬火

将钢加热到临界点 Ac_3 或 Ac_1 以上的某一温度，保温一定时间，然后以高于临界淬火速度的速度冷却，得到马氏体或贝氏体为主的组织的热处理工艺称为淬火。淬火后，钢的强度和硬度及耐磨性得到显著提高。

视频 钢的淬火

1. 淬火应力

工件在淬火过程中往往会发生变形和开裂，这主要是因为存在淬火应力所致。淬火应力可分为热应力和组织应力两种。

（1）热应力　工件在加热或冷却时，由于不同部位的温度存在差异，导致热胀冷缩的不一致所产生的应力称为热应力。工件淬火后，由热应力所引起的残余应力一般表层的为压应力，心部的为拉应力。

由于热应力是因为快速冷却时工件截面上温差所造成的，因此冷却速度越快，温差越大，热应力也就越大。此外，淬火温度高，工件尺寸大，材料导热性能差，线胀系数大，也会使热应力增大。

（2）组织应力　工件冷却时，由于温差造成不同部位组织转变不同时而引起的内应力称为组织应力。由组织应力引起的残余应力一般表现为表层拉应力，心部压应力。

组织应力的大小与钢在马氏体转变温度范围内的冷却速度、工件尺寸、导热性能和屈服强度以及含碳量、淬透性等因素有关。

2. 淬火工艺参数选择

淬火工艺参数主要包括加热温度、保温时间和冷却方式。由于奥氏体化程度（成分、组织状态）对淬火钢的组织与性能有着决定性的影响，因此，正确选择与控制淬火工艺参数十分重要。

（1）加热温度的选择　确定淬火加热温度最基本的依据是钢的成分，即临界点的位置（Ac_3、Ac_1）。在保证组织转变的前提下，加热温度应尽量低一些，以防止高温下的氧化与脱碳。因此，亚共析钢淬火加热温度为 Ac_3+30~50℃，共析钢和过共析钢淬火加热温度为Ac_1+30~50℃。

亚共析钢在上述温度范围内加热，淬火后能获得均匀细小的马氏体组织。如果加热温度过高，会使奥氏体晶粒粗大，冷却后得到粗大马氏体，使钢的韧性降低。若加热到 Ac_1~Ac_3，则由于淬火组织中保留有未溶铁素体而使硬度不均匀，即产生软点。

过共析钢加热到上述温度，淬火后组织中除有细小马氏体外，还存在未溶于奥氏体的粒状渗碳体，过共析钢淬火前进行了球化退火处理，渗碳体为粒状渗碳体的硬度比马氏体高，能提高钢的耐磨性。如果加热温度超过 Ac_{cm}，则不但渗碳体完全溶入奥氏体中增加其含碳量，而且还会引起奥氏体晶粒粗化，其结果使钢的马氏体形成点降低，淬火后得到粗大的马氏体和较大的淬火应力，并增加残留奥氏体量，从而降低了淬火硬度，增大脆性，并易产生变形和开裂。其次，高温加热还会使钢件产生较为严重的氧化和脱碳。

零件的淬火加热温度还与加热设备、工件尺寸、工件的技术要求、工件本身的原始组织、淬火冷却介质及淬火方法等因素有关。在空气炉中加热比在盐浴炉中加热略高 10～30℃；对于形状复杂、截面变化突然、易变形开裂的工件，一般选择淬火加热温度的下限，有时采取出炉后预冷再淬火的方法。为提高较大尺寸零件的表面硬度和淬透深度，淬火加热温度可适当提高，尺寸较小的零件则应选择稍低的加热温度。采用冷速较慢的油、硝盐等淬火冷却介质时，加热温度比水淬提高约 20℃。当原始组织是极细珠光体时，加热温度应适当降低。

低合金钢淬火加热温度也应根据临界点 Ac_3、Ac_1 来确定，但考虑到合金元素的影响，为加速奥氏体化又不引起奥氏体晶粒粗化，一般应为 Ac_3（或 Ac_1）+50～100℃。

确定中、高合金钢淬火加热温度时，应考虑合金元素的溶解与再分配。强碳化物形成元素与碳可形成稳定碳化物，延缓其溶入奥氏体，同时由于合金元素在奥氏体中扩散较慢、不易均匀化，所以淬火加热温度应适当提高。钢中加入 W、Mo、Ti、V、Ni、Si 等元素，可降低钢的过热敏感性，允许提高加热温度。Mn 在高碳钢中可降低临界点，增大过热敏感性，淬火温度应取下限。Mo 钢由于有较高的脱碳敏感性，也不宜在高温加热。常用钢材的淬火加热温度、淬火冷却介质及淬火后硬度见表 1-5。

表 1-5 常用钢材的淬火加热温度、淬火冷却介质及淬火后硬度

钢号	Ac_1/℃	Ac_3 或 Ac_{cm}/℃	淬火加热温度/℃	淬火冷却介质	淬火后硬度(HRC)
35	724	802	850～870	盐水	>50
45	724	780	820～840	盐水	>55
35CrMo	738	799	820～840	盐水	>50
			830～850	油	
40Cr	743	782	830～860	油	>55
65Mn	726	765	810～830	油	>60
60Si2Mn	755	810	850～870	油	>62
50CrV	752	788	840～860	油	>60
GCr15	745	900	820～860	油	>62
T8A	730	—	760～780	盐水-油	>62
			800～820	碱浴	
T10A	730	800	770～790	盐水-油	>62
			800～820	碱浴	
T12A	730	820	770～790	盐水-油	>62
			800～820	碱浴	
9CrSi	770	870	850～870	油	>62
			860～880	硝盐	
W18Cr4V	820	1330	1270～1290	油或硝盐	>64

运用马氏体、贝氏体的形成规律来指导淬火加热规范的优选，具有十分重要的现实意义。低碳马氏体钢由于受到低淬透性的限制，往往采用高温淬火以利于实现沿截面的整体强韧化。中碳及中碳合金钢适当提高淬火温度，将抑制片状孪晶马氏体的形成，能获得较多的韧性较高的板条状马氏体。高碳钢采用低温淬火或快速加热来限制奥氏体中固溶的碳含量可以增加淬火组织中板条状马氏体的量，减少片状马氏体中的显微裂纹，从而降低钢的脆性。反之，提高淬火温度及延长保温时间使奥氏体中含碳量提高，将降低马氏体临界点，从而增加残留奥氏体量。

（2）保温时间的选择　在保证工件烧透、组织转变完全、化学成分均匀的前提下，加热保温时间应尽量短，以防止工件在高温下氧化与脱碳。

为了缩短工件的保温时间，减少氧化与脱碳，淬火工件一般均采用热炉装料，即当炉温到达淬火温度以后再将工件放入炉内加热。其加热保温时间可按下列经验公式计算：

$$\tau=\alpha kD$$

式中，τ 为工件加热保温时间；D 为工件有效厚度；α 为加热系数；k 为和装炉方式有关的修正系数，一般取 1~4。

加热系数的选择：在井式或箱式炉中 800~900℃ 加热，对于碳素钢，当直径≤50mm 时，加热系数 α 取 1.0~1.2min/mm；当直径>50mm 时，加热系数 α 取 1.2~1.5min/mm。对于合金钢，当直径≤50mm 时，加热系数 α 取 1.2~1.5min/mm；当直径>50mm 时，加热系数 α 取 1.5~1.8min/mm。

对于形状复杂但要求变形小的工件，或高合金钢制作的工件、大型合金钢锻件，必须考虑限速升温或阶梯升温，以减小变形及开裂倾向。否则，由于工件温度不均匀将在加热过程中形成很大的热应力和组织应力。

（3）淬火冷却方法　在保证获得马氏体或贝氏体的前提下，淬火冷却速度应尽量慢，以减小工件变形与开裂的倾向。不同淬火冷却方法的选择应按工件的材料及其对组织、性能、尺寸精度的要求而定。

1）单液淬火。单液淬火是将奥氏体化后的工件直接淬入一种淬火冷却介质中连续冷却至室温的方法（图 1-28 曲线 1）。此时对一定成分和尺寸的工件来说，淬火组织性能与所用淬火冷却介质的冷却能力有重大关系。目前各种新型淬火冷却介质主要适用于这种单液淬火。由于该工艺过程简单，操作方便，经济，适合大批量作业，故在淬火冷却中应用最广泛。

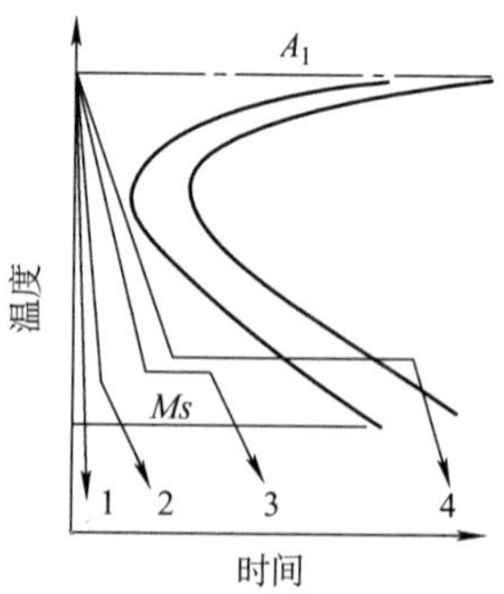

图 1-28　各种淬火方法冷却曲线示意图

对于形状复杂、截面变化突然的某些工件，单液淬火时往往顺截面突变处因淬火应力集中而导致开裂，此时可以将工件自淬火温度取出后先预冷一段时间，然后再淬火，以降低工件进入淬火冷却介质前的温度，减小工件与淬火冷却介质间的温差，从而减小淬火变形和开裂倾向。

2）双液淬火。由于单液淬火不能满足某些工件对组织性能及控制变形的要求，所以采用先后在两种淬火冷却介质中进行冷却的方法，如水-油、油-空气等。其作用是在奥氏体等温转变图的鼻尖处快速冷却避免过冷奥氏体分解，而在 Ms 点以下缓慢冷却以减小变形和开裂（图 1-28 曲线 2）。例如，对于某些淬透性较差的钢（如高碳钢）用盐水淬火易裂，用油淬不硬，往往采用水-油双液淬火，即在高温区用盐水快速冷却来抑制过冷奥氏体的分解，至400℃左右转入油中缓慢冷却以减小淬火应力，通常用水中停留时间来控制工件温度。经验表明，对碳素工具钢工件一般以每3mm有效厚度停留1s计算，对形状复杂者每4~5mm在水中停留1s，大截面低合金钢可以按每1mm有效厚度停留1.5~3s计算。双液淬火法要求较熟练的操作技术，否则，难于掌握。

3）分级淬火。分级淬火是将奥氏体化后的工件首先淬入略高于钢的*Ms*点的盐浴炉中保温一段时间，待工件内外温度均匀后，再从盐浴炉中取出空冷到室温（图1-28曲线3）。这种淬火方法可保证工件表面和心部马氏体转变同时进行，并在缓慢冷却条件下完成，显著降低了淬火热应力和组织应力，有效地防止了工件淬火变形和开裂，同时克服了双液淬火时间难以控制的缺点。但这种淬火方法由于淬火冷却介质温度较高，工件在盐浴炉中冷却较慢，而保温时间又有限制，大截面零件难以达到其临界淬火速度。因此，分级淬火只适用于尺寸较小的工件，如刀具、量具和要求变形很小的精密工件。

4）等温淬火。它是将奥氏体化后的工件淬入*Ms*点以上某温度的盐浴中等温足够长的时间，使之转变为下贝氏体组织，然后在空气中冷却的淬火方法（图1-28曲线4）。等温淬火实际上是分级淬火的进一步发展，所不同的是等温淬火获得下贝氏体而不是马氏体。等温淬火的加热温度通常比普通淬火高，目的是提高奥氏体的稳定性，防止发生珠光体型转变。等温温度和时间视工件组织和性能要求，根据钢的奥氏体等温转变图确定。由于等温温度比分级淬火高，减小了工件与淬火冷却介质间的温差，从而减小了淬火热应力；又因为贝氏体的比体积比马氏体小，而且工件内外温度一致，故淬火组织应力也较小。因此，等温淬火可以显著减小工件变形和开裂倾向，适于处理形状复杂、尺寸精度要求高的工具和重要的机器零件，如模具、刀具、齿轮等。同分级淬火一样，等温淬火也只能适用于尺寸较小的工件。

5）冷处理。许多钢的马氏体转变终了点（*Mf*）低于室温，淬火冷却到室温时，马氏体或贝氏体相变不完全，故室温下的淬火组织中保留一定数量的残留奥氏体。为使残留奥氏体继续转变为马氏体，则要求将淬火工件继续冷却到零下温度进行冷处理。因此，实际上冷处理是淬火过程的继续。实践表明，在一般情况下，冷处理的温度达到-60~-80℃即可满足要求。主要是针对一些高碳合金工具钢和经渗碳或氮碳共渗的结构钢零件，为提高其硬度和耐磨性，或为保持其尺寸稳定性（对精度要求高的零件而言）才进行这一工序。还应注意，冷处理应在淬火后及时进行，否则会降低冷处理的效果。

五、钢的回火

工件淬火后一般要经过回火，其目的是消除应力、稳定组织、调整性能。回火也是通过加热、保温和冷却来实现的，但加热温度不能超过Ac_1。回火本质是马氏体分解、碳化物的析出、聚集长大过程。

淬火钢的组织为马氏体和残留奥氏体（碳的质量分数>0.4%），它们都是亚稳定相，有分解的趋势。当回火温度达到一定程度时，马氏体中的碳脱溶出来，形成碳化物，同时钢中的残留奥氏体也要发生分解成为较稳定的产物。脱溶后的马氏体不再是过饱和固溶体，随回火温度的升高，其含碳量逐渐降低，并逐步多边化以至成为再结晶的铁素体，而脱溶的碳化物，随回火温度的升高逐步变成球状、长大和粗化。淬火钢回火各阶段的组织变化见表1-6。

表 1-6 淬火钢回火各阶段的组织变化

组织转变阶段	回火温度范围/℃	回火时组织结构和状态的变化		回火时生成的组织
		板条状位错型马氏体	片状孪晶型马氏体	
回火准备阶段 碳原子的偏聚和聚集（自回火除外）	25~100	碳原子偏聚在位错线附近的间隙位置（w_C<0.2%的淬火钢中过饱和碳原子接近完全偏聚状态）	碳原子聚集在马氏体孪晶面$(100)_\alpha$	
回火第一阶段 马氏体分解	100~250	1）ε-碳化物在马氏体条内、外沉淀[低碳钢（w_C<0.2%）和低合金钢中未见] 2）马氏体正方度（c/a）下降	1）在马氏体$(100)_\alpha$晶面上共格析出ε-碳化物 2）马氏体正方度（c/a）下降	马氏体分解成含碳量较低的α-固溶体和ε-碳化物即回火马氏体
回火第二阶段 残留奥氏体分解	200~300	从残留奥氏体中析出ε-碳化物，而基体为低碳马氏体，相变产物为下贝氏体或回火马氏体，主要发生在w_C>0.4%的中、高碳钢中		残留奥氏体分解得到贝氏体组织或回火马氏体
回火第三阶段 1）马氏体继续分解 2）碳化物类型变化 3）内应力降低	250~400	马氏体中碳原子析出，在马氏体内、条外缘或奥氏体晶界上析出渗碳体，α相保持条状形态	ε-碳化物溶解形成χ-碳化物，χ-碳化物再转变为渗碳体，α相中的孪晶亚结构消失	回火托氏体
回火第四阶段 1）渗碳体球化、粗化 2）内应力消除 3）α相回复再结晶	400~700	1）400~600℃：①片状渗碳体逐步转化成球状并开始粗化；②500℃第二类应力消除，600℃第一类应力消除；③α相回复，位错亚结构逐步消失，位错密度下降，剩余位错形成位错网络；④α相保持条状或片状形貌 2）600~700℃：①球状渗碳体粗化；②低碳钢显示α相再结晶，成等轴状铁素体，在中、高碳钢中，再结晶可能因Fe_3C粒子阻碍而终止；③铁素体晶粒长大		回火索氏体（在较高温度区为回火珠光体）
在某些合金钢中产生二次硬化	500~600	对于含Ti、Cr、Mo、V、Nb、W等的合金钢，回火时Fe_3C可能溶解，再生成相应的合金碳化物		

制订回火工艺，就是根据对工件性能的要求，依据钢的化学成分、淬火条件、淬火后的组织和性能，正确选择回火温度、保温时间和冷却方法。

1. 回火温度的确定

生产中往往根据工件的硬度来选择回火温度，这是因为硬度试验是非破坏性的，又比较简便易操作，硬度与其他力学性能之间也存在着一定的联系，所以生产实际中建立了不少硬度-回火温度关系的图表以供查阅。生产中通常按所采用的温度将回火分成三类，即低温回火、中温回火和高温回火。对于大多数材料回火温度在250~400℃，会出现回火后韧性降低的现象（第一类回火脆性），应避开此温度回火。

（1）低温回火（150~250℃） 低温回火的目的是在保持高硬度（58~64HRC）、高强度与高耐磨性的情况下，降低淬火应力，降低钢的脆性。低温回火后获得以回火马氏体为主的组织，如图1-29所示。淬火应力得到部分消除，淬火时产生的微裂纹也大部分得到愈合。因此，低温回火可以在硬度降低很少的同时使钢的韧性明显提高，故凡是由中、高碳钢制成的工具、模具、量具和滚动轴承等都采用低温回火。工具、模具的回火温度一般取200℃左

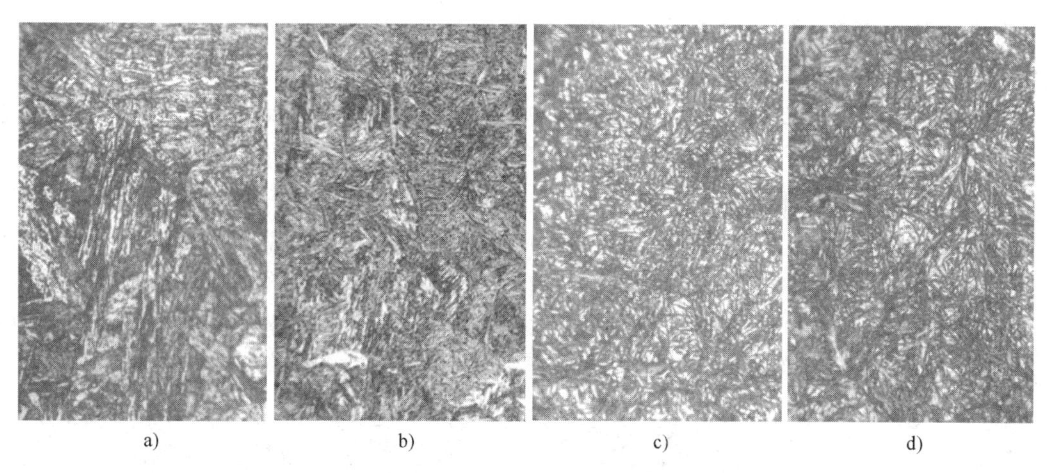

图 1-29　不同碳素钢淬火+低温回火组织（400×）
a）20 钢　b）45 钢　c）T8 钢　d）T12 钢

右，轴承零件的回火一般取 160℃左右。至于量具，除要求有高硬度和耐磨性以外，还要求有良好的尺寸稳定性，而这又与回火组织中未分解的残留奥氏体有关。因此，在低温回火以前，往往要进行冷处理使其转变为马氏体。对于高精度量具（如量块等），在研磨之后要在更低温度（100~150℃）进行时效处理，以消除内应力和稳定残留奥氏体。

低碳钢淬火得到马氏体，本身具有较高的强度、塑性和韧性，低温回火可减少内应力，使强韧性进一步提高。通常渗碳和氮碳共渗零件的回火温度为 160~200℃。

（2）中温回火（300~500℃）　中温回火的零件除了仍能保持较高的强度和硬度（35~50HRC）外，还具有最高的弹性极限和足够的韧性，主要适用于各种弹簧。中温回火后钢获得回火托氏体组织，如图 1-30 所示。

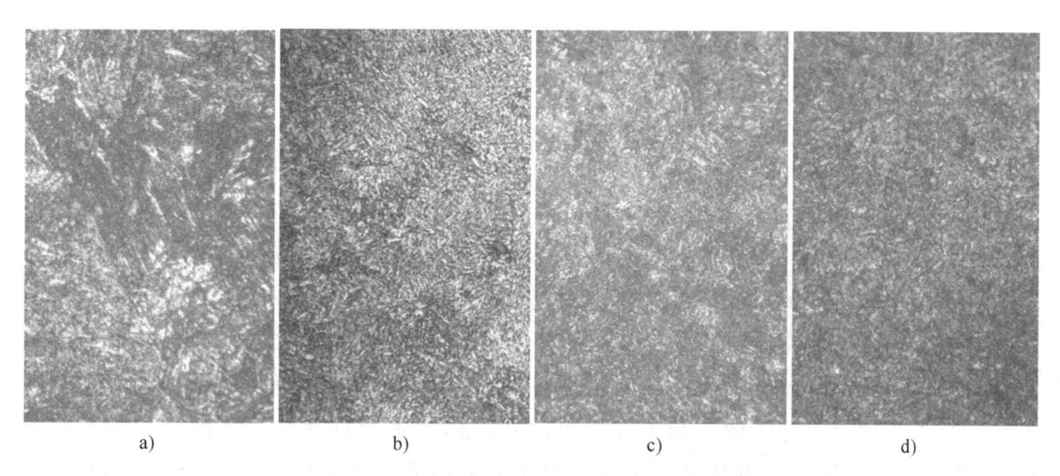

图 1-30　不同碳素钢淬火+中温回火组织（400×）
a）20 钢　b）45 钢　c）T8 钢　d）T12 钢

中温回火主要用于弹簧钢。碳素弹簧钢的回火温度取范围的下限，因为合金元素提高了钢的耐回火性，所以合金弹簧钢的回火温度取范围的上限。如 65 钢在 380℃回火，55SiMn 钢在 480℃回火。为避免发生第一类回火脆性，中温回火温度不应低于 350℃。

除此之外，对于小能量多次冲击载荷下工作的中碳钢工件，采用淬火后中温回火代替传统的调质处理，可大幅度提高使用寿命。

（3）高温回火（500～650℃） 淬火加高温回火又称为调质处理，主要用于中碳结构钢制造的机械结构零部件。钢经调质处理后，得到由铁素体基体和弥散分布于其上的细粒状渗碳体组成的回火索氏体组织，如图1-31所示，使钢具有一定的硬度（25～35 HRC）、强度及良好塑性、韧性的配合，即具有良好的综合力学性能。例如40钢经正火和调质两种不同的热处理后，当强度相等时，调质处理的断后伸长率提高50%，断面收缩率提高80%，冲击韧度提高100%。因此，高温回火广泛应用于要求具有优良综合力学性能的结构零件，如涡轮轴、压气机盘以及汽车曲轴、机床主轴、连杆、连杆螺栓、齿轮等。

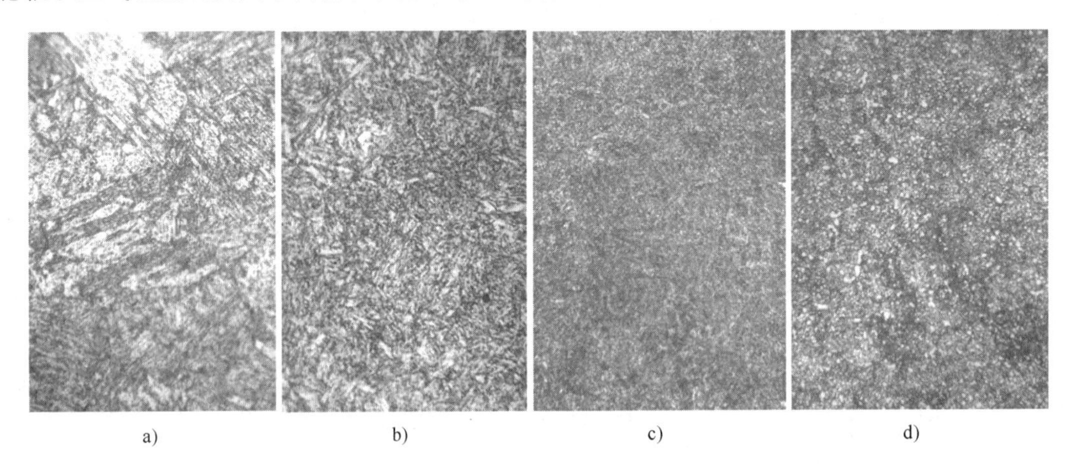

a)　　b)　　c)　　d)

图1-31 不同碳素钢淬火+高温回火组织（400×）
a）20钢 b）45钢 c）T8钢 d）T12钢

含Mn、Cr、Si、Ni等元素的钢具有第二类回火脆性，回火后应采用水冷、油冷等快速冷却方式以避免这类脆性。

对于具有二次硬化效应的高合金钢，往往通过淬火加高温回火来获得高硬度、高耐磨性和热硬性，高速工具钢就是其中的典型。此时必须注意的是：第一，高温回火必须与恰当的淬火相配合才能获得满意的结果。例如Cr12钢，如果在980℃淬火，由于许多碳化物未能溶入奥氏体，奥氏体中的合金元素和碳的质量分数较低，淬火后的硬度虽高，但高温回火后硬度反而降低。如果将淬火温度提高到1080℃，使奥氏体中合金元素和碳的质量分数提高，淬火后出现大量残留奥氏体，硬度较低，但二次硬化效果却十分显著；第二，高温回火后还必须至少在相同温度或较低温度再回火一次，因为高温回火冷却后部分残留奥氏体会发生二次淬火，形成新的淬火马氏体，而未经回火的马氏体是不允许直接使用的（低碳马氏体除外），因此必须再次回火，例如高速工具钢淬火后通常要在560℃回火三次，而国外有的工厂在三次回火后还要增加一次200℃的低温回火，以消除任何可能出现的未回火马氏体。

调质与正火相比，不仅强度较高，而且塑性、韧性远高于正火。这是因为调质后钢的组织是回火索氏体，其渗碳体呈颗粒状，而正火后的组织是索氏体（或托氏体），其渗碳体呈薄片状。因此，重要结构零件应进行调质处理。

调质处理有时也用作工序间处理或预备热处理。例如淬透性很高的合金钢

(18Cr2Ni4WA）渗碳后空冷硬度很高，切削加工困难，这时可通过高温回火来降低其硬度。需要采用感应淬火的重要零件，一般以调质处理作为预备热处理。渗氮零件在渗氮前一般也应进行调质处理。高温回火的温度需要根据所要求的强度或硬度并结合钢的成分来选定。

根据设计要求的硬度选择回火温度及适用材料见表 1-7。

表 1-7　回火温度及组织、性能关系

回火温度/℃	回火后组织	组织硬度	适用材料
150～250	回火马氏体	58～64HRC	高碳钢工具，轴承钢，表面热处理之后
350～500	回火托氏体	35～50HRC	弹簧钢、热作模具钢
500～650	回火索氏体	200～330HBW	重要的强韧性综合性能好的连杆、轴、齿轮、螺栓

2. 回火时间的确定

除了回火温度外，回火时间对组织性能也有一定的影响。回火时间的确定以工件烧透、组织转变完全和尽可能多地消除内应力为原则。从组织转变考虑，回火时间不宜太长。然而从消除淬火应力来看，应适当延长回火时间，如：碳素钢 200℃ 回火 1h，应力消除约 50%；回火 2h，应力消除 75%～80%；500～600℃ 的高温回火 1h，应力消除达 90%以上。对于调质处理可取 0.5～1h，对于工具钢一般取 2h 左右。对于合金钢，由于合金元素扩散较慢，内应力也较难消除，故回火时间应适当延长。生产实践表明，某些合金钢制作的工模具往往由于回火不充分，导致使用过程中的开裂而报废。除此之外，回火时间的确定还需考虑工件尺寸、装炉量、加热方式等。

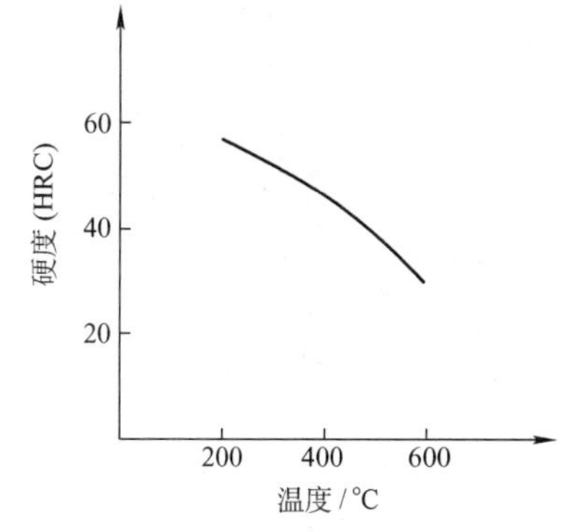

图 1-32　45 钢淬火后在不同温度下回火的硬度变化

3. 回火后的冷却

回火后的冷却对回火后钢的性能影响不显著，一般采用空气冷却。对于某些合金钢，为了防止回火脆性，应采用快冷（水冷或油冷）。水冷过程中产生的内应力，可再进行一次低温回火加以消除。

想一想

45 钢淬火后分别在 200℃、400℃、600℃ 温度下进行回火，对应的硬度如图 1-32 所示。从硬度的变化联想其他力学性能如何变化。

模块五　钢中相似组织的鉴别

对于初做组织分析的人，常常感觉无所适从，都是黑白两色的形态，要分辨出若干种组织，还要反推热加工工艺，很难做出正确判断，这是功夫还没练成。俗话说罗马不是一天建成的，金相分析要从成分、热处理工艺、组织形态和数量等多方面因素分析，日积月累坚持学习，终究会练成行家里手，成为行业里的佼佼者。

一、铁素体与渗碳体的区分

铁素体和渗碳体都是白色的组织，在视场中观察时，首先从形态和数量上判断，数量很多、白色的多边形块状组织（图 1-11）一定是铁素体；渗碳体在过共析钢缓冷组织中出现，如本章模块二中利用杠杆定律的计算，T12 缓冷的室温组织渗碳体约为 7.3%，呈相对光滑、厚薄均匀的细片，分布在晶界上（图 1-12）。

当从形态和数量上不易区分时，可以借助下面几种手段。

1. 显微硬度法

这种方法适用于较粗大的白色网状情况。一般选用较小载荷的显微硬度测量，所测值在 600HV 以上者可确定为渗碳体，所测值在 200HV 以下者则确定为铁素体，并可判定为亚共析钢材料。

2. 化学试剂浸蚀法

采用碱性苦味酸钠水溶液，将被测试样浸入其中煮沸 5min 左右，取出试样以流水冲洗干净，然后吹干，放在显微镜下观察，若白色网变为黑棕色或更深的黑色，则确定为渗碳体；若其颜色不变仍呈白色（不受浸蚀），则认为是铁素体。

3. 硬针刻划法

这是最简单易行的一种方法，只要有一台光学金相显微镜就可进行。首先将样品制成金相试样，并进行普通的浸蚀，然后在其上刻划一条痕迹，放到显微镜下观察，若刻划的痕迹变粗，则认为白色网为铁素体；反之刻痕较细或方向发生变化，则认为是渗碳体。

二、马氏体回火产物的识别

回火马氏体、回火托氏体、回火索氏体一般不易区别。对中碳钢而言，淬火状态下的马氏体未受自回火的影响，所以呈浅色背景，上面分布着深色的板条；如果背景变深，但仍不及先形成的板条，则为回火马氏体；如果有明显的白色铁素体板条则为回火索氏体；当没有明显的黑白差别时，则为回火托氏体，如图 1-33 所示。

金相试样浸蚀后的色泽也有一定的参考价值：正常浸蚀下，淬火马氏体为浅黄色，

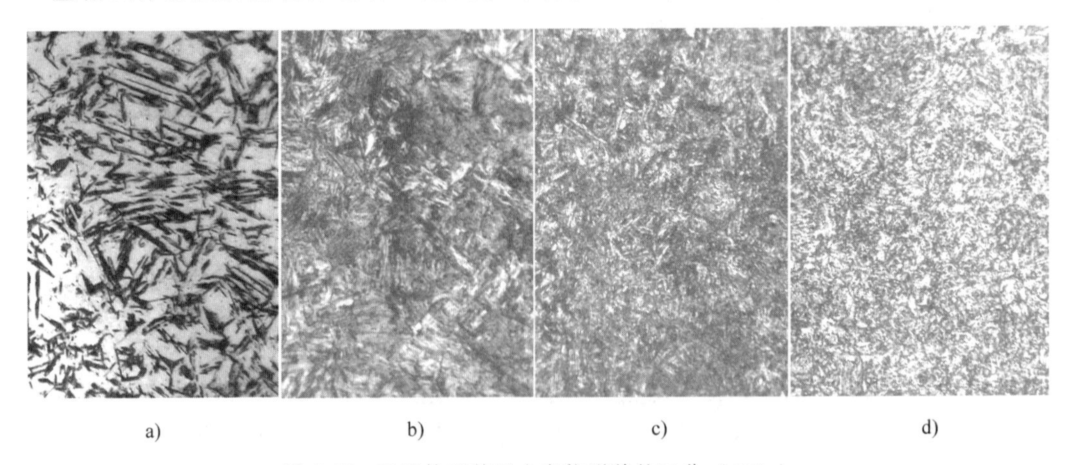

a)　b)　c)　d)

图 1-33　马氏体及其回火产物形貌的区分（400×）

a）45 钢 840℃水淬　b）200℃回火　c）400℃回火　d）600℃回火

回火马氏体为棕黄色，350~400℃回火的托氏体为墨蓝或深灰色，而回火索氏体则为浅灰色。

三、淬火产生的托氏体与回火托氏体的区分

淬火过程中产生的托氏体是淬火时由于冷却速度不够导致奥氏体分解成细片状碳化物和铁素体的机械混合物，呈黑色球团状沿晶界分布。图1-34a所示为45钢900℃加热保温25min水淬的组织沿晶界黑色团球状淬火产生的托氏体及中碳马氏体；回火托氏体是白亮的淬火马氏体经中温回火后，由于马氏体析出弥散状的小颗粒碳化物，而使基体容易浸蚀变深，经中温回火的回火托氏体的马氏体位向仍能分辨，图1-34b所示为45钢900℃加热保温25min水淬后经400℃保温60min中温回火后的回火托氏体。

a)

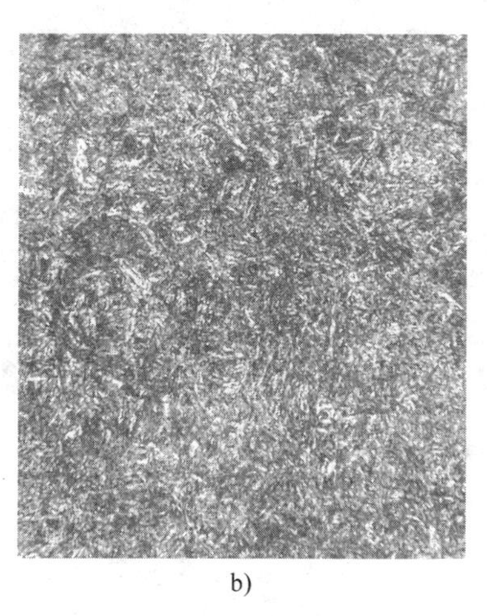

b)

图1-34　淬火产生的托氏体和回火托氏体形貌的区分（400×）
a）沿晶界黑色淬火产生的托氏体　b）回火托氏体

四、低碳板条马氏体与羽毛状上贝氏体的区分

1. 从形态上区分

低碳板条马氏体的光镜特征是大致平行、条宽不等、位向差较小的马氏体条组成的一个马氏体板条束（或区域），一个原始奥氏体晶粒内可以形成3~5个马氏体板条束，每个板条束之间的位向差较大，经常可以看到几乎成等腰三角形的马氏体板条束。残余奥氏体薄膜存在于马氏体条间，所以不能清楚地观察到。单个马氏体板条比较细小（多为0.15~0.2μm），排列较紧密，整体形貌比较平整。因为形成温度较高，受自回火的影响，经4%的硝酸酒精溶液浸蚀后，颜色较深，如图1-35a所示。采用选择性浸蚀时，有时在一个板条束内可观察到若干个黑白相间的板条块（每个板条块由若干个板条组成）。

羽毛状贝氏体的光镜特征是铁素体沿晶界一侧或两侧平行排列并向晶内延伸，等温转变的羽毛状贝氏体除平行排列外，还有单个贝氏体存在，整体形貌不太平整，有一定的层次感，贝氏体层次高，残余奥氏体层次低，如图1-35b所示。羽毛状贝氏体随着温度降低和碳的质量分数的增高，铁素体片条变薄，碳化物颗粒变小，弥散度增高，浸蚀后颜色较深，如图1-35c所示。

2. 从热处理工艺上推断

板条马氏体是中、低碳钢及马氏体时效钢、不锈钢等铁基合金中形成的一种典型的马氏体形态。当碳的质量分数小于0.2%的低碳钢或低碳低合金钢在冷却速度大于临界淬火冷却速度时，淬火可获得全部的板条马氏体。图1-35a所示为20钢930℃加热保温20min盐水淬火的显微组织，这是典型的板条状马氏体；大量工业用钢的碳的质量分数在0.2%~0.6%之间，其马氏体的形态均为板条状和片状混合组织。实践证明，板条马氏体的长度与淬火加热时的奥氏体化温度有关，温度越高，奥氏体晶粒越粗大，成分也趋于均匀，马氏体板条越长。图1-35d所示为45钢920℃加热保温20min水淬后的显微组织，深色粗大的板条马氏体、片状马氏体及白色基体上含有残余奥氏体。

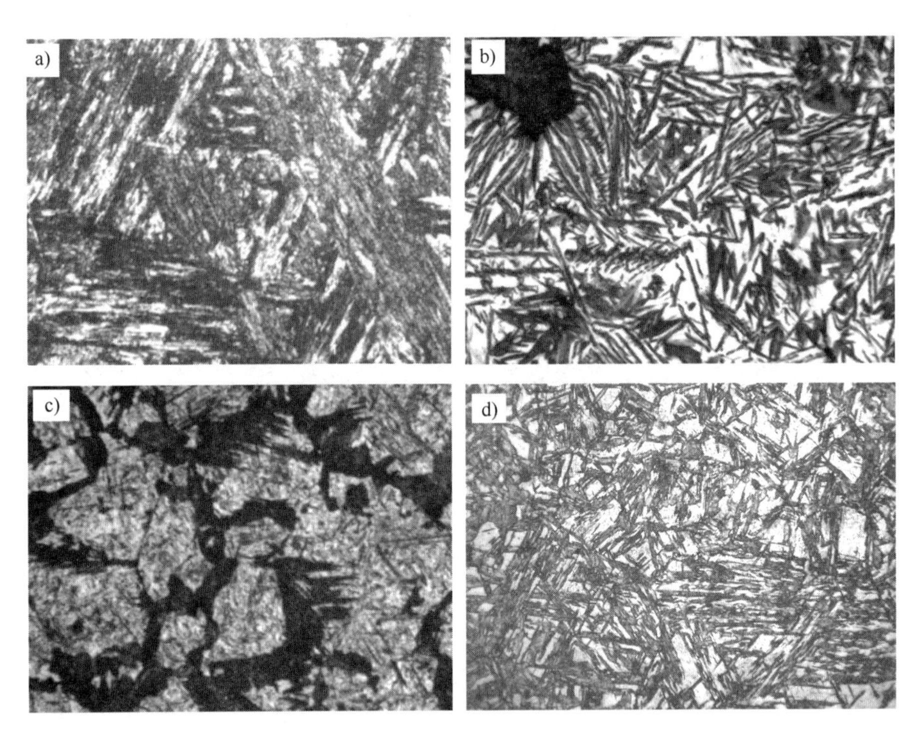

图1-35 低碳板条马氏体和羽毛状上贝氏体形貌的区分（400×）
a）低碳板条马氏体 b）等温淬火上贝氏体 c）连续冷却上贝氏体 d）淬火中碳马氏体

羽毛状贝氏体一般是钢在350~550℃之间等温转变的产物，呈羽毛状。由于贝氏体转变的不完全性，组织中往往存在马氏体以及未转变的残余奥氏体，因此实际钢中经常出现贝氏体、马氏体及残余奥氏体的有机结合的组织。图1-35b所示为球铁920℃加热400等温25min的显微组织，深灰色为上贝氏体、“Z”字形深色为高碳马氏体，白色基体中含残余奥氏体，图左上方深色为球状石墨；亚共析钢、过共析钢在连续淬火冷却时，因冷却速度不够，可形成羽毛状贝氏体，其特征是从原奥氏体晶界向晶内长大，在晶界两边或一边形成几乎平行的羽毛束，晶界上常伴有淬火产生的托氏体，浸蚀后呈黑色，如图1-35c是T12钢1200℃加热保温30min水淬后的显微组织，在马氏体和残余奥氏体的基体上沿晶界分布着黑色淬火产生的托氏体和羽毛状上贝氏体。由于羽毛状贝氏体的强度和韧性都较差，所以实际生产中的热处理主要是为了获得强度和韧性优良的下贝氏体组织。

五、高碳片状马氏体与针状下贝氏体的区分

1. 从形态上区分

高碳马氏体的光镜形态为针状或片状，较粗，中间厚两头尖，相邻马氏体片互成一定角度（60°~120°），在原奥氏体晶粒内，最先形成的片可贯穿整个奥氏体晶粒，一般不穿过，只将奥氏体晶粒分割，后续形成的马氏体片由于受到限制而越来越小。所以最终得到的是大小不等、分布不规则的针片状马氏体。由于马氏体形成温度高低不同，浸蚀后淬火组织中的马氏体颜色往往深浅不一，在较高温度先形成的可能发生自回火而呈现黑色，后形成的由于温度较低不易发生自回火而呈现浅色，所以常和残余奥氏体有机结合，颜色稍暗，但能隐约看到马氏体针片的浮凸现象。图 1-36a 所示为 18CrMnNiMoA 钢渗碳淬火后表层的显微组织，黑色（自回火）及灰色为粗大针状马氏体，浅灰色中含有残余奥氏体；碳的质量分数较高的片状马氏体中常能看到一条中脊梁，超高碳的马氏体以闪电状形式形成，呈“Z”字形分布，中脊梁更加清晰可见。图 1-36b 所示为球铁 940℃加热淬火后的显微组织，在白色基体上分布着残余奥氏体和“Z”字形带中脊梁的高碳马氏体，深灰色椭球状是球状石墨。

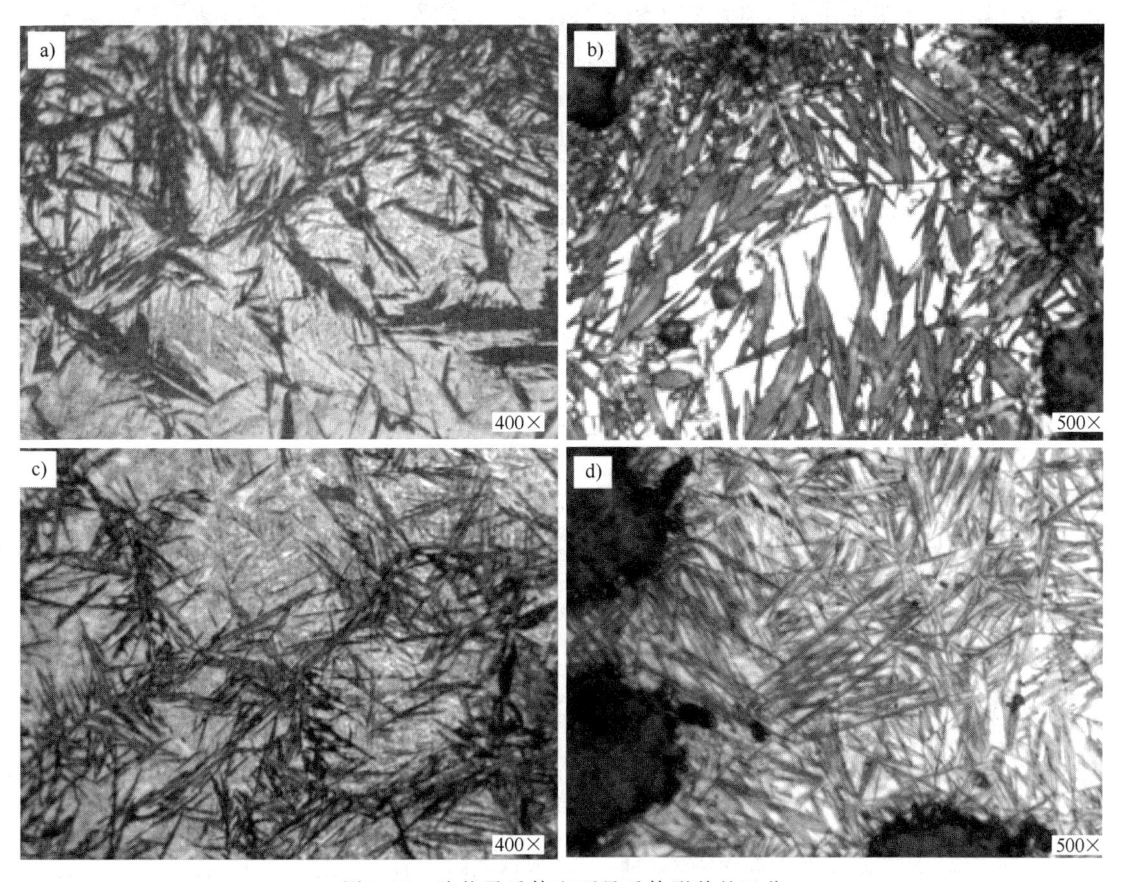

图 1-36　片状马氏体和下贝氏体形貌的区分

a)、b）高碳片状马氏体　c)、d）针状下贝氏体

下贝氏体的光镜形态较细，呈单个条片状，条片间互呈交角，多密集于晶界，晶内相对较少。下贝氏体由铁素体条和分布在铁素体条内部的碳化物构成，浸蚀后颜色一般呈黑色。

图 1-36c 所示为 GCr15 钢 1000℃加热保温 70min、260℃等温 13min 后的显微组织，在深灰色片状马氏体和残余奥氏体的基体上分布着黑色细针状下贝氏体。光学显微镜下下贝氏体和回火高碳马氏体有相似之处，但回火高碳马氏体仍保留着原马氏体长短不一等形态特点，所以组织粗大到一定程度后，观察是能分辨清楚的，如图 1-36a 和图 1-36c 所示。

淬火马氏体和下贝氏体的耐浸蚀程度有所差异，一般马氏体较下贝氏体难于被浸蚀，同样的浸蚀时间，马氏体颜色较浅。所以常用轻（浅）浸蚀法区分两者。试样经轻浸蚀后出现的黑色细针状即为下贝氏体。

2. 从热处理工艺上推断

高碳片状马氏体是中、高碳钢淬火后的组织，淬火冷却速度一定要大于其临界冷却速度。淬火加热时，随着加热温度升高，奥氏体晶粒粗化，得到粗大的马氏体，实际生产中不允许存在粗大马氏体，正常热处理工艺获得的高碳马氏体一般是“隐针”状，光镜下很难分辨。钢淬火时，获得马氏体的同时残留一部分奥氏体，分布在马氏体片间隙中，碳的质量分数越大，淬火后组织中残留的奥氏体越多。

下贝氏体是钢在 350℃ ~ Ms 之间等温转变的产物。实际生产中，钢的等温淬火一般是想获得强度高、韧性好的下贝氏体组织。由于贝氏体转变的不完全性，等温淬火后的组织中还存在片状马氏体和残余奥氏体，但层次感比较明显。图 1-36d 所示为球铁 960℃加热 260 ~ 280℃等温 80min 后的显微组织，灰色细而长的针状为下贝氏体，呈“Z”字形的浅灰色片状为马氏体，白色组织中有残余奥氏体，深灰色为球状石墨。

总之，显微组织的鉴别是一项细致的工作，很多材料不同处理状态的显微组织非常相似，电子显微镜能准确判断并区分，而且生产实际要求快速检验，充分利用光学显微镜、显微硬度仪等普通装备，结合相变理论、工艺参数和光学金相成像机理等进行综合分析，快速准确地鉴别不同材料或同种材料不同处理状态下的显微组织是可行的。受工作条件的制约，确实难辨别的组织可以借助电镜进行分析。

模块六 热处理常见淬火缺陷

各种热处理工艺中淬火缺陷最为常见，如硬度不足、变形、开裂等。产生缺陷的原因很多，需从各方面检查分析，金相检验是常用的方法，占重要地位。

一、淬火裂纹

淬火时在零件中引起的内应力是造成变形与开裂的根本原因。当内应力超过材料的屈服强度时，便引起变形；当内应力超过材料的断裂强度时，便造成开裂。拉应力是使裂纹萌生和扩展的必要条件。分析淬裂原因，可以从两方面来考虑，一是有哪些因素造成了较大的应力；二是材质有没有缺陷，导致强度和韧性降低。

1. 淬火裂纹的特征

1）多数情况下裂纹由表面向心部扩展，宏观形态较平直。

2）从宏观与微观看裂纹两侧均无脱碳，但如果在氧化性气氛中进行过高温回火，则淬火裂纹两侧会有氧化层。

2. 显微组织无异常现象，内应力增大引发淬火裂纹的因素

1）零件设计不合理，如有尖角、截面突然变化或键槽等均易引起应力集中。

2）冷却太强烈，如应该用油淬而选用了水淬，不该冷透时而冷透了等。

3）淬火时冷却方式不当，导致冷却不均匀，应力不均匀。

4）淬火后未及时回火。

3. 组织存在缺陷，易引起淬火裂纹的因素

1）淬火温度偏高，奥氏体晶粒粗大，淬火后形成较粗大的马氏体，容易开裂。特别是粗大的高碳马氏体，常伴有显微裂纹。

2）钢材有折叠或粗大夹杂物等缺陷，淬火时易沿此缺陷形成裂纹。

3）若钢材中存在着网状碳化物等脆性相，则在淬火时易沿着脆性碳化物网处开裂。在晶界处有了沿晶界分布的碳化物网络，磨削时也容易磨裂。因此，对需要淬火的零件，不允许有连续的网状碳化物存在。

4）若钢材中存在严重偏析，则淬火后组织不均匀，内应力较大且不均匀，容易开裂。

5）由于零件表面脱碳，则淬火时表层体积膨胀小，受到两向应力，因此容易形成龟裂。

二、淬火硬度不足

零件淬火硬度不足，形成原因可从以下几方面考虑：

(1) 加热温度不足　冷却时形成托氏体，当托氏体很少时，硬度上无明显变化，但金相方法容易鉴别。在本书后面具体钢种的金相检验时有举例说明。

(2) 淬火冷却速度不足　淬火组织中除马氏体外，还有托氏体或贝氏体组织。托氏体或贝氏体越多，硬度越低。

(3) 表层脱碳　淬火时不易形成马氏体，或形成低碳马氏体。

(4) 淬火过热　过热组织马氏体粗大，残留奥氏体量明显增多，硬度也降低。

零件淬火、回火后性能达不到要求，影响因素可以是多方面的，对其进行质量分析，是一个复杂的过程。这里只是强调金相检验时应该注意有无影响强韧性的不利因素，如晶粒粗大、多量非金属夹杂物、网状渗碳体、网状铁素体、淬火组织中的非马氏体组织以及因显微偏析造成的组织不均匀性等。

模块七　金相学史话

金相学（metallography）这一名词在1721年首次出现于牛津《新英语字典》（*New English Dictionary*）中，它是研究金属材料组织的一门实验学科，主要通过显微技术对金属材料宏观和微观组织不同结构组分，即各个晶体（相）或晶体群（共晶体、共析体等）的含量、大小、形状、颜色、位向和硬度进行研究，揭示金属材料的宏观、微观组织形成和变化规律及其与成分和性能之间关系。

一、金相学的启蒙

Aloysvon Widmanstatten（以下简称魏氏）在1808年首先将铁陨石（铁镍合金）切成试片，经抛光再用硝酸水溶液腐刻，并详细描述了铁陨石的组织形貌，即在高温时是奥氏体，经过缓慢冷却在奥氏体的{111}面上析出粗大的铁素体片，有四种取向，无须放大，肉眼可见。其中三种是针状，夹角为60°，第四种是片状，平行于纸面。从此拉开了金相学的序幕。那时照相技术尚未出现，只能将观察结果描绘出来，这应该就是后来显微组织示意图的画法的来历。图1-37所示为魏氏1820年使用类似我国古老的拓碑技术直接印制的铁陨石腐刻后的魏氏组织。组织的清晰程度可与现代金相照片媲美。为了纪念这位伟大的启蒙者，这种组织就命名为魏氏组织（用W表示）。在亚共析钢中，当铁素体呈针网形态时，就称为铁素体魏氏组织，用F_W表示；在过共析钢中，当渗碳体呈针网形态时，就称为渗碳体魏氏组织，用Fe_3C_W表示。

图1-37 铁陨石腐刻后直接印制的魏氏组织

魏氏实验更为深远的意义还是在科学方面，这不仅是宏观或低倍观察的开端，也是显微组织中取向关系研究的起始。

1）1817年，J. F. Daniell发现铋在硝酸中浸泡数日后表面出现立方的小蚀坑，建立了用蚀坑法研究晶粒取向的技术。

2）1860年，W. Lubders在低碳钢拉伸试样表面上观察到腐蚀程度与基体不同的条带，并正确解释这不是偏析而是由局部的不均匀切变引起的，后来就以他的姓氏称这种滑移带为吕德斯带。

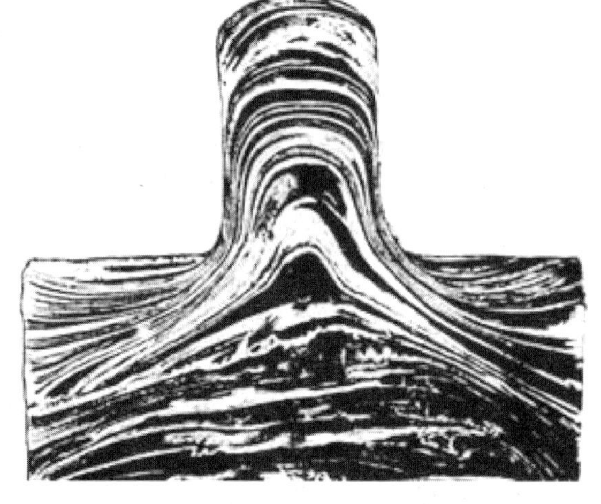

图1-38 金属部件中的流线（H. Tresca，1867年）

3）1867年，H. Tresca用氯化汞腐蚀显示金属部件中的流线（图1-38）说明金属在加工形变过程中内部金属的流动情况。上述实验奠定了宏观腐刻及低倍检验技术的基础，在今天仍然是金属研究和生产检验中常使用的方法。

二、金相学的创建

如果说魏氏拉开了金相学的序幕，那么英国的H. C. Sorby（以下简称索氏）为金相学的奠基人则当之无愧。他的伟大之处在于用显微镜观察不透明材料的内部结构。在此之前，显微镜主要用于医学、生物学和天文学。

1863年，索氏首次用显微镜观察经抛光并腐刻的钢铁试片，他在锻铁中观察到类似魏氏在铁陨石中观察到的组织，并称之为魏氏组织。后来他又进一步完善了金相抛光技术，并在摄影师的协助下拍摄了钢与铁的显微图像，基本上搞清了其中的主要相，并对钢的淬火、回火等相变作了现在看来基本正确的解释。所以，索氏是国际公认的金相学创建人。

索氏除了在金属材料上的研究外，还对地质学的研究有很大贡献。1850年，当时只有24岁的索氏用显微镜研究岩石，从而建立了岩相学。这一新鲜事物很快就受到广泛的重视，而他被推崇为“显微岩相学之父”。

索氏在钢铁的显微镜观察中发现的主要相有：

1）自由铁（1890 年美国著名金相学家 Howe 将其命名为 ferrite，即铁素体，用 F 表示）。

2）碳含量高的极硬化合物（1881 年 Apel 用电化学分离方法确定为 Fe_3C，1890 年 Howe 将其命名为 cementite，即渗碳体用 Fe_3C 表示）。

3）由前两者组成的片层状珠状组织 pearly constituent（Howe 将其命名为 pearlite，即珠光体，用 P 表示）。

4）石墨。

5）夹杂物。

三、金相学的发展

在索氏研究钢铁材料金相组织的同时，德国的 Adolf Martens（以下简称马氏）和法国的 Floris Osmond 分别在 1878 年及 1885 年独立地用显微镜观察钢铁的显微组织，这是那个时期钢铁工业大发展的必然结果。

马氏是一位严谨的、正统的金相学家。一方面与德国蔡司光学仪器厂合作设计适于金相观察的显微镜，另一方面对钢铁的金相进行了大量的系统研究，发现了低碳钢的时效变脆现象。马氏在改进和推广金相技术方面起了很大的作用。他认为对钢铁厂来说，金相检验是最重要的检验方法之一，其重要性绝不亚于化学成分分析。在他的影响下，20 世纪初不少钢厂都有了金相检验室。为了纪念马氏在改进和传播金相技术方面的功绩，Osmond 在 1895 年建议用他的姓氏命名钢的淬火组织——martensite，即马氏体，用 M 表示。

Osmond 是金属学或物理冶金方面的一位伟大科学家。首先，在实验技术方面他不限于金相观察，而是把它与热分析、膨胀、热电动势、电导等物理性能试验结合起来，把金相技术扩大到更广泛的范畴里去，这在后来成为金属学的传统研究方法。其次，在理论分析方面他也不限于显微组织结构，而是把它与化学成分、温度、性能结合在一起，注意研究它们之间的因果关系。他把金相学从单纯的显微镜观察扩大、提高成一门新学科。

Osmond 在实验技术上精益求精，图 1-39 所示是他在 1901 年拍摄的珠光体的高倍显微图像。就是在今天用先进的实验仪器与照相器材，要达到这么高的水平也非易事。我们今天使用的转变点符号都是沿用当年 Osmond 用过的。如 *A*（法文驻点 arrestation 的第一个字母），代表转变点；*c*（法文加热 chauffage 的第一个字母）及 *r*（法文冷却 refro idissement 的第一个字母）分别代表升温及降温的转变点。

图 1-39 w_C = 1.6%钢中的珠光体（Osmond，1901 年）

Osmond 还是一位具有谦逊美德的

典范人物。他推崇索氏为金相学的奠基人，马氏为伟大的金相学家，分别用他们的姓氏命名索氏体（即细珠光体，用S表示）和马氏体（用M表示）。他还把他自己发现的碳在γ铁中的固溶体命名为austenite，即奥氏体（用A表示），以纪念在Fe-C相图方面做出巨大贡献的W. C. Roberts-Austen（以下简称奥氏）。甚至他还用物理化学家L. J. Troost（巴黎大学教授，Osmond曾受过他的指教）的姓氏命名钢中的一种共析相变组织托氏体（极细珠光体，troostite，用T表示）。

贝氏体名字来自钢铁热处理理论的奠基者——美国化学家贝茵（E. C. Bain，1891—1971年）。贝茵和达文波特（E. S. Davenport）从1929—1930年开始研究钢中奥氏体在不同温度条件下的转变过程及其产物，创造了等温转变图，阐明了钢热处理的一般原理。他们在实验中发现了一种非马氏体针状组织，这种针状或羽毛状的组织就是贝氏体（用B表示）。

莱氏体（ledeburite）是铁碳合金发生共晶转变形成的奥氏体和渗碳体所组成的共晶体，用Ld表示，因莱氏体的基体是硬而脆的渗碳体，所以硬度高而塑性很差。莱氏体是以德国冶金学家莱德堡（Adolf Ledebur，1837—1916年）命名的。

学报的开始出现、大学中设金相学讲座或教授、Fe-C相图在1899—1900年的问世，使钢铁的相变与热处理有了理论的指导。从那时起，金相的研究已从钢铁逐步延伸到其他合金系统中，G. Tammann开始按周期表系统地研究二元系合金（1903年），把金相学进一步发展为金属学（metallkunde），在德国哥丁根大学建立学派，并出版《金属学教程》（1914年）。这一切都标志着在19世纪末20世纪初金相学已成为一门新兴的学科，对金相学的普及推广也起到了重要的作用。

四、展望

随着金相学研究、分析手段的不断进步，人们对金属的组织结构有了更加深刻的认识，从早期的借助光学显微镜分析，发展到现代的电子显微镜技术，大大提高了显微镜的分辨能力。电子显微镜的最大特点是分辨率高、放大倍数高，在光学显微镜下分辨不清的组织，在电子显微镜下可一目了然。另外，电子显微镜的景深长，这对分析断口十分有利。电子显微镜还可进行电子衍射，把对合金相的形貌观察和结构分析结合起来，便于鉴定物相；同时，借助电子显微镜还可直接观察晶体的缺陷（层错、位错等）以及某些材料的沉淀过程。可以说电子显微镜的出现对金相学的发展产生了深远的影响。

金相学的一项重要内容就是金相检验。金相检验工作是理论和实践性都很强的工作，涉及检验人员的理论水平、业务素质及实际操作能力。因此，金相的正确判定对提高机械工业产品的内在质量起到至关重要的作用。

随着计算机的发展，金相显微镜的功能也发生了很大变化，数码采集得到普及。

1）可通过数字CCD摄像头等设备捕获图像，也可从文档中打开图像或从剪贴板中粘贴图像，任何格式存储的图像均可用软件进行分析。

2）可按照美国材料与试验协会（ASTM）和国际标准化组织（ISO）的标准参数，对金属图像进行全自动分析。

3）通过与标准结构对比的方法，分析金属结构。

4）分析图像，各种数据和图表存储于专业图像数据库中。

5）生成打印报告，包括图像、数据和文字等内容。

6）可对图像亮度、对比度和锐化等进行调节，改善质量。

7）图像注释（图表和文字等）。

8）可手动或半自动对图像进行各种测量。

【思考题】

一、名词比较

从成分、晶体结构、光学显微镜下的形态特征和力学性能等方面分析比较下列组织名词：

1. 铁素体　2. 奥氏体　3. 渗碳体　4. 片状珠光体　5. 板条马氏体
6. 片状马氏体　7. 上贝氏体　8. 下贝氏体　9. 粒状珠光体　10. 魏氏组织

二、填空题

1. 金属材料的性能包括____________性能和____________性能。
2. 常用金属材料晶格类型有____________、____________和____________。
3. 实际金属的晶体缺陷有____________、____________和____________。
4. 金属材料的结晶过程是一个____________和____________过程。
5. 合金的相结构分为____________和____________两种。
6. 共析钢等温冷却曲线根据温度高低，可分为____________、____________和____________转变。
7. 常用的淬火冷却方法有__________、__________、__________和__________。
8. 根据加热温度高低，回火可分为____________、____________和____________。
9. 片状珠光体型的组织颜色有浅有深，主要由片间距决定颜色深浅，极细片状珠光体又称为____________，在光镜下分辨不出片层，组织颜色为____________色。
10. 贝氏体的常见形式有上贝氏体和下贝氏体，其中____________综合性能比较好，有实用价值。
11. 魏氏组织是种缺陷组织，它的出现通常伴随着组织粗大，但是从晶体结构上分析，魏氏组织并不是新相，按照相结构分类，魏氏组织可分为____________和____________。
12. 同一种材料的索氏体和回火索氏体比较，____________具有更好的综合性能。

三、简答题

1. 简述粒状珠光体组织，比较图1-18的a图和b图的异同并分析原因。
2. 亚共析钢缓冷后的组织是什么？简述亚共析钢随着碳的质量分数增大，组织相对数量是怎样变化的，用代表性钢号举例说明。
3. 简述退火与正火的异同点，并说明二者在实际生产中的应用有哪些不同。
4. 淬火的目的是什么？亚共析钢和过共析钢的淬火加热温度应如何选择，为什么？
5. 已知45钢临界温度为$Ac_1$724℃、$Ac_3$780℃，45钢室温组织为F+P，分别加热到700℃、760℃和840℃，保温足够时间后水冷，各得到什么室温组织，为什么？

6. 淬火后为什么要及时回火？碳钢回火后硬度是降低还是升高？回火后的硬度和回火温度有什么关系？

7. 低碳钢（如20钢）这类材料从工程意义上讲，一般不采用中高温回火，试述其原因。

8. 粗大的板条马氏体或针片马氏体（图1-19）为什么在工业生产中不易出现？

四、课外调研与讨论

1. 观察你周围的工具、器皿和机械设备等，分析其制造材料的性能与使用要求的关系。

2. 自然界有很多奇妙的东西，仔细观察你周围的环境或日用品，如冬天的雪、水结的冰、松花蛋、干涸的河床、裂缝的地面或墙面等，想一想和你学过的哪些显微组织形态比较相似。通过学过的知识或查阅资料，简单分析其理由。

3. 金属材料的性能与其内部的晶体结构和组织状态密切相关，谈一谈你的认识。

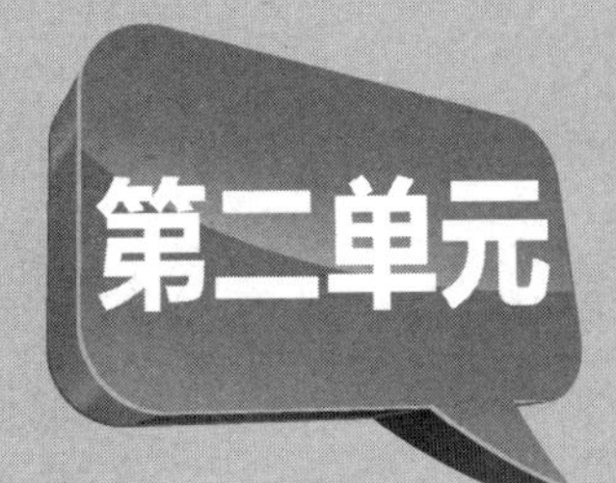

钢的宏观检验技术

内容导入

金相检验不仅是借助金相显微镜来研究金属材料的内部组织，通过肉眼或是在低倍放大镜下进行的宏观检验也是金相检验的重要内容。本章的学习重点是宏观检验方法选择，而具体的操作步骤只需要一般性的了解。

金相检验属于破坏性试验方法，它包括两大部分，一是宏观检验，二是微观检验。所谓宏观检验又称为宏观分析或低倍检验，是通过肉眼或放大镜（<20倍）来检验金属材料及其制品的宏观组织和缺陷的检验方法。宏观检验取样面积大，能较全面地反映出被检材料或机件的内在质量和宏观缺陷组织，而且所需检验设备简单，操作简便，因此这种检验材料内部质量的方法在工业生产中得到广泛应用。

视频 缩孔

金属材料在冶炼或轧制、锻造等热加工过程中会产生疏松、气泡、缩孔、非金属夹杂物、偏析、白点、裂纹等缺陷，这些缺陷均可以通过低倍检验的方法发现。常用的方法有酸蚀试验、断口检验、硫印试验和塔形发纹酸浸试验等，可根据试验和研究的目的来选择试验方法。

模块一 酸蚀试验

酸蚀试验是显示钢铁材料低倍组织的试验方法。这种方法所需设备简单，操作简便，可以清楚地显示钢铁材料中的裂纹、夹杂、疏松、偏析和气孔等缺陷，是钢铁材料入厂的首道检验，可以避免对不合格材料进行后续的机械加工。酸蚀试验对加工过程进行检验，可以显现缺陷的特征，帮助分析查找缺陷产生的原因。

酸蚀试验的原理是酸液浸蚀钢材时，各部分组织耐蚀程度不同，从而显示不同的组织或缺陷。由低倍组织的分布情况和缺陷的数量及大小，根据相关标准评定出所检材料的冶金质量或加工质量。

钢的酸蚀试验方法依照 GB/T 226—2015《钢的低倍组织及缺陷酸蚀检验法》进行。

一、试样的选取

酸蚀试样应选取最易发生缺陷的部位，一般的选取原则如下：

1）检验入厂原材料的质量时，应在钢材的两端截取试样。

2）检验钢材表面缺陷时，直接在待检表面进行酸蚀试验。表面缺陷可以为淬火裂纹、磨削裂纹、淬火软点等。

3）在解剖钢锭及钢坯时，应选取一个纵向和三个横向试样，横向取两端和一个中间试样。钢中的白点、偏析、皮下气泡、翻皮、疏松、缩孔、轴向晶间裂纹、折叠裂纹等缺陷，在横向截面的试样上可以清楚地显示出来；而钢中的锻造流线、应变线、条带状组织等，则可以在纵向试样上显示出来。

4）在进行失效分析或缺陷分析时，除了在缺陷处取样外，同时还在有代表性的部位选取一个试样，以便与缺陷样进行对比。

二、试样的制备

1. 取样方法

取样可用剪、锯、切割等方法。试样加工时，必须除去由取样造成的变形和热影响区以及裂缝等加工缺陷。加工后试样的表面粗糙度值应不大于1.6μm，冷酸蚀法不大于0.8μm，试面不得有油污和加工伤痕，必要时应预先清除。

试面距切割面的参考尺寸如下：

1）热切时不大于20mm。

2）冷切时不大于10mm。

3）烧割时不大于40mm。

2. 试样尺寸

横向试样的厚度一般为20mm，试样表面应垂直钢材（坯）的延伸方向。纵向试样的长度一般为边长或直径的1.5倍，试样表面一般应通过钢材（坯）的纵轴，试样表面最后一次的加工方向应垂直于钢材（坯）的延伸方向。钢板试面的长度一般为250mm，宽为板厚。检验钢材表面缺陷时试样应取自钢材的毛坯面，即钢材表面无须进行任何机械加工，可直接置于酸液中腐蚀。

三、热酸蚀试验

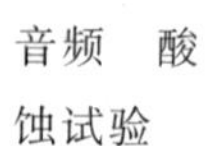

音频 酸蚀试验

视频 热浸蚀试验

试验所需设备：酸蚀槽、加热器、碱水槽、流水冲洗槽、电热吹风机。

根据不同的钢种选择相应的酸液，其浸蚀时间及温度见表2-1。

热酸蚀的操作过程：先将配制好的酸液放入酸蚀槽内，并在加热炉上加热。将已加工好的试样，用蘸有四氯化碳或酒精的棉球擦洗干净，然后用塑料导线将试样绑扎好，试样的腐蚀面向上，置于酸蚀槽内热蚀。到温后开始计算时间，到时间后将试样从酸液中取出。小试样可以直接在流水中冲洗干净。大试样可先放入碱液槽内作中和处理，再清水洗净。试验应注意：试样浸蚀时，试样表面不得与容器或其他试样接触，试样表面上的腐蚀产物可选用3%～5%碳酸水溶液或10%～15%（体积分数）硝酸水溶液刷除，然后用水洗净吹干，也可用热水直接洗刷吹干。

表 2-1 热酸蚀试剂和试验规范

<table>
<tr><th>分类</th><th>钢种</th><th>酸蚀时间/min</th><th>酸液成分</th><th>温度/℃</th></tr>
<tr><td>1</td><td>易切削钢</td><td>5~10</td><td rowspan="5">1∶1(体积比)工业盐酸水溶液</td><td rowspan="5">60~80</td></tr>
<tr><td>2</td><td>碳素结构钢,碳素工具钢,硅锰弹簧钢,铁素体型、马氏体型、复相不锈钢、耐热钢</td><td>5~20</td></tr>
<tr><td>3</td><td>合金结构钢、合金工具钢、轴承钢、高速工具钢</td><td>15~20</td></tr>
<tr><td rowspan="2">4</td><td rowspan="2">奥氏体型不锈钢、耐热钢</td><td>20~40</td></tr>
<tr><td>5~25</td></tr>
<tr><td></td><td></td><td></td><td>盐酸 10 份,硝酸 1 份,水 10 份(体积比)</td><td>60~70</td></tr>
<tr><td>5</td><td>碳素结构钢、合金钢、高速工具钢</td><td>15~25</td><td>盐酸 38 份,硝酸 12 份,水 50 份(体积比)</td><td>60~80</td></tr>
</table>

制作好的试样可以用肉眼或低倍放大镜进行检验，必要时可以立即拍照保存。如果以后要进行复检，应将试样放在干燥器中或在试样表面涂抹油脂保存。

四、冷酸蚀试验

视频
冷浸蚀试验

冷酸蚀试验是一种在常温下的宏观检验，区别于热酸蚀试验的是它不需要加热设备和盛酸容器，而且操作环境优于热酸蚀试验，是一种便捷的试验方法。冷酸蚀有浸蚀和擦蚀两种形式，擦蚀法适用于不能切割的大型锻件或现场，浸蚀法适用于小件。冷酸蚀的时间以能准确、清晰地显示出钢的低倍组织和宏观缺陷为准。冷酸蚀比热酸蚀有更大的灵活性和适应性，可以在现场进行，仅显示偏析缺陷时，反差程度较热酸蚀的效果差一些。仲裁检验时，无特殊规定，以热酸浸蚀为准。几种常用的冷酸蚀试剂及其适用材料见表 2-2。

表 2-2 几种常用的冷酸蚀试剂及其适用材料

编号	冷酸蚀试剂成分	适用材料
1	盐酸 500mL,硫酸 35mL,硫酸铜 150g	钢与合金
2	氯化铁 200g,硝酸 300mL,水 100mL	钢与合金
3	盐酸 300mL,氯化铁 500g,加水至 1000mL	钢与合金
4	10%~20%过硫酸铵水溶液	碳素结构钢、合金钢
5	10%~40%(体积分数)硝酸水溶液	碳素结构钢、合金钢
6	氯化铁饱和水溶液加少量硝酸(每 500mL 溶液加 10mL 硝酸)	碳素结构钢、合金钢
7	硝酸 1 份,盐酸 3 份(体积比)	合金钢
8	硫酸铜 100g,盐酸和水各 500mL	合金钢
9	硝酸 60mL,盐酸 200mL,氯化铁 50g,过硫酸铵 30g,水 50mL	精密合金、高温合金
10	100~350g 工业氯化铜氨,水 1000mL	碳素结构钢、合金钢

注：选用 1 号和 8 号冷酸蚀剂时，可用 4 号冷酸蚀剂作为冲刷液。

冷酸蚀的操作过程：先用蘸有四氯化碳或酒精的棉球清洗试样，用浸蚀法时将试样面朝上置于酸液中，用擦蚀法时将酸液用棉球蘸取，不断擦蚀试样面，直到能清晰显示低倍组织或缺陷为止。随后用碱液中和试样面上的酸液，再用清水冲洗，最后用酒精喷淋试样面，使其迅速干燥，制样完毕。观察分析同热酸蚀一样，用肉眼或低倍放大镜完成。

五、电解腐蚀试验

电解腐蚀试验是近年来发展起来的试验方法，具有操作简便、酸的挥发性小、对空气的污染少的特点，适用于钢材大批量的检验。

电解腐蚀的基本原理：电解液浸没钢试样，试样中的组织和缺陷等不同区域电极电位不同，这些不均匀的电极电位构成了复杂的多极微电池，在外加电压作用下，试样面上各部位的电极电位有了改变，电流密度也随之改变，这样加快了试样的腐蚀速度，达到电解腐蚀的目的。

试验所需设备：变压器、电压表、电流表、电极钢板、电解液槽等。设备装置如图 2-1 所示。

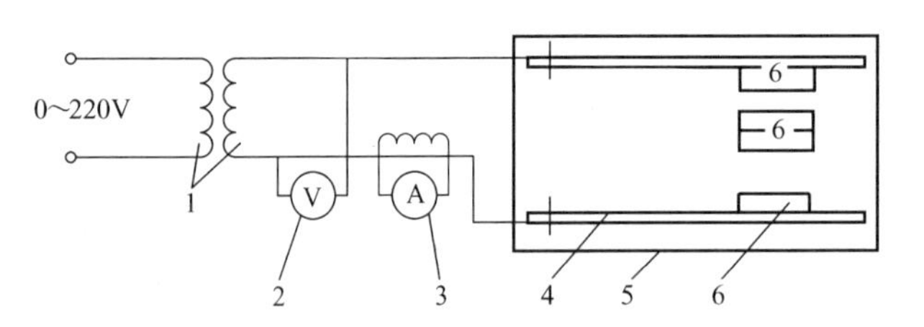

图 2-1 电解腐蚀装置图

1—变压器（输出电压≤36V） 2—电压表 3—电流表
4—电极钢板 5—电解液槽 6—试样

音频 电解酸蚀

电解腐蚀的操作过程：配置 15%~20%体积分数的工业盐酸水溶液，溶液体积必须能完全浸没待腐蚀的试样，试样放在两电极板之间，待检面平行于阴极板，如果是多块试样同时试验，则两试样之间间隔 20mm 以上，调整电压和电流，一般电压小于 36V，电流密度为 0.1~1A/cm^2，腐蚀时间以能清晰显示低倍组织和缺陷为准，一般为 5~30min，如果腐蚀太浅，可以继续通电进行腐蚀。

电解腐蚀后的试样放在清水中冲洗，用刷子清除表面腐蚀产物，然后用酒精喷淋试样面，再用吹风机吹干，试样制作完毕。

六、低倍组织及缺陷的评定

对酸蚀或电解腐蚀的试样进行观察评定，依照 GB/T 1979—2001《结构钢低倍组织缺陷评级图》。该标准适用于碳素结构钢、合金结构钢、弹簧钢钢材（锻、轧坯）横截面试样的缺陷评定。例如，图 2-2 所示为典型的中心疏松宏观组织，特征为在酸浸试片的中心部位集中分布的空隙和暗点。图 2-3 所示为典型的锭型偏析宏观组织，特征为在酸浸试片上呈腐蚀较深并由暗点和空隙组成的与原锭型横截面形状相似的框带，一般为方形。图 2-4 所示为横向酸蚀试样的白点缺陷，其特征一般是在酸

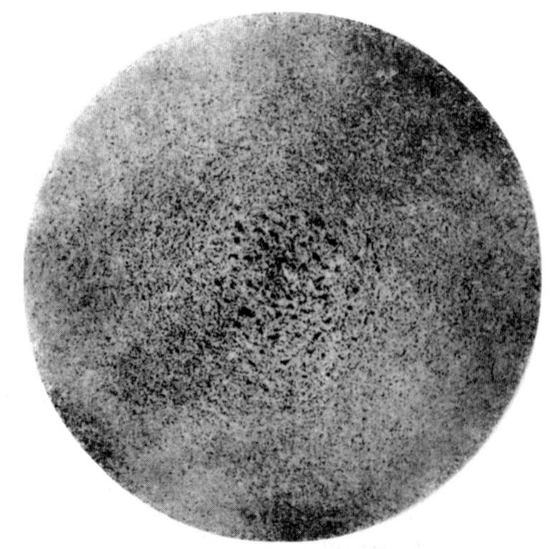

图 2-2 中心疏松宏观组织

浸试片除边缘区域外的部分表现为锯齿形的细小发裂，呈放射状、同心圆形或不规则形态分布，在纵向断口上依其位向不同呈圆形或椭圆形亮点或细小裂缝。

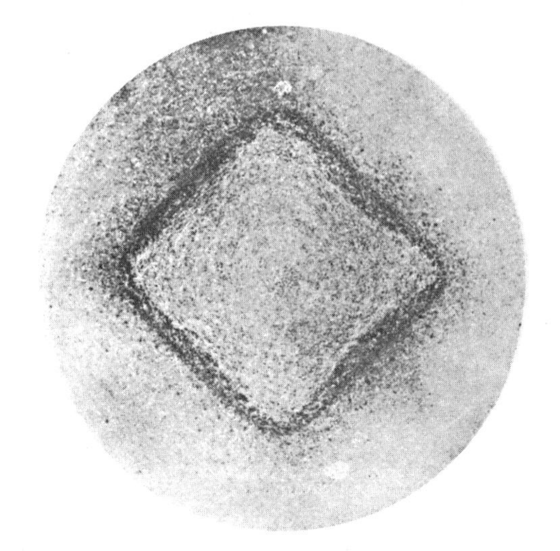

图 2-3　锭型偏析宏观组织

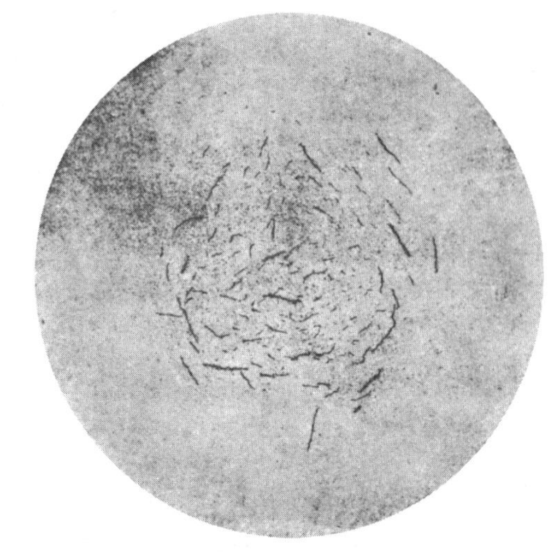

图 2-4　横向酸蚀试样的白点缺陷

模块二　断 口 检 验

视频　断口显微形貌

断口检验是一种常用的宏观检验方法，是反映材料冶金质量和热加工工艺质量的有效手段。断口检验的断口来源可以分为两种，一是机件在使用过程中的断口或拉伸试验、冲击试验的断口，二是根据有关技术规定专门制作的断口试样产生的断口。前者断口来源无须任何加工制样过程，保留断裂的原始面进行分析，是非常便捷的宏观组织和缺陷分析方法。专门制作的断口，可以检验出钢材中的偏析、白点、夹杂物等缺陷，这些缺陷在热加工时，会沿压力变形方向变形和分布，因此应该尽可能地选取纵向断口进行分析。一般钢材直径大于 40mm 时可制作纵向断口，直径不大于 40mm 的钢材取样制作横向断口。断口试样的制备和检验方法，依照 GB/T 1814—1979《钢材断口检验法》，该标准适用于结构钢、滚动轴承钢、工具钢及弹簧钢的热轧、锻造、冷拉条钢和钢坯。

一、试样的制备

断口检验采用抽检的方法，试样的数量及取样部位应按照相应的技术条件或供需双方协议规定的要求进行。试样应用冷切、冷锯的方法截取。用热切、热锯或气割时，刻槽必须离开变形区和热影响区。

横向试样：直径（或边长）不大于 40mm 的钢材制作横向断口，试样长度为 100~140mm，在试样中部的一边或两边刻槽，如图 2-5 所示。刻槽时，应保留断口截面不少于原截面的 50%。

纵向试样：直径（或边长）大于 40mm 的钢材制作纵向断口，切取横向试样，试样的厚度为 15~20mm，在试样横截面的中心线上刻槽，如图 2-6 所示。刻槽深度为试样厚度的

1/3。当折断有困难时，可适当加深刻槽深度。

试样的折断：将有刻槽的试样折断，应使刻槽向下放置，让刀口与刻槽中心线相对应，然后在冲击载荷作用下折断。折断试样时最好一次折断，严禁反复冲压。在折断试样时，应采取妥善方法避免断口表面损伤或沾污。

断口试样用肉眼检验，或用10倍以下放大镜检查。

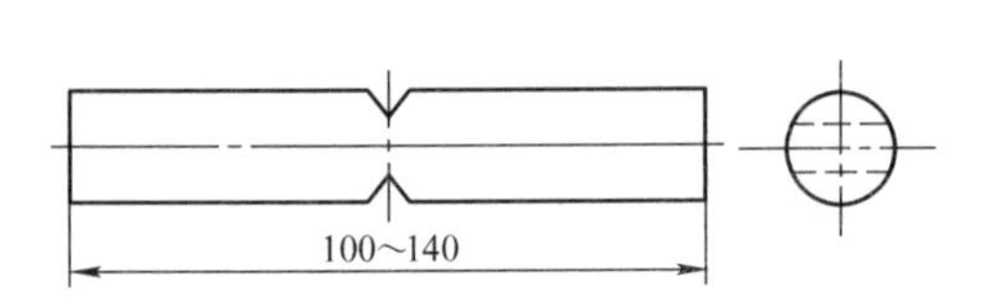

图 2-5 横向断口试样示意图

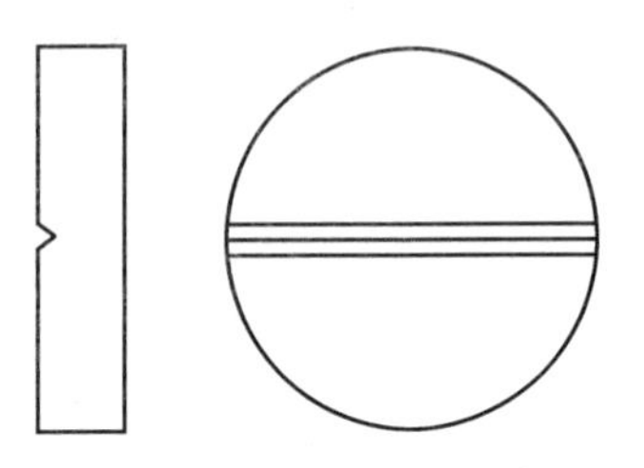

图 2-6 纵向断口试样示意图

二、钢材断口的分类

以专门制作断口试样得来的钢材断口，按照GB/T 1814—1979中的举例图片，分为若干种类型，分别说明如下。

1. 纤维状断口

纤维状断口在断口上表现为无光泽和无结晶颗粒的均匀组织。通常在这种断口的边缘有显著的塑性变形，如图2-7所示。这类断口又称为韧性断口，是钢的正常断口。

2. 瓷状断口

瓷状断口是一种具有绸缎光泽、致密、类似细瓷碎片的亮灰色断口，如图2-8所示。这类断口常出现在过共析钢和某些合金钢经淬火及低温回火后的钢材上，是一种正常断口。

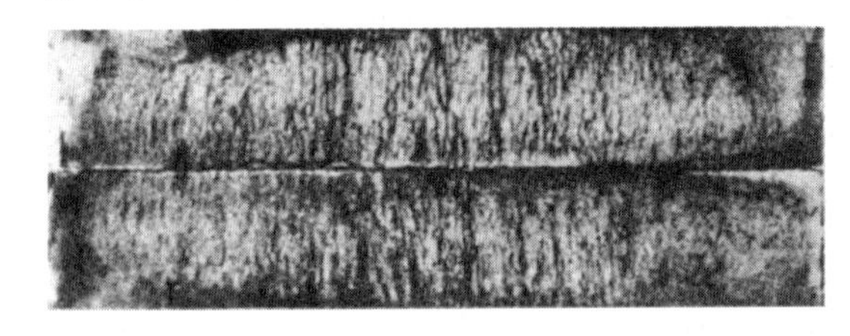

图 2-7 纤维状断口

图 2-8 瓷状断口

3. 结晶状断口

结晶状断口是一种具有强烈金属光泽、有明显的结晶颗粒、断面平齐的银灰色断口，如图2-9所示。这类断口出现在热轧或退火的钢材上，是一种正常断口。

4. 台状断口

台状断口在纵向断口上，比基体颜色略浅，变形能力稍差，宽窄不同，呈较为平坦的片状结构，多分布在偏析区内，如图2-10所示。

台状断口一般产生在树枝状组织发达的钢锭头部和中部，是钢沿粗大树枝晶断裂的结果。此种缺陷对纵向力学性能无影响，使横向塑性、韧性略有降低，当富集夹杂时，将显著降低横向塑性，故对力学性能影响较小时，可算作正常断口。

图 2-9 结晶状断口

图 2-10 台状断口

5. 撕痕状断口

撕痕状断口在纵向断口上，沿加工方向呈灰白色、变形能力较差、致密而光滑的条带。其分布无一定规律，严重时布满整个断面，如图 2-11 所示。

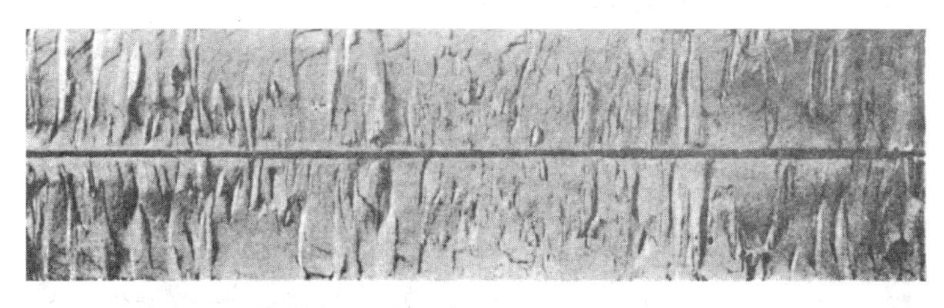

a)

b)

图 2-11 撕痕状断口

a）淬火态 b）调质态

撕痕状断口可以产生在整个钢锭中，一般在钢锭尾部较重，头部较轻。尾部的条带多表现为细而密集，头部的则较宽。这是因为钢中的残余铝过多，造成氮化铝沿晶界析出，在此区域断裂形成。轻微的撕痕对力学性能影响不大，严重时不仅影响横向的塑性和韧性，而且也会使纵向韧性有所降低。撕痕状断口出现时，钢材是否判废，需要进行力学性能试验后决定。

6. **层状断口**

层状断口在纵向断口上，沿加工方向呈现出无金属光泽、凸凹不平、层次起伏的条带，条带中伴有白亮或灰色线条。这种缺陷类似朽木状，一般分布在偏析区内，如图 2-12 所示。

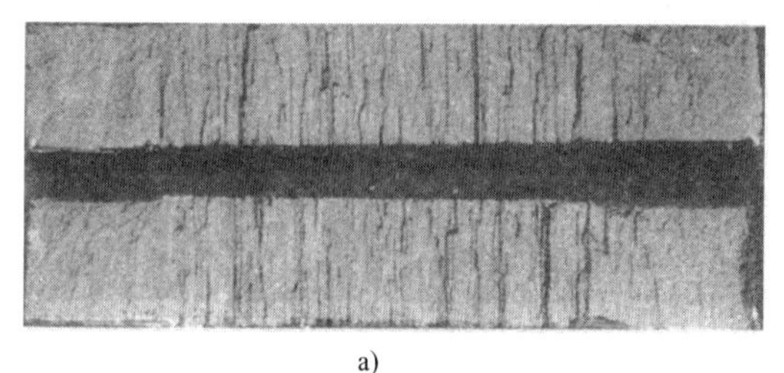

a)

b)

图 2-12 层状断口

a）淬火态 b）调质态

层状断口主要是由多条相互平行的非金属夹杂物的存在造成的。此缺陷对纵向力学性能影响不大，对横向塑性和韧性有显著影响，故层状断口是缺陷断口，一旦出现，应该立即判废。

7. **缩孔残余断口**

缩孔残余断口在纵向断口的轴心区，呈非结晶构造的条带或疏松区，有时有非金属夹杂物或夹渣存在，沿着条带往往有氧化色，如图 2-13 所示。

图 2-13 缩孔残余断口

缩孔残余断口产生在钢锭头部的轴心区。主要是由钢锭补缩不足或切头不够造成的。

8. **白点断口**

白点断口多呈圆形或椭圆形的银白色的斑点，如图 2-14a 所示，个别的呈鸭嘴形，如图 2-14b 所示。图 2-14b 中银亮色的点是与断口表面基本平行的白点，较暗的、凸出像鸭嘴的点是与表面基本垂直的白点。白点的尺寸变化较大，一般多分布在偏析区内。

白点主要是由钢中含氢量过多和内应力共同作用造成的，属于破坏金属连续性的缺陷。白点的存在会使钢的伸长率降低，断面收缩率和冲击韧度显著降低。有白点的零件在淬火时容易形成淬火裂纹，甚至造成开裂。因此白点缺陷在钢中是不允许存在的。

9. **气泡断口**

气泡断口在纵向断口上，沿热加工方向呈内壁光滑、非结晶的细长条带。多分布在皮下，如图 2-15a 所示。有时也在内部出现，如图 2-15b 所示。

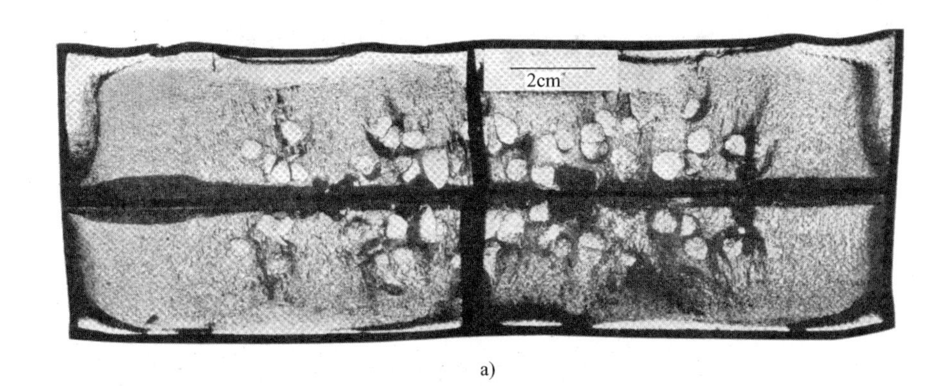

a)

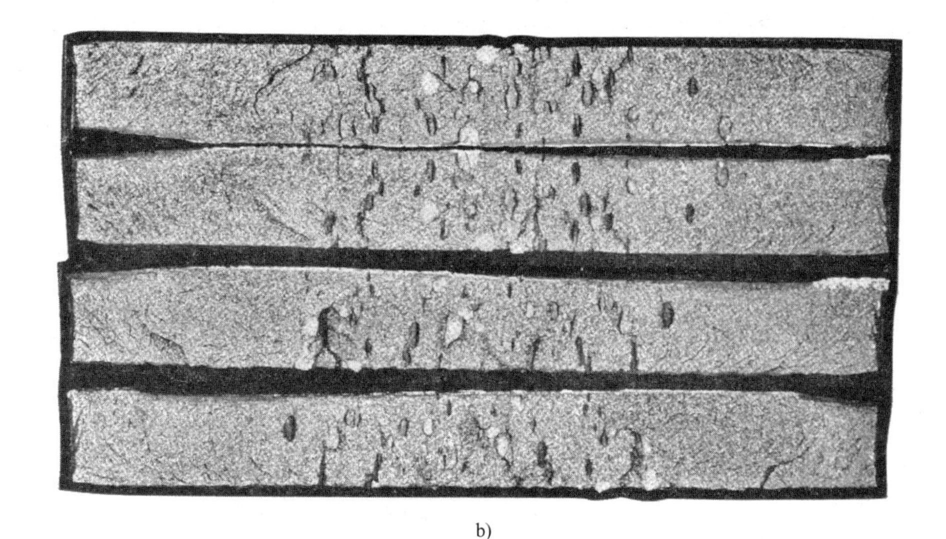

b)

图 2-14 白点断口

a）椭圆形银白色白点 b）鸭嘴形白点

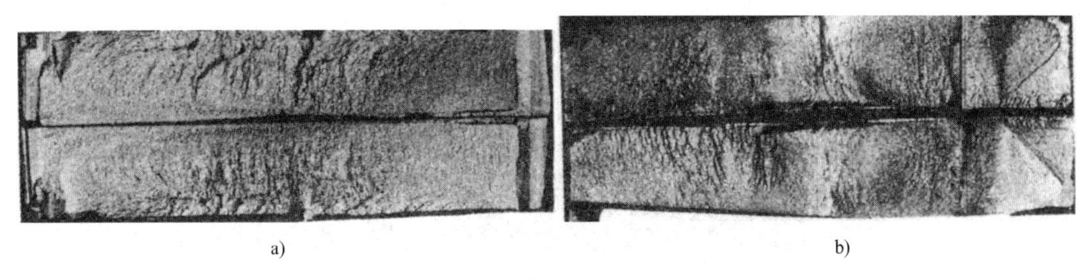

a) b)

图 2-15 气泡断口

a）皮下气泡 b）内部气泡

气泡主要是由钢液中气体过多、浇注系统潮湿、锭型有锈等原因造成的，属于破坏金属连续性的缺陷。

10. 锻裂断口

锻裂断口的特征是光滑的平面或裂缝，由热加工过程的滑动摩擦造成，如图 2-16 所示。断口呈灰色，无氧化现象。其形成原因是热加工温度过低、内外温差过大、热加工压力过

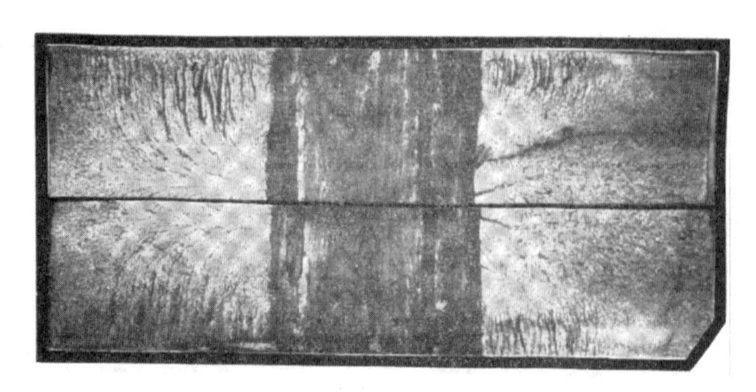

图 2-16 锻裂断口

大、变形不合理。

11. 非金属夹杂（肉眼可见）及夹渣断口

非金属夹杂及夹渣断口在纵向断口上，呈颜色不同的（灰白、浅黄、黄绿色等）、非结晶的细条带或块状缺陷。其分布无规律性，夹渣断口如图 2-17 所示。

图 2-17 夹渣断口

非金属夹杂和夹渣缺陷是由钢液在浇注过程中混入的渣子或耐火材料等杂质造成的。

12. 黑脆断口

黑脆断口呈现局部或全部的黑灰色，严重时可看到石墨颗粒，如图 2-18 所示。

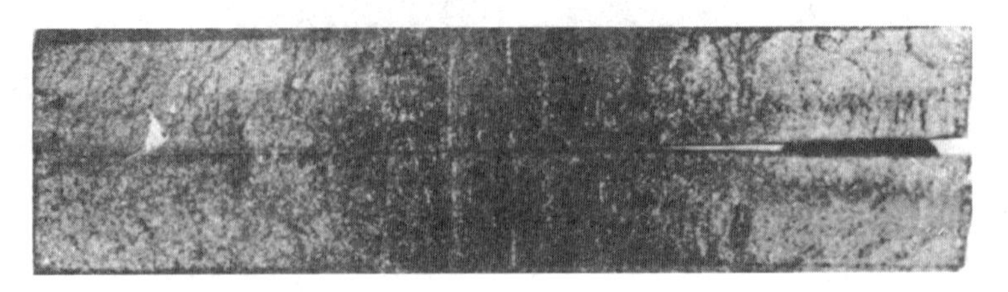

图 2-18 黑脆断口

这类缺陷多出现在退火后的共析和过共析工具钢中，以及含硅的弹簧钢的断口上。黑脆是由钢的石墨化造成。石墨破坏了钢的化学成分和组织的均匀性，使钢淬火硬度降低，力学性能受到破坏。

13. 石状断口

石状断口在断口上表现为无金属光泽、颜色浅灰、有棱角、类似碎石块状。轻微时只有几个，严重时布满整个断口表面，是一种粗晶晶间断口，如图 2-19 所示。

图 2-19 石状断口

这种缺陷是由严重过热或过烧造成的，它可以使钢的韧性和塑性降低，特别是对韧性的影响严重。石状断口缺陷通常无法通过热处理来改善，应该判废。

14. 萘状断口

萘状断口在断口上呈弱金属光泽的小亮点或小平面，用掠射光线照射时，由于各晶面位相不同，这些小亮点或小平面闪耀着萘晶体般的光泽，是一种穿晶断口，如图 2-20 所示。

图 2-20 萘状断口

这类缺陷一般认为是由合金钢过热造成的，在高速工具钢重复淬火之间未进行退火或退火不充分时也会出现，萘状粗大晶粒在高速工具钢中较为多见。萘状断口缺陷会降低材料韧性，一旦出现萘状断口，应该判废。

模块三 硫印试验

硫在钢中主要以硫化铁和硫化锰的形式存在，硫化铁是一种硬脆相，容易以网状形式沿晶界分布，这样就增加了钢的脆性。另外，硫化铁与铁形成低熔点的共晶体（熔点为 980℃），钢材的热压力加工温度均高于共晶温度，故一经锻轧，钢就会沿晶界脆裂，即出现所谓热脆现象，这种现象非常有害。锰与硫的化学亲和力大于铁与硫，其产物硫化锰的熔点高于钢，而且硫化锰有一定的塑性，轧后可以被拉成长条。硫化锰虽能避免热脆，但毕竟是非金属夹杂物，其存在会损害钢的冲击韧度和疲劳强度。

视频
硫印试验

一、试验原理与目的

硫印试验是一种检验金属材料中硫元素分布情况的宏观检验方法。这种方法是一种定性与半定量的检验方法。其原理是用稀硫酸与硫化物发生反应，生成硫化氢气体，再使硫化氢气体与相纸上的溴化银作用，生成棕色的硫化银沉淀物附着在相纸上，从而显示出硫富集的区域。通过相纸上的痕迹来确定硫化物的分布情况，并根据棕色印痕的深浅比较硫化物的相对数量。所以硫印试验可以显示出化学成分的不均匀性（如易削钢的偏析）。

因为硫印试验的操作简便，设备简单，且能在短时间内反映钢材的材质情况，所以是进行机件失效分析时常采用的试验方法。硫印检验方法按照 GB/T 4236—2016《钢的硫印检验方法》进行。

二、试验试样的选取和制备

试验可在产品或从产品切割的试样上进行。通常对于棒材、钢坯和圆钢等产品，试样从垂直于轧制方向的截面切取。取样一般用剪床或切片机，用热剪切或火焰切割等方法切割时，试样受检面必须远离热切割面。

试样表面的加工对获得正确的硫印很重要，要求表面没有车床或刨床进刀过深产生的刀痕。一般所采用的能获得比较正确的硫印的机械加工方法是：刨—车或铣—研磨。过低的表面粗糙度值会使相纸在试面上易于滑动，加工后的表面粗糙度值 Ra 建议为 0.8~1.6μm。

三、试验材料及程序

1. 试验材料和试剂

（1）相纸　根据受检面的大小切取相纸的尺寸。

（2）试剂　硫酸水溶液（3%+97%）。此浓度适合于 $w_S<0.1\%$ 的钢材，当 $w_S\geqslant0.1\%$ 时，需配制很稀的硫酸溶液。

（3）定影液　采用定影液或 15%~20% 硫代硫酸钠水溶液。

2. 试验程序

1）在室温下把相纸浸入体积足够的硫酸溶液中 5min 左右。

2）除去多余的硫酸溶液后，把润湿的相纸的感光面贴到受检面上，受检面应干净无油污。若试样较小，也可用把试样放到事先已经浸泡的相纸上的办法，但应确保相纸与试样之间紧密接触，不发生任何滑动。

3）为确保良好的接触，要排除试样表面与相纸之间的气泡和液滴，可用药棉或橡胶辊在相纸背面均匀擦拭或滚动，用力不能过大，防止相纸与试面产生滑动。

4）根据被检面的化学成分和待检缺陷的类型预先确定时间，作用时间可从几秒到几分钟不等。

5）揭掉相纸放到流动的水中冲洗约 10min 后，放入定影液中浸泡 10min 以上，然后取出放入流动的水中冲洗 30min 以上，干燥。

6）为了验证硫印结果，需要重复做一次试验。第二次试验的操作过程与第一次相同，但相纸覆盖时间需增加一倍。若两次试验硫印痕迹位置一致，则说明试验结果正确。

7）如果对试验结果有怀疑，可将试样同一受检面进行机械加工去除后重新试验，机加工除去试样厚度在 0.5mm 以上。

模块四　塔形发纹酸浸试验

发纹是钢中的线状缺陷，是一种钢中的夹杂物、气孔、疏松等在热加工过程中沿加工方向延伸而成的细小缺陷。在使用中发纹易造成应力集中，从而显著降低材料的韧性和疲劳强度。因此对钢材要进行发纹检验。发纹检验是先将受检材料加工成塔形阶梯状的试样，再用酸蚀法或磁力检测法显示发纹，检验受检面上的发纹长度、数量和分布情况。磁力检测法工艺不当时会造成误判，所以酸蚀法比较可靠。下面介绍的塔形发纹酸浸试验方法是依照国家标准 GB/T 15711—2018《钢中非金属夹杂物的检验　塔形发纹酸浸法》进行的。

一、试样的选取与制备

钢材或钢坯进行塔形发纹检验适合的尺寸为 16~150mm，在冷状态下用机械加工方法切取，用气割或热切等方法切取时，必须将金属熔化区、塑性变形区和热影响区完全除去。一般同一材质取三个试样。

试样制备：方钢或圆钢采用车削加工的方法，加工试样的检验面为三个平行于钢材或钢坯轴线的同心圆柱面（图 2-21）；扁钢试样的检验面为平行于钢材或钢坯轴线的纵截面（图 2-22）。试样加工过程应采用合理的切削工艺，防止产生过热现象，试样加工面应光滑，加工后的试样表面粗糙度 Ra 值不大于 1.6μm。

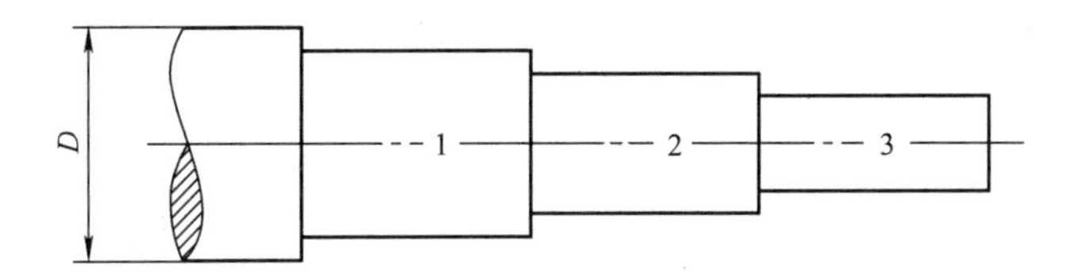

图 2-21　方钢或圆钢塔形试样

D—钢材直径或边长

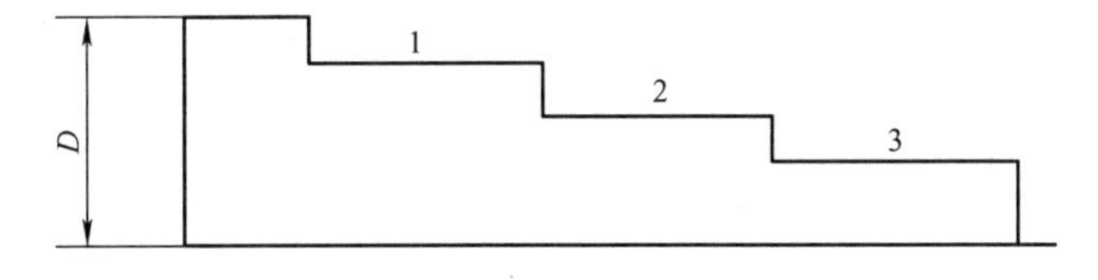

图 2-22　扁钢塔形试样

D—扁钢厚度

二、检验方法

加工完成的试样，表面酸蚀按照 GB/T 226—2015《钢的低倍组织及缺陷酸蚀检验方法》的规定。用肉眼观察检验试样表面，记录每个阶梯整个表面上发纹的数量、长度和分布，必要时用 10 倍放大镜进行检验。对发纹的鉴别按照下面的原则：发纹在表面上呈狭窄而深的细缝，在10倍放大镜下观察不到缝的底部，缝的两端都尖锐。钢材发纹和合格界限按相应的产品标准或专门协议规定。

【思考题】

1. 宏观金相检验主要检验哪些缺陷？
2. 宏观金相检验都有些什么方法？哪种方法最常用？
3. 酸蚀试验的主要过程是什么？结果是否可以保存？
4. 冷酸蚀试验与热酸蚀试验有什么不同？仲裁方法应以哪种试验为准？
5. 试描述断口检验方法。
6. 各类断口中，哪些是正常断口？哪些是缺陷断口？
7. 白点在横向和纵向上特征一样吗？如果不一样，分别是什么特征？
8. 硫印试验能反映出硫元素的分布情况还是反映硫元素的含量？
9. 说说中心疏松和锭型偏析的宏观特征。

第三单元 金相检验技术

内容导入

金相试样制备是显微组织分析中必不可少的环节，制样的优劣直接影响组织评定的准确程度。一个好的金相试样来之不易，需要一系列的制备过程。

模块一　金相试样制备技术

自从利用显微镜观察材料的内部显微组织以来，金相试样的制备过程就越来越多地被金相工作者所重视。试样制备也从传统的手工制样过程逐渐发展到了现代的半自动（或全自动）制样过程。但是，在全自动制样过程还没有完全普及的情况下，传统手工制样过程就不可忽视。本节着重介绍手工制样方法。

音频　金相试样的制备

视频　金相试样的制备

金相试样制备是通过切割、磨光、抛光、浸蚀等步骤，使材料成为具备金相观察条件的试样过程。制备的试样必须具有清晰的视场和真实的组织形貌，为此必须采取一系列的措施以避免出现假象。如淬火试样在制备过程中表面产生局部过热而回火，或非淬火试样表面局部过热而淬火，都会使组织失真。抛光不当会造成夹杂物脱落，在试样表面上留下点坑或拖尾。抛光不当还可能使试样表面产生变形而干扰组织的真实形貌。因此，试样的选择也就非常重要，而且必须具有代表性。一般可根据 GB/T 13298—2015《金属显微组织检验方法》的规定选取样品。

因为是抽检，试样检出来的结果要有代表性，才能真实反映被检零件的质量，如果不按规定取样，很可能从一开始就是错误的选择，只说明了局部，不能代表整体，因此要认真了解检测目的和要求，把爱岗敬业体现到具体操作中。

一、金相试样的选取

1. 取样部位、数量、大小和磨面方向的选择

取样部位必须与检验目的和要求相一致，使所切取的试样具有代表性。必要时应在检验报告中绘图说明取样部位、数量和磨面方向。例如，检验裂纹产生的原因时，应在裂纹部位

取样，而且还应在远离裂纹处再取样，进行比较；检验铸件时，应在垂直于型壁的横断面上取样，对于厚壁铸件，还应从表面至中心的横断面上取3~5个试样，磨制横断面，由表面到中心逐个进行观察比较。

（1）纵向取样　纵向取样是指沿着钢材的锻轧方向取样。主要检验内容有非金属夹杂物的变形程度、晶粒畸变程度、塑性变形程度、变形后的各种组织形貌、热处理的全面情况等。

（2）横向取样　横向取样是指沿着垂直于钢材锻轧方向取样。主要检验内容有金属材料从表层到中心的组织、显微组织状态、晶粒度级别、碳化物网、表层缺陷（如氧化层、脱碳层）深度、腐蚀层深度、表面化学热处理及镀层厚度等。

（3）缺陷或失效分析取样　截取缺陷分析的试样，应包括零件的缺陷部分在内。例如，零件断裂时的断口或裂纹的横截面，观察裂纹的深度及周围组织变化情况取样时应注意不能使缺陷在磨制时被损伤甚至消失。

2. 取样方法

试样一般不宜过大、过高。对于手工制备的试样，尺寸以磨面面积小于400mm^2、高度15~20mm为宜。若试样太小则操作不便，若试样太大则磨制平面过大，增加磨制时间，且不易磨平。由于被检验材料或零件的形状各异，也可以选用外形不规则的试样。不是检验表面缺陷、渗层、镀层的试样，应将棱边倒圆，防止在磨制时划破砂纸和抛光织物，避免在抛光时试样飞出造成事故。凡检验表层组织的试样，严禁倒角以保持棱角完整，并保证磨面平整。

取样方法多种多样。可根据取样零件的大小、材料性能、现场实际条件灵活选择。其中最常用的方法是砂轮片切割。一般硬度较低的材料（小于230HBW）如低碳钢、中碳钢、灰铸铁、非铁金属等可用锯、车、刨等机械加工。硬度较高的材料（约大于450HBW）如白口铸铁、硬质合金以及淬火后的零件等脆性材料，可用锤击法，从击断的碎片中选出大小合适的试样。对于大断面零件或高锰钢零件等，可用氧乙炔焰气割，但必须预留大于20mm的余量，以便在试样磨制中将气割的热影响区除掉。图3-1所示为金相试样制备设备。

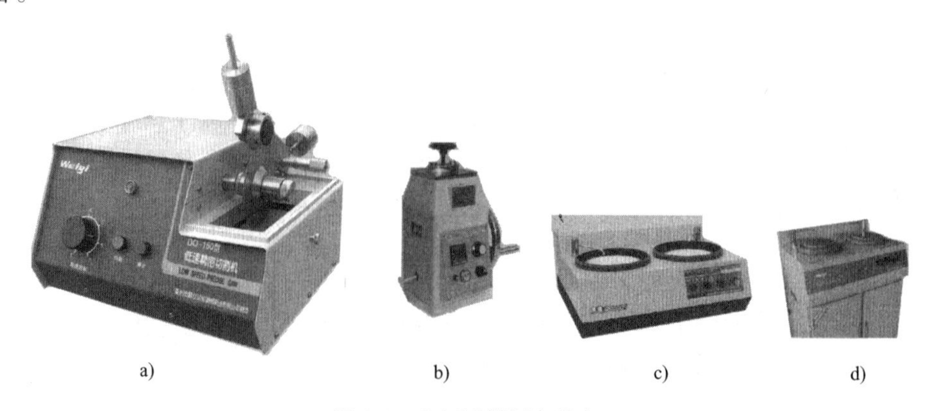

a)　　b)　　c)　　d)

图3-1　金相试样制备设备

a）切割机　b）镶嵌机　c）预磨机　d）抛光机

不论采用何种方式取样，都必须防止因温度升高而引起组织变化，或因受力而产生塑性变形。

二、金相试样的镶嵌

当检验的材料为丝、带、片、管等尺寸过小或形状不规则的试样时，由于用手不便握持，就需要采用镶嵌的方法，来获得尺寸适当、外形规则的试样。在检验表层组织（表面热处理、淬硬层、脱碳层、镀层等）时，最好进行镶嵌，可防止磨制试样时产生倒角。

1. 机械镶嵌法

机械镶嵌法是先将试样放在夹持器或小钢夹中，然后用螺钉和垫块加以固定。该方法操作简便，适合于镶嵌形状规则、尺寸较小的试样。图 3-2 所示为机械夹持器示意图。

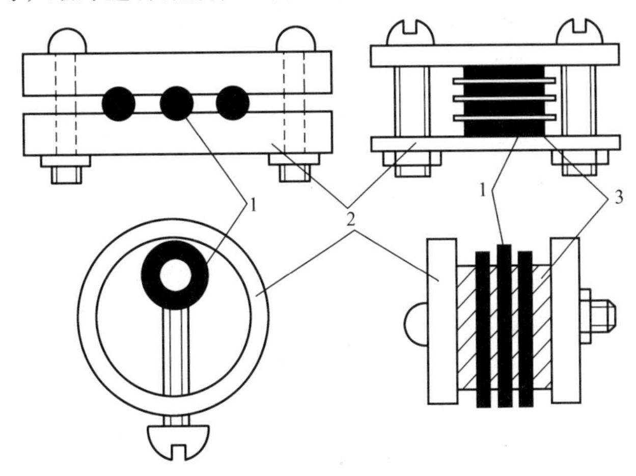

图 3-2 机械夹持器示意图
1—试样 2—夹持器 3—垫片

2. 树脂镶嵌法

树脂镶嵌法是利用树脂来镶嵌细小的金相试样，可以将任何形状的试样镶嵌成一定尺寸的试样。树脂镶嵌法可分为热压镶嵌法和浇注镶嵌法两类。

（1）热压镶嵌法 热压镶嵌法是将聚氯乙烯、聚苯乙烯或电木粉加热至一定温度并施加一定压力和保温一定时间，使镶嵌材料与试样紧固地黏合在一起，然后进行试样研磨。热压镶嵌需要用镶嵌机来完成。

（2）浇注镶嵌法 由于热压镶嵌法需要加热和加压，对淬火钢及软金属有一定影响，故可采用冷浇注法。浇注镶嵌法适用于不允许加热的试样，较软或熔点低的试样，形状复杂、多孔性的试样等，或在没有镶嵌设备的情况下应用。实践证明采用环氧树脂较好，常用配方为：环氧树脂 90g，乙二胺 10g，还可以加入少量增塑剂（邻苯二甲酸二丁酯）。按以上配比搅拌均匀，注入事先准备好的金属圈内，圈内先将试样安置妥当，2～3h 后即可凝固脱模。

三、金相试样的磨光

磨光过程是试样制备最重要的阶段，除使试样表面平整外，主要是使组织损伤层减少到最低程度甚至为零。试样的磨光分粗磨和细磨。

1. 粗磨

粗磨即磨平，是将取样所形成的粗糙表面和不规则外形的试样修整成形，再根据检验目的及磨面方向（纵面、横面）将其修整平坦。粗磨可采用手工操作或机械操作。手工操作适用于较软的非铁金属及其合金，一般用锉刀或粗砂纸修整外形和磨面，而不能用砂轮机，因为软金属容易填塞砂轮空隙，使砂轮变钝，并且使试样表面变形层加厚。机械操作适用于较硬的钢铁材料，可在砂轮机、砂带或磨床上进行修整。砂轮机应使用专用砂轮，不能用于其他工具的磨削，否则砂轮侧面不平，粗磨后试样磨面也不平整。一般在砂轮圆周上修整外形，在砂轮侧面修整磨面。

> **注意** 使用砂轮机粗磨时，必须注意接触压力不可过大，试样需冷却，以防止试样受热而引起组织变化。

2. 细磨

细磨即磨光，主要是消除试样表面的金属损伤层。

手工细磨时，在由粗到细的各号金相砂纸上进行。常用金相砂纸牌号为：280#、320#、400#、500#、600#、800#、1000#、1200#等。将砂纸平铺在玻璃板、金属板、塑料板或木板上，一手紧压砂纸，另一手平稳地拿住试样，将磨面轻压在砂纸上向前平推，然后提起、拉回，在拉回时试样不要与砂纸接触。不可来回磨削，否则磨面易成弧形，得不到平整的磨面，如图3-3所示。

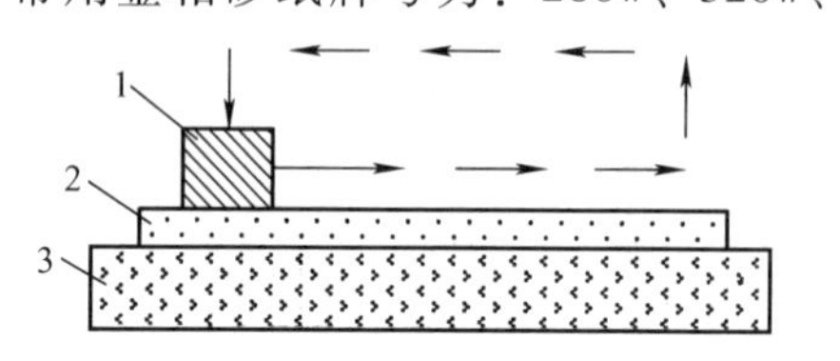

图3-3 试样磨制示意图
1—试样 2—砂纸 3—玻璃板

手工细磨时应注意：每更换一号砂纸，需要将试样和双手洗净，并转90°与旧磨痕垂直磨制，转动的目的是能看清上一道磨痕是否完全去掉，而且有利于去掉上一道砂纸磨制时产生的变形层，使磨面保持平整。磨光时施加的压力大小要合适。用力不宜过大，时间也不宜过长，以免试样表面氧化产生新的损伤层，给抛光带来困难。将磨光的试样，置于显微镜下观察，即呈现出一个方向的细磨痕。

除了手工细磨外，还可用金相试样预磨机进行机械细磨。但磨光时需注意用水冷却，避免磨面过热。

四、金相试样的抛光

抛光是试样制备的最后阶段，目的是去除磨光时留下的磨痕，提高试样表面的光反射性，改善组织分辨率。金相试样的抛光方法有机械抛光、电解抛光、化学抛光和复合抛光等。

1. 机械抛光

机械抛光是手工制样最常用的抛光方法，在专用金相试样抛光机上进行。良好的抛光机不允许有能感觉到的径向和轴向跳动，使用时抛光盘应平稳，噪声小。

抛光盘上装有抛光织物。抛光织物对金相试样的抛光具有重要的作用。抛光织物材料有细帆布、海军呢、丝绒等。

抛光时常用的磨料有氧化铬、氧化铁、氧化铝、氧化镁和金刚石研磨膏等，现在常用的是金刚石抛光喷雾剂。使用时，将抛光磨料（如氧化铬等）制成水悬浮液后（金刚石研磨膏从针管中挤出涂在抛光织物上，金刚石抛光喷雾剂可直接喷在抛光织物上），在抛光过程中，再不断喷水即可。

抛光操作时，对试样所施加的压力要均衡，且先重后轻。抛光初期，试样上的磨痕方向应与抛光盘转动方向垂直，试样放在离外圈三分之一处，这样有利于较快地消除磨痕。抛光后期，将试样放在离抛光盘中心较近的地方，要不断地转动试样，这样可有效防止非金属夹杂物等产生拖尾并使试样表面干净。

试样抛光时，抛光液的滴入量遵循“量少次数多，中心向外扩”的原则。织物的湿度以提起试样时，试样表面既不粘有干的抛光微粉和出现黑膜，也不是水汪汪的为准。在不断提起试样观察抛光效果的同时，检查抛光织物的湿度状态，以及时补充抛光液。

试样抛光时间一般以 3~5min 为宜。时间太短磨光时留下的划痕不能完全消除；时间太长，试样表面会由于硬粒子的脱落产生凹坑，就需要重新磨制。抛光试样的检查：目测试样表面的划痕方向，如果划痕是互相平行的，则说明抛光不彻底，需要继续抛光；如果划痕是互相垂直的，说明磨光时后一道砂纸没有把前一道砂纸留下的划痕完全消除，若划痕比较深并且很粗，试样就需要重新磨光；如果试样表面划痕杂乱无章，则说明是抛光时新产生的划痕，需要把抛光布取下清洗干净再使用。

2. 电解抛光

电解抛光采用电化学溶解作用，使试样达到抛光的目的。电解抛光试样能显示材料的真实组织，尤其是硬度较低的金属或单相合金，对于极易加工变形的合金，如奥氏体不锈钢、高锰钢等采用电解抛光更为合适。但不适用于偏析严重的金属材料、铸铁以及夹杂物检验的试样。

电解抛光是靠电化学的作用使试样达到抛光的目的，图 3-4 所示为电解抛光原理示意图。用不锈钢作为阴极，被抛光的试样作为阳极，容器中盛放电解液，当接通电流后，试样的金属离子在溶液中发生溶解，在一定电解条件下，试样表面微凸部分的溶解速度比凹陷处快，从而逐渐使试样表面由粗糙变得平坦。

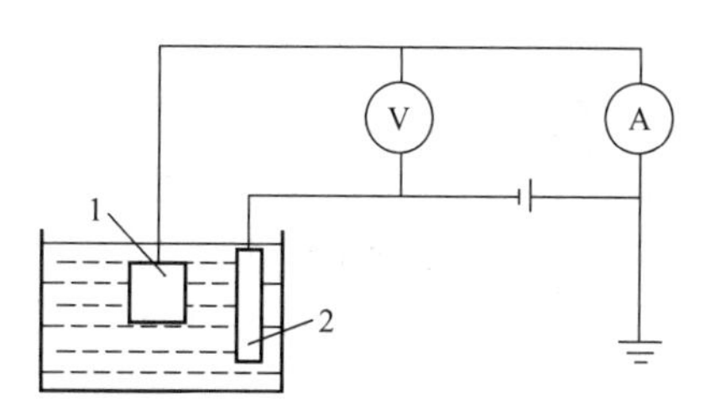

图 3-4　电解抛光原理示意图

1—阳极（试样）　2—阴极

电解抛光使用直流电源，一般采用低压蓄电池充电器已足够，电路中应装有电流表和电压表。

抛光时应先接通电源，然后夹住试样，将试样放入电解液中，此时应立即正确地调整到额定抛光电流，并对电解液进行充分的搅拌与冷却或加热。抛光完毕后，必须先将试样从电解液内取出，然后切断电源，并将试样迅速移入水中冲洗、吹干。

3. 化学抛光

化学抛光是将试样浸入一定成分的溶液中，依靠化学药剂对试样表面的不均匀性溶解而使试样磨面变得光亮。其优点是操作简便，不需要任何设备；适用的试样材料广泛，不产生金属扰乱层，对软金属材料尤为适用；对试样形状、尺寸要求不严格；在较大容器中一次能抛光多个试样，兼有浸蚀作用，故化学抛光后可直接在金相显微镜下观察组织。其缺点是化学药品的消耗量较大，由于化学抛光溶液使用一段时间后，溶液内离子增多，抛光效果减弱，故需经常更换新溶液；而且不易选择最佳参数（抛光液成分、新旧程度、温度和抛光时间），易产生点蚀，非金属夹杂物容易腐蚀。

化学抛光是化学试剂对磨面产生不均匀溶解的过程。在溶解过程中形成一层黏性氧化薄膜，磨面凸起处的厚度比凹陷处薄，溶解扩散速度比凹陷处快，故凸起部分首先溶解，逐渐使磨面光滑。但化学抛光形成的薄膜不如电解抛光的致密、稳定，厚度也薄，磨面凸起部分和凹陷部分的溶解速度差别并不悬殊，故经化学抛光后只能使磨面光滑，并不能使之平坦，整个磨面呈起伏波浪状。由于化学抛光溶解速度比电解抛光慢，所以化学抛光时间比电解抛光长。

五、金相试样的浸蚀

把抛光好的金相试样置于金相显微镜下观察时，除能看到非金属夹杂物、孔洞、裂纹、石墨和铅青铜中的铅质点、极硬相的浮凸外，仅能看到光亮一片，看不到显微组织，必须采用适当的显示（浸蚀）方法，才能显示出组织。

显微组织显示方法很多，最常用的有化学浸蚀法、电解浸蚀法及热染法等。其中化学浸蚀法具有显示全面，操作简单迅速、经济、重现性好等优点，故在生产及科研中广泛应用。

1. 化学浸蚀法

化学浸蚀法是将抛光好的金相试样，浸入化学试剂中，或用化学试剂揩擦试样磨面，显示出显微组织的方法。

化学浸蚀是化学和电化学腐蚀的过程。由于金属材料中的晶粒之间、晶粒与晶界之间以及各相之间的物理化学性质不同，具有不同的自由能，在电解质溶液中具有不同的电极电位，可组成许多微电池，电位较低部位是微电池的阳极，溶解较快，溶解处凹陷或沉积反应产物而着色。在显微镜下观察时，光线在晶界处被散射，不能进入物镜而呈现黑色晶界；晶粒平面上的光线散射较少，大部分反射进入物镜而呈现明亮的晶粒。

纯金属及单相合金的浸蚀，可看做化学溶解过程，也可看作按电化学机理的氧化还原过程。而两相合金和多相合金的浸蚀，是电化学溶解的氧化还原过程。

化学浸蚀剂种类繁多，是酸、碱、盐类的混合溶液，在金相浸蚀剂手册中均可查阅。使用时，应根据试样材料、检验目的以及操作者经验和习惯选用，其原则为显示组织清晰，无毒无害，挥发性小，容易保存，价格低廉。

化学浸蚀步骤为：冲洗抛光试样—擦酒精—浸蚀—冲洗—擦酒精—吹干。

常用化学浸蚀方法有浸入法和揩擦法两种。浸入法是将试样抛光面向上，完全浸入浸蚀剂中，再轻微移动试样，使浸蚀剂在磨面上缓慢流动，促使气泡逸出，观察磨面变成灰暗色后取出试样，再经冲洗、吹干即可。揩擦法是用脱脂棉球蘸上浸蚀剂揩擦抛光面，直到抛光面变成灰暗色后，再冲洗吹干。

浸蚀时间取决于材料及组织，浸蚀程度取决于观察时的放大倍数和操作者经验，一般需几秒至几分钟，当抛光面失去光泽变成灰暗时即可。高倍观察宜浅浸蚀，低倍观察可深浸蚀，以在显微镜下能清晰呈现组织为准。浸蚀过度时，需重新抛光再浸蚀，浸蚀严重过度则需细磨、抛光后再浸蚀。若浸蚀不足，可直接进行第二次浸蚀，如果能重抛光然后再浸蚀，其效果更好。

金属变形层较厚的试样，一次浸蚀不能将其消除，可采用抛光、浸蚀交替进行法，直至真实组织清晰显示为止。

一般钢铁试样常用浸蚀剂为2%~5%硝酸酒精溶液。对于铁碳合金平衡组织来说，含碳量由低到高，浸蚀时间由长到短（工业纯铁20s左右，而共析钢以上的碳素钢，时间在10s左右即可），试样表面的颜色由银灰色到花色变化（其他热处理的碳素钢试样显微组织约10s左右，颜色为深灰色）。具体操作方法：用水冲洗试样、用酒精擦试样，然后把抛光好的试样表面倾斜约45°，用蘸有浸蚀剂的棉球擦拭试样表面，不断观察其颜色的变化并在心里默计时间长短，确认浸蚀时间已到，立即用流动水冲洗试样，再擦酒精（这道工序是试样表面干净与否的关键)，用蘸有酒精的棉球自上而下缓慢擦拭浸蚀过的试样表面，稍微用力（主要是挤出棉球中的酒精），一边擦拭，酒精一边挥发，试样表面擦拭完毕，酒精应在极短的时间内完全挥发，然后先用电吹风的凉风吹干试样表面，再用热风把试样周围吹干，最后将试样置于显微镜下观察。严禁把表面潮湿的试样放在显微镜上！

如果用压缩空气喷枪代替第二次擦酒精及电吹风吹干试样这两个步骤，则不但可以节约无水乙醇，还可使试样在瞬间干燥，并可有效防止试样表面产生花斑。

>> 注意

4%硝酸酒精溶液是指体积比，100 份溶液中含有 4 份硝酸、96 份酒精，也可以表示为（4+96）。配制时避免使用相同的量杯量取酒精后再量取硝酸，否则易冒出呛鼻的棕色烟气。配制顺序为将硝酸沿杯壁缓慢倒入酒精中。

2. 电解浸蚀法

某些贵金属及其合金，化学稳定性很高，难以用化学浸蚀法显示其组织，可采用电解浸蚀法，如纯铂、纯银、金及其合金、不锈钢、耐热钢、高温合金、钛合金等。电解浸蚀装置和操作与电解抛光相同，只是电解浸蚀采用较低电压。

3. 薄膜干涉显示法

金相试样的着色显示是利用化学和物理方法，在金相试样抛光面上形成一层厚度不等的薄膜，通过薄膜干涉而增大各相之间的衬度（各相的深浅层次）。主要是利用光线在薄膜的上表面，即空气-薄膜界面上反射的光线，与薄膜的下表面，即薄膜-金属界面上反射的光线发生干涉现象，来提高各相的衬度，并使之具有不同的色彩，合金中各相的成分、结构和性质不同，所形成的膜厚不一样，产生的干涉色也相异，借此可鉴别组织中的各组成相。

薄膜的形成过程因方法不同而异，有真空蒸发镀膜法、离子溅射镀膜法、化学染色法和热染法等，在此仅简单介绍化学染色法和热染法。

（1）化学染色法　化学染色法是将抛光试样置于化学染色试剂（浸蚀剂）中，一般在室温下进行，除有轻微浸蚀作用外，还通过化学置换反应或沉积，在试样表面形成一层硫化物、氧化物或钼酸盐薄膜，在不同组成相上，形成的膜厚不同，利用光束的多次反射和干涉现象，使各相或位向不同的晶粒之间产生干涉色彩，从而显示衬度。对于由化学反应形成的薄膜，所产生的干涉色，除与相的成分、结构及性质有关外，还与晶体学位向有关，因此合金中的同一相也会因晶粒位向不同而显示不同颜色，因而色彩更为丰富。

（2）热染法　热染法是将抛光试样在空气中加热（<500℃），使抛光面形成一层厚薄不匀的氧化膜。不同组成相的氧化膜生成速度不同，膜厚各异，该膜相应地代表了组成相，故在显微镜白光照射下，由于薄膜的干涉现象，对不同厚度的氧化膜呈现不同的色彩，像染了色　样，故称热染显示。热染时由于升温易引起组织转变，故应用范围受到限制。适用于升温后不引起组织变化的材料，如钢、铸铁、非铁金属等平衡组织。特别是铸铁中的疏松现象，若用化学浸蚀易被污染，而用热染法则能清晰显示。在加热时，试样表面的颜色是随温度而变化的，由低温到高温，其颜色相应按黄→蓝→紫→灰逐渐变化，操作时注意抛光表面颜色变化，以呈现紫蓝色为宜。

六、金相组织的胶膜复型

上述金相试样的制备均需切取试样，但对于某些大型机件、构件以及曲面、管道内壁、断口、放射性材料等，在不允许破坏取样检验的情况下，则可采用胶膜复型法，复制成薄膜样品，在金相显微镜或生物显微镜下进行观察。

1. 胶膜复型原理

胶膜复型过程是将预先制备好的胶质溶液滴在浸蚀面上，再用透明胶片覆在溶液上，使试样浸蚀面与胶片黏合，并将气泡和多余的溶液挤压除去，最后凝固成膜。经 10~20min 薄膜干燥后，将其剥离取下，就得到透明的薄膜复型样品，然后将其平展于玻璃片上，置于显微镜下观察。

薄膜样品上的浮凸与浸蚀面上的凹凸恰好相反。浸蚀面上的凹陷部位恰是薄膜上的凸起部分，此处的薄膜较厚；反之，浸蚀面上凸起处正是薄膜上的凹陷处，膜厚也相应较薄。由于胶膜复型在厚度上存在着微观差异，用生物显微镜观察复型时，膜上厚处透过的光线较少而呈现暗色，薄处透过的光线多而明亮。

在生物显微镜和金相显微镜下观察复型与在金相显微镜下直接观察浸蚀试样，所看到的显微组织衬度效果是相同的。

2. 胶膜复型制作技术

（1）试样的磨制和浸蚀　对于不允许破坏取样的大型机件的检验面，需用手工或大型工件金相检验仪进行粗磨、细磨，化学抛光或电解抛光，深度浸蚀。大型工件金相检验仪有小型手提式砂轮组（供粗磨、细磨）和电解抛光装置。当抛光面冲洗干净后，可用吸管吸取浸蚀剂，滴到抛光面上，浸蚀程度宜深不宜浅，再经流水冲洗、酒精冲洗、吹干即可。

（2）胶质溶液的配制　胶质溶液的配制有两种方法：一是将醋酸纤维素或硝酸纤维素透明胶片剪碎，取 3~5g 溶于 100mL 乙酸乙酯或丙酮中，经搅拌溶解后即为透明胶质溶液；二是将去除乳剂的照相底片（胶片）3~5g 溶于 100mL 三氯甲烷中，经搅拌溶解后成为乳白色胶质溶液，再加入酒精约 3mL，即成无色透明胶质溶液，若透明度不够，可再加酒精直至透明。

去除胶片上乳剂的方法：将胶片浸入 30% NaOH 水溶液中，稍经加热直至乳剂完全溶去，再用水冲洗、晾干待用。

为了提高复型组织的衬度，常加入微量（约 1g）苦味酸，溶解均匀后成为黄色透明胶质溶液，显示组织更为清晰。

把醋酸纤维素溶于丙酮中，配制 7%的溶液，倒在玻璃板或培养皿中，手工倾斜控制其厚度，让其自然干燥后剥离，即为 AC（collulose acetate）纸薄膜。复型时在试样浸蚀面上滴一滴丙酮，再剪适当大小的 AC 纸与其紧贴，静置或吹干后将其剥离即为复型，此方法比直接使用胶质溶液复型要简便迅速。

（3）胶膜复型的优点　操作简便迅速，可在现场复制供显微镜观察和照相的薄膜样品；复型不受工件尺寸和形状限制，凡是人手可及的部位，如齿轮齿顶、管道内壁、轴颈曲面以及断口和宏观缺陷等，均可复型；复型显示的组织较清晰，可供拍摄金相照片；复型可长期保存，不会锈蚀；复型材料和设备简单，在金相显微镜或生物显微镜下均可观察。

七、彩色金相技术

随着材料科学的高速发展，对金相分析技术提出了更高的要求，主要表现在两个方面：一是大幅度提高放大倍率，以便于观察合金内部的组织细节，这一要求由于电子显微镜日新月异的发展而获得解决；二是提高鉴别各种合金相的精确度，这也是定量金相提出的要求。传统的化学蚀刻法由于单纯靠化学试剂蚀刻合金表面以造成浮凸，利用反射光的强弱不同所引起的黑白衬度来鉴别组织或相，其所能提供的合金组织信息十分不够，并且还会因蚀刻而导致合金组织轮廓扩大，或产生各种假象，从而歪曲了真正的各种合金组织。显然，必须在显示方法上有所创新。

彩色金相技术属于干涉膜金相学。所谓干涉膜金相学就是通过物理或化学的方法，在合金样品的表面上形成一层干涉膜，通过薄膜干涉将合金的微观组织显示出来。

薄膜干涉显示合金组织的依据为：不同的合金相其光学常数不同，或膜的厚度不同。当采用白光照明，在显微镜下进行观察时，由于薄膜干涉效应，不同的相将呈现不同的干涉色，即通过彩色衬度对组织进行显示，则形成彩色金相。反之，若照明光源采用适当波长的单色光，则所显示的组织将呈现理想的黑白衬度。显然通过照明光源的改变，可以将干涉膜显示的合金组织由色彩鲜艳的彩色衬度转换成灰度分明的黑白衬度。彩色金相技术不仅大大提高了光学金相的鉴别能力，而且能够显示一般金相方法无法看到的组织细节。此外，一张鲜艳而别致的彩色金相照片，将给人以美的享受。彩色金相技术是光学金相技术的重大创新，使传统的光学金相技术焕发出青春的活力，并展现了广阔的前景。

八、典型材料金相试样制备

1. 铸铁试样的制备

（1）铸铁试样的磨光与抛光　铸铁中存在着各种形态的石墨，其金相试样在制备时常常产生石墨曳尾、污染和脱落等问题，对正确评定组织形成一定障碍。在长期的实践中发现，试样磨光时，采用干磨可使石墨不脱落。而试样抛光时，既要使基体表面无划痕，又要保证石墨不污染、不脱落、不曳尾，还要正确显示其形状、大小及颜色，可采用海军呢作为抛光织物，在约 500mL Cr_2O_3 水悬浮液中加入 3~4 滴 1%的铬酸水溶液作为抛光液，进行机械-化学抛光，易使石墨呈现原色、原形，效果较好，图 3-5 所示为抛光后的球墨铸铁组织。

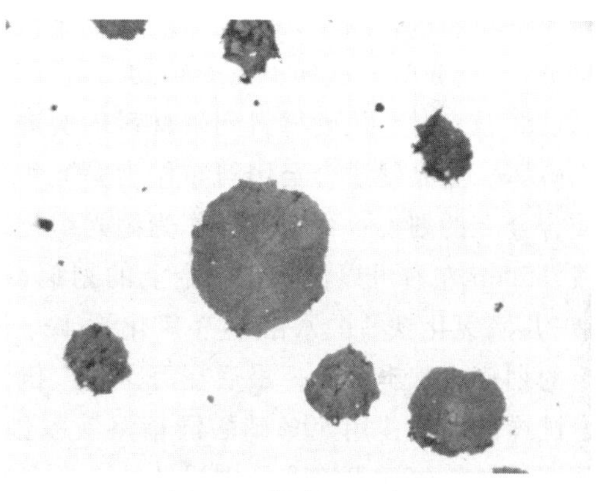

图 3-5　抛光后的球墨铸铁组织（200×）

石墨曳尾是抛光过程中试样的自转不够造成的，其特征是大多数石墨沿同一方向“拖尾巴”。因此，抛光时，试样不但要沿抛光盘的半径方向来回移动，还要不断地自转，即试样和握持的手指间要有相对运动，这种方法可有效防止石墨及非金属夹杂物的曳尾。

无论是铸铁还是其他试样，在抛光时，表面往往粘有污物，这种污物清洗时用水及酒精很难擦掉，在显微镜下观察是有规律的黑色小点或亮色小圈。为消除这种缺陷，抛光后期，应在抛光盘中心倒少许清水，手感使试样和抛光织物轻轻接触，抛到试样表面干净为止，此时，试样还要不断自转。

（2）试样的浸蚀　对于不同基体的铸铁试样，浸蚀时间可参照相对应的钢样。值得注意的是，在第二次擦酒精时，酒精绝不能留在试样表面，否则，在随后吹干时，铸铁试样表面极易产生花斑。

也可采用另外一种方法：试样浸蚀面朝上，用干棉球擦净抛光后试样周围遗留的污物，再用滴管把少许酒精滴到试样表面，然后把浸蚀剂滴到试样表面，这时观察试样表面颜色的变化情况并默计时间，确认组织浸蚀程度合适后，立即把酒精滴到试样表面，然后使试样浸蚀面朝下，用滤纸把试样表面的酒精吸干，最后用电吹风吹干，这种方法也可有效防止铸铁试样表面产生的花斑。图 3-6 所示为用 4%硝酸酒精浸蚀后的灰铸铁组织。

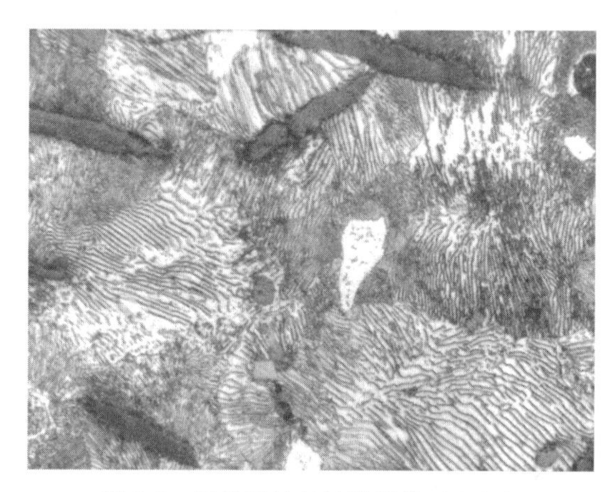

图 3-6　浸蚀后的灰铸铁组织（400×）

2. 异种材料焊接金相试样的制备

软硬不同的材料焊接在一起时，试样的切割、磨光及抛光都很难掌握。所有要观察的视场内一定要平，其凸凹度不能超过光学显微镜的景深。所以，制备试样时所有工序都要尽可能减小软硬材料结合处的凸凹现象（以钛、铜、硬质合金焊接试样为例说明制样过程中应注意的问题）。

实验证明，异种材料焊接金相试样的磨光与抛光，在金相试样磨抛光机上进行较好。磨光时，不断滴水，以增大砂纸与硬质合金间的摩擦力（由于硬质合金硬度高，干磨时，容易打滑）。磨光时，试样不需要转动，这样可以有效防止软硬材料结合处产生凸凹现象。

试样抛光时，从硬材料到软材料依次进行，这样抛光软材料时就不会对硬材料的抛光面产生破坏。抛光硬质合金用帆布作为抛光织物，喷洒 W5 金刚石抛光剂，3～5min 就能消除硬质合金上的划痕；再用帆布作为抛光织物，喷洒 W3 的 Al_2O_3 悬浮液+几滴 1%的铬酸酐水溶液，5min 左右可以消除钛合金上的划痕；然后用海军呢作为抛光织物，喷洒 Cr_2O_3 水悬浮液+几滴氯化铁盐酸水溶液（氯化铁 1g、盐酸 5mL、水 100mL）进行机械-化学抛光，铜箔上的划痕也基本消除；最后在海军呢上倒清水，进行短暂的表面污物清理即可。

试样的浸蚀：用 50%硝酸酒精溶液浸蚀铜，再用氢氟酸、硝酸水溶液以及新配制的铁氰化钾、氢氧化钾水溶液分别浸蚀钛合金和硬质合金，铜钛焊缝处组织层次更好，更清晰。浸蚀后的铜钛焊缝处组织如图 3-7 所示。

九、现代金相试样制备方法简介

全自动（或半自动）金相试样制备设备问世后，随之改变的是试样制备的理念。我们把过去的手工制样称为传统的手工制样方法，把全自动制样方法称为现代金相试样制备方法。

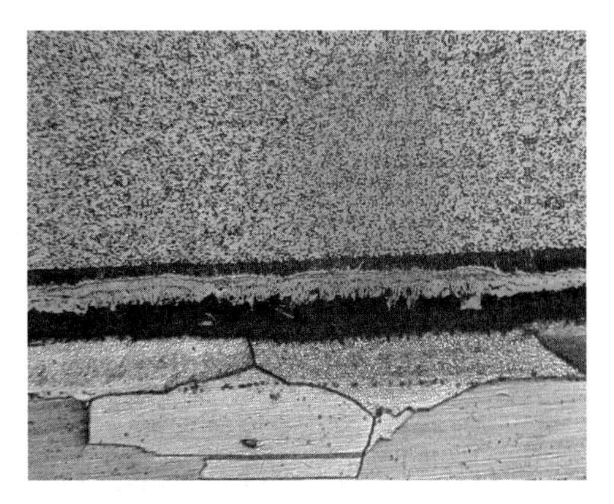
图 3-7　钛-铜-硬质合金扩散焊（铜钛焊缝处）组织（200×）

全自动试样制备设备的特点是集粗磨、细磨、抛光这些制样工序为一体，可进行批量制作，工作效率高，人力成本低。更因为这种设备对制样时的各种参数（如研磨时间、压力、转盘转速、磨料等）进行了优化，所以试样更能真实地显示显微组织。

现代金相试样制备思想还认为，衡量试样制备好坏的标准不是有无划痕且是否光亮，而是有无变形层及损伤层，要去掉变形层及损伤层，磨料及支承物起主导作用，而施加力及抛光盘的旋转速度是次要的。全自动（或半自动）制样设备都不同程度地对所提供的制样参数进行了优化，金相技术人员也可根据各自实验室的具体情况重新进行优化，以获得较为理想的试样表面。

模块二　金相显微镜

金相显微镜（metallographic microscope）是观察金属材料内部显微组织的重要光学仪器。随着几何光学、物理光学的发展及科学研究的需要，金相显微镜日趋完善。普通金相显微镜（包括明视场、暗视场摄影装置）结构较简单，在工厂生产检验和学校教学实验中广泛使用。具有特殊附件的多功能多用途的高级金相显微镜（包括偏光、干涉、相衬、微差干涉衬度装置以及高温显微镜等）在开发新材料方面，也得到普遍应用。

音频　金相显微镜的操作

一、金相显微镜的构成

金相显微镜的基本部件明视场装置，由放大、照明和机械框架三部分组成，如图 3-8 所示。

图 3-8　光学金相显微镜

1. 光学放大系统

显微镜上靠近样品的一组透镜为物镜，靠近人眼观察的一组透镜为目镜。物镜和目镜是显微镜放大系统的主要部件。

（1）放大原理　根据几何光学，显微镜的放大原理如图 3-9 所示。物体 AB 置于物镜的前焦点 F_1 外，在物镜的另一侧形成一个倒立放大实像 $A'B'$，当实像 $A'B'$ 位于目镜前焦点 F_2 以内时，则目镜又使映像 $A'B'$ 放大，得到 $A'B'$ 的正立虚像 $A''B''$。

$A''B''$是经过物镜、目镜两次放大后得到的，其放大倍数应为物镜放大倍数与目镜放大倍

数的乘积，放大倍数 M 为

$$M = M_{物} \times M_{目} = \frac{\Delta}{f_1} \times \frac{D}{f_2}$$

式中，$M_{物}$ 为物镜的放大倍数；$M_{目}$ 为目镜的放大倍数；f_1 为物镜的前焦距；f_2 为目镜的前焦距；Δ 为显微镜的光学镜筒长度；D 为人眼睛的明视距离。

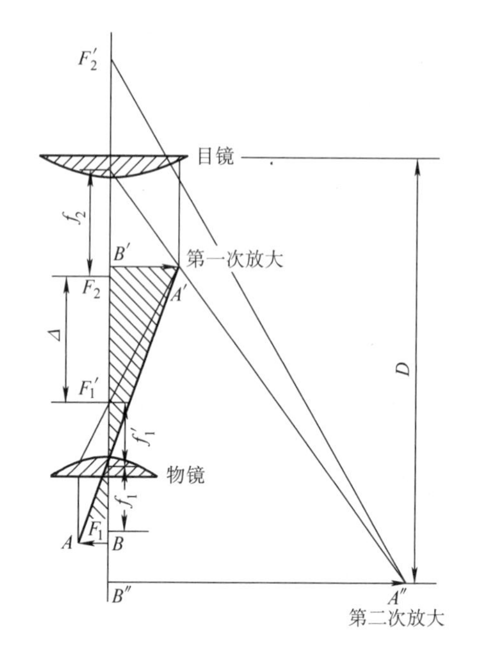

图 3-9 显微镜的放大原理

（2）透镜的像差 透镜成像规律都是根据与光轴夹角很小的近轴光线得出的结论，而实际光学系统的成像与近轴光线成像不同，后者存在着偏离，这种偏离称为像差。按产生原因把像差分为两类：一类是单色光成像时的像差，称为单色像差，如球差、彗差、像散、像场弯曲和畸变等；另一类是多色光成像时由于介质折射率随波长不同而引起的像差，称为色差（色像差）。对显微镜成像影响最大的是球差、色差和像场弯曲。像差的校正是选用各种折射率的光学材料，制成不同形状、曲率及有效口径的透镜，组合起来相补偿，减少像差，提高图像的清晰度。在此仅介绍畸变。

影响像与物几何相似性的像差称为畸变。畸变是由光束的倾斜度较大而引起的，造成透镜近轴部分的放大率与边缘部分放大率不一致。如果透镜不存在畸变，则物像的任何部位与原物成比例放大，如图 3-10a 所示。如果近轴放大率小于边缘部分放大率，则会使方格网状的物体成为一个鞍形的物像，如图 3-10b 所示，这种畸变称为马鞍形畸变或正畸变。如果近轴放大率大于边缘部分放大率，则方格状物体将成为一个桶形物像，如图 3-10c 所示，这种畸变称为桶形畸变或负畸变。

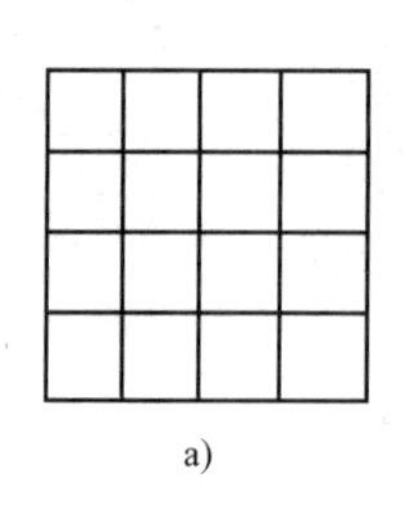

a)

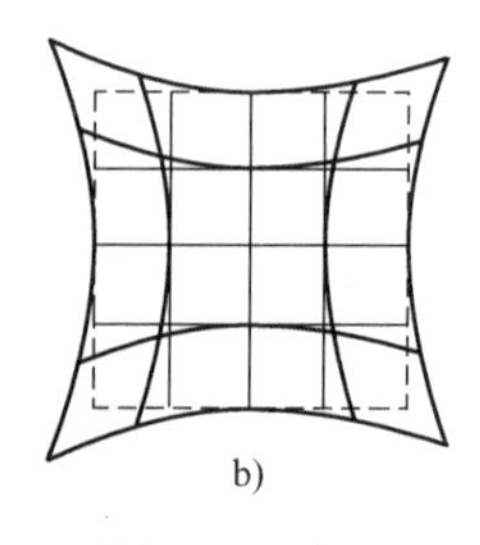

b)

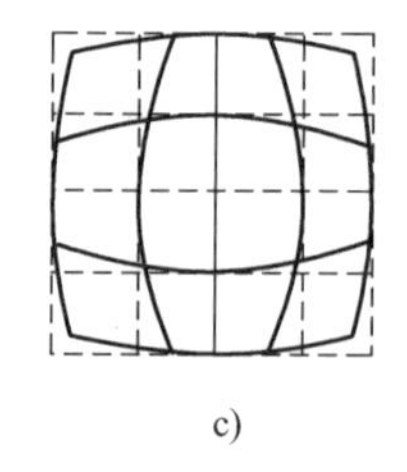

c)

图 3-10 畸变

畸变的存在除了使像与物的相似性被破坏、视场边缘的放大率不够真实外，并不影响成像的清晰程度。因此，只要不因畸变而引起图像明显的变形，这种像差对显微镜观察并无多大妨碍。

（3）物镜的类型 物镜是显微镜最重要的光学元件。显微镜的分辨能力及成像质量主要取决于物镜的性能。物镜的类型很多，根据像差校正程度，物镜分为消色差物镜、复消色差物镜、平场复消色差物镜和平场半复消色差物镜。物镜的系列参数见表 3-1。

表 3-1　物镜的系列参数

分　类	放大倍数										
	1.6	2.5	4	6.3	10	16	25	40	63	100 油浸	代号
	最小数值孔径										
消色差物镜	—	—	0.10	—	0.25	—	0.40	0.65	0.85	1.25	—
平场消色差物镜	0.04	0.07	0.10	0.15	0.25	0.32	0.40	0.65	0.85	1.25	PC
平场半复消色差物镜	—	—	—	0.20	0.30	0.40	0.60	0.75	0.90	1.30	PB
平场复消色差物镜	—	—	0.16	0.20	0.30	0.40	0.65	0.80	0.95	1.32	PF

（4）物镜的数值孔径　数值孔径表示物镜的聚光能力。增大物镜聚光能力，可提高物镜的分辨率。数值孔径通常用 NA 表示，NA 值标注在物镜镜筒外壁上。根据理论推导得

$$NA = n\sin\mu$$

式中，n 为物镜与观察物之间的介质折射率；μ 为物镜孔径角之半，如图 3-11 所示。

由上式可知，孔径角和折射率越大，NA 越大。增大孔径角的办法是使透镜直径增大或物镜焦距减小，但这样给制造带来困难。实际上 $n=1$ 时，NA 最大也只能达到 0.95。若采用松柏油介质，$n=1.5$，与空气介质相比进入物镜的光线增加，NA 最大可达 1.40，所以显微镜高倍观察时常采用油浸物镜。

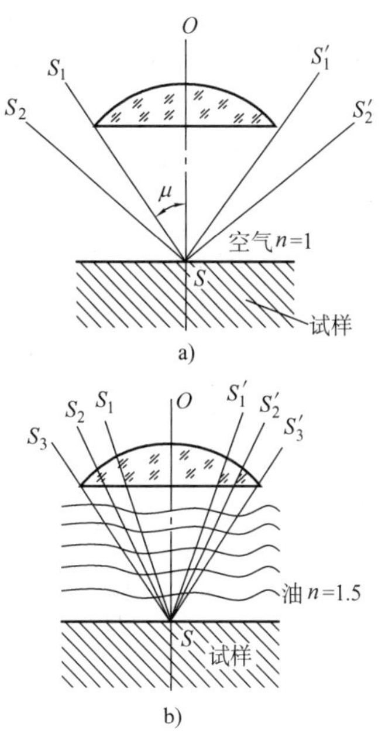

图 3-11　物镜聚光能力比较

a）干系物镜　b）油浸系物镜

（5）物镜的分辨率　分辨率是物镜能将两个物点清晰分辨的最大能力，用两个物点能清晰分辨的最小距离 d 的倒数 $\frac{1}{d}$ 表示。物体通过光学仪器成像时，每一物点对应有一像点，但由于光的衍射，物点的像不再是个几何点，而是大小不一定的衍射亮斑。靠近的两个物点分辨形成两个亮斑，如果亮斑互相重叠则使两个物点分辨不清，从而限制了光学系统的分辨率。显然，像面上衍射图像亮斑半径越大，系统的分辨率则越小。图 3-12 中 $A_1'A_2'$ 为物点 A_1A_2 的衍射图像，呈同心环状，中心的光线强度最大，衍射环的光线强度随环的直径增大而逐渐减弱。

如图 3-12 所示，当 A_1' 衍射花样的第一极小值正好落在 A_2' 花样的极大值处时，A_1'、A_2' 是可分辨的。将此时定出的两物点的 A_1'、A_2' 距离作为光学系统的分辨极限 θ_0，称为分辨极限角。当 $\theta>\theta_0$ 时，完全可分辨；当 $\theta<\theta_0$ 时，不可分辨。由理论推导得

$$d = \frac{0.5\lambda}{n\sin\mu}$$

式中，$n\sin\mu$ 为物镜的数值孔径。

故上式可变为

$$d=\frac{0.5\lambda}{NA}$$

上式表明，物镜的 NA 越大，入射光波长 λ 越短，则物镜分辨率越大。金相显微镜的分辨率最大只能达到物镜的分辨率，所以物镜的分辨率又称为显微镜的分辨率。

（6）物镜的景深　景深是物镜对于高低不平的物体能清晰成像的能力。金相试样经浸蚀后表面呈现凹凸不平，欲使各种组织均能清晰地呈现在视场中，则需要物镜有一定的景深。景深一般以物体同时清晰成像时最高点与最低点之间的距离 d_L 表示。

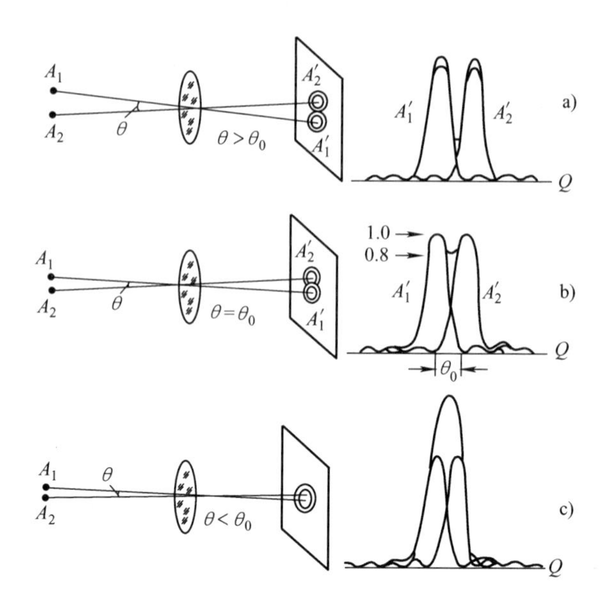

图 3-12　物镜的分辨能力
a）完全可分辨　b）可分辨极限　c）不可分辨

（7）工作距离　物镜的工作距离是指物镜第一个表面到被观察物体之间的距离。物镜的工作距离与物镜的数值孔径有关，物镜放大倍数越高，数值孔径越大，工作距离就越小。表 3-2 为上海光学仪器厂生产的 4XA 金相显微镜物镜参数，从表中可以看出物镜放大倍数与数值孔径及工作距离之间的关系。

表 3-2　4XA 金相显微镜物镜参数

物镜类别	放大倍数	数值孔径 NA	系统	焦距/mm	工作距离/mm
消色差物镜	10	0.25	干	17.19	7.32
平场半消色差物镜	40	0.65		4.45	0.66
消色差物镜	100	1.25	油	1.91	0.37

注意　在使用显微镜观察组织时，最好先目测物镜与载物台之间的距离，然后再放置试样观察，有隐约的显微组织影像时，只要微调就可以了。这样可有效防止大距离调节显微镜焦距，提高显微镜的使用寿命。

（8）显微镜的放大倍数和有效放大倍数　显微镜总的放大倍数用 M 表示，由目镜和物镜的放大倍数相乘而得到，即

$$M=M_{物}M_{目}$$

显微镜总放大倍数通常为 40~1250。

必须注意所使用的镜筒是否带有辅助透镜，若镜筒中有辅助透镜，其镜筒装置放大倍数用 M_j 表示，则

$$M=M_{物}M_{目}M_{j}$$

若镜筒装置的放大倍数 $M_j=1.25$，则总放大倍数见表 3-3。

表 3-3 带有辅助透镜的镜筒装置总放大倍数

物镜放大倍数	镜筒装置放大倍数	目镜放大倍数	总放大倍数
4	1.25	10	50
10			125
40			500
100			1250

为了充分利用物镜的分辨率，使显微镜能分辨的两个物点同时被人眼看清楚，显微镜必须有相应的放大倍数，将物体的细节放大到足以被人眼分辨的程度。一般来说，显微镜的有效放大倍数为

视频 金相显微镜的操作

$$500NA \leqslant M \leqslant 1000NA$$

满足上式的放大倍数称为有效放大倍数，若 $M<500NA$，则说明显微镜的分辨率没有充分利用，物镜虽能分辨，但人眼仍看不清细节。反之，若 $M>1000NA$，则说明是无效放大，原来看不清的细节，过分放大后仍看不清，它受到物镜分辨率的限制。

由此可见，光学显微镜的有效总放大倍数最高为 1250~1400。

当采用 100 倍物镜 $NA=1.25$ 时，其最高有效放大倍数为 $1000NA$，即 $1.25\times1000=1250$，若采用 12.5 倍目镜，则 $M=M_{物}\ M_{目}=100\times12.5=1250$，恰好符合上述有效总放大倍数的要求。

当采用 16 倍或 20 倍目镜时，则 $M=M_{物}\ M_{目}=100\times16=1600$，$M=M_{物}\ M_{目}=100\times20=2000$，总放大倍数大于 $1000NA$，为无效放大。因此，选择这种物镜的情况下，目镜最大不能超过 12.5 倍。

表 3-4 列出了在相同的显微镜总放大倍数下，不同物镜与目镜搭配所达到的不同效果。

表 3-4 分辨率、焦点深度、亮度与物镜和目镜配合的关系

500×	100×/1.25 物镜和 5×目镜	400×/0.65 物镜和 1.25×目镜
分辨率	分辨率高，可看清微细结构	分辨率低，微细结构看不清
焦点深度	焦点深度小，试样底面要求高	焦点深度大，试样底面要求低
亮度	亮度好	亮度差

（9）物镜和目镜的标记

1）物镜的标记。在物镜壳上刻有不同的标记，如浸液记号、物镜类别、放大倍数、数值孔径、机械镜筒长度、盖玻片厚度等。图 3-13 所示物镜的标记为 PC100/1.25 Oil ∞/0，PC 表示平场消色差物镜；Oil 表示油浸物镜，浸液为松柏油；100/1.25 表示物镜放大倍数为 100，数值孔径为 1.25；∞/0——∞ 表示机械镜筒长度，为无限远机械镜筒长度；0 表示无盖玻片。有些物镜刻有 160/-，表示机械镜筒长度为 160mm，-表示可有也可无盖玻片。

图 3-13 物镜的标记

2）目镜的标记。目镜刻有的标记包括目镜类别、放大倍数，如图 3-14 所示。例如

p10×，p 表示平场目镜，10×表示放大倍数。

如果要测量显微组织的实际尺寸，则可用 10 倍刻尺目镜，其每小格代表的长度为 0.1mm，与物镜相配合时，每小格相应于被测物体的实际尺寸，要用毛玻璃分划板（显微镜出厂时附带的配件）上的刻度（把 1mm 分成 100 小格，每 1 小格代表 0.01mm）进行校正后再计算。也就是说，当与物镜相配合时，10 倍刻尺目镜上每小格所代表的实际长度，并不一定是除以物镜的放大倍数后所得出的数值。例如 10 倍目镜和 10 倍物镜相配合，刻尺目镜上的每小格不一定是 0.01mm，而要重新进行校正。

图 3-14 目镜的标记

>> 注意　如果是一台新的显微镜，在使用前需要用毛玻璃分划板对刻尺目镜和不同倍数的物镜相配合时每小格所代表的实际尺寸进行校正，记录这个数值，以后可直接使用。

2. 照明系统

金相显微镜所研究的对象是不透明的金相试样，必须依靠附加的光源照射到试样的表面，才能识别显微组织的形貌。照明系统的任务是根据不同的研究目的，对光束进行调整，改变采光方式，并完成光线行程的转换。因此，照明系统的主要部件有光源、垂直照明器、光阑、滤色片等。

3. 机械系统

机械系统包括支承显微镜的底座，放置样品的载物台，安装物镜、垂直照明器及目镜的机械镜筒、聚焦用螺钉。机械镜筒的长度已标准化，规定为 160mm 和 170mm，我国多采用 160mm。

二、金相显微镜附件

1. 相衬装置（phase contrast equipment）

相衬装置安装在显微镜上，是将具有相位差的光转换为具有强度差的光而显著提高显微组织衬度的一种装置。试样磨面上的高度差在 $10^2 \sim 10^3$nm 的组织，均能清楚地用相衬显微镜鉴别，近 20 年来国外生产的大型金相显微镜大都备有相衬装置。

相衬装置的光学系统如图 3-15 所示。其特点是在一般金相显微镜上加两个特殊附件，一是在光源孔径光阑附近放置一块单环遮板 A，二是在物镜后焦面上放置一块相板 B（透明的玻璃圆片）。在相板对应于圆环形遮板透光的狭缝处，真空喷镀两层不同物质的镀膜，称为相环。一层喷镀 MgF_2，起移相作用，一层喷镀 Ag 或 Al 降低振幅。当光线经遮板狭缝后成环形光束射入显微镜时，

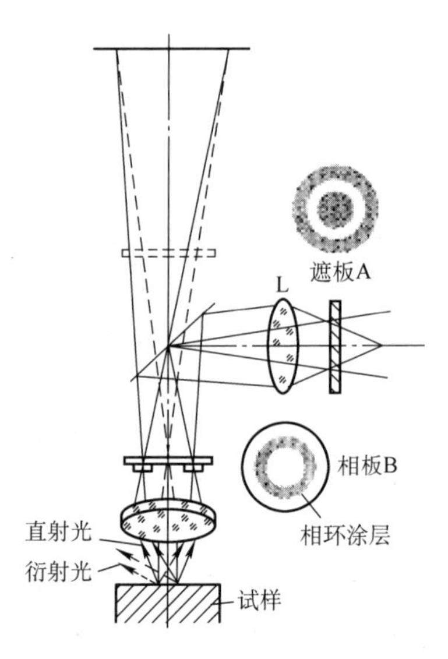

图 3-15 相衬装置的光学系统

通过调整透镜 L 和遮板 A 使圆环狭缝恰好聚焦在相板 B 上，使入射的环形光束与相板上的环形镀层完全吻合。借助相板与遮板配合，使反射光中的直射光与衍射光在相板上通过不同区域而分离开来。通过相环的直射光由于镀层导致相位移动和振幅降低，并与通过相板的衍射光发生干涉或叠加，达到提高衬度的效果。按相位移动情况不同，相衬可分为负相衬（明相衬）和正相衬（暗相衬）两种。金相分析多用暗相衬。相衬金相分析用于鉴别相变引起的表面浮凸、机械力引起的滑移线、抛光后较硬的第二相凸起、轻度浸蚀后某些相的凸出或凹陷等。

音频 偏振光的基础知识

2. **偏光装置**（polarized light equipment）

偏光装置是在显微镜-入射光路和观察镜筒内各加入一个偏光镜构成的装置，如图 3-16 所示。光源前的偏光镜称为起偏镜，其作用是将来自光源的自然光变成偏振光；另一偏光镜称为检偏镜，其作用是分辨偏振光照射于金属磨面反射光的偏振状态。常用偏光镜有两种，一种是尼科尔棱镜，另一种是偏振片。显微镜的偏光装置还有一个可旋转 360°的带有角刻度的载物台。使用偏光装置时，需先调整起偏镜、检偏镜及载物台中心的位置。调整时先除去检偏镜，转动起偏镜，反射光最强时，即为起偏镜的正确位置。再插入检偏镜转动调整到消光位置时，就是起偏镜与检偏镜正交的位置，光强度最大时，即为两个偏光镜成平行的位置。

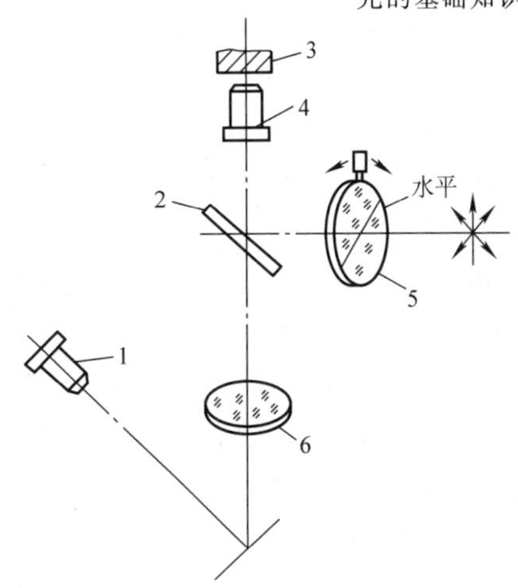

图 3-16 偏光显微镜结构

1—目镜 2—垂直照明器 3—试样 4—物镜 5—起偏镜 6—检偏镜

偏振光有线偏振光、圆偏振光及椭圆偏振光三种，由检偏镜可鉴别。金相分析中常利用试样磨面反射得到的线偏振光和椭圆偏振光的信息，识别合金相及非金属夹杂物等。

3. **暗场装置**（dark-field equipment）

暗场装置是由环形光阑、环形反射镜和金属曲面反射镜组成，在显微镜上形成的暗场附件。图 3-17 所示为暗场照明光线行程简图，光源经聚光镜获得平行光线在环形光阑处受阻，仅部分光线沿筒形管道通过，由暗场环形反射镜转向后，沿着光轴为中心的环形管道前进。此时光线不通过物镜而首先投射到物镜外的曲面反射镜上，经反射使光线斜照在试样磨面上，若表面是平整镜面，则反射出来的光线不进入物镜，故目镜上看到的是漆黑一片；如果试样磨面上有凸凹不平的显微组织，则反射出来的光线部分能进入物镜，故在漆黑的视场内可看到明亮的映像。

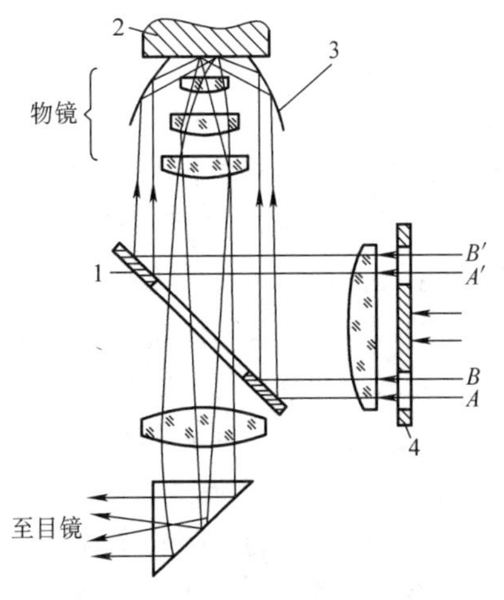

图 3-17 暗场照明光线行程简图

1—暗场环形反射镜 2—试样 3—曲面反射镜 4—环形光阑

暗场观察常用于鉴别非金属夹杂物。

4. **显微镜照相装置**（microphotograph equipment）

显微镜照相装置由不漏光的皮箱或金属箱、聚焦用的带框毛玻璃或透明玻璃、控制曝光的快门以及装照相底片用的金属盒组成。在显微镜中拍摄显微图片装置的基本形式有两类：一类是在显微镜主体上早已经配备了固定完善的照相暗箱及特制照相目镜，如各类大型高级金相显微镜；另一类是显微镜的主体上不带固定的照相装置，但另配一套适用于该显微镜的摄影附件，如正置或光路台式金相显微镜中的照相装置。

三、暗场、偏振光在非金属夹杂物检验中的应用

1. 用暗场照明鉴别钢中的非金属夹杂物

暗场照明常用于观察、分辨钢中的非金属夹杂物。夹杂物一般都具有其本身的固有色彩。用明场照明时，夹杂物处的入射光线折入该物相后，在金属基体与夹杂物界面处反射，再返回物镜，与平整金属基体处的强反射光汇合成像，使夹杂物的固有色彩被掩盖，因此明场照明时看不到夹杂物的真实色彩，如图 3-18a 所示。暗场照明时，由于金属基体处的反射光不能进入物镜，因而使夹杂物的本色能清晰呈现，如图 3-18b 所示。

暗场观察时，因物像的亮度较低，宜采用强光光源。在摄影时对光必须十分仔细，并应选用感光速度较高的照相底片，曝光时间也相应增加。

2. 偏振光在非金属夹杂物检验中的应用

偏光显微镜在金相分析中应用较多的是非金属夹杂物鉴别。非金属夹杂物的正确判别，往往需要运用金相、岩相、化学分析、X 射线衍射及电子探针等多种检测手段。但其中金相方法为最简便和普遍的途径。通常用明场、暗场及偏光等照明方式配合观察。在正交偏振光下一些常见夹杂物的光学特性如下：

1）各向同性的不透明夹杂物表面反射光仍为直线偏振光，在正交偏光下被消光，载物台旋转 360°时该夹杂相无明暗变化，如 FeO 属于此类。

2）各向异性的不透明夹杂物在直线偏振光下将使反射光的偏振面发生转动，导致部分光线可透过正交的检偏镜，载物台旋转 360°时可观察到四次明亮、暗黑的交替变化，如钢中的 FeS 夹杂。

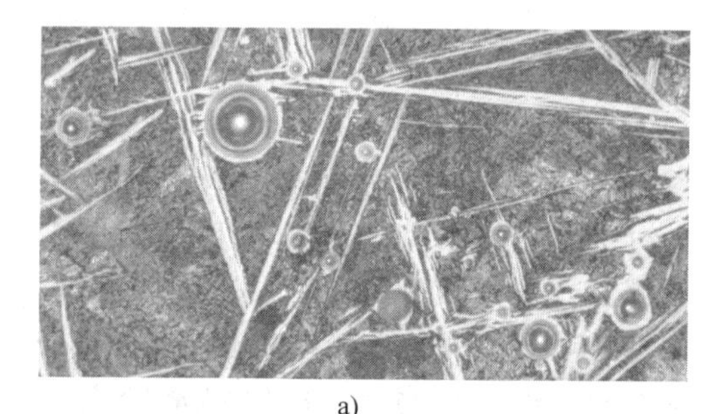

a)

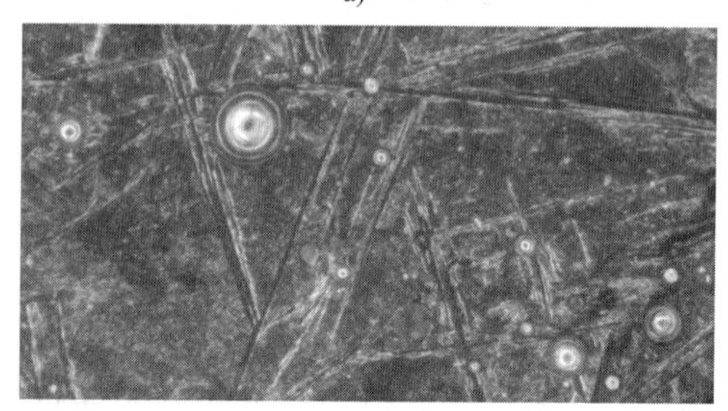

b)

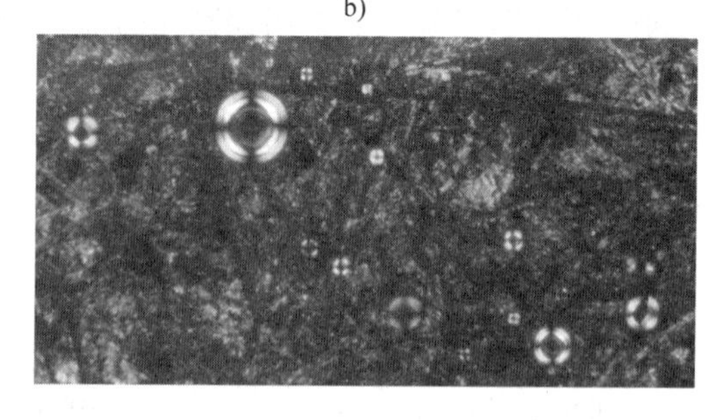

c)

图 3-18 非金属夹杂的鉴别（500×）
a）明场 b）暗场 c）偏光

3）各向同性的透明夹杂物在正交偏振光下可以看到其本身色彩，如 MnO 为绿色，转动载物台时夹杂相无明暗变化。

4）各向异性的透明夹杂物在正交偏振光下可看到其固有的色彩，转动载物台时可见明暗交替变化，如 FeO、TiO 在偏振光下呈闪耀明亮的玫瑰红色。

5）透明的球形夹杂物在偏振光下除可见其透明度及色彩外，还可看到“黑十字”及“等色环”现象，如图 3-18c 所示。如球状的 SiO_2 硅酸盐及复合硅酸盐 $2FeO \cdot SiO_2$ 等，偏

振光下都呈现黑十字。

利用偏振光还可对各向同性金属中奥氏体晶粒、马氏体、贝氏体及铝晶粒进行显示，并可分析塑性变形金属晶粒位向及复相合金组织等。

四、相衬在金相检验中的应用

具有微小高度差的两相，若反光能力相似，用普通的光学显微镜观察时，则由于该两相的衬度太低而常常无法鉴别。用相衬装置可使试样表面微小的高度差转变为光强度差，由此可清楚地辨明组织。因而相衬法为方便、有效地提高像质量、增大衬度的检测手段。两相高度差在 10~150nm 的试样，用相衬法鉴别较为适宜。

1. 增大组织衬度

（1）高碳钢球化退火后的质量检验　高碳钢球化退火后的组织为颗粒状碳化物分布在铁素体基体上。由于铁素体、碳化物经硝酸酒精浸蚀后都不染色，仅勾划出两相界面，用明场照明时两者都呈白亮色，故衬度不佳，难检查。若用相衬观察，则因碳化物硬度较高，试样抛光后常微凸于表面，能由此微小的高度差而获得具有黑白衬度差的图像。

（2）高速工具钢碳化物的质量检验　高速工具钢中常有 M_6C、$M_{23}C_8$ 等不同类型的碳化物。不同碳化物的硬度不同，精心磨抛的试样表面碳化物凸出的高度略有差异，这样在相衬观察时便可看到不同类型的碳化物色泽不同。如用正相衬时，最硬的碳化物呈白亮色泽，而硬度稍低的碳化物呈浅灰色，分布于暗色的奥氏体基体上。因而可借相衬法简便地鉴别高速工具钢淬火时各类碳化物的溶解情况。

2. 鉴别显微组织

应用相衬方法，可鉴别某些明场观察时不易辨明的组织。

1）显示淬火钢于室温放置时残留奥氏体继续形成的等温马氏体。18Cr2Ni4WA 钢高温长时间渗碳后的淬火试样，用硝酸酒精浅浸蚀后，可见灰色粗大马氏体针状组织分布在高碳高合金的奥氏体基体上。

2）某些工艺下可得到低、中碳合金钢马氏体、珠光体和铁素体的复合组织，其中马氏体（及少量残留奥氏体）和铁素体于一般浸蚀后观察都为浅色，不易区分，若用正相衬则可使马氏体呈白色，铁素体则为暗黑色，易于识别并可用图像仪测量过冷奥氏体的转变量。

五、数字成像显微镜简介

显微图像分析系统是将精锐的光学显微镜技术、先进的光电转换技术、尖端的计算机图像处理技术完美地结合在一起而开发研制成功的一项高科技产品。从此，我们对微观世界的研究和探索可以从传统的观察研究、定性分析和粗略测量跨越到精细测量、定量分析、准确评价的科技新领域。

数码影像和照片打印替代了暗室操作，方便快捷，无污染。微观组织在显示器上成像，方便多人同时分析讨论，并将组织图像以数字信息存档，优势凸显。

六、电子显微镜

1. 透射电子显微镜

透射电子显微镜（TEM）是把经加速和聚集的电子束投射到非常薄的样品上，电子与样品中的原子碰撞而改变方向，从而产生立体角散射。散射角的大小与样品的密度、厚度相关，因此可以形成明暗不同的影像。透射电子显微镜的分辨率为0.1~0.2nm，放大倍数为10^4~10^6。在断口分析中，透射电子显微镜主要用于研究断裂机理，观察断口的实用倍数为1000~40000。

透射电子显微镜观察断口主要采用复型法，可根据需要分别在裂纹源区、裂纹稳定扩展区或快速扩展区分别制取复型。复型法将试样表面的组织形貌复制到很薄的非晶体材料膜上，然后把这种复制的薄膜（通常称为复型）放入透射电子显微镜中进行观察和分析。复型所用的材料和制备方法很多，经常使用的有一次塑料复型、一次碳复型（用蒸发碳）、塑料-碳二次复型和萃取复型等。应用复型技术可显示材料或机械构件的显微组织和断口形貌等特征。

2. 扫描电子显微镜

扫描电子显微镜（SEM）是一种利用电子束扫描样品表面从而获得样品信息的电子显微镜。扫描电子显微镜对试验样品要求低，可直接观察大样品（如100mm×100mm），特别适合粗糙表面的观察研究，并具有景深大、分辨率较高（10^{-8}m）、放大倍数范围宽（10~10^4）且可连续调节，可在一个断口上连续地进行分析，可进行化学成分和晶体取向测定等一系列优点。

扫描电子显微镜是断口分析中的重要工具，在失效分析中得到了广泛的应用。主要用于断裂性质、断裂类型的判断，还可观察到第二相和夹杂物等对裂纹萌生与扩展的影响。用扫描电子显微镜进行断口形貌观察时，一般遵循以下基本技术原则：

1）先对断口进行低倍观察，全面了解断口的整体形貌和特征，并确定重点观察部位。

2）在整体观察的基础上，找出断裂起始区，并对断裂源区进行重点分析，包括源区的位置、形貌、特征、微区成分、材质冶金缺陷、源区附近的加工刀痕及外物损伤痕迹等。

3）扫描电子显微镜断口照片一般包括断口的全貌照片及断裂源区照片和扩展区、瞬断区的照片。

用扫描电子显微镜进行断口形貌观察的缺点是：对于较大的断口，要将观察的部位从断口上切割下来，因而破坏断口；试样在观察前一般要在超声波清洗槽中用酒精或丙酮清洗灰尘、油污等，图3-19所示为扫描电子显微镜断口形貌。图3-20所示为氢脆断口的扫描电镜照片。

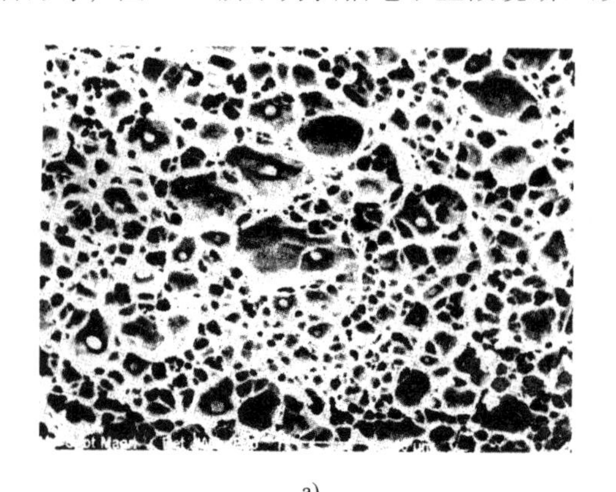

a)

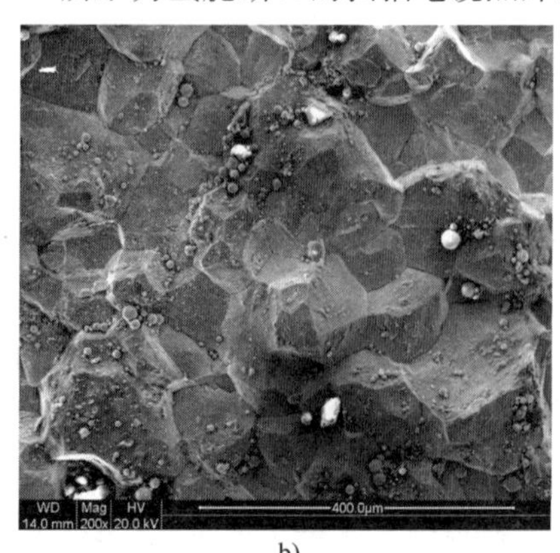

b)

图3-19 扫描电子显微镜断口形貌

a）45钢调质后的断口（韧窝） b）30Cr13钢淬火后的断口（冰糖块）

3. 微区成分分析

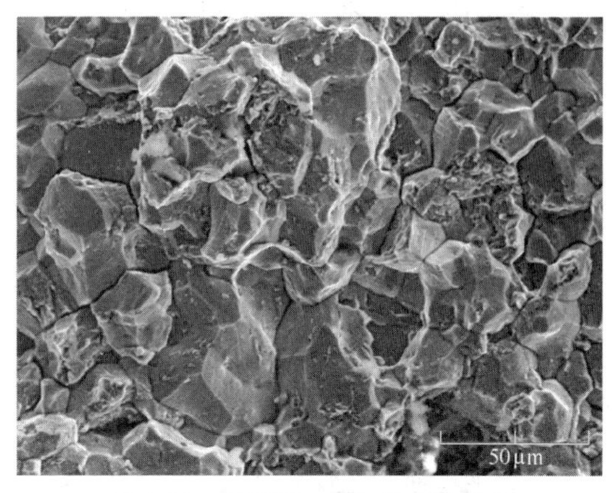

图 3-20　氢脆断口的扫描电镜照片

微区成分分析用以测定断口的化学成分，特别是微量杂质元素在断口的偏析，从而分析化学成分对断裂过程的影响及确定引起断裂的原因。微区成分分析主要采用电子探针、离子探针、X 射线能谱仪、俄歇能谱仪等，这些仪器和电镜可配套使用。

X 射线能谱仪（EDS）的最大优点是不损伤被测件表面，可同时适用于光滑表面和粗糙断口表面的元素分析，可以分析某一区域的元素平均成分和样品表面某一区域某一元素的分布情况（面分布），也可对某几种元素进行沿指定线路的线分布分析，是目前失效分析中应用最广泛的微区成分分析仪器。

在进行微区成分分析时应注意，微区成分分析的结果只能代表分析部位的局部成分，而不能代表样品宏观总体的成分。由于微区成分分析的灵敏度和精确度的限制，其分析结果不能代替其他分析方法所得到的结果。

模块三　显微硬度计

显微硬度（microhardness）是硬度试验时试验力在 1.961N（维氏）及 9.807N（努氏）以下的微小硬度，由于采用的试验力很小，因此可把硬度测量区域缩小到显微尺度以内。显微硬度有维氏硬度和努氏硬度两种。

一、显微硬度测试对金相试样的要求

进行显微硬度测量的试样应按金相试样制备要求经磨光、抛光和腐蚀。测试极薄的或微细制品的试样时，应制成镶嵌试样。对于研磨过程中易发生加工硬化的材料，试样应采用电解抛光。

二、显微硬度测试原理

显微硬度测试原理与一般硬度测试法相似，是由一个锥形金刚石压头以远低于一般硬度测试用的载荷（通常为 $0.01\times10^{-3}\sim0.2$kgf，1kgf=9.80665N）压入试样表面欲测定的金相组织部位，使之产生一个压痕，然后测量压痕大小，通过公式计算或查表法求得硬度值。由于试样上留下的压痕只有几微米到几十微米，因此测量时必须采用金相显微镜，放大倍数多数采用 100 倍或 400 倍。两种显微硬度测量方法的主要区别是所采用的压头几何形状不同。维氏硬度压头是一种正方锥体，如图 3-21 所示。努氏硬度压头是菱面锥体，如图 3-22 所示。锥体较长的对角线（L）与较短的对角线（W）的长度比为 7∶1。努氏显微硬度测得的压痕深度较浅，约为维氏硬度压痕深度的 80%，而其较长的对角线要比维氏硬度压痕对角线长 3 倍，特别适用于测定薄层的硬度。测定努氏硬度值时，卸除载荷后弹性回复引起的收缩很小，从而可避免压痕形状的歪曲和硬度值偏高的问题。

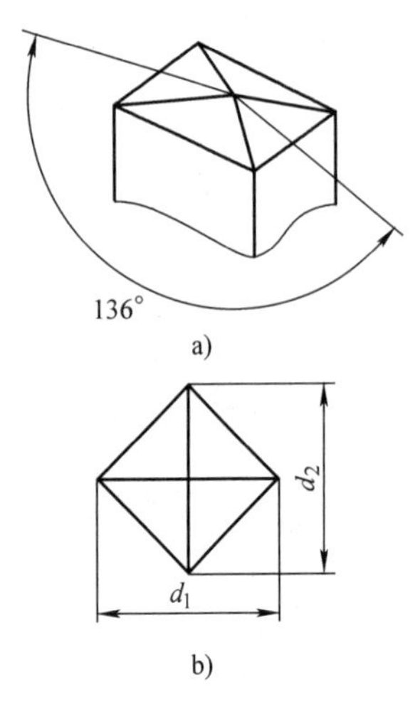

图 3-21 正方锥体压头

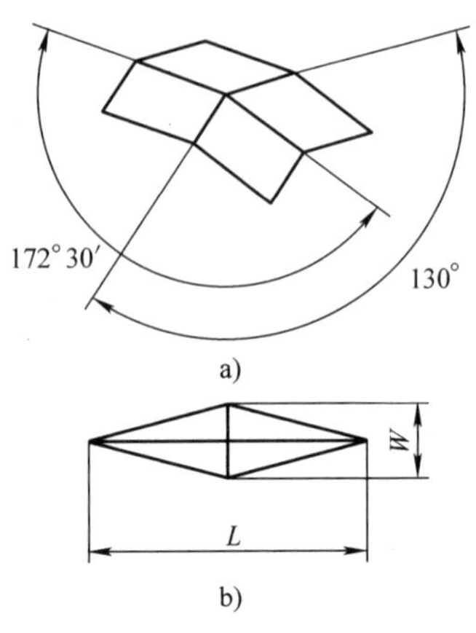

图 3-22 菱面锥体压头

维氏显微硬度值用下列公式计算：

$$HM = 189.03 \times 10^{-3} \frac{F}{d^2}$$

式中，F 为施加在压头上的试验力，单位为 N；d 为压痕对角线的长度，单位为 mm。

努氏显微硬度值用下列公式计算：

$$HK = 1450.6 \times 10^{-3} \frac{F}{d^2}$$

式中，F 为施加在压头上的试验力，单位为 N；d 为压痕对角线的长度，单位为 mm。

实际应用时，常根据压痕对角线长度查表求值。

注意 当压痕对角线的长度差超过平均值的 5%时，应在报告中注明。另外，测定压痕对角线长度时，特别应注意测量线与压痕端点的位置，不能将线全压，也不能不接触，一般以压线一半为最好，难以估计时，用测量标准硬度块对照来调整测量线与端点的接触程度。这要求试验员养成细致、认真、及时总结的良好习惯，提升检验员的职业素养。

三、显微硬度分析及应用

显微硬度分析（microhardness analysis）利用显微硬度的测定，研究和分析合金的组成物或相对性能的影响，是显微分析技术的一种基本手段。显微硬度的测试遵守 GB/T 4340.1—2009《金属材料 维氏硬度试验 第 1 部分：试验方法》中的相关规定。

显微硬度的测定通常用于微细制品。由于其压痕面积可小至 25μm^2，因而被广泛用于合金显微组织的研究，应用范围主要涉及以下几个方面：

1）金属中非金属夹杂物的鉴别。

2）合金组成相的分析。

3）金属表面扩散层的研究。

4）成分偏析和均匀化的研究。

5）焊接质量的分析。

此外，显微硬度分析方法也适用于固溶强化、时效、沉淀硬化、再结晶、机械加工或热加工对金属表层的影响以及磨损引起的材料表面性质变化等研究。

四、异常压痕产生原因

显微硬度测定过程中，当压痕出现异常情况时，将会得出不准确的显微硬度值，表 3-5 介绍了几种常见异常压痕及产生原因。

表 3-5　几种常见异常压痕及产生原因

序号	压痕形状	产　生　原　因
1	压痕类似菱形，但不完全对称，有一定的规律性	1）试样表面与底面不平行。旋转试样，压痕的偏侧方向也随之旋转 2）载荷主轴的压头与工作台不平行。旋转试样，压痕的偏侧方向不改变
2	压痕对角线交界处（顶点）不成一个点，或对角线不成一条线	顶尖或棱边损坏，换压头后调整至“零位”即可
3	压痕不是一个，而是多个或大压痕中有小压痕	加载荷时试样相对于压头有滑移
4	压痕拖尾巴	1）支承载荷主轴的弹簧片有松动。沿径向拨动载荷主轴时，压痕位置发生明显变化 2）支承载荷主轴的弹簧片有严重扭曲现象。压头或试样表面上有油污，这一现象影响压痕的观察和测量

出现异常情况时，应及时找出原因并解决，以免影响测量的准确性。

五、数字成像显微硬度计简介

图 3-23 所示为某公司生产的半自动显微硬度计系统，它由一台显微硬度计、一套计算机控制自动载物台和 TV 测量系统组成。该设备能用光标在计算机显示屏上测量压痕，减少了由于长时间观察目镜使操作者眼睛疲劳而导致的测量误差；自动载物台可沿 x、y 轴及在

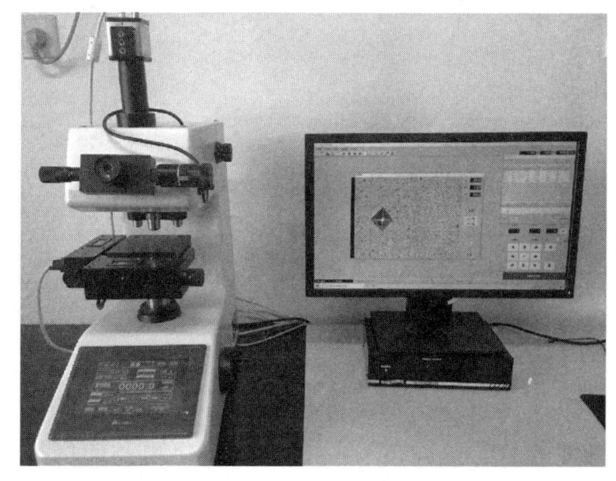

图 3-23　半自动显微硬度计系统

视频　显微硬度计的使用

Ⅰ、Ⅱ、Ⅲ、Ⅳ象限任意移动；在测量硬化层深度时，可以设定一条或多条轨迹，载物台可按照设定自动移动；测量后可立即打印出硬化层深度报告及曲线图；采用高分辨率图像采集装置可在显示屏上显示清晰的图像，并可存储和打印测量结果。

模块四 定量金相分析

对金属显微组织进行定性分析，虽也可以说明金属材料的某些性能特征，但要比较精确地描述组织和性能之间的关系，找出其规律性，就需要测量及计算出能确切表征组织特点的某些参数，以确立它们之间更为本质的、定量的关系。例如，晶粒大小与强度或韧性的关系，珠光体组织片间距与强度和硬度的关系，中、高温回火组织中碳化物粒子间距与力学性能的关系等。这就需要利用定量金相的方法来测量、计算组织中相应组成相的特征参数，从而建立组成相与材料力学性能的定量关系。

音频 定量金相概述

一、定量测量的理论基础

1. 体视学

体视学是一种由二维图像外推到三维空间或者对平面图像进行三维解释的科学。体视学的原始定义为：体视学是建立从组织的截面所获得的二维测量值与描述组织的三维参数之间关系的科学。

事实上，也可以用一维的线穿过平面或空间组织的测量值来估算二维或三维的组织参数。这样，在上面定义中把问题限制在二维截面和三维组织是不必要的。如果把上面定义中的二维和三维改为 s 维和 n 维（其中 $s<n$），则会使体视学的定义更具一般性。

2. 定量金相学

把体视学应用于金相学研究的科学就称为定量金相学。通过二维平面中点、线、面等几何参量的测量，根据点、线、面、体分数的互等关系，推算出显微组织中待测物相三维空间的量值。定量金相的互换等式为

$$P_{\mathrm{P}}=L_{\mathrm{L}}=A_{\mathrm{A}}=V_{\mathrm{V}}$$

式中，P_{P} 为待测相交点分数；L_{L} 为待测相截线分数；A_{A} 为待测相面积分数；V_{V} 为待测相体积分数。

二、定量金相的基本测量方法

常用的测量方法有比较法、计点法、截线法、截面法及联合截取法等。GB/T 15749—2008《定量金相测定方法》也规定了用网格数点法（计点法）、网格截线法（截线法）、显微镜测微目镜测定法、线段刻度测定法及图像分析仪测定法测定物相体积分数的方法。

最常用的测量方法为计点法和截线法，这两种方法也是最基本的方法。

1. 比较法

比较法是将测量对象与标准图样进行比较以定出级别，这种方法简单、效率高，但往往由测量者的主观因素而带来误差，精确性、再现性差。晶粒度、夹杂物、碳化物及偏析等可以用比较法测出其级别。

目前生产中，一般都采用比较法测定晶粒度。在用比较法测定时，应遵循下面的评定原则：

1）试样制好后，在100倍的显微镜下测定，其视场直径为0.80mm。

2）测定时，首先在显微镜上进行全面观察，然后选择晶粒度具有代表性的视场与GB/T 6394—2017标准评级图（系列图Ⅰ～Ⅳ[㊀]）相比较，确定试样晶粒度的级别。

3）当显微镜的放大倍数不是100倍时，仍可按标准晶粒度级别图测定其晶粒度，随后根据所选用的倍数按表3-6换算成100倍时的标准晶粒度级别。

4）标准图可以带8级晶粒度刻度的毛玻璃为准。

表3-6　标准晶粒度级别换算表

放大倍数	晶粒度级别													
100	-1	0	1	2	3	4	5	6	7	8	9	10	11	12
50	1	2	3	4	5	6	7	8	—	—	—	—	—	—
200	—	—	—	—	1	2	3	4	5	6	7	8	—	—
300	—	—	—	—	—	1	2	3	4	5	6	7	8	—
400	—	—	—	—	—	—	1	2	3	4	5	6	7	8

2. 计点法

计点法又称为网格计点法。特制一套具有不同网线间距的网格，典型的网格如图3-24a所示。网格可以插在显微镜的目镜光阑处，也可将带网格的透明塑料板覆盖在显微组织照片上。在试样或照片上选择一定部位，数出落在被测相内的点数P，若测试网格的格点总数为P_T，则可求得第二相的体积分数$V_V=P_P=P/P_T$。

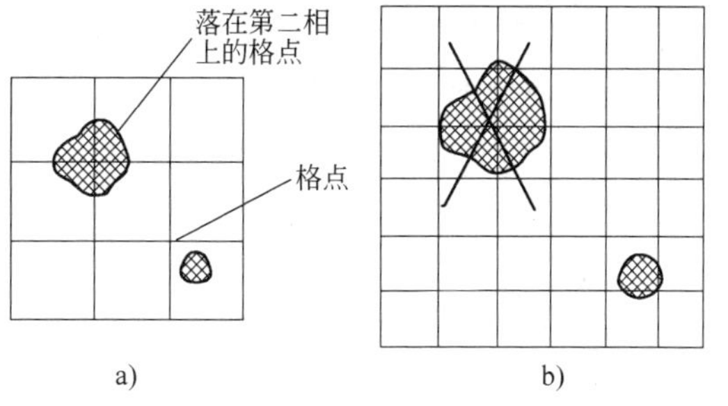

图3-24　测量P_P用的网格

a）正确　b）错误

选择测试网格时，应使落在任何第二相面积内的格点数不大于1，图3-24b所示第二相面积内的格点有两个，不满足网格的选择要求。此外，还要求网线间距接近第二相间距。落在网格边界上的点以1/2计算。

下面就以测量球墨铸铁中球状石墨的体积分数为例，具体讲解计点法测量多相组织中各相体积分数的步骤。

【例3-1】　图3-25所示为铁素体基体球墨铸铁的显微组织，测量其中球状石墨的体积分数V_V。

1）在金相照片上画相应的网格。

2）数出网格测试点的总数$P_T=7\times7=49$。

3）落在石墨内的网格点数$P_\alpha=5+6\times1/2=8$。

㊀ GB/T 6394—2017　系列图Ⅰ　无孪晶晶粒（浅腐蚀）100倍，GB/T 6394—2017　系列图Ⅱ　有孪晶晶粒（浅腐蚀）100倍，GB/T 6394—2017　系列图Ⅲ　有孪晶晶粒（深腐蚀）75倍，GB/T 6394—2017　系列图Ⅳ　钢中奥氏体晶粒（渗碳法）100倍。

4）石墨的体积分数 $V_V = P_P = P_\alpha / P_T = 16.3\%$。

5）取多张金相照片多次测量石墨的体积分数，计算 V_V 的平均值。

3. 截线法

截线法也称为弦计法或晶粒平均直径法。截线法是用有一定长度的刻度尺测量落在待测相上的线段长度的总和 L，$L = L_1 + L_2 + L_3$，然后除以测试线总长度 L_T，即得待测相的截线分数 $L_L = L/L_T$，如图 3-26 所示。

截线法还可以测量单位长度测试线上与被测对象的交点数 P_L 和单位长度测试线上被测对象的个数 N_L，如图 3-27 所示。

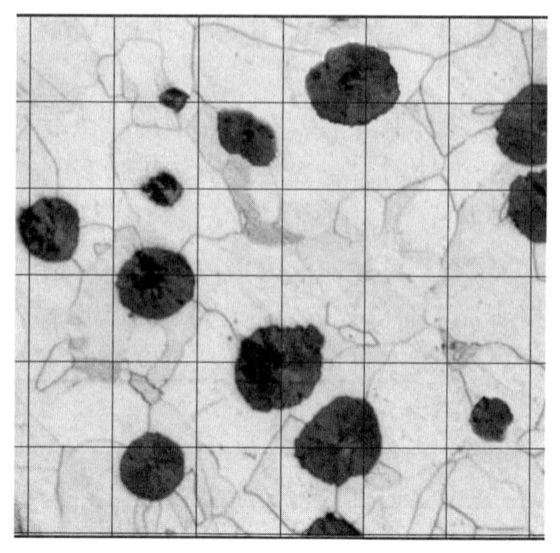

图 3-25 铁素体基体球墨铸铁的显微组织

（1）截线法测量组织的晶粒度 当测量精度要求较高或当晶粒为椭圆形时，可采用截线法测量，此时应遵循以下原则。

1）先进行初步观察，以选择具有代表性的部位和合适的倍数。选择倍数时，先用 100 倍，当晶粒过大或过小时，可适当调整显微镜的倍数，以在 80mm 直径的视场内不少于 50 个晶粒为宜。

2）将显微图像投射到毛玻璃上，计算与一条直线相截的晶粒数目，直线要有足够的长度，以使与一条直线相截的晶粒数不少于 10 个。

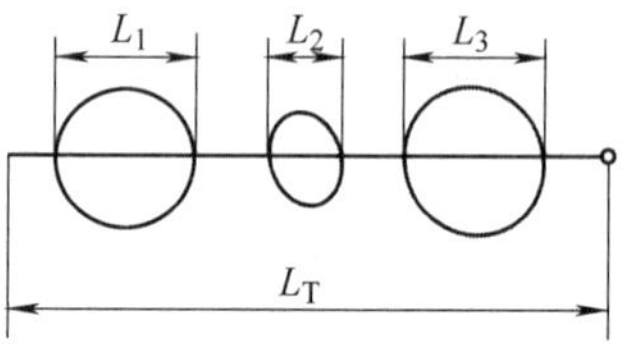

L_1 L_2 L_3 L_T

图 3-26 截线法示意图

3）计算时，直线端部未被完全交截的晶粒应以 1 个晶粒计算。

4）最少应选择三个不同部位的三条直线来计算相截的晶粒数。用相截的晶粒总数除以选用直线的总长度（实际长度值以 mm 为单位），得出弦的平均长度（mm）。

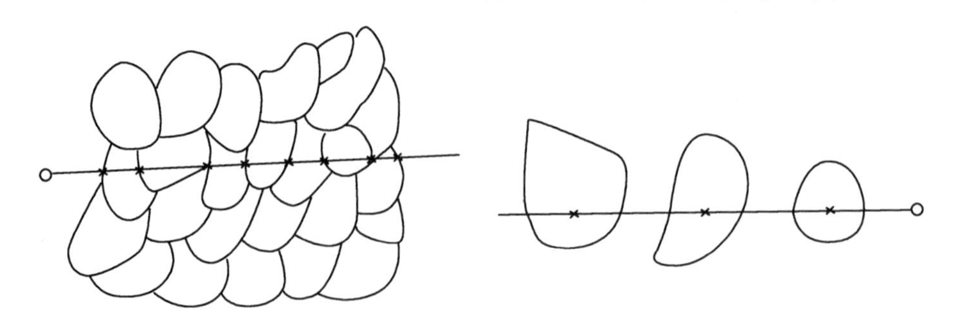

图 3-27 求测试面积上的 P_L 和 N_L

5）用弦的平均长度查表 3-7 确定钢的晶粒度。

6）计算也可以在带有刻度的目镜上直接进行。

下面就以测量退火态工业纯铁中铁素体晶粒的晶粒度为例，具体讲解截线法测量组织晶粒度的步骤。

【例 3-2】 图 3-28 所示为退火态工业纯铁的显微组织，测量铁素体晶粒的晶粒度。

表 3-7 钢的晶粒度级别与对应晶粒的大小

晶粒度级别	计算的晶粒平均直径/mm	弦的平均长度/mm	一个晶粒的平均面积/mm^2	在 1mm^3 内晶粒的平均数量/个
-3	1.000	0.875	1	1
-2	0.713	0.650	0.5	2.8
-1	0.500	0.444	0.25	8
0	0.353	0.313	0.125	22.6
1	0.250	0.222	0.0625	64
2	0.177	0.157	0.0312	181
3	0.125	0.111	0.0156	512
4	0.088	0.0783	0.00781	1448
5	0.062	0.0553	0.00390	4096
6	0.044	0.0391	0.00195	11585
7	0.030	0.0267	0.00098	32381
8	0.022	0.0196	0.00049	92682
9	0.0156	0.0138	0.00024	262144
10	0.0110	0.0098	0.000122	741458
11	0.0078	0.0068	0.000061	2107263
12	0.0055	0.0048	0.000131	6010518

1）在图中引多条直线，$L_T = 0.528$mm（照片实际长度除以标尺长度，再乘以 50μm）。

2）计算与直线相截的晶粒个数，$L_1 = 19$ 个，$L_2 = 16$ 个，$L_3 = 21$ 个，$L_4 = 16$ 个，$L_5 = 21$ 个。

3）计算晶粒平均直径 $d = \frac{L_T \times 5}{19+16+21+16+21}$ mm = 0.0284mm。

4）用晶粒平均直径 d 查表 3-7 确定钢的晶粒度为 7 级。

图 3-28 退火态工业纯铁的显微组织

（2）截线法测量多相组织中各相的体积分数 截线法除了可以测量组织的晶粒度外，还可以测量多相组织中各相的体积分数。在金相照片上作任意直线，它被组织中各个相截成若干线段，把落在被测相上的线段长度相加，得总长度 L_α，然后除以测试线总长度 L_T，即得被测相体积分数为

$$V_V = L_L = L_\alpha / L_T$$

线段长度可用刻度尺在显微组织照片上测量，也可直接在显微镜的毛玻璃上测量。由于测量的是组织相对量，所以所用刻度尺的比例和组织的放大倍数对测定结果无影响。为提高测量的精确度，应考虑测量的截线数量，使用的截线总数越多，测量误差越小。

下面就以测量钛合金组织中等轴 α 相的体积分数为例，具体讲解截线法测量多相组织中各相体积分数的步骤。

【例 3-3】 图 3-29 所示为 TC11 钛合金组织，测量组织中较亮的等轴 α 相的体积分数。

1）在图中引多条直线，$L_T = 22.1\text{mm}$。

2）测白亮相截线长度，$L_\alpha = 10.4\text{mm}$。

3）计算 $V_V = L_L = L_\alpha / L_T = 47.1\%$。

4）依次求出多条线的 V_V，计算 V_V 的平均值。

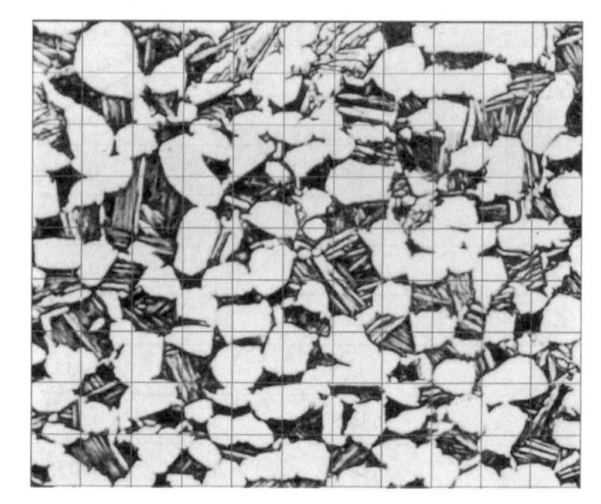

图 3-29 TC11 钛合金组织

4. 截面法

截面法是用有刻度的网格来测量单位测试面积上的交点数 P_A 或单位测试面积上的物体个数 N_A，也可测量单位测试面积上被测相所占的面积分数 A_A。

截面法测量时，先选定视场，其总面积为 A_T，测量出待测相面积 A_α，则面积分数 $A_A = A_\alpha / A_T$。其中 A_α 的测量方法有：①用求积仪进行测量；②用称重法进行计算；③用网格法进行计算。

5. 联合截取法

将计点法与截线法联合起来进行测量，通常用来测定交点数 P_L 和点分数 P_P，由定量分析的基本方程得到表面积和体积的比值，即 $S_V / V_V = 2P_L / P_P$。

三、图像分析系统在定量金相测试中的应用

1. 自动图像分析系统的组成

利用人工进行定量金相测试，是一项繁重的工作。而且长时间、精力高度集中地观察组织和测量各种参数，容易导致工作者的视力疲劳，引起测量和计算误差，测试效率也低。因此，各种定量金相分析系统和配置在显微镜上的附件相继研制并使用。尤其是高分辨率的全自动图像分析系统的应用，大大节约了测量和数据处理的时间，提高了测试精度。这类自动化图像分析系统无疑将会逐步取代人工操作的定量分析工作，成为现代科学研究中不可缺少的设备之一。

自动图像分析系统的组成如图 3-30 所示，其可以分为三部分：①成像系统，包括（电子或光学）显微镜和数码成像系统；②计算机系统；③图像分析软件。其中最核心的部分为图像分析软件，是实现自动分析的关键。

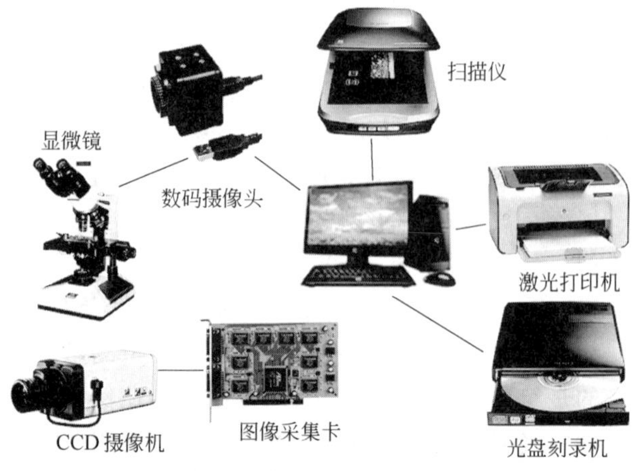

图 3-30 自动图像分析系统的组成

2. 图像分析软件

图像分析软件可以直接测出的几何参数有：特征物的周长、面积、投影长度等。此外，通过计算机处理还

可得到一系列导出参数，如形状因子等。另外，还能以基本参数为判据，决定对哪些视场或特征物进行测量。例如，以灰度为判据，只对某一灰度范围的视场或特征物进行测量；以形状因子为判据，只对近于圆形的特征物进行测量；以特征物面积为判据，只对某一尺寸范围面积的特征物进行测量等。

目前，用于定量金相测试的图像分析软件大致可分为专业金相分析软件和通用图像分析软件两类。

专业金相分析软件是一套显微定量金相分析系统，它针对金相图像的特点，将数字图像方法中一些具有实用性的功能重新加以改进和集成，使得整个系统成为一套易学易用的定量金相工具。专业金相分析软件以金相检验标准为依据，可包含几十甚至上百个功能模块，如金属平均晶粒度评级、非金属夹杂物显微评定、球墨铸铁球化分级、相组分或组织组分的统计分类及相对量的测定。用户可根据需要选择检验项目，在专业金相分析软件的帮助下，完成检验工作。图 3-31 所示为一种专业金相分析软件的运行界面。尽管这些金相分析软件功能强大，有很强的实用性，但是这些系统的价格都很昂贵，用户可根据需要，只购买其中部分模块。

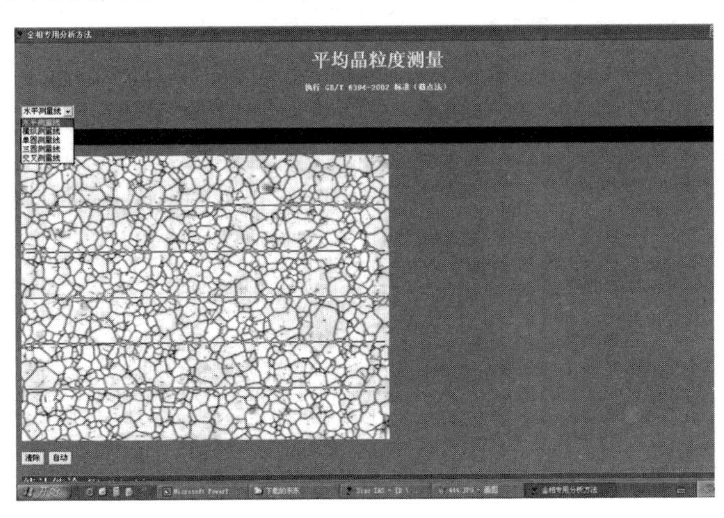

图 3-31 一种专业金相分析软件的运行界面

通用图像分析软件不仅能用于金相检验，而且还能用于生物学、医学、工业及半导体检测等领域。Image-Pro Plus 是一款由美国 Media Cybernetics 公司开发的通用图像分析软件，包含了从图像采集、处理、分析到存档、报告、输出所需要的全部功能，是世界上拥有最广泛用户群体的图像分析软件。

由于图像分析软件的检测是通过区别不同灰度特征物来实现的，因此制备足够衬度的试样是保证测量精度的主要条件。试样表面的残留磨痕、浸蚀过深使晶界加宽或产生腐蚀坑等均会影响测量的精度，因此，试样的制备质量比一般金相观察要严格得多。此外，还可以利用显微镜上的各种附件来提高组织衬度，例如采用暗场照明、滤色片、相衬附件、斜照明等。如果试样制备完好，图像分析软件的测量误差一般不大于 1%。此外，也可以使用 Photoshop 软件对金相照片进行适当的处理，提高照片灰度。

3. 图像（金相）分析软件的使用方法

GB/T 15749—2008《定量金相测定方法》规定了图像分析软件测定法测定物相体积分

数的测量步骤：

1）在图像分析软件中打开待测图像。

2）加载标尺。

3）若为灰度图像，则直接进行二值分割提取待测物相；若为真彩色图像，则可直接进行闭值分割提取待测物相，也可将图像彩色灰度化后进行二值分割提取待测物相。

4）自动测量待测物相面积分数 A_A，按公式 $P_P = L_L = A_A = V_V$ 计算待测物相体积分数 V_V。

下面就以测量低碳钢组织中珠光体的体积分数为例，说明 Image-Pro Plus 图像分析软件的使用方法。

图 3-32　低碳钢的显微组织

【例 3-4】 图 3-32 所示为某低碳钢的显微组织，确定组织中珠光体的体积分数。

1）打开图 3-32 所示的低碳钢的显微组织图像，如图 3-33 所示。

2）进行二值分割，使珠光体和铁素体以不同颜色显示，以提取珠光体和铁素体，如图 3-34 所示。

3）二值分割完成后，测定珠光体所占的面积分数，如图 3-35 所示。

4）珠光体的体积分数 $V_V = A_A = 37061/(486 \times 378) = 20.2\%$，其中 37061 为珠光体组织在照片中所占的像素点，486×378 为照片总的像素点。

5）取多张金相照片多次测量珠光体的体积分数，计算 V_V 的平均值。

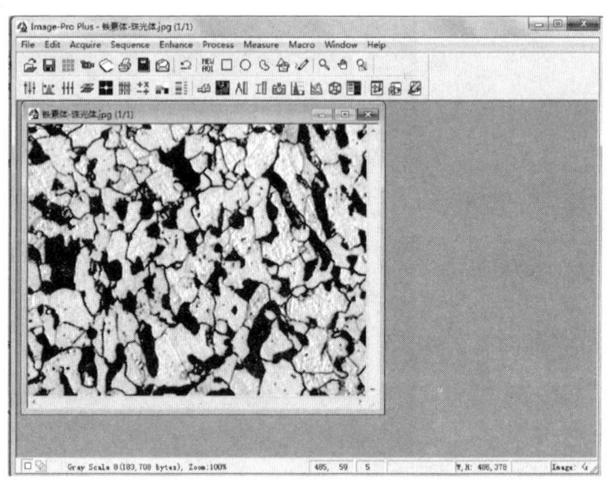

图 3-33　在 Image-Pro Plus 中打开金相图片

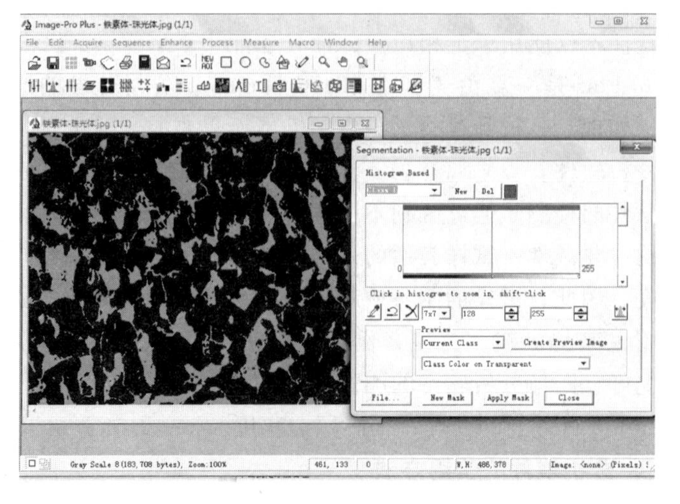

图 3-34　在 Image-Pro Plus 中进行二值分割

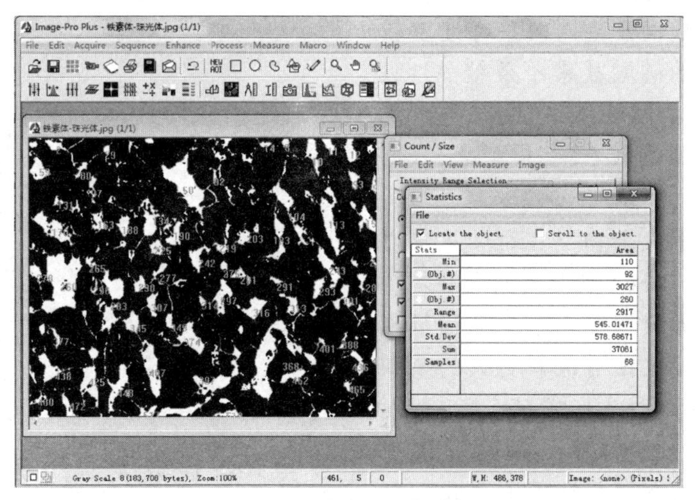

图 3-35　测定珠光体的面积分数

模块五　非金属夹杂物的金相检验

一、钢中非金属夹杂物的种类及形态

钢中非金属夹杂物（nonmetallic inclusion）一般简称为夹杂物。从不同的角度，夹杂物有以下三种分类方法。

1. 按夹杂物的化学成分分类

非金属夹杂物在熔炼和浇注过程中受各种冶金因素的影响，按照化学成分可分为以下几类。

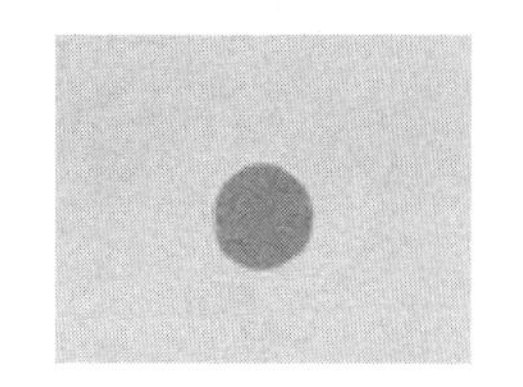

图 3-36　简单氧化物夹杂物（400×）

（1）氧化物系夹杂物　氧化物系夹杂物有简单氧化物、复杂氧化物、硅酸盐及硅酸盐玻璃。

1）简单氧化物。如 FeO、MnO、Cr_2O_3、Al_2O_3、SiO_2、ZrO_2、TiO_2 等，一般在钢中呈颗粒状或球状分布，如图 3-36 所示。

2）复杂氧化物。包括尖晶石类氧化物和各种钙的铝酸盐，如图 3-37 中箭头 2 所示。尖晶石类夹杂物可用 $AO \cdot B_2O_3$ 化学式表示，其中 A 为二价金属，如 Mg、Mn、Fe 等；B 为三价金属，如 Fe、Cr、Al 等。尖晶石类夹杂物包括 $FeO \cdot Fe_2O_3$（磁铁矿）、$MnO \cdot Fe_2O_3$（锰铁矿）、$FeO \cdot Al_2O_3$（铁尖晶石）、$MnO \cdot Al_2O_3$（锰尖晶石）、$FeO \cdot Cr_2O_3$（铬尖晶石）等。这些复杂氧化物的熔点高于钢的冶炼温度，并有一个相当宽的成分变化范围，在钢液中以固态存在，是多相的夹杂物。$12CaO \cdot 7Al_2O_3$、$CaO \cdot Al_2O_3$、$CaO \cdot 6Al_2O_3$ 等钙的铝酸盐的成分可在一定范围内变化。

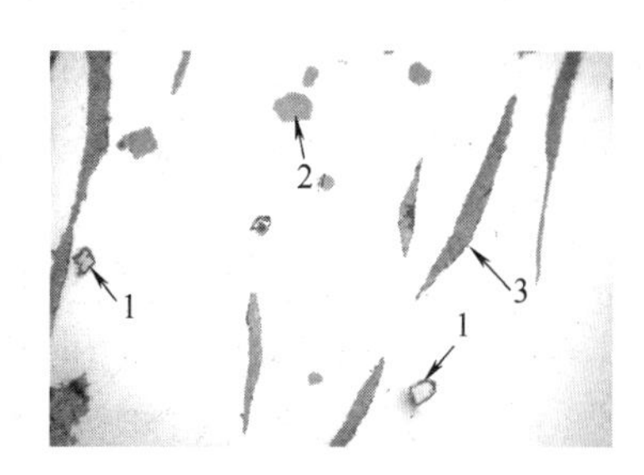

图 3-37　氮化物及氧化物夹杂物（400×）

1—氮化物　2—氧化物　3—条状石墨

3）硅酸盐及硅酸盐玻璃。这类夹杂物的化学式可用 $l FeO \cdot m MnO \cdot n Al_2O_3 \cdot p SiO_2$ 表示，成分较为复杂，通常呈多相状态。由于钢液凝固时冷却速度较快，某些熔融态的硅酸盐来不及结晶，致使其全部或部分呈玻璃态，如 $FeO \cdot SiO_2$（铁硅酸盐）、$MnO \cdot SiO_2$（锰硅酸盐）等，如图 3-38 所示。

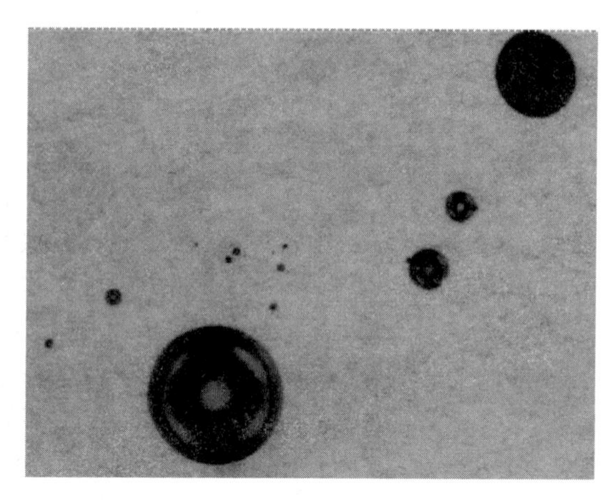

图 3-38 硅酸盐夹杂物（明场）（400×）

（2）硫化物系夹杂物 在钢中主要以 FeS、MnS 或（Mn，Fe）S 等形式存在。一般钢中硫化物的成分取决于钢中含锰量和含硫量的比值。锰比铁对硫有更大的亲和力，向钢中加入锰时优先形成 MnS。实验发现，低碳钢中硫化物为（Mn，Fe）S，其成分随钢中含锰量与含硫量比值的变化而变化。随着含锰量与含硫量比值的增大，FeS 含量减少，而且这少量的 FeS 溶解于 MnS 之中。

多数工业用钢中，硫的质量分数在 0.03% 以下，硫在液态钢中的溶解度很大，在固态钢中溶解度很小，并随温度降低而降低。析出的硫和铁生成 FeS，熔点为 1190℃，FeS 和 Fe 的共晶体熔点为 988℃，所以当 FeS 在结晶过程中沿初生晶界析出呈网状时，即会在热加工时，由于晶界硫化物熔化而造成钢的热脆现象。为了克服这一缺点，一般向钢中加入一定量的锰而形成熔点较高（1620℃）的 MnS，所以通常钢中的硫化物主要是 MnS。

硫化物在钢中一般呈球状任意分布，或呈杆状、链状、共晶式在树枝间和初生晶粒的晶界处分布，也有呈块状、不规则外形任意分布的，如图 3-39 所示。

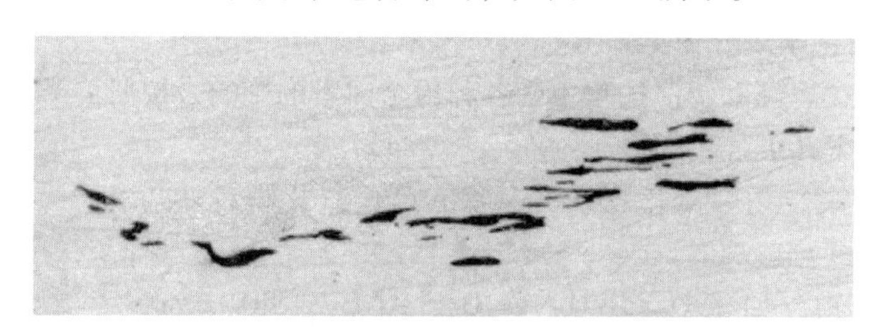

图 3-39 硫化物系夹杂物（500×）

（3）氮化物 当钢中加入与氮亲和力较大的元素时形成 AlN、TiN、ZrN、VN 等氮化物。钢中 AlN 颗粒通常很小，TiN 或 ZrN 在钢中实际不溶解，它们在显微镜下呈方形或棱角形。一般钢中脱氧前氮含量不高，故钢中氮化物不多，典型的氮化物夹杂物如图 3-37 中箭头 1 所示。

2. 按夹杂物的塑性分类

钢中夹杂物在热压力加工时具有不同的塑性，其变形程度各异。

（1）塑性夹杂物 塑性夹杂物在压力加工时沿加工方向伸长，其形态为带状、断续条状、纺锤状等，如 FeS、MnS、（Mn，Fe）S 以及 SiO_2 含量较低（质量分数为 40%～60%）的低熔点硅酸盐等，如图 3-39 所示。

（2）脆性夹杂物 脆性夹杂物在压力加工时不变形，但沿加工方向破裂成串，如 Al_2O_3

和尖晶石及钒、钛、锆的氮化物等，它们都属于高熔点、高硬度的夹杂物，如图 3-40 所示。

(3) 不变形夹杂物　这类夹杂物在热加工过程中仍保持铸态的球状（或点状）原形而不发生变化。属于这类夹杂物的有 SiO_2、SiO_2 含量较高（质量分数大于 70%）的硅酸盐等，如图 3-41 所示。

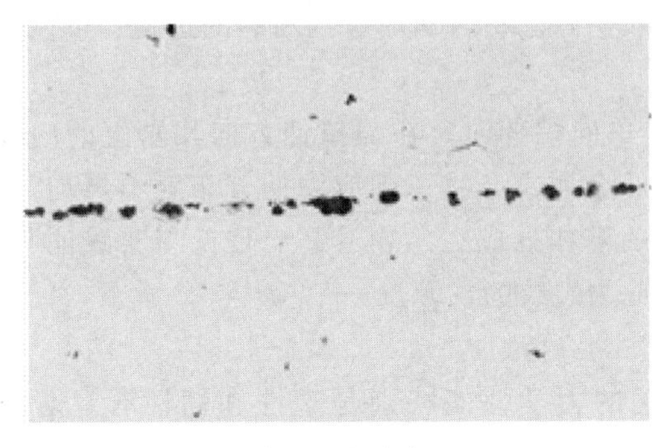

图 3-40　串链状夹杂物（100×）

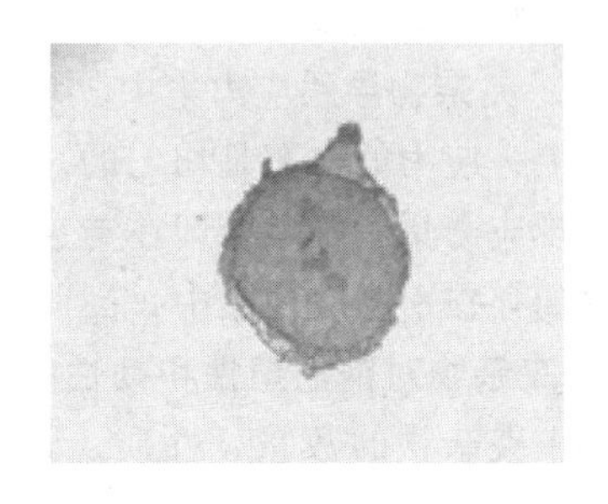

图 3-41　球状不变形夹杂物（500×）

3. 按夹杂物的来源分类

(1) 内生夹杂物　钢的冶炼过程是一种氧化还原过程，在钢液中存在大量的氧、氮、硫等杂质元素，为了防止杂质元素的有害作用，在冶炼过程中往往需要进行脱氧和脱硫处理，从而生成大量的脱氧和脱硫产物，这种产物称为原生（或一次）夹杂物。这些夹杂物在钢液凝固前大部分已上浮，部分残留下来成为钢中首先形成的内生夹杂物。

在出钢或浇注过程中随着温度下降，钢中氧、硫、氮等杂质元素的溶解度下降，于是产生沉淀自钢液中析出，如氧在铁中的溶解度随温度下降而明显降低，析出铁的氧化物(FeO)，此时形成的夹杂物称为二次夹杂物。

此外，还有在凝固过程中生成的再生（或三次）夹杂物以及固态相变时因溶解度变化而生成的四次夹杂物。理论证明，钢中大部分夹杂物是在脱氧和凝固时生成的，因为这时有生成析出的最有利条件。

内生夹杂物的颗粒一般比较细小。如果夹杂物形成的时间较早，而且以固态形式出现在钢液中，如尖晶石型夹杂物，则其在固态钢中多具有一定的几何外形。当夹杂物以液态的第二相形式存在于钢液中时，如 SiO_2 夹杂物，则呈圆形。较晚形成的夹杂物多沿初生晶粒的晶界分布，可呈颗粒状，如 FeO，或呈薄膜状，如 FeS。

(2) 外来夹杂物　这类夹杂物是由耐火材料、熔渣等在冶炼、出钢、浇注过程中进入钢中来不及上浮而滞留在钢中形成的。一般外来夹杂物的特征是：外形不规则，尺寸比较大，偶然出现。

一般情况下，外来夹杂物是钢中不允许存在的，必须在冶炼、出钢、浇注过程中加以防止。

二、非金属夹杂物对钢性能的影响

非金属夹杂物对钢性能的影响，主要表现在对钢的使用性能和工艺性能的影响。应特别注意夹杂物的性质、数量、大小、形态、分布，夹杂物与钢基体结合能力的大小，夹杂物的塑性和弹性模量的大小以及热膨胀系数、熔点、硬度等几何学、化学和物理学方面的因素。

1. 夹杂物导致裂纹形成与应力集中

（1）夹杂物导致裂纹形成　夹杂物往往被看作显微裂纹的发源点，在塑性加工中生成的裂纹也往往与夹杂物存在密切的关系。一种情况是由于比较容易变形的金属在难以变形的夹杂物周围塑性流动时，产生很大的张力而使金属和夹杂物界面的结合断裂，形成空隙；另一种情况则是夹杂物周围的应力使夹杂物破碎生成空隙。材料从屈服到断裂的过程，可以认为是夹杂物导致裂纹萌生和裂纹长大变宽的过程。

（2）夹杂物导致应力集中　均质材料在承受单向拉伸时，在与拉伸方向相垂直的内部横截面上，应力的分布是均匀的。如果材料中有非金属夹杂物，则应力的分布就不再均匀，而要出现应力集中现象，即在与夹杂物端部相邻的基体处应力急剧升高。理论与实践证明，夹杂物的存在引起应力集中，因而非金属夹杂物成为裂纹的发源点。

2. 夹杂物对钢的塑性和韧性的影响

钢中夹杂物的数量、性质、形态和分布对钢的力学性能特别是塑性和韧性有显著的影响。

（1）夹杂物对钢的塑性的影响　金属材料的断裂过程是裂纹发生和不断发展的过程，而夹杂物是裂纹的发源点，因此夹杂物对金属材料的伸长率、断面收缩率等塑性指标影响很大。就夹杂物对塑性的影响来说，对断面收缩率的影响比对伸长率的影响更显著。

钢中存在不同类型的硫化物。在锰的质量分数大于0.5%的钢中，虽然都是MnS，但随着它们分布和形态的变化，对钢的塑性的影响是不同的。随着硫化物的增多，断面收缩率和伸长率下降。

（2）夹杂物对钢的韧性的影响　冲击韧性表征材料抵抗冲击破坏的能力。钢在韧性状态下的冲击吸收能量和脆性转变温度（例如用结晶状断口点50%时的试验温度表示）以及脆性转变温度范围是评价结构钢，特别是低温用钢的韧性的重要指标。所以夹杂物对韧性断裂过程的影响，表现为对冲击吸收能量的影响；对脆性断裂过程的影响，表现为对脆性转变温度的影响。

1）夹杂物在韧性断裂中起着决定性的作用。金属的韧性断裂过程由夹杂物处在应力作用下引起的空隙开始，由于夹杂物和析出物与基体金属的弹性、塑性有相当大的差别，所以在金属的变形过程中，夹杂物和析出物不能随基体相应地发生变形，这样在它的周围就产生越来越大的应力，而使夹杂物本身破裂，或者使夹杂物与基体的界面脱开而产生微裂纹。随着变形的不断进行，微裂纹不断发生和发展成空洞，它们沿应力方向延伸。空洞不断扩大，以至于最后相邻空洞互相连接而导致最终破断。因此，可以把断裂过程分为三步：空隙的形成、空隙的长大和空洞聚合。

实验证明，夹杂物导致韧性断裂是通过下述途径来完成的：

① 韧性断裂中形成的空洞，通常是由材料中的夹杂物和其他第二相引起的。

② 随着夹杂物体积分数的增加，材料的延展性急剧下降。

③ 夹杂物形态对断裂的影响表现为：在拉伸方向拉长的夹杂物对延展性的影响要比垂直于拉伸方向片状和条状夹杂物的影响小得多。

由于不同类型硫化物的变形能力不同，因此对冲击吸收能量的影响也不同。

2）夹杂物对脆性断裂过程以及脆性转变温度的影响是复杂的。一方面夹杂物可作为应力集中的断裂源，有促进脆性断裂过程发生的作用；另一方面又可促使韧性断裂过程提前发生，松弛了应力（例如夹杂物与基体界面的脱开造成显微空隙），从而阻碍了脆性断裂过程的发生和发展。因此，不同类型、数量和分布的夹杂物会带来不同的影响。按它们对脆性转变温度的影响可以分成两类。

一类是长条状 MnS 夹杂物。这类夹杂物由于在变形过程中易于和基体脱开（剥离型），因此要同时考虑不同条件下夹杂物促进和阻碍脆性断裂这两方面的作用。在低含硫量时，硫化物使脆性转变温度升高，当含硫量高到一定程度时，则引起脆性转变温度降低。这在纵向试样上表现得更为明显，原因可能是在脆性断裂发展的过程中，在纵向试样上切割长条状 MnS 的机会更多。

另一类是颗粒状夹杂物，包括氧化物、氮化物以及不变形的夹杂物。这类夹杂物往往作为应力集中的断裂源，在降低冲击吸收能量的同时，使脆性转变温度升高。通常由于它对产生完全的脆断不发生影响，因而使脆性转变温度的范围变宽。氧化物系夹杂物对纯铁冲击韧性的影响，随着 FeO 含量的减少，韧性状态下的冲击吸收能量升高，脆性转变温度降低，脆性转变温度范围变窄。即在氧化物系夹杂物很少的情况下，由韧性状态向脆性状态的过渡发生在较低温度，过渡是急剧的，转变温度范围很窄；而在氧化物较多的情况下，过渡发生在比较高的温度，过渡是缓慢的，因而转变温度范围加宽。

总之，夹杂物的存在对钢的韧性和塑性是有害的，其危害程度主要取决于夹杂物的大小、数量、类型、形态和分布。夹杂物越大，钢的韧性越低；夹杂物越多，夹杂物间距越小，钢的韧性和塑性越低。棱角状夹杂物使韧性下降较多，而球状夹杂物的影响最小。在轧制钢材时被拉长的夹杂物，对横向韧性和塑性的危害程度较为明显。夹杂物呈网状沿晶界连续分布或聚集分布时，危害最大。夹杂物类型不同，其物理、力学、化学性能也不同，对钢的影响也不同，如塑性较好但与基体结合较弱的硫化锰，在变形时易沿着与金属基体的交界面开裂；而塑性较差但与基体结合较强的氮化钛在变形时，应力集中到一定程度可使较粗的氮化钛碎裂。此外，非金属夹杂物对钢的耐蚀性和高温持久强度都有危害。

3. 非金属夹杂物对钢的疲劳性能的影响

非金属夹杂物诱发钢中疲劳裂纹有两个途径：一是钢在服役条件下夹杂物不能传递钢基体中存在的应力，当夹杂物周围达到临界应力的峰值时，对裂纹的形成就有直接成核的效果；二是在钢冷、热加工期间，夹杂物具有低的变形度，在加工过程中可在夹杂物与基体的界面上导致微裂纹，因此可以认为夹杂物是钢疲劳破坏的起源。

由于非金属夹杂物以机械混合物的形式存在于钢中，而其性能又与钢有很大的差异，因此它破坏了钢基体的均匀性、连续性，还会在该处造成应力集中，而成为疲劳源（即疲劳裂纹的起始点）。在外力作用下，通常沿着夹杂物与其周围金属基体的界面开裂，形成疲劳裂纹。在某些条件下夹杂物还会加速裂纹的扩展，从而进一步降低疲劳寿命。夹杂物的性质、大小、数量、形态、分布不同，对疲劳寿命的危害也不同。例如氮化钛及二氧化硅等硬而脆的夹杂物，其外形呈棱角状时，对疲劳寿命的危害较大；较软、塑性较好的夹杂物（如硫化物）影响则比较小；粗大的夹杂物对低周高应力疲劳有加速裂纹扩展的作用；当夹杂物聚集分布且数量较多时，对疲劳寿命的危害更大。

对于同一种类型的 Al_2O_3 夹杂物来说，随其含量的增加，疲劳极限下降。当其他条件相同时，夹杂物颗粒越大，不利的影响越大；多角状夹杂物的影响大于球状夹杂物的影响。夹杂物的影响还与钢的强度水平有关，钢的强度水平越高，夹杂物对疲劳极限所产生的不利影响越显著。当夹杂物处于零件表面或表面高应力区时，危害最严重。

4. 非金属夹杂物对钢的工艺性能的影响

夹杂物的存在，特别是当夹杂物聚集分布时，对锻造、热轧、冷变形、淬火、焊接及零件磨削后的表面粗糙度等都有较明显的不利影响。

三、非金属夹杂物的鉴别方法

非金属夹杂物的鉴别一般包括定性和定量分析。夹杂物定性分析方法有：化学法、岩相法、金相法、X 射线衍射法、光谱分析法和电子探针分析法等。常用的定量分析方法有磁性检测法、低倍酸蚀法、金相法和图像仪法等。从定性和定量方法可以看出，金相法具有定性和定量的双重功能，加之试样的制备和操作均比较简单，因此在日常检验或夹杂物的研究中，金相法仍是最广泛采用的方法。所以，本节重点介绍金相法鉴别非金属夹杂物。

1. 试样的选取与制备

（1）试样的选取与切割　非金属夹杂物的取样要有代表性，否则就有可能造成夹杂物的漏检。取样时，若切割方式不合适，会在取样部位产生损伤或裂纹，将给后续检验工作带来严重的不良影响。切割试样应在良好的冷却条件下进行，严防试样烧伤，以便为下一步的试样制备提供一个完好的磨面。在检验金属材料质量或评定非金属夹杂物的级别时，试样截取的部位及尺寸应符合 GB/T 10561—2005《钢中非金属夹杂物含量的测定　标准评级图显微检验法》中所规定的取样方法或技术协议中有关的规定。通常取样部位应沿钢材或零件的轧制或锻造方向通过中心切取；钢坯上切取的检验面应通过钢材（或钢坯）轴心的纵截面，其面积约为 $200mm^2$（20mm×10mm）。

1）直径或边长大于 40mm 的钢棒或钢坯，检验面为位于钢材外表面到中心的中间位置部分截面，如图 3-42a 所示。

2）直径或边长大于 25mm、小于或等于 40mm 的钢棒或钢坯，检验面为通过直径的截面的一半（由试样中心到边缘），如图 3-42b 所示。

3）直径或边长小于或等于 25mm 的钢棒，检验面为通过直径的整个截面，其长度应保证得到约 $200mm^2$ 的检验面积，如图 3-42c 所示。

4）厚度小于或等于 25mm 的钢板，检验面位于宽度 1/4 处的全厚度截面，如图 3-42d 所示。

5）厚度大于 25mm、小于或等于 50mm 的钢板，检验面为位于宽度 1/4 和从钢板表面到中心的位置，且为钢板厚度 1/2 的截面，如图 3-42e 所示。

6）厚度大于 50mm 的钢板，检验面为位于宽度的 1/4 和从钢板表面到中

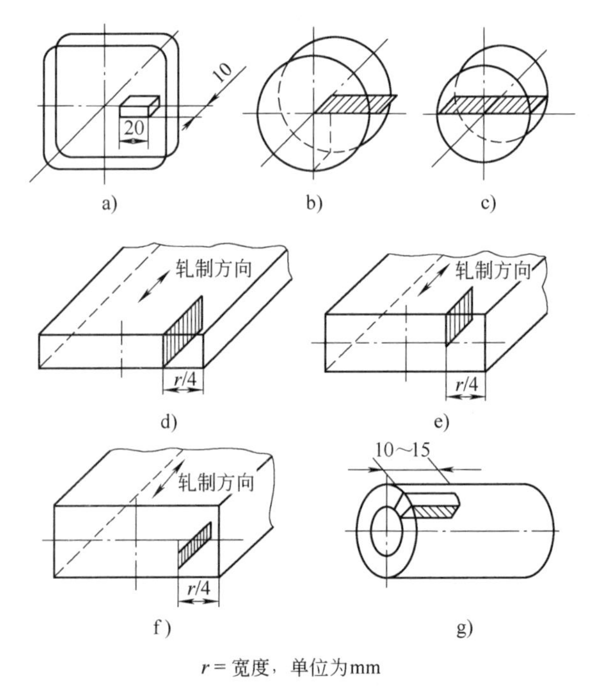

r = 宽度，单位为mm

图 3-42　GB/T 10561—2005 规定的取样方法

心之间的中间位置，且为钢板厚度1/4的截面，如图3-42f所示。

7）当产品厚度、直径或壁厚较小时，应从同一产品上截取足够数量的试样，以保证检验面积为200mm^2，并将试样视为一支试样；当取样数达10个长10mm的试样作为一支试样时，检验面不足200mm^{2}是允许的。钢管的取样方法如图3-42g所示。

8）其他钢材的取样方法、数量及部位按相应的产品标准或双方协议进行。试样应在冷却状态下用机械方法切取。用气割方法取样时，应完全去除热影响区。

9）对于断裂件或失效件，夹杂物检验面的选取应垂直于断裂面，最好取断口裂源处的截面试样，这样有助于获得更多的信息来判断零件破断的原因，有时还需要在远离断裂处取夹杂物的截面试样，以供检验时比较。

10）如果要全面了解钢中非金属夹杂物的形状、大小及分布特征，则必须考虑材料或零件的加工变形情况。纵向（即平行于轧制或锻造方向）截取试样，可观察夹杂物变形后的形状、分布及鉴别夹杂物的类型，并可分类评定夹杂物的级别。横向（即垂直于轧制或锻造方向）截取试样，可观察夹杂物变形后的截面形状、大小及分布情况。通过纵向和横向取样观察，能进一步全面了解非金属夹杂物的变形行为以及三维形貌特征。

注意 GB/T 10561—2005适用于轧制（锻压）比大于或等于3的轧制或锻制钢材中的非金属夹杂物的显微组织评定。其他类型钢材另有规定。比如，一般工程用铸造碳钢按照GB/T 8493—1987，铸造高锰钢按照GB/T 13925—2010。

（2）试样的制备 切割好的试样，可先在砂轮侧面上磨平。如果太小或为保证检验面平整，避免试样边缘出现圆角，则应用夹具或镶嵌的办法加以保护。然后粗磨（水砂纸）、细磨（金相砂纸），再进行抛光。抛光时应注意防止夹杂物剥落、变形或抛光面的污染，选用合适的抛光剂（金刚石抛光喷雾剂、金刚石研磨膏、Cr_2O_3水悬浮液等）和抛光织物（如海军呢、丝绒等），采用粗抛光和精抛光相结合的方法，抛光质量会更好。最后把抛光好且未浸蚀的试样在100倍显微镜下观察，应是无划痕、无污物以及无拖尾的镜面。

2. 夹杂物的主要特征

（1）夹杂物的大小 通常钢中的夹杂物都是具有一定大小的颗粒。如氧化铝夹杂物往往具有细小的晶粒，而玻璃质硅酸盐是比较粗大的（图3-38），外来夹杂物特别粗大。因此夹杂物的大小可以作为区分夹杂物类型的一种标志。

（2）夹杂物的外形 不同类型的夹杂物通常具有各自独特的外形。如尖晶石和氮化物都以规则的几何形状（三角形、四边形、梯形等）存在（图3-37中箭头1），铸件中的硅酸盐玻璃呈球状（图3-38），经压力加工后尖晶石和氮化物保持原形状或呈串链状（图3-40），硫化物或塑性硅酸盐沿轧制方向呈纺锤状或条状等（图3-39）。因此夹杂物的外形是在铸态金属和变形金属中鉴别夹杂物类型的有力依据。

（3）夹杂物的分布 夹杂物在钢中的分布情况是鉴别夹杂物的又一标志。如铸钢中的氧化铝通常聚集成群，硫化物容易沿晶界分布，硅酸盐通常呈单颗分布等。

（4）夹杂物的结构 夹杂物有单一结构和复杂结构两种。单一结构的夹杂物由单相组成（固溶体或纯化合物），如二氧化硅、氧化铝、氧化亚铁和氧化亚锰等固溶体；而复杂结构的夹杂物由多相物质组成，如 FeS 与 MnS 的共晶体、硫化物将氧化物包裹在中间的氧硫化物等。

（5）夹杂物的透明度 透明度是夹杂物的重要特性之一。在暗场或偏振光下根据这一特性，将夹杂物分为两大类，即透明的和不透明的。透明的夹杂物又可分为全透明和半透明两类。如硅酸盐通常是透明的，氮化物通常是不透明的，硫化物中硫化铁是不透明的，而硫化锰是透明的等。

（6）夹杂物的色彩 夹杂物的色彩可分为固有色彩和表面色彩。每一种夹杂物都有自己固有的色彩，如氧化亚锰具有绿宝石颜色，铬铁矿具有红色等。因此夹杂物的固有色彩可以作为判断夹杂物的重要依据之一。

（7）夹杂物的各向异性效应 各向异性效应是鉴别夹杂物的重要依据之一。在偏振光下，夹杂物可分为各向异性和各向同性两大类。各向异性的夹杂物，在载物台旋转 360°时可看到其有四次或二次消光及发亮现象，而各向同性的夹杂物在载物台旋转 360°时其亮度不发生任何变化。如硅酸盐夹杂物大部分呈各向异性，而氮化物通常呈各向同性。

（8）黑十字和等色环现象 在偏振光下只有球状透明夹杂物才呈现黑十字和等色环现象，如二氧化硒及某些透明的硒酸盐夹杂物。但是当球状夹杂物经过加工而变形后，黑十字现象则会消失。夹杂物由玻璃质变为结晶态时，在偏振光下便呈现各向异性效应。

（9）夹杂物的光线反射能力 夹杂物因成分不同而具有不同的光线反射能力。夹杂物的光线反射能力通常是通过在明场下观察夹杂物的亮度来判断的。当夹杂物亮度接近金属基体亮度时，表示其具有高的光线反射能力；当夹杂物在金属基体背景下显得黯黑时，表明其具有低的光线反射能力；当介于两者之间时，则表明其具有中等的光线反射能力。氮化物通常具有高的光线反射能力，硫化物具有中等光线反射能力，而硒酸盐和大部分氧化物都具有低的光线反射能力。

（10）夹杂物的塑性 塑性是指金属在加工时夹杂物变形的能力。通常把夹杂物分为塑性、脆性及不变形三类。塑性夹杂物加工后沿加工方向伸长呈条状或线状，如硫化物（图 3-39）、铁锰硒酸盐等；而脆性夹杂物加工后破碎并沿加工方向呈串链状分布（图 3-40），如氧化铝、铝硒酸盐等；不变形夹杂物在加工后保持原形（图 3-41），如钙硒酸盐、氮化物等。

（11）夹杂物的抛光性和硬度 这两种性能可以作为鉴别夹杂物的补充依据。通常硬而脆的夹杂物在磨光时容易碎裂和脱落，往往在试样抛光面留下坑洞或拖尾，如 Al_2O_3 等夹杂物。

（12）夹杂物的化学性质 不同类型的夹杂物在化学试剂的作用下具有不同的表现，其形式主要有下列三种：①夹杂物被腐蚀掉成空洞；②改变夹杂物的表面色彩；③化学试剂对夹杂物不起作用，即保持不变。因此夹杂物的化学性质也是鉴别夹杂物的重要判据之一。

3. 金相法鉴别非金属夹杂物及其鉴别程序

（1）金相法鉴别夹杂物 夹杂物的金相法鉴别是利用光学显微镜在明场、暗场及偏振光下鉴别夹杂物的形状、大小、分布、色彩、塑性、硬度、光学性能和耐蚀性等，从而确定夹杂物的类型和组成。这种方法的主要缺点是准确性较差。因为有些夹杂物的结晶类型、色彩和形状等极为相似，在鉴别过程中难以区分，必须结合其他分析方法加以鉴别。

1）明场鉴别。在明场下，主要研究夹杂物的形状、大小、分布、数量、表面色彩、光线反射能力、结构、抛光性和塑性等。通常在放大 100~500 倍下进行。

夹杂物的表面色彩是不变的，但必须考虑到观察条件的影响，例如增高放大倍数会使夹杂物变得明亮，采用油浸物镜时会得到与干镜观察时完全不同的色彩，另外，夹杂物的大小、表面状态（浮凸）和周围金属基体的色彩等都会影响其表面色彩，因此通常在放大500倍左右的干镜下用较强的光（白色）来鉴别夹杂物的表面色彩和结构。

2）暗场鉴别。暗场下主要研究夹杂物的透明度和固有色彩。为什么暗场中能鉴别夹杂物的透明度？这是由于金属基体反射光的混淆，在明场下无法观察到夹杂物的透明度，但在暗场中，由于金属基体的反射光不进入物镜，光线透过透明夹杂物，在夹杂物与金属基体的交界面上产生反射，因而透明夹杂物在暗场下是发亮的。不透明夹杂物在暗场下呈暗黑色，有时可看到一亮边。

为什么暗场下能观察夹杂物的颜色？这是因为在明场下，入射光线一部分经试样的表面金属反射出来，另一部分则经过夹杂物而折射入金属基体与夹杂物的交界处，再经该处反射出来，这两束光线混合射入物镜，夹杂物的固有色彩被混淆，所以明场下看不清夹杂物的固有色彩。在暗场下，光线透过透明夹杂物后，在夹杂物与金属基体交界处产生反射，反射光透过夹杂物后射入镜筒内，如果夹杂物是透明有色彩的，那么射入镜筒内的光线也带有该夹杂物的色彩，故夹杂物的固有色彩在暗场下便显露出来。

3）偏振光鉴别。在偏振光下主要鉴别夹杂物的各向异性效应和黑十字等现象（此内容可参阅第三单元暗场、偏振光在非金属夹杂物检验中的应用一节）。

偏振光和暗场一样，可以观察夹杂物的透明度和固有色彩，其原理和暗场一样。因此，一般情况下，经偏振光观察后可以不再进行暗场观察，但暗场对透明度鉴别的灵敏度比偏振光大，因而一些弱透明度的夹杂物还是需要暗场来鉴别。

（2）夹杂物的鉴别程序　非金属夹杂物的金相定性鉴别是一项难度较高的分析工作，欲正确判别夹杂物的性质，需要分析者具有比较丰富的实践经验，否则难以避免误判。非金属夹杂物的鉴别程序如图3-43所示。

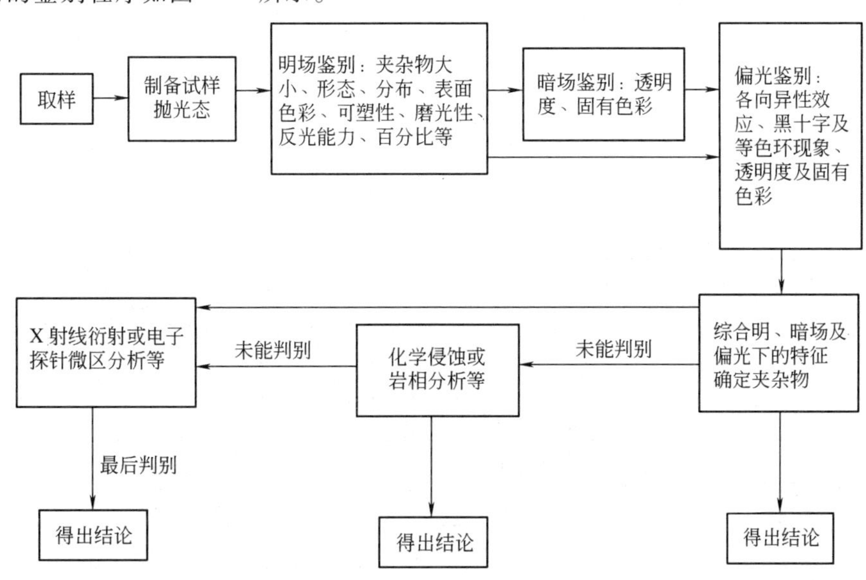

图3-43　非金属夹杂物的鉴别程序

4. 非金属夹杂物的显微评定方法

非金属夹杂物的金相评定（determination of nonmetallic inclusion）是用金相法对非金属

夹杂物的性质、形状、大小及分布等进行评定。金相评定可作为材质的直接判据或冶金质量分析的基本依据。金相评定方法包括图片对比评级法和定量计算法。采用金相法评定夹杂物通常按照 GB/T 10561—2005《钢中非金属夹杂物含量的测定　标准评级图显微检验法》进行，现简要介绍该标准中的有关内容。

（1）常见夹杂物的分类和非传统类型夹杂物的分类　根据 GB/T 10561—2005 中的 ISO 标准评级图谱，最常观察到的夹杂物类型和形态分为 A、B、C、D 和 DS 五大类。

A 类（硫化物类）：具有高延展性，有较宽范围形态比（长度/宽度）的单个灰色夹杂物，一般端部呈圆角。

B 类（氧化铝类）：大多数没有变形并带角，形态比小（一般<3），黑色或带蓝色的颗粒，沿轧制方向排成一行（至少有 3 个颗粒）。

C 类（硅酸盐类）：具有高的延展性，有较宽范围形态比（一般≥3）的单个黑色或深灰色夹杂物，一般端部呈锐角。

D 类（球状氧化物类）：不变形，带角或圆形，形态比小（一般<3），黑色或带蓝色无规则分布的颗粒。

DS 类（单颗粒球状类）：圆形或近似圆形，直径≥13μm 的单颗粒夹杂物。

非传统类型夹杂物的评定也可通过将其形状与上述五类夹杂物进行比较，并注明其化学特征。例如，球状硫化物可作为 D 类夹杂物评定，但在试验报告中应加注一个下标（如 D_{sulf}）表示：D_{CaS} 表示球状硫化钙；D_{RES} 表示球状稀土硫化物；D_{Dup} 表示球状复相夹杂物，如硫化钙包裹着氧化铝。

（2）ISO 评级图的评级界限（最小值）　GB/T 10561—2005 中每类夹杂物又根据非金属夹杂物颗粒宽度的不同分为两个系列，即粗系和细系，每个系列由表示夹杂物含量递增的六个级别图片组成。标准的附录 A 中列出了每类夹杂物的评级图谱。

评级图片级别 i 从 0.5 级到 3 级，这些级别随着夹杂物的长度或串（条）状夹杂物的长度（A、B、C 类），或夹杂物的数量（D 类），或夹杂物的直径（DS 类）的增加而递增，具体划分界限见表 3-8。各类夹杂物的宽度划分见表 3-9。例如：图谱 A 类 $i=2$ 表示在显微镜下观察的夹杂物的形态属于 A 类，而分布和数量属于第 2 级图片。

表 3-8　夹杂物评级界限（最小值）

评级图级别 i	夹杂物类别				
	A 类总长度/μm	B 类总长度/μm	C 类总长度/μm	D 类数量/个	DS 类直径/μm
0.5	37	17	18	1	13
1	127	77	76	4	19
1.5	261	184	176	9	27
2	436	343	320	16	38
2.5	649	555	510	25	53
3	898 (<1181)	822 (<1147)	746 (<1029)	36 (<49)	76 (<107)

注：以上 A、B 和 C 类夹杂物的总长度是按 GB/T 10561—2005 中的附录 D 给出的公式计算得来的，并取最接近的整数。

表 3-9 夹杂物的宽度

类别	细系		粗系	
	最小宽度/μm	最大宽度/μm	最小宽度/μm	最大宽度/μm
A	2	4	>4	12
B	2	9	>9	15
C	2	5	>5	12
D	3	8	>8	13

注：D 类夹杂物的最大尺寸定义为直径。

（3）夹杂物的实际检验

1）实际检验 A 法。应检验整个抛光面。把抛光后未经浸蚀的试样置于 100 倍显微镜下观察。对于每一类夹杂物，按粗系和细系记录下来，然后将最恶劣的视场与标准评级图进行比较，相符的即为该试样夹杂物的级别。

2）实际检验 B 法。应检验整个抛光面。试样每一视场同标准图片相对比，每类夹杂物按细系或粗系记录下来与检验视场最符合的级别数（标准图片旁边所示的级别数）。为了使检验费用降到最低，可以通过研究，减少检验视场数，并使其分布符合一定的方案，然后对试样进行局部检验。但无论是视场数，还是这些视场的分布，均应事前协议商定。

3）A 法和 B 法通则。将每一个观察的视场与标准评级图谱进行对比。当一个视场处于两相邻标准图片之间时，应记录较低的一级。

对于个别的夹杂物和串（条）状夹杂物，如果其长度超过视场的边长（0.710mm），或宽度或直径大于粗系最大值（表 3-9），则应当作超尺寸（长度、宽度或直径）夹杂物进行评定，并分别记录。但是这些应纳入该视场的评级。

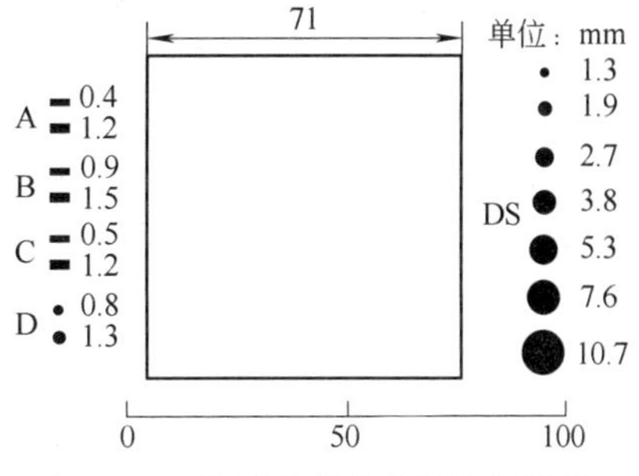

图 3-44 格子轮廓线或标线的测量

为了提高实际测量（A、B、C 类夹杂物的长度，DS 类夹杂物的直径）及计数（D 类夹杂物）的再现性，可采用图 3-44 所示的透明网格或轮廓线，并使用表 3-8 和表 3-9 规定的评级界限以及有关评级图夹杂物形态的描述作为评级图片的说明。

非传统类型夹杂物按与其形态最接近的 A、B、C、D、DS 类夹杂物评定。将非传统类型夹杂物的长度、数量、宽度或直径与评级图片上每类夹杂物进行对比，或测量非传统类型夹杂物的总长度、数量、宽度或直径，使用表 3-8 和表 3-9 来选择与夹杂物含量相应的级别或宽度系列（细、粗或超尺寸），然后在表示该类夹杂物的符号后加注下标，以表示非传统类型夹杂物的特征，并在试验报告中注明下标的含义。

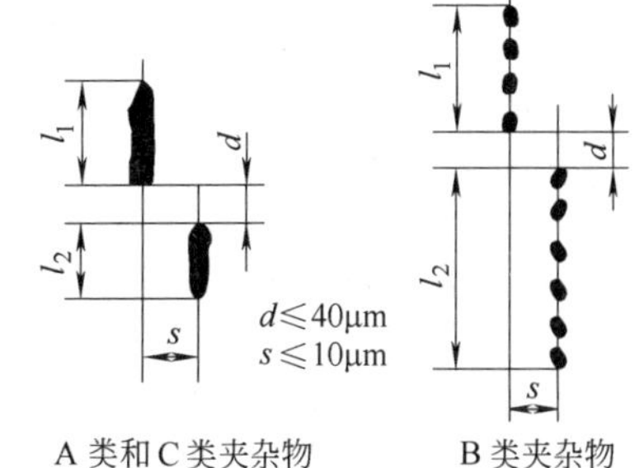

图 3-45 不在一条直线上的 A、B、C 类夹杂物的评定方法

对于 A、B 和 C 类夹杂物，用 l_1 和 l_2 分别表示两个在或者不在一条直线上的夹杂物或串（条）状夹杂物的长度。如果两类夹杂物之间的纵向距离 $d \leqslant 40\mu m$ 且沿轧制方向的横向距离（夹杂物中心之间的距离）$s \leqslant 10\mu m$，

则应视为一条夹杂物或串（条）状夹杂物，如图 3-45 所示。

如果一个串（条）状夹杂物内夹杂物的宽度不同，则应将该夹杂物的最大宽度视为该串（条）状夹杂物的宽度。

（4）夹杂物的标记方法

1）A 法。表示与每类夹杂物和每个宽度系列夹杂物最恶劣视场相符合的级别。在每类夹杂物代号后再加上最恶劣视场的级别，用字母 e 表示出现粗系的夹杂物，s 表示出现超尺寸夹杂物。

例如：A2、B1e、C3、D1、B2. 5s、DS0. 5。

A2：A 表示硫化物类夹杂物，级别为 2 级。

B1e：B 表示氧化铝类夹杂物，级别为 1 级，e 表示粗系。

B2. 5s：B 表示氧化铝类夹杂物，级别为 2. 5 级，s 表示超尺寸。

2）B 法。表示给定观察视场数（N）中每类夹杂物及每个宽度系列夹杂物在给定级别上的视场总数。对于所给定的各类夹杂物的级别，可用所有视场的全套数据，按专门的方法来表示其结果，如根据双方协议规定总级别（i_{tot}）或平均级别（i_{moy}）。

例如：A 类夹杂物，级别为 0. 5 的视场数为 n_1，级别为 1 的视场数为 n_2，级别为 1. 5 的视场数为 n_3，级别为 2 的视场数为 n_4，级别为 2. 5 的视场数为 n_5，级别为 3 的视场数为 n_6，则

$$i_{tot}=0.5n_1+1n_2+1.5n_3+2n_4+2.5n_5+3n_6 \tag{3-1}$$

$$i_{moy}=i_{tot}/N \tag{3-2}$$

式中，N 为所观察视场的总数。

（5）超大尺寸夹杂物或串（条）状夹杂物的评定原则　如果夹杂物或串（条）状夹杂物仅长度超长，则对于方法 B，将位于视场内夹杂物或串（条）状夹杂物，或对于方法 A，按 0. 710mm 计入同一视场中同类及同一宽度夹杂物的长度，如图 3-46a 所示。

如果夹杂物或串（条）状夹杂物的宽度或直径（D 类夹杂物）超尺寸，则应计入该视场中粗系夹杂物评定结果，如图 3-46b 所示。

对于 D 类夹杂物，如果颗粒数大于 49，则级别数可按 GB/T 10561—2005 中附录 D 的公式计算。

对于直径大于 0. 107mm 的 DS 类夹杂物，级别数也可按 GB/T 10561—2005 中附录 D 的公式计算。

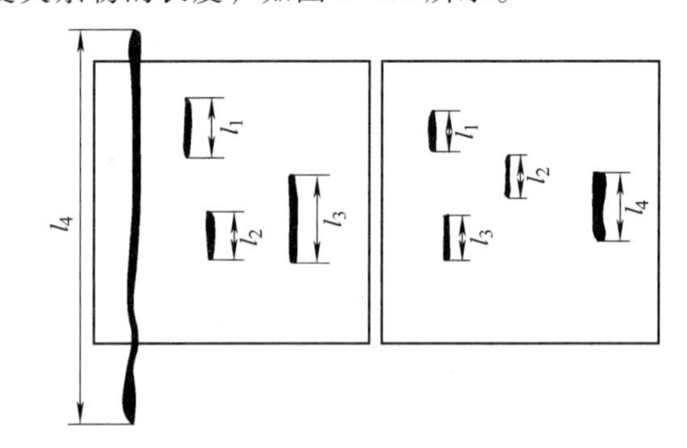

视场级别数根据夹杂物总长度 L 评定

L=0.71+l_1+l_1+l_1

并单独指明夹杂物 l_4 超长

a)

视场级别数根据夹杂物总长度 L 评定

L=l_1+l_1+l_1+l_a

并单独指明夹杂物 l_4 超宽

b)

图 3-46　超大尺寸夹杂物或串（条）状夹杂物的视场评定

a）超长串（条）状夹杂物　b）宽度或直径超尺寸的夹杂物或串（条）状夹杂物

四、非金属夹杂物鉴别案例分析

重型汽车用托盘在冷弯成形时开裂，如图 3-47 所示，成形设备为 800t 压力机。该批零件开裂率高达 16. 5%。选用的材料为 8mm 厚的 20 钢钢板。

1. 宏观断口分析

断裂发生于零件折弯约90°的一个边角处，裂缝长度约60mm。断口呈木纹状，可见明显的分层，如图3-48所示。

图3-47　断裂位置

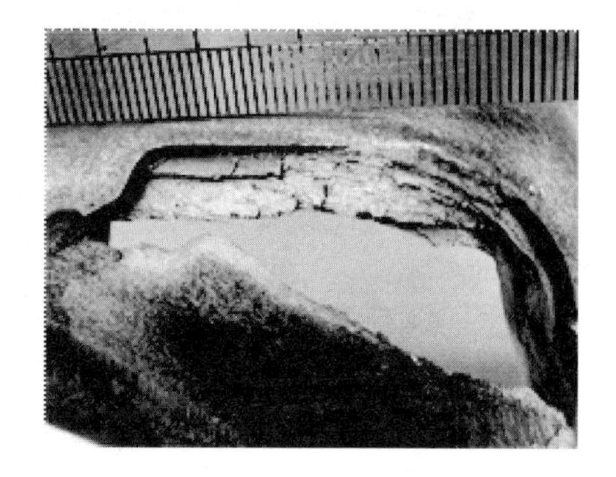

图3-48　断口宏观形貌

2. 微观断口分析

用扫描电子显微镜观察木纹状断口，微观形貌呈现韧窝花样，由于采用冲压成形，因此韧窝为拉长韧窝。对分层处进行观察，可见许多细条状塑性夹杂物存在于沟壑中，将韧窝分开，如图3-49所示。

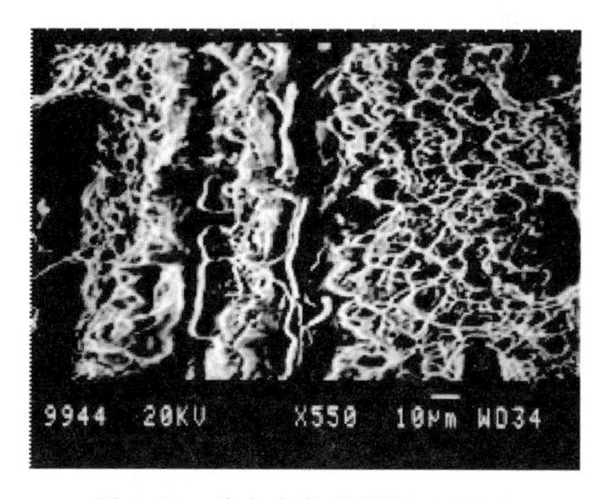

图3-49　从夹杂物处裂开（SEM）

3. 金相检验

在断口附近取样进行金相观察，未浸蚀的试样有明显的塑性夹杂物偏聚并且形成带状，根据GB/T 10561—2005，夹杂物级别评为A3e，如图3-50所示。浸蚀后观察，裂纹沿铁素体带扩展，如图3-51所示。在夹杂物附近铁素体和珠光体组织形成带状分布，而其余部分的铁素体和珠光体组织为正常的热轧等轴状态，如图3-52所示。从图3-52还可以看出，夹杂物尺寸较大，数量较多，已变形拉长。经能谱分析，夹杂物为MnS，如图3-53所示。

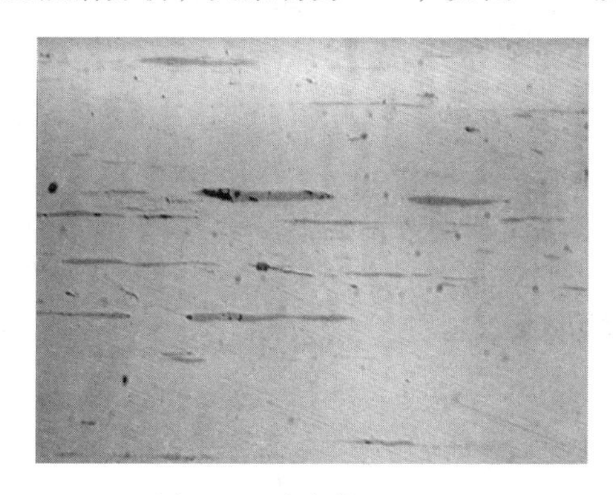

图3-50　夹杂物（100×）

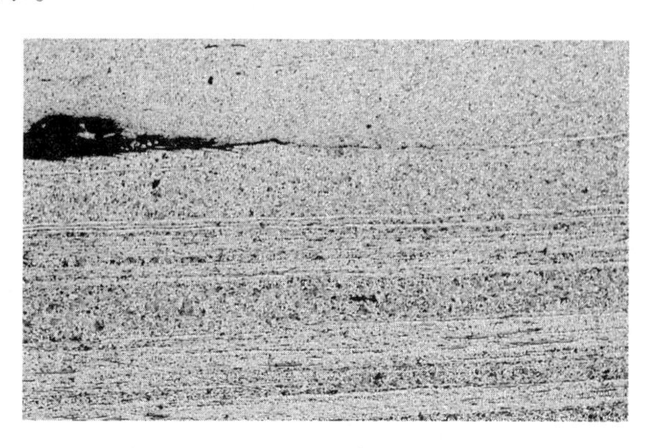

图3-51　裂纹沿带状组织扩展（50×）

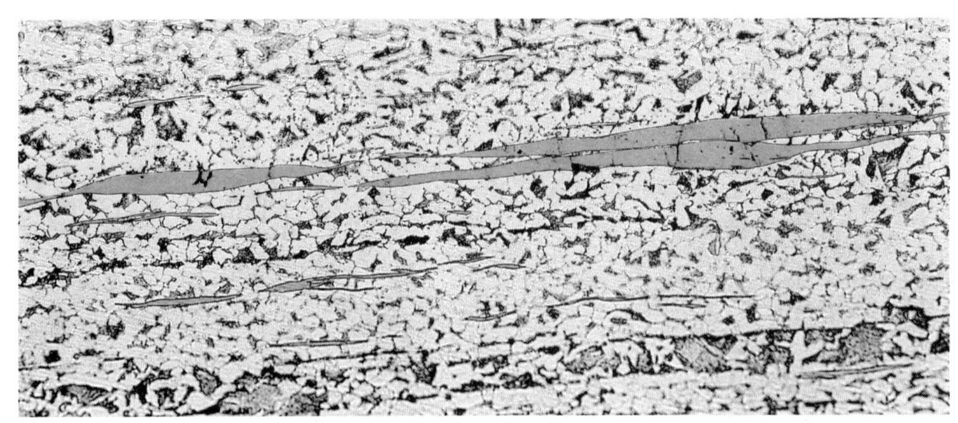

图 3-52 典型的显微组织（400×）

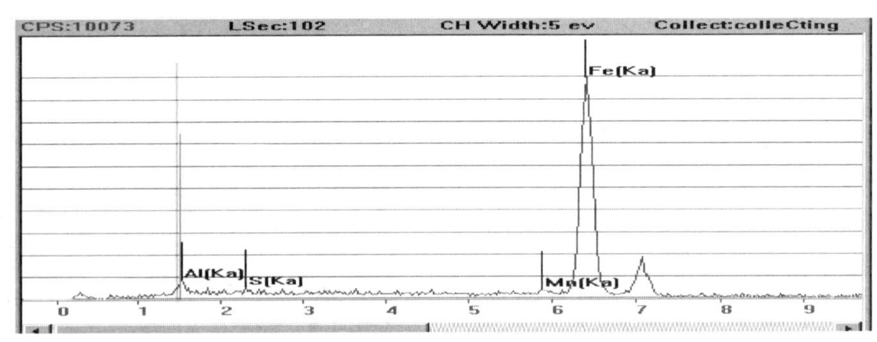

图 3-53 夹杂物能谱分析

4. 分析与讨论

在 20 钢中，S 大部分以 MnS 夹杂物的形式存在于钢中。MnS 是一种塑性夹杂物，在轧制过程中沿钢板伸长方向延展，并且随着轧制温度的降低，MnS 更易延伸成长条状。金相分析表明该板材 MnS 夹杂物严重，化学成分分析结果也证实了该钢板中 S 元素含量较高。MnS 夹杂物对性能的影响是显而易见的，MnS 夹杂物的存在割裂了钢板性能的连续性，钢板从 MnS 边界裂开分离，而 MnS 夹杂物两侧呈塑性较好的韧窝形貌。这是因为在横向冷弯时，钢板上部受到拉应力，拉应力方向与轧制方向垂直，而轧制方向硫化物细长，产生的显微孔洞较大，因此在受到垂直拉应力时发生分离裂开。

由于带状偏析是钢锭凝固时的枝晶偏析经轧制后形成的，而枝晶偏析区正好也是 MnS 夹杂物的聚集区，所以带状偏析和 MnS 夹杂物相互伴生，共同作用，使得钢板的横向冷弯性能变差。

5. 结论

由以上分析可知，钢板冷弯开裂是横向塑性降低所造成的，钢板中存在的带状偏析和 MnS 夹杂物是主要的影响因素。钢板中存在的带状偏析组织和伴生的长条状 MnS 夹杂物，破坏了钢板横向性能的连续性，致使钢板冷弯成形时开裂。

【思考题】

1. 简述金相试样的制备过程。

2. 简述金相试样的浸蚀步骤，并说明浸蚀时应注意的问题。
3. 简述金相显微镜光路成像过程。
4. 物镜的分辨率与哪些因素有关？如何提高物镜的分辨率？
5. 简述显微硬度的测试原理。
6. 简述非金属夹杂物的来源及分类。
7. 简述非金属夹杂物对钢的性能的影响。
8. 简述暗场、偏振光、相衬在金相检验中的应用。
9. 定量金相分析的方法有哪些?

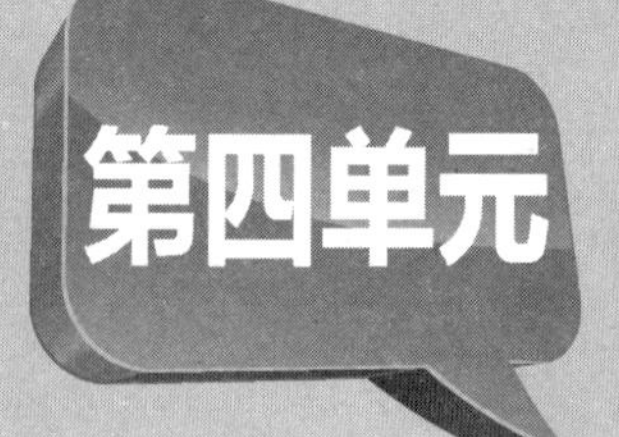

第四单元 结构钢的金相检验

内容导入

金属材料按用途的分类中，结构钢是应用最广的一类，结构钢中按用途细分的种类也很多，但并非都对其显微组织有严格要求，本章着重分析讨论结构钢中对组织要求较高的几类典型材料。

结构钢中碳的质量分数一般在0.7%以下，属于亚共析钢，可分为工程构件钢和机器零件用钢。工程构件钢用于建筑、车辆、造船、桥梁、石油、化工等行业；机器零件用钢主要用于制造各种机器零件，其中对金相组织要求较高的有调质钢、弹簧钢和轴承钢等。轴承钢的含碳量是结构钢中的特例，属于过共析钢。

视频 钢材的分类

模块一 冷变形钢的金相检验

冷变形是指在再结晶温度以下的变形。所谓再结晶是指冷变形后的金属加热到一定温度之后，在原来的变形组织中重新产生无畸变的新晶粒，而性能也发生明显的变化，并恢复到完全软化状态的过程。一般所说的冷变形钢是指在常温下经过变形，制成某种机件或毛坯的钢材。金属材料随着冷塑性变形程度的增大，强度和硬度逐渐升高，塑性和韧性逐渐降低的现象称为加工硬化或冷作硬化，这也是冷塑性变形后的金属在力学性能方面最为突出的变化。

视频 结构钢金相检验

一、冲压钢的金相检验

冲压钢用于冲制形状复杂、受力不大、表面质量要求高的零件，是深冲冷轧薄板用钢，主要牌号有08钢、08F钢、10钢等。对力学性能要求不高时，采用沸腾钢，是因其成本低，轧制成的钢板表面质量好。如拖拉机油箱、汽车壳体、生活中的搪瓷制品等，常用08F钢制造。用于锅炉、船舶、桥架、高压容器等构件时，常采用热轧钢，如20钢、Q345（16Mn、14MnNb）钢、Q390（15MnV）钢等。超低碳的钢板可用来制作易拉罐和钱币。

1. 冲压钢的显微组织

冲压钢的显微组织形态为等轴或薄饼状的铁素体基体+少量的颗粒状碳化物，图4-1所示为 08 钢冷拉退火组织，渗碳体颗粒是铁素体在冷却过程中析出的，属于三次渗碳体。而热轧钢板的显微组织形态为等轴铁素体+片状或粒状珠光体，如图 4-2 所示。粒状珠光体组织更有利于冲压变形。

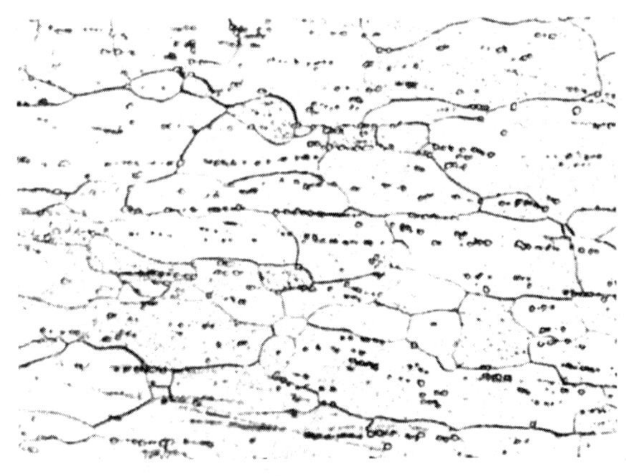

图 4-1　08 钢冷拉退火组织（500×）

图 4-2　10 钢热轧退火组织（200×）

2. 冲压钢的性能

冲压钢的性能主要受铁素体晶粒大小、形态的影响。铁素体晶粒呈薄饼状时，钢材经受的塑性变形应变值较大，冲压时能阻碍钢板厚度方向的变薄和破裂，故可以提高钢板的冲压性能。铁素体晶粒过细，则冲压变形时易加工硬化，故冲压性能差，使冲模的寿命下降。铁素体晶粒粗大，则钢板塑性较差，冲压时在变形较大的部位易产生裂纹。当铁素体晶粒大小不均匀，因大小不同的晶粒具有不同的延伸量，冲压时会由于较大的内应力而产生裂纹，同时使冲压表面显得粗糙不平呈橘皮状。所以在生产中对钢材的晶粒度常做出限制。

3. 冲压钢的金相检验项目

（1）铁素体晶粒的检验　冲压钢的铁素体晶粒度评级标准是 GB/T 4335—2013《低碳钢冷轧薄板铁素体晶粒度测定法》。标准的评定方法见本节后面内容。交货状态的碳素钢薄板和钢带的铁素体晶粒度应符合 GB/T 711—2017《优质碳素结构钢热轧钢板和钢带》标准规定。

（2）游离渗碳体（Fe_3C）的检验　由于游离渗碳体的硬度很高，冲压时几乎不变形，所以低碳钢的冲压性能与游离渗碳体的形状、分布有密切关系。当游离渗碳体呈分散的点状、短链状时，如图 4-1 所示，对钢的冲压性能影响不大。当渗碳体呈方向性长链状或沿铁素体晶界呈网状分布时，如图 4-3 所示，则钢的冲压性能极差，网状分布越完整，影响越大，将会导致板材在冷加工变形时发生开裂，甚至造成大量钢材报废。呈长链状或网状不良分布的游离渗碳体可用正火来改善或消除。

游离渗碳体评定按 GB/T 13299—1991《钢的显微组织评定方法》进行。

交货状态的碳素结构钢薄板及钢带中游离渗碳体允许范围应符合 GB/T 711—2017《优质碳素结构钢热轧钢板和钢带》的规定。

（3）带状组织的检验　低碳钢板热轧缓慢冷却后常出现铁素体和珠光体相间的带状组织，如图 4-4 所示，它使钢板的组织呈现方向性，冲压时呈带状组织偏析分布的片状珠光体比铁素体难发生塑性变形而导致开裂。带状组织是钢锭凝固时组织偏析、成分偏析以及后续轧制、压延过程中组织变形造成的，磷、硫非金属夹杂物等也沿着材料变形方向变形，呈带状分布。带状组织可用正火或高温均匀化退火方法消除，如果用高温均匀化退火，则随后还需要及时正火。当显微组织中无变形的夹杂物（MnS 等）时，在消除带状组织后能明显地去除材料的各向异性；反之，若变形夹杂物较多，则即使消除了带状组织，钢材横向性能改善也不大。

图 4-3 三次渗碳体在晶界聚集（500×）

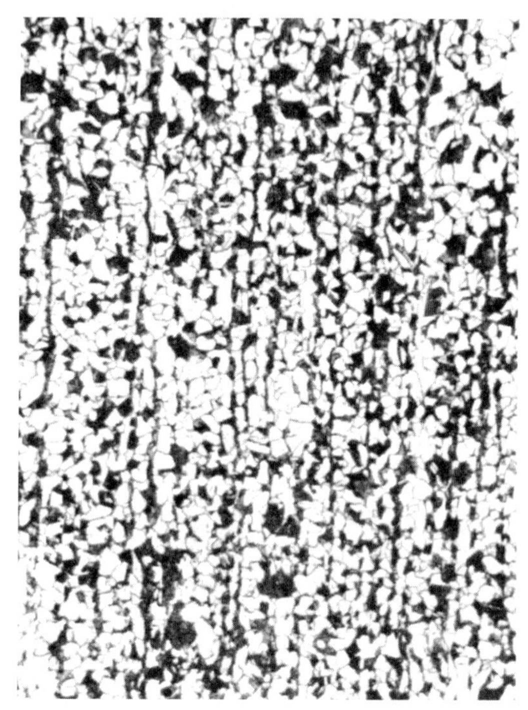

图 4-4 20Cr 钢带状组织（100×）

检验带状组织可按 GB/T 13299—1991《钢的显微组织评定方法》进行评级。

（4）魏氏体组织的检验 冲压钢的魏氏体组织是铁素体呈针片状平行或交叉分布在珠光体基体上。因针片状铁素体有分割基体的作用，故降低了钢的冲压性能。但碳的质量分数在 0.15%以下的钢，特别是碳素钢不易形成魏氏体组织。魏氏体组织可经过适当的正火处理加以消除。

魏氏体组织按 GB/T 13299—1991《钢的显微组织评定方法》进行评级。评级时应选择磨面上最严重的视场进行评定。

二、冷拉结构钢的金相检验

视频 纤维组织形成

冷拉结构钢是用优质碳素结构钢和合金结构的热轧钢在常温下拉拔而成的。冷拉结构的主要牌号有 15 钢、25 钢、45 钢、15Mn 钢等。

1. 冷拉结构钢的显微组织

冷拉结构钢经冷拉变形后其显微组织中铁素体晶粒由原来等轴状改变为沿着变形方向延伸的晶粒，晶界面积也因晶粒的伸长变扁而增大，晶内出现滑移线，当变形量很大时，铁素体晶粒被拉成纤维状，晶界处如有珠光体，也会被拉成长条状，其中珠光体中渗碳体硬而脆，不易变形，受拉后破碎，这种组织称为冷拉纤维状组织。图 4-5 所示为 10 钢冷拉变形

70%的纤维状组织。

冷拉钢材原始组织具有粗片状珠光体或网状渗碳体时，易形成冷加工纤维组织。如果将钢的原始组织改变为细珠光体，或使珠光体中的渗碳体球化，则钢材在冷拔时的塑性将大大提高。

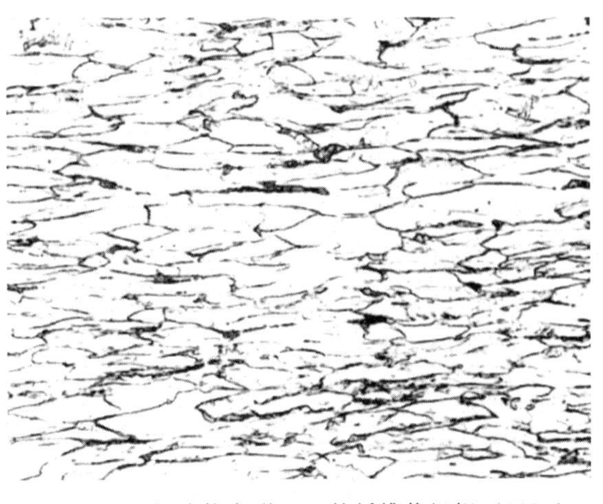

图 4-5　10 钢冷拉变形 70%的纤维状组织（200×）

2. 冷拉结构钢的金相检验项目

冷拉结构钢金相检验可按 GB/T 3078—2019《优质结构钢冷拉钢材》有关规定执行，其中有以下几项：

1）断口按 GB/T 1814—1979《钢材断口检验法》进行检验。

2）低倍组织和缺陷按 GB/T 226—2015《钢的低倍组织及缺陷酸蚀试验法》进行检验。低倍缺陷组织按 GB/T 1979—2001《结构钢低倍组织缺陷评级图》进行评级。

3）脱碳层按 GB/T 224—2019《钢的脱碳层深度测定法》进行测定。测定时，在显微镜下观察与脱碳层垂直的磨面，注意磨面的边缘不应有倒角。

4）非金属夹杂物检验按 GB/T 10561—2005《钢中非金属夹杂物含量的测定　标准评级图显微检验法》进行评定，测定时是选择 JK 评级图还是选择 ASTM 评级图，要看供需用双方协议中的规定，然后进行夹杂物的分类，按其形态和大小进行评定。

5）铁素体晶粒度按 GB/T 4335—2013《低碳钢冷轧薄板铁素体晶粒度测定法》进行检验，也可按 GB/T 6394—2017《金属平均晶粒度测定方法》进行评定。

6）带状组织检验按 GB/T 13299—1991《钢的显微组织评定方法》进行评级。

三、冷变形钢材热处理后的组织与性能

将经过冷变形的钢材加热到低于再结晶温度（再结晶温度受变形量、材质以及加热速度等因素的影响而不同），保温一定时间并缓慢冷却。这时钢中的内应力基本消除，但显微组织及力学性能无太大变化，仍具有加工硬化现象。

当加热温度升到再结晶温度以上并保温一定时间时，钢发生再结晶现象，原先被拉长或压扁的铁素体晶粒变为等轴晶粒，而渗碳体发生球化，此时金属的各种性能恢复到变形前的状况。

再结晶退火一般得到细而均匀的等轴晶粒。但如果加热温度过高或保温时间过长，则再结晶的晶粒又会发生长大且粗化，晶界将会平直，材料的冲击韧度下降。

模块二　调质钢的金相检验

结构钢在淬火加高温回火后具有良好的综合力学性能，有较高的强韧性，经过这种热处理的钢称为调质钢。调质钢通常是中碳优质碳素结构钢和合金结构钢，如 40Cr 钢、40MnB 钢、40CrMn 钢、30CrMnSi 钢、38CrMoAlA 钢、40CrNiMoA 钢和 40CrMnMo 钢等。调质钢主要用于制造在动态载荷或各种复合应力下工作的零件，如机器中的传动轴、连

杆、齿轮等。

一、调质钢的热处理和组织特点

调质钢的预备热处理是退火或正火，以消除和改善前道工序（铸、锻、轧、拔）遗留的组织缺陷和内应力，并为后道工序（淬火、切削、拉拔）做好组织和性能上的准备。调质钢预备热处理的理想组织应为细小均匀的铁素体+珠光体。

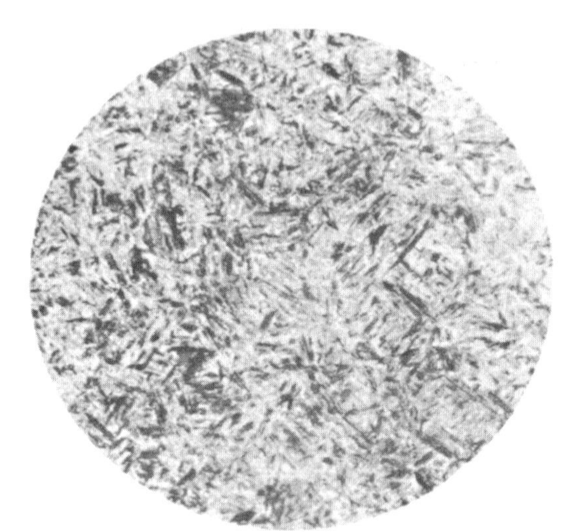

图 4-6 40Cr 钢 860℃油冷淬火后的组织（500×）

调质钢最终热处理一般加热温度在 Ac_3 以上 30~50℃，当工件淬火温度正常，保温时间足够，冷却速度也较大时，过冷奥氏体在淬火过程中未发生分解，那么淬火后得到的组织应是板条状马氏体和针片状马氏体。图 4-6 所示为 40Cr 钢 860℃油冷淬火后的组织（淬火马氏体）。淬火后应进行高温回火，在高温回火过程中，马氏体中析出碳化物，获得回火索氏体。回火索氏体组织实际上是在 α 相基体上分布有极小的颗粒状碳化物。回火温度根据调质件的性能要求，一般取 500~600℃，具体范围视钢的化学成分和零件的技术条件而定。因为合金元素的加入会减缓马氏体的分解、碳化物的析出和聚集以及残留奥氏体的转变等过程，因此回火温度将移向更高。实际上，现在调质钢的强化工艺已经不限于淬火+高温回火，还可采用正火、等温淬火、低温回火等热处理工艺。图 4-7 所示为 40Cr 钢调质处理后的组织，为回火索氏体及少量铁素体组织，这个试样因为淬火加热温度偏低，保留下来少量未溶铁素体，属于调质处理不完全组织。

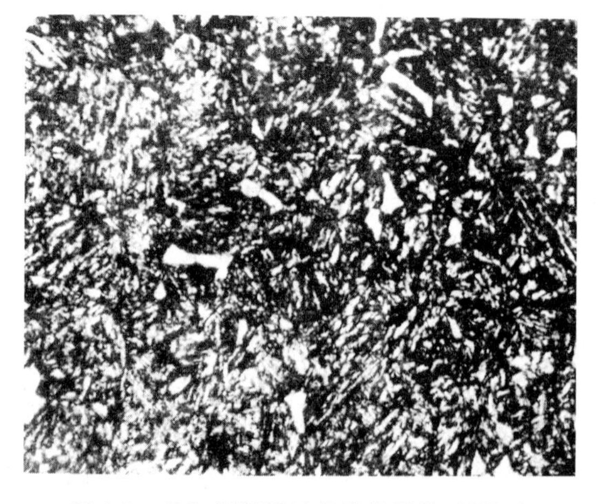

图 4-7 40Cr 钢调质处理后的组织（400×）

二、调质钢的缺陷组织

1. 带状组织

带状组织是指亚共析钢中珠光体和铁素体呈带状排列的现象，是钢在冶炼过程中形成的缺陷组织。钢液在铸锭结晶过程中选择性结晶形成化学成分不均匀分布的枝晶组织，铸锭中的粗大枝晶在轧制时沿变形方向被拉长，并逐渐与变形方向一致，从而形成碳及合金元素的贫化带和富化带彼此交替堆叠。在缓冷条件下，先在碳和合金元素贫化带（过冷奥氏体稳定性较低）析出先共析铁素体，将多余的碳排入两侧的富化带，最终形成以铁素体为主的带，而碳及合金元素富化带（过冷奥氏体稳定性较高）在其后形成以珠光体为主的带，最终形成铁素体和珠光体交替排列的带状组织。成分偏析越严重，形成的带状组织越严重，如图 4-4 所示。

由于带状组织分层排列，因而造成力学性能的方向性，即沿带状纵向的抗拉强度高，韧性也好，但横向的性能就比较差，不仅强度低，韧性也差，而且还会使钢的可加工性变差，同时使后续热处理变形与硬度的不均匀性增大。如果淬火前存在带状组织，淬火加热过程中不可能全部消除，淬火后残存的带状组织会引起零件较大的组织应力，甚至导致开裂。

2. 脱碳层

钢材在热加工时，表面因与炉气作用会形成脱碳层。调质钢脱碳层的特征是：表面铁素体量相对心部要多（不完全脱碳）或表面全部为铁素体（全脱碳），从而使工件淬火后出现铁素体或托氏体组织，回火后硬度不足，耐磨性和疲劳强度下降。因此调质工件淬火后不允许有超过加工余量的脱碳层。金相检验时，试样的磨面必须垂直脱碳面，边缘保持完整，不应有倒角。脱碳层的具体测量方法可按 GB/T 224—2019《钢的脱碳层深度测定法》进行，见本单元模块六。

3. 淬火过热组织

图 4-8 所示为 40Cr 钢 920℃油冷淬火后的组织。由于淬火加热温度偏高，致使奥氏体晶粒长大，淬火后得到粗大的马氏体组织。

4. 淬火欠热组织

调质钢正常淬火组织为板条状马氏体和针片状马氏体。当含碳量较低时（如 30CrMo 钢），形态特征趋向于低碳马氏体。当含碳量较高时（如 60Si2Mn、50CrV 等），形态特征趋向于高碳马氏体。

淬火欠热是淬火加热温度过低，或保温不足，奥氏体未均匀化，或淬火前预备热处理不当，未使原始组织变得均匀一致，导致工件淬火后的组织为马氏体和未溶的铁素体，铁素体即使回火也不能消除。40Cr 钢淬火欠热组织如图 4-9 所示。

图 4-8　40Cr 钢 920℃油冷淬火后的组织（500×）

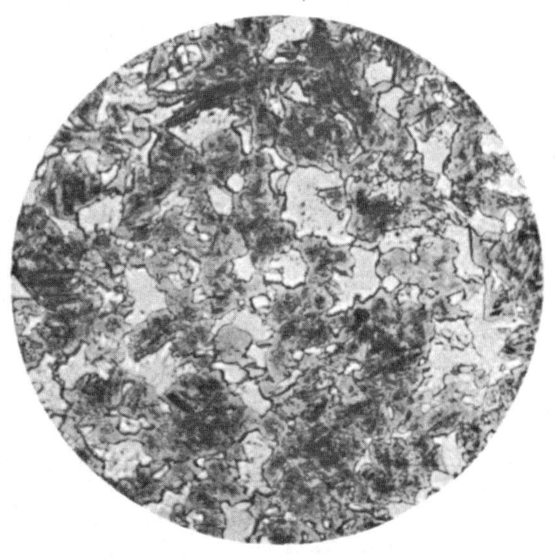

图 4-9　40Cr 钢淬火欠热组织（500×）

>> 注意　加热不足引起的未溶铁素体与由于冷却不足先析出的铁素体在形态上是有区别的，前者呈圆钝块状或厚薄不均匀的断续网状，而后者是新形成的先共析铁素体，形态上比较纤细，分布在奥氏体晶界上。

5. 欠淬透组织

如果淬火加热温度正常，且保温时间足够，但冷却速度不够，以至于不能淬透，则结果沿工件截面各部位将得到不同的组织，即表面是马氏体，往中心会逐步出现非马氏体组织。非马氏体组织有托氏体、贝氏体等，心部为托氏体和铁素体等组织。在低合金钢中出现的非马氏体组织一般不是托氏体而往往是上贝氏体。图 4-10 所示为 40Cr 钢 850℃ 油冷淬火冷却不足的组织，该组织为马氏体基体上分布有少量上贝氏体。用金相的方法较容易检验出这种淬火冷却不足的缺陷。

视频　淬透性

图 4-10　40Cr 钢 850℃ 油冷淬火冷却不足的组织（500×）

三、未溶铁素体与先共析铁素体的鉴别

未溶铁素体是亚共析钢加热到 $Ac_1 \sim Ac_3$ 淬火后（即欠热淬火）的组织，为白色多角状并具有明显的晶界，马氏体和残留奥氏体基体稍暗，微调聚焦会发现白色未溶铁素体与马氏体在一个平面上，如图 4-11a 所示为 45 钢 760℃ 加热、保温 30min 水淬后的显微组织，白色多角状组织是铁素体，灰白色组织是淬火马氏体和残留奥氏体，深色组织是板条状马氏体。先共析铁素体是亚共析钢加热到 Ac_3 以上淬火时，由于冷却速度较慢，在晶界处析出的白色细网状组织，显微组织中往往还有黑色球团状的淬火托氏体，图 4-11b 所示为 45 钢 880℃ 加热、保温 30min 油淬后的显微组织，由于冷却速度小于临界冷却速度，淬火时沿晶界析出白色细网状先共析铁素体，深色组织为淬火托氏体，灰白色组织为马氏体，还有少量沿晶界的羽毛状上贝氏体。

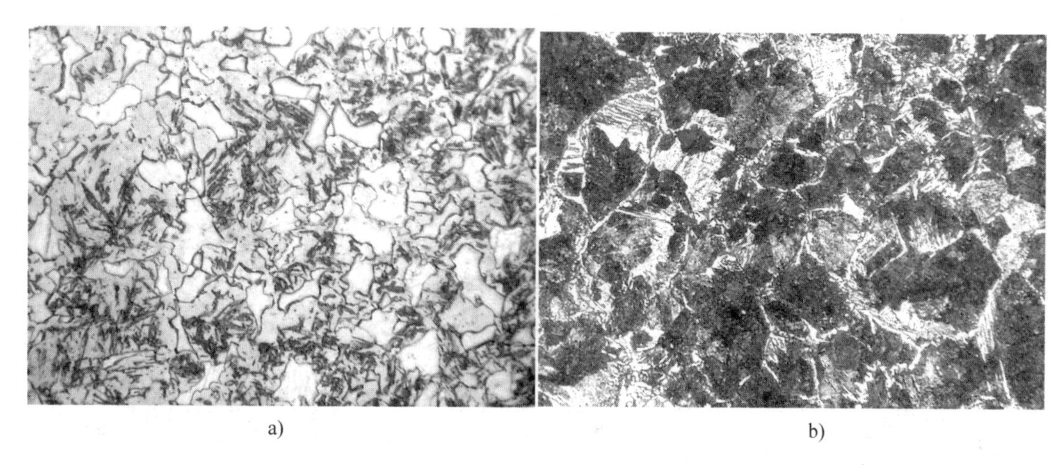

图 4-11　未溶铁素体和先共析铁素体形貌的区分（400×）
a）白色多角状未溶铁素体　b）白色细网状先共析铁素体

模块三　弹簧钢的金相检验

弹簧是机械和仪器上的重要部件，应用非常广泛。常用的弹簧材料是碳素钢或低合金弹簧钢，碳素钢碳的质量分数在 0.60%～1.05%，低合金弹簧钢碳的质量分数在 0.40%～0.74%。弹簧钢常加入 Si、Mn、Cr、V 等合金元素，Cr 和 Mn 主要是提高淬透性，Si 提高弹性极限，V 提高淬透性和细化晶粒。常用弹簧钢材料有 70 钢、65Mn 钢、60Si2Mn 钢、50CrVA 钢等。弹簧利用其弹性变形来吸收和释放外力，所以要求弹簧钢有高的弹性极限，较高的屈强比，高的疲劳强度和足够的塑性及韧性。

一、常用弹簧钢的强化工艺和各阶段的组织

音频　结构钢金相检验

按制造工艺不同可分为冷成形弹簧和热成形弹簧两大类。

1. 冷成形弹簧

冷成形弹簧是直径较细或厚度较薄的弹簧，先进行强化处理（冷变形强化或热处理强化），然后卷制成形，最后进行退火和稳定尺寸。根据强化工艺不同，可以分为以下三种情况。

（1）铅淬冷拔钢丝　铅淬处理是将冷拉盘条加热获得奥氏体组织后，在 500～550℃ 的铅浴中等温冷却，以获得索氏体组织的过程。铅淬后的弹簧钢再经多次冷拔至所需直径钢丝。这类钢丝表面光洁，具有极高的强度和一定的塑性，常称为白钢丝或琴弦丝。其冷卷成形后，只需进行 200～300℃ 去应力回火处理。这类弹簧钢的组织为纤维状的变形索氏体。图 4-12 所示为 70 钢铅淬并于 250℃ 去应力退火后的组织。

（2）淬火回火钢丝　淬火回火钢丝的工艺特点是拉拔到规定的尺寸后，进行油淬和中温回火处理，冷卷成弹簧后再去应力回火。这类钢丝强度比不上铅淬冷拔钢丝，但其性能比较均匀一致，组织为回火托氏体。图 4-13 所示为 65Mn 钢 830℃ 油冷淬火的混合马氏体组织。65Mn 钢 Ac_3 点为 765℃，正常淬火温度为 800～840℃，Ms 点为 270℃，淬火后先形成的马氏体受自身回火的作用，颜色较深，后形成的马氏体自身回火不明显，颜色较淡。图 4-13

按照 JB/T 9211—2008《中碳钢与中碳合金结构钢马氏体等级》评定为4级，2~4级马氏体是机械零件常用等级。65Mn钢有过热敏感性，晶粒容易长大，因此对热处理要求特别严格。图4-14所示为60Si2Mn钢860℃油冷淬火+460℃中温回火组织，得到保留马氏体位向的回火托氏体。

（3）退火状态供应的合金弹簧钢丝　这类弹簧钢丝冷成形后还需淬火+中温回火处理，组织为回火托氏体。

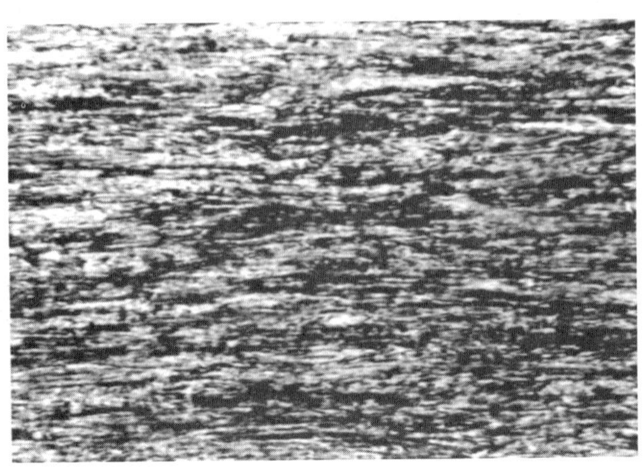

图4-12　70钢铅淬并于250℃去应力退火后的组织（500×）

2. 热成形弹簧

直径或厚度较大（大于10~15mm）的螺旋弹簧或板簧，一般在高于正常淬火加热温度50~80℃时热成形，再经淬火+中温回火，获得回火托氏体组织。这种组织具有高的弹性极限和疲劳极限，硬度为38~50HRC。

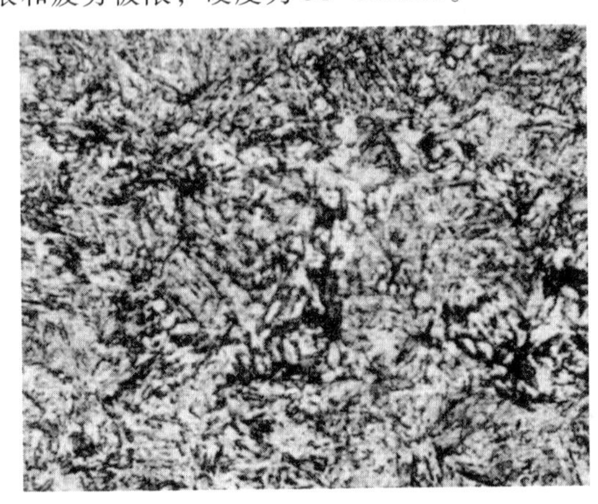

图4-13　65Mn钢830℃油冷淬火的混合马氏体组织（500×）

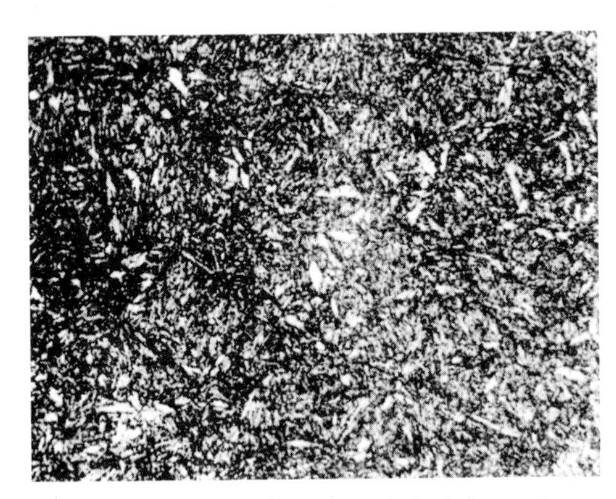

图4-14　60Si2Mn钢860℃油冷淬火+460℃中温回火组织（500×）

热成形弹簧也可等温淬火强化，获得下贝氏体组织。这种处理应用在要求变形小和希望获得良好塑性和韧性的情况下。

二、弹簧钢的金相检验项目

1. 非金属夹杂物的检验

弹簧钢的材质要求高于一般工业用钢，应有较好的冶金质量和组织均匀性，要严格控制材料的内部缺陷，要求钢的纯净度高，非金属夹杂物少，表面质量高。非金属夹杂物对材料起着割裂基体作用，在外力作用下容易在夹杂物处引起应力集中并产生裂纹源，对材料的强度、韧性和疲劳极限影响很大。对弹簧钢中非金属夹杂物的检验按照 GB/T 10561—2005《钢中非金属夹杂物含量的测定　标准评级图显微检验法》标准进行。

2. 游离石墨的检验

弹簧钢中含碳量较高，而且有些合金弹簧钢含硅量也较高，硅是促进石墨化的元素，在多次退火过程中可能发生石墨化现象。钢中一旦析出石墨，就如同非金属夹杂物一样，割裂了金属基体，严重破坏了材料性能。石墨的检验按照 GB/T 13302—1991《钢中石墨碳显微评定方法》进行。石墨有絮状和条片状两类，金相检验时，絮状石墨碳从形态上容易与在制样过程产生的抛光凹坑相混淆，应该特别注意。如试样用 4%硝酸酒精溶液轻浸蚀时，游离石墨周围是贫碳区，往往是铁素体组织，这样可以将石墨与制样凹坑区别开来。

3. 脱碳层的检验

含硅弹簧钢表面脱碳敏感性加大，不管是原材料的脱碳层还是后续热处理过程造成的脱碳层，都会使弹簧材料的疲劳寿命降低。GB/T 1222—2016《弹簧钢》标准对热轧和冷轧钢材的脱碳层深度均作了明确规定。表面脱碳层的检验按照 GB/T 224—2019《钢的脱碳层深度测定法》进行。图 4-15 所示为 60Si2Mn 钢 860℃油冷淬火的组织，表面几乎为全脱碳层，组织为铁素体及极少量低碳马氏体，逐渐向内部为针状马氏体。

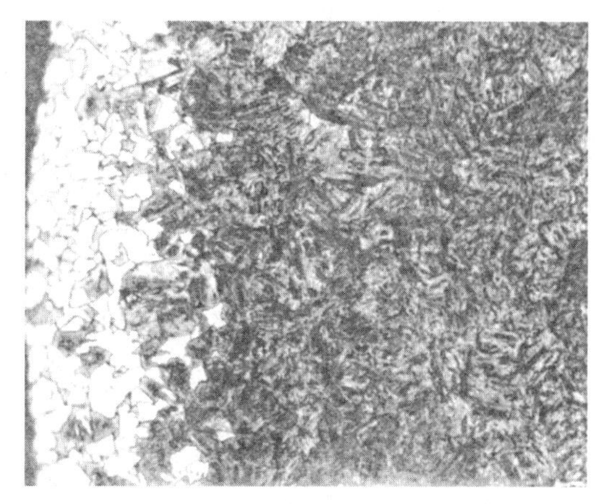

图 4-15　60Si2Mn 钢 860℃油冷淬火的组织（500×）

4. 弹簧钢组织的检验

弹簧钢组织的检验是根据材料热加工状态，观察所得到的组织是正常组织还是有异常。如果有异常，需要根据组织特征分析产生异常的原因。原因可以是材料方面的，也可能是热加工过程造成的。热处理不正常的组织一般有欠热组织、欠淬透组织、过热粗大组织、过烧淬裂组织等。

三、缺陷组织实例

图 4-16 所示为 55Si2Mn 钢淬火欠热组织，是 550℃淬火+350℃中温回火的组织，基体为保持马氏体位向的回火托氏体，其上分布有白色的铁素体，铁素体周边为呈黑色的托氏体，还有少量羽毛状贝氏体。

产生这种情况是因为在淬火加热时，铁素体未能溶入到奥氏体中，说明加热温度偏低。奥氏体的成分因为扩散不充分而处于不均匀状态，导致淬火冷却时，过冷奥氏体稳定性不同，含碳量低处等温转变图左移，造成同种材料在相同的冷却速度下，含碳量低处先得到托氏体和贝氏体，随着温度的下降，至 *Ms* 点时，含碳量高处的过冷奥氏体即发生马氏体相变，得到

图 4-16　55Si2Mn 钢淬火欠热组织

马氏体。中温回火后淬火马氏体变为回火托氏体，而铁素体、托氏体和贝氏体等不发生转变，仍然以原来的形式保留下来。图 4-16 中小块的铁素体为未溶铁素体，针条状铁素体是淬火冷却速度较慢、先于马氏体转变产生的先析出铁素体。

欠热组织将严重降低钢的各种力学性能，使弹簧在使用时易发生永久的塑性变形，且使其使用寿命大幅度下降。

模块四 轴承钢的金相检验

轴承是转动结构中不可缺少的重要零件，要求硬度高，接触疲劳强度高和耐磨性好。滚动轴承钢是制造轴承的专用钢，其中铬轴承钢最为常用（占90%），碳的质量分数为 0.95%~1.05%，属于过共析钢。GCr15 钢是用量最大的铬轴承钢，铬的质量分数为 1.30%~1.65%，铬是影响碳化物形成的元素，会显著改变钢中碳化物的形态和大小，而且还将形成铬的合金碳化物。因此，铬轴承钢碳化物颗粒细小、分布均匀，热处理后可显著提高其硬度、强度、耐磨性等指标。铬轴承钢不仅用于制造滚动轴承，也可用来制造冲模、轧辊、量具等工具，或飞机和其他机构上的耐磨结构零件。

视频 滚动轴承的结构

一、轴承钢的热处理及其组织

轴承钢的热处理包括预备热处理和最终热处理。预备热处理是指球化退火，最终热处理是指淬火+低温回火。

1. 球化退火

球化退火的目的为降低锻造后材料的硬度，以便于切削加工，并为最终淬火做好组织准备。球化退火后的组织为粒状珠光体，其组织参考图 1-18，硬度一般低于 210HBW。

2. 淬火+低温回火

GCr15 钢一般采用 835~850℃ 油冷淬火，150~160℃ 低温回火，得到的组织为极细的回火马氏体+细小均匀分布的碳化物+少量残留奥氏体，硬度为 62~64HRC，如图 4-17 所示，图中马氏体亮区和黑区较明显。随着淬火温度的提高，亮区面积会相应增加，黑区则相应减少，同时残留奥氏体数量增多。淬火后的马氏体和残留奥氏体都是不稳定的组织，必须及时回火，以消除淬火内应力，并可使尺寸稳定。

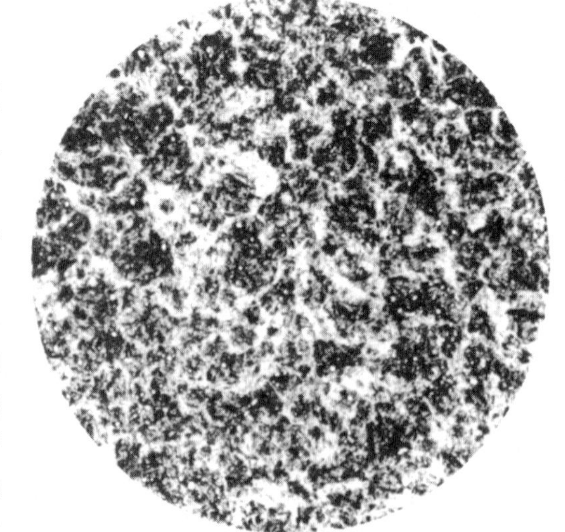

图 4-17 GCr15 钢淬火+回火组织（500×）

二、轴承钢的金相检验项目

视频 轴承钢的金相检验

1. 非金属夹杂物的检验

轴承钢的材质要求比一般工业用钢更严格，冶金质量从纯净度和均匀性两方面考核。轴承钢纯净度检验就是评定非金属夹杂物级别；均匀性检验主要是碳化物不均匀性评定，包括碳化物带状、网状组织及液析等。GB/T 18254—2016《高碳铬轴承钢》规定了高碳铬轴承钢非金属夹杂物和碳化物不均匀性级别的评定标准，并且还规定了低倍酸蚀检验的中心疏松、一般疏松、偏析的合格级别。非金属夹杂物检验试样磨面应取平行于轧制方向，在直径 3/4 处的纵向剖面，检验标准同弹簧钢一样，按照 GB/T 10561—2005《钢中非金属夹杂物含量的测定　标准评级图显微检验法》进行。

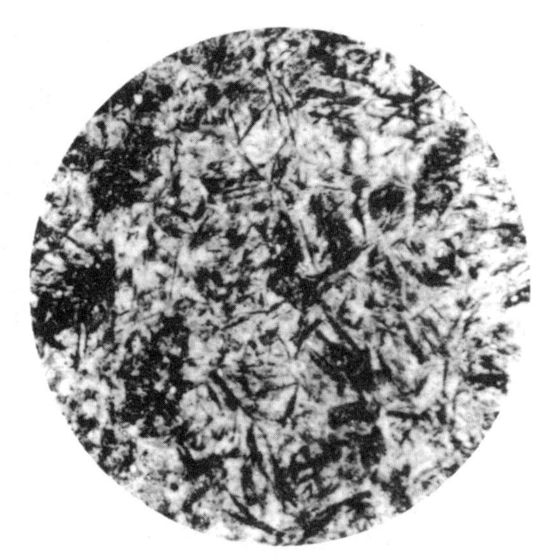

图 4-18　GCr15 钢 890℃加热保温油冷淬火的组织（500×）

2. 淬火组织的检验

淬火加热温度太低，会出现欠热组织，有团块状或网状托氏体组织；冷却速度不够时出现贝氏体，甚至出现树枝状或针状托氏体。这些缺陷会使轴承钢硬度不足，耐磨性下降，缩短使用寿命。淬火温度太高或保温时间太长，又会出现过热组织，得到粗大马氏体组织。

图 4-18 所示为 GCr15 钢 890℃加热保温油冷淬火的组织（粗针马氏体+较多的残留奥氏体），其中碳化物大量减少，属于过热组织。淬火加热时，随着加热温度的升高，碳化物已经大量溶解，使基体中的碳及合金含量增高，得到大量的粗大马氏体及大量的残留奥氏体，因此淬火后的硬度降低，强度和冲击韧度下降，零件变形增大，并且在随后的精磨加工时，表面开裂倾向也增大。

图 4-19 所示为 GCr15 钢淬火+回火缺陷组织，经 2%硝酸酒精溶液浸蚀后，表层有黑色细针状托氏体，基体为隐针马氏体和细小结晶马氏体+残留奥氏体+剩余碳化物。由于加热时炉气无保护性措施，表面含碳量降低，冷却时等温转变图左移，过冷奥氏体稳定性降低，从而得到托氏体，硬度为 55HRC，而心部尚能得到正常的淬火组织，硬度达到 63HRC。一定量的托氏体能减缓和松弛应力集中的作用，降低微观缺陷和边缘效应的敏感性。因此，轴承钢中允许有少量托氏体存在，但大量的托氏体会显著降低硬度和强度，是不允许存在的。

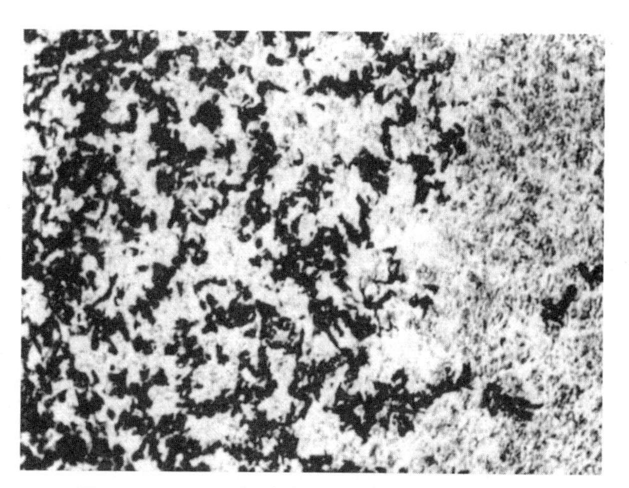

图 4-19　GCr15 钢淬火+回火缺陷组织（500×）

马氏体针的粗细、残留奥氏体的多少、碳化物的分布情况、托氏体形状和数量等都可依照 JB/T 1255—2001《高碳铬轴承钢滚动轴承零件热处理技术条件》评定。

3. 脱碳层的检验

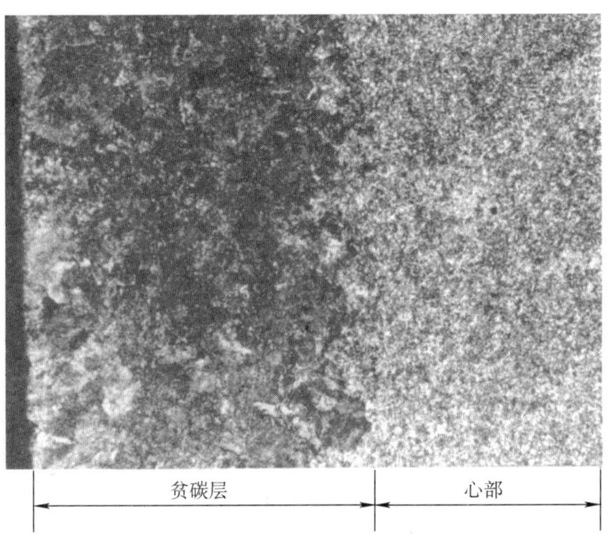

图 4-20 GCr15 钢退火缺陷组织（500×）

在锻造、退火、淬火等热加工加热过程中，如果控制不好都会出现脱碳层，脱碳层不应超过零件的加工余量，否则将严重影响工件的使用寿命。图 4-20 所示为 GCr15 钢退火后金相检验发现的表面脱碳组织（表层为片状珠光体，心部为粒状珠光体）。分析认为，在锻轧加工时，由于加热炉氧化气氛较强烈，以致钢坯在加热过程即被氧化。球化退火时，表面脱碳层由于含碳量低，其临界温度较心部正常区域要低，故虽与心部在同一退火温度下加热，却已经全部奥氏体化，冷却后得到片状珠光体，而心部则因退火温度合适，冷却后为球状珠光体。

表面脱碳层深度的测定方法是从表面测至片状珠光体消失为止。

模块五　钢的脱碳层深度测定法

脱碳是指钢在加热时表面碳的质量分数降低的现象。脱碳的实质是钢中的碳在高温下与氧和氢等发生作用，生成一氧化碳或甲烷，逸出钢件表面，使钢件表面碳的质量分数降低。氧、氢、二氧化碳、水使钢在加热过程中脱碳，而一氧化碳、甲烷可以使钢增碳。氧化是钢在氧化性气氛中加热时，表面产生氧化层的现象。一般情况下，钢的氧化、脱碳是同时进行的。当钢表面的氧化速度小于碳从内层向外层的扩散速度时，发生脱碳；反之，当氧化速度大于碳从内层向外层的扩散速度时，发生氧化。因此，氧化作用相对较弱的氧化性气氛中，容易产生较深的脱碳层。

脱碳后在钢表面形成的铁素体晶粒有柱状和粒状两种。钢在 A_1~A_3 或在 A_1~A_{cm} 区域内加热时，强脱碳形成柱状晶；钢在 A_3 或 A_1 以上加热时，弱脱碳产生粒状晶。随加热温度升高，加热介质氧化性增强，钢的氧化脱碳增加。

通常，高温下（一般指 700℃以上），钢中 C 原子比 Fe 原子更容易氧化，同时脱碳需要 C 原子在钢中的扩散，而低温下 C 原子扩散非常慢，所以脱碳一般发生在高温状态，低温下加热一般不存在明显的脱碳现象。习惯上讨论的脱碳都发生在奥氏体温度范围，一般的回火温度范围都是氧化，不发生脱碳。脱碳层深度可根据 GB/T 224—2019《钢的脱碳层深度测定法》进行测定。

脱碳会明显降低钢的淬火硬度、耐磨性和疲劳性能，高速工具钢脱碳会降低热硬性。

国家标准 GB/T 224—2019《钢的脱碳层深度测定法》适用于测定钢材（坯）及其零件的脱碳层深度。脱碳层深度测定可分为金相法、硬度法和化学分析法三种。

一、金相法

金相法是在光学显微镜下观察试样从表面到心部随着碳含量的变化而产生的组织变化。

1. 试样的选取与制备

选取的试样检验面应垂直于产品纵轴，即磨面为横向截面，截取试样时不能使受检面受热而发生变化。对于直径不大于25mm的圆钢，或边长不大于20mm的方钢，要检测整个周边。对于直径大于25mm的圆钢，或边长大于20mm的方钢，可截取试样同一截面的几个部分，以保证总检测周长不小于35mm。但要注意不应选取多边形产品的棱角处或脱碳极端深度的点。试样按一般金相法进行磨制抛光，但试样边缘不得倒圆、卷边，为此试样可以镶嵌或固定在加持器内。用硝酸酒精溶液进行腐蚀，以显示钢的组织结构。

2. 脱碳层的测定

脱碳层的类型、组织特征与测量界限见表4-1。

表4-1 脱碳层的类型、组织特征与测量界限

脱碳层的类型	组织特征	脱碳深度
全脱碳层	全部的铁素体	从表面到全铁素体结束处止
半脱碳层	铁素体+其他组织	从全脱碳层结束到刚和心部组织一致处止
总脱碳层	全脱碳层①+半脱碳层	从脱碳表面到刚和心部组织一致处止

① 表面脱碳不一定总有全脱碳层，脱碳不严重时，往往只有半脱碳层。

对于每一试样，在最深的均匀脱碳区的一个显微镜视场内，应随机进行几次测量（至少五次），以这些测量值的平均值作为总脱碳层深度。轴承钢、工具钢测量最深处为总脱碳层深度。如果技术条件中没有特殊规定，则在测量试样中脱碳极端深度的那些点要排除掉。

在没有特别要求时，用金相法测定脱碳层深度。

二、硬度法

硬度法测脱碳层深度分为显微硬度法和洛氏硬度法。

1. 显微硬度法

显微硬度法适用于脱碳层相当深的淬火件。用0.49~4.9N的载荷，测量试样横截面上垂直于表面方向上的显微硬度值的分布梯度。总脱碳层深度规定为从表面到所要求硬度值的那一点的距离。原则上至少要在相互距离尽可能远的位置进行两组测定，其测量值的平均值作为总脱碳层深度。

显微硬度法试样和金相法相同，为方便读取压痕对角线的值，一般不进行腐蚀。图4-21所示为GCr15钢淬火+低温回火后

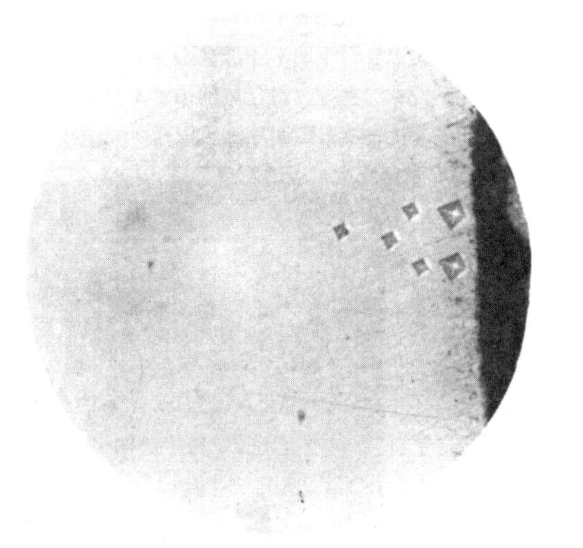

图4-21 GCr15钢淬火+低温回火后显微硬度测脱碳组织（500×）

显微硬度测脱碳组织。

2. 洛氏硬度法

用洛氏硬度计测定时，对于不允许有脱碳层的产品，直接在试样的原产品表面上测定；对于允许有脱碳层的产品，在去除脱碳层的面上测定。

想一想

洛氏硬度法为什么可以测定零件是否脱碳？脱碳层深度可以测出吗？

三、化学分析法

用化学分析的方法测定逐层剥取的金属屑的碳含量，以确定脱碳层深度。逐层剥取每一层的深度为0.1mm。也可用光谱分析的方法测定逐层碳含量，直到和心部基体含碳量相同的位置，此位置到表面的垂直距离即为总脱碳层深度。

四、脱碳层实例

学生实习时，对45钢试样在820℃进行多次反复的退火、正火、淬火以及200℃、400℃、600℃回火后，重新在820℃退火后的显微组织如图4-22所示。试样尺寸为外径30mm、内径10mm、厚度10mm。

切开试样后发现，有一条起源于内表面、垂直于轴线且沿径向扩展的弧形裂纹，其具有外阔内尖的楔形特征，深度约3mm，图4-22a所示为切开试样后的实物横截面。

通过检查发现，实习中所有相同的热处理试样，几乎都产生了形状、位置和长度基本一致的裂纹。裂纹的产生可能与以下几种情况有关：一是和多次反复热处理有关，多次热处理过程中试样表面产生严重的氧化与脱碳，学生打硬度，外表面的氧化皮每次热处理后都被磨掉，而内孔的氧化皮无法去除被保留下来，随着热处理次数增多，氧化皮厚度增加，使钢的淬火开裂倾向加大；二是与试样内部的传热方式有关，试样在炉内加热时（图4-22a），不管从哪个方向热传导，试样裂纹处烧透和组织转变都是最晚的，保温时间此处是最短的，内孔加热介质的对流不畅通；三是与原始组织有关，试样纵截面上存在严重的带状组织，使横截面上的力学性能显著降低。多种原因的综合作用使试样在淬火时产生了弧形裂纹。

从图4-22可以看到，整个裂纹内部充满了多层氧化物，两侧是大晶粒的全脱碳层，向内是细小粒状晶的半脱碳层。试样淬火产生裂纹后第一次回火时，两侧产生的氧化皮因裂纹较细并未脱落。重新退火、正火时产生了氧化及铁素体的全脱碳层，向内是半脱碳层的铁素体+珠光体。重新淬火时，全脱碳层的铁素体不发生改变，只是重结晶时使晶粒变得细小，而氧化皮进一步加厚。这样经过多次热处理后，氧化层逐渐加厚并表现出多层，脱碳层逐渐加深，裂纹尾部因周围是铁素体组织而并未继续扩展，所以经过多次热处理后，裂纹尾部也失去了淬火裂纹的特征而变得圆钝。

从图4-22还可以看到，尽管试样经过了多次热处理，但带状组织特征依然明显，而且存在着严重的混晶现象，裂纹也垂直于带状组织，这些缺陷组织对裂纹的产生都起着促进作用。由此也可知，常规热处理工艺不能消除带状组织。

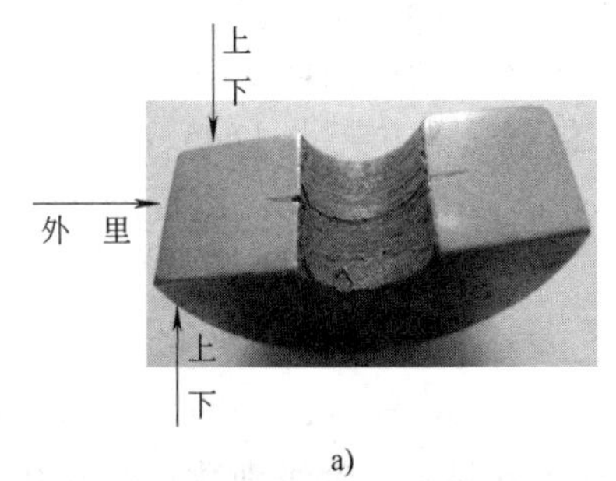

a)

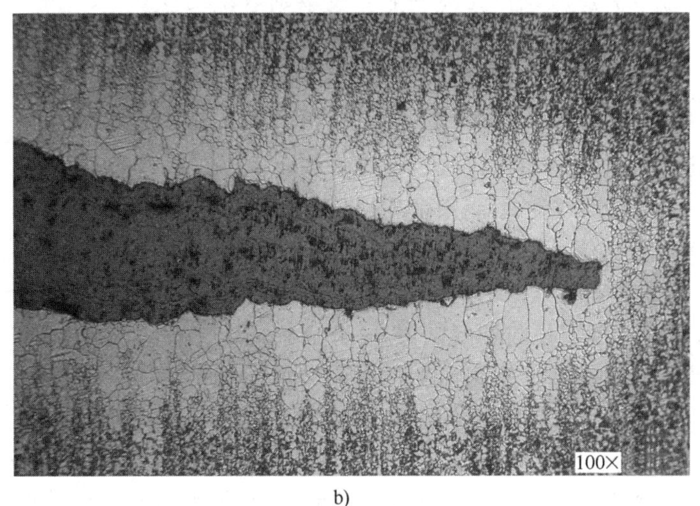

b)

图 4-22　45 钢淬火裂纹在反复热处理后裂纹两侧的氧化脱碳

a）实物横截面　b）裂纹处显微组织

模块六　晶粒度的测定（GB/T 6394—2017）

多晶材料的晶粒大小的测定是金相检验中较重要的项目。三维立体的晶粒大小会影响材料的性能，而在三维立体上测量晶粒的尺寸是较为困难的，人们通常用材料截面上观察到的二维尺寸来表征晶粒的大小。

目前，国内外都有相应的晶粒度测定方法标准，最主要的有 GB/T 6394—2017《金属平均晶粒度测定方法》、美国材料与试验学会标准 ASTM E112—2013《平均晶粒度测定的标准试验方法》、德国标准化学会标准 ISO 643—2017《钢表观晶粒度的显微照相测定法》、GB/T 24177—2009《双重晶粒度表征与测定方法》、ASTM E1181《双重晶粒度试验方法》、YB/T 4290—2012《金相检测面上最大晶粒尺寸级别（ALA 晶粒度）测定方法》和 ASTM E930《测定金相试面上最大晶粒（ALA 晶粒度）的试验方法》等，这些标准共同组成了国内外较为完整的晶粒度测量体系。

1. 晶粒度的定义

晶粒度（Grain Size）是表示晶粒大小的度量。通常使用长度、面积、体积或晶粒度级别数来表示不同方法评定和测定的晶粒大小。

2. 晶粒度级别数G（Grain Size Number）的定义

晶粒度级别数的定义分为英制和米制两种晶粒度。

英制晶粒度级别定义为：100倍下一平方英寸（645.16mm^2）的晶粒个数和级别数G的关系为

$$N_{100}=2^{G-1}$$

米制晶粒度级别定义为：1倍下每平方毫米的晶粒个数N_A和晶粒级别数G_0的关系：

$$N_A=8\times2^{G_0}$$

经过换算，米制晶粒度级别数比英制晶粒度级别数小约0.05级，可以忽略不计，即两种晶粒度级别数可以认为是相等的。使用晶粒度级别数表示的晶粒度与测量方法和计量单位无关。

3. 晶粒度的评定方法

晶粒度的评定方法常用的有比较法、截点法和面积法。这些基本测量方法以晶粒几何图像为基础，与金属或合金无关，不能用来测量单个晶粒。

国内晶粒度评定依据新版标准GB/T 6394—2017《金属平均晶粒度测定方法》，本标准所述的试验方法只测量晶粒度的单峰分布试样的平均晶粒度，晶粒分布特征用GB/T 24177—2009《双重晶粒度表征与测定方法》表征。对于细晶基体出现个别粗大晶粒的试样，用YB/T 4290—2012《金相检测面上最大晶粒尺寸级别（ALA晶粒度）测定方法》和GB/T 6394—2017《金属平均晶粒度测定方法》共同进行测量。

（1）比较法　比较法不需计数晶粒、截点或截距，是与标准系列评级图进行比较。此方法评估晶粒度时一般存在一定的偏差（±0.5级），重现性与再现性通常为±1级。适用于评定具有等轴晶粒的再结晶材料。

1）通常使用与相应标准系列评级图相同的放大倍数直接进行比对，选取与检测图像最接近的标准评级图级别数记录评定结果，若介于两个整数级别标准图片之间，以这两个级别图对应的级别取平均数。例如评定对象对比是在2级图和3级图之间，则结果为2.5级。

2）若采用其他放大倍数M进行比较评定，应根据G=G′+Q进行换算处理，其中Q=6.439Lg（M/M_b），可以参照GB/T 6439—2017表3或表4进行评定。

3）当评定结果可能在晶粒度图谱中最粗的一端00级或最细的一端评定时，准确评定级别很困难，此时应变换放大倍数，使晶粒尺寸落在靠近图谱中间的位置。

4）宏观晶粒度的评定，其放大倍数为1倍，直接将准备好的晶粒图像与评级图进行比较，宏观晶粒度级别数用G_m来表示。宏观晶粒度的级别数对应的各种宏观晶粒度计算关系可以查看GB/T 6439—2017表5。

（2）面积法　面积法是通过计数给定面积网格内的晶粒数N来测定晶粒度的。

1）一般是将已知面积A（通常使用5000mm^2）的圆形或矩形测量网格置于晶粒图像上，选择合适的放大倍数M，然后计数完全落在测量网格内的晶粒数$N_内$和被网格所切割的晶粒数$N_交$，按式（4-1）圆形测量网格或式（4-2）矩形测量网格公式计算：

$$N=N_内+\frac{1}{2}N_交 \tag{4-1}$$

$$N=N_内+\frac{1}{2}N_交+1 \tag{4-2}$$

2）通过测量网格内晶粒数和观察用的放大倍数 M，可计算出实际试样检测面上（1 倍）的每平方毫米内的晶粒数 N_A，则晶粒度级别数 G 按式（4-3）计算。

$$N_A = \frac{M^2 \cdot N}{A}$$

$$G = 3.321928\lg\left(\frac{M^2 \cdot N}{A}\right) - 2.954 \tag{4-3}$$

3）实例：晶粒图如图 4-23 所示，测量网格面积 A 为 5000mm^2，放大倍数为 100 倍，则 $N_A = 100^2 \times (54+43/2+1)/5000$，$G = 3.321928 \times \lg N_A - 2.954$，算得 G 约为 4.3 级。

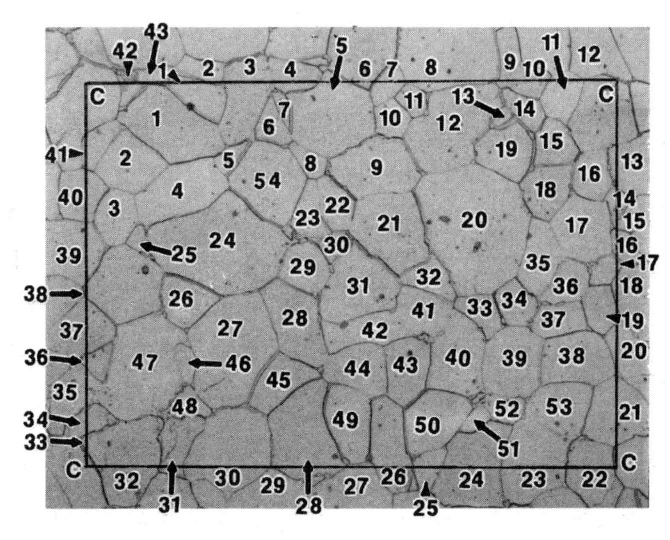

图 4-23　测量晶粒图片

（3）截点法　截点法是通过计数给定长度的测量线段或网格与晶粒边界相交截数来测定晶粒度。截点法有直线截点法和圆截点法。一般用圆截点法作为质量评估晶粒度的方法较为合适。

1）直线截点法。计算截点时，不是测量线段中的截点不予计算；终点刚好接触到晶界时，计为 0.5 个截点；测量线段与晶界相切时，计为 1 个截点；明显地与 3 个晶粒汇合点重合时，计为 1.5 个截点。

2）圆截点法。分单圆截点法和三圆截点法，推荐使用标准的总周长为 500mm 的三个同心等距标准测量网格（图 4-24）。通过三个记录汇合点时，截点数计为 2 个。

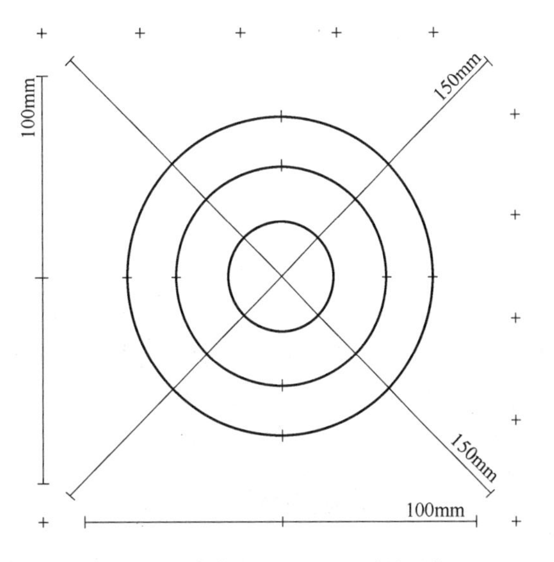

图 4-24　截点法用 500mm 测量网格

注：直线总长 500mm，周长总和为 250mm+166.7mm+83.3mm = 500.0mm。三个圆的直径分别为 79.58mm、53.05mm 和 26.53mm。

3）公式。晶粒截线数 N_i、晶界截点数 P_i 对于每个视场的计数，按式（4-4）和式

（4-5）计算单位长度上的截线数 N_L 或截点数 P_L。

$$N_L=\frac{N_L}{L/M}=\frac{M\cdot N_L}{L} \tag{4-4}$$

$$P_L=\frac{P_L}{L/M}=\frac{M\cdot P_L}{L} \tag{4-5}$$

4）对于每个视场，按式（4-6）计算平均截距长度值 $\bar{l}$。

$$\bar{l}=\frac{1}{N_L}=\frac{1}{P_L} \tag{4-6}$$

5）用 N_L、P_L 或 $\bar{l}$ 的 n 个测定值的平均数可按式（4-7）来确定平均晶粒度 G：

$$G=-6.643856\lg\bar{l}-3.288 \tag{4-7}$$

6）实例：晶粒图片如图 4-23 所示，矩形周长为 288mm，放大倍数为 100 倍，矩形 4 条边所截点数为 43 个，则应用式（4-7）计算晶粒度级别 $G=-6.643856\times\lg[288/(100\times43)]-3.288$，算得 G 约为 4.5 级。

4. 非等轴晶试样的晶粒度测定

对于矩形棒材、板材及薄板，晶粒度应在纵向（l）横向（t）和法向（p）截面上测量；对于圆棒，晶粒度可在纵向和横向截面上测量。如使用直线取向测定网格进行，可使用 3 个主要截面的任意两个面上取 3 个取向的测量。

5. 含两相或多相组织试样的晶粒度测量

少量第二相质点在测定晶粒度时可忽略不计，按单相组织可使用面积和截点法测定。应将有效的平均晶粒度视为基体的晶粒度。每个测量相的特征和各相占视场的面积百分数都应测定并报出。

6. 钢材晶粒度的检验

检验铁素体钢的奥氏体晶粒度时，需对试样进行热处理，即按照 GB/T 6394—2017 版附录进行热处理。渗碳钢采用渗碳法，其他钢可以采用直接淬硬法或者氧化法。检验铁素体晶粒度和奥氏体钢晶粒度时，一般试样不需要热处理。

模块七　45 钢金相检验分析案例

同种材料可以具有不同的力学性能（强度、硬度、塑性及韧性），不同材料也可以具有相近的力学性能，这些都和钢的热处理有着密切关系。金属零件通过热处理获得一定的组织，以达到要求的使用性能。热处理是手段，使用性能是目的，而组织是性能的基础和保证。现以 45 钢为例说明同种材料在不同热处理状态下，其组织与性能之间的关系。

一、供应状态检验

45 钢 ϕ13.2mm 棒材供应状态横截面显微组织如图 4-25 所示。白色铁素体呈块状、网状和针状，珠光体呈细片层状。硬度在 18HRC 左右，和正火硬度值相当。原材料热轧成形后在空气中冷却，相当于正火，所以比退火的硬度高。但由于温度较高，个别铁素体呈针状沿晶界析出并向晶内延伸，形成魏氏体组织。

魏氏体组织的出现，使钢的冲击韧性显著降低并变脆，粗晶粒的钢特别容易形成魏氏体组织。要消除魏氏体组织和粗大晶粒，必须在淬火前进行正火处理以细化晶粒，改善组织。

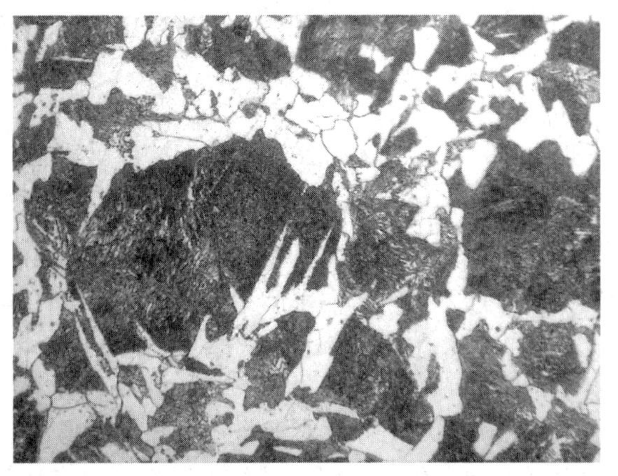

图 4-25　45 钢 ϕ13.2mm 棒材横截面显微组织（400×）

二、切割受热产生的缺陷组织

ϕ13.2mm45 钢供应状态的圆棒料在一般切割机上切割试样后，由于未及时通水冷却，会形成热影响区，图 4-26 所示为其热影响区显微组织全貌。左半部分为原始组织，右半部分为热影响区组织。图 4-27 所示为各区域的放大组织。热影响区的硬度变化范围比较大，为 25～40HRC。

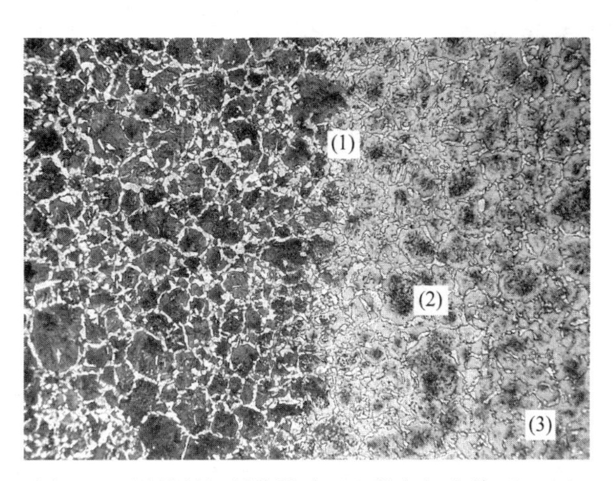

图 4-26　原材料切割热影响区显微组织全貌（100×）

图 4-27a 所示为图 4-26 中（1）区的组织，左半部分是原材料组织，为白色网状铁素体和细片状珠光体。右半部分是切割热影响区组织，为白色多角状铁素体、片状珠光体和灰白色马氏体以及残留奥氏体。右半部分的铁素体特征和左半部分的铁素体形态上不同，界面向内凹陷，较圆钝，不尖锐，这是未溶铁素体特点，其色泽为白色。

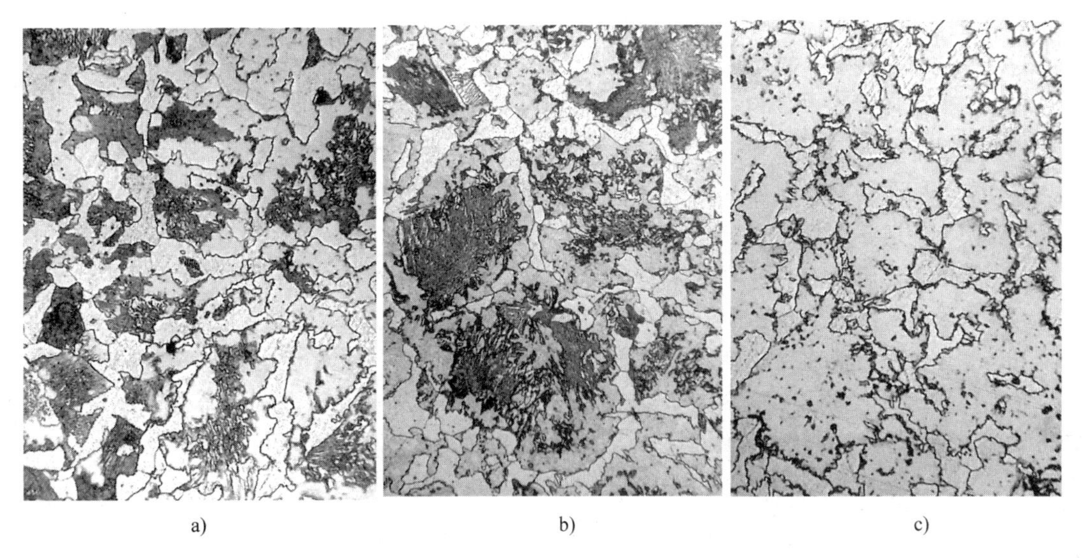

图 4-27　原材料切割热影响区各区域放大组织（400×）

a）（1）区的组织　b）（2）区的组织　c）（3）区的组织

图 4-27b 所示为图 4-26 中（2）区的组织，晶界处为白色未溶铁素体、灰白色马氏体和残留奥氏体以及细片状珠光体。晶粒内深色细片状珠光体是切割冷却过程中新形成的过渡区显微组织。

图 4-27c 所示为图 4-26 中（3）区的组织，和欠热淬火组织相似，晶界处存在白色多角状未溶铁素体和灰白色马氏体及残留奥氏体，铁素体边界比较清晰。

切割试样时，由于采用的切割速度不同，进给量不同，加上未及时冷却，所以在试样表面留下了不同大小的宝石蓝色氧化层。从实际切割表面可以看出，热影响区都出现于切割后期，材料越硬，切割越困难，热影响区也越大。

切割试样时，如果不及时冷却，当切割速度由慢逐渐加快时，试样和砂轮间的摩擦使试样温度很快升到 $Ac_1 \sim Ac_3$，再通水冷却，就形成了类似欠热淬火组织。由于试样表面不同区域的温度不同，所以不同区域的显微组织也有所不同。

【思考题】

1. 结构钢的化学成分有什么特点？按平衡态组织分类属于什么钢？
2. 冷变形钢的加工工艺有哪几种？
3. 冲压钢为什么要进行铁素体晶粒度的检验？
4. GB/T 13299—1991《钢的显微组织评定方法》规定了哪几种组织的金相评定方法、评定原则和组织特征？
5. 带状组织具有什么样的组织特征？其力学性能如何？是否所有带状组织都可以消除？
6. 常用调质钢有哪些？调质钢的力学性能有什么特点？一般用于什么零件？
7. 调质钢经过退火、淬火、高温回火后的显微组织分别是什么？
8. 常用弹簧钢有哪些？弹簧钢的力学性能有什么特点？
9. 60Si2Mn 钢经过退火、淬火、中温回火后的显微组织分别是什么？
10. 铅淬是怎样的处理过程？得到什么组织？其组织的力学性能如何？
11. 铁素体和残留奥氏体该如何区别？
12. 铁素体网和渗碳体网区别的方法有哪些？请分别说明区别方法。
13. 在观察未知材料的显微组织后，是否可以确定材料类别？试举例说明。
14. 常用轴承钢材料化学成分有什么特点？力学性能如何？
15. GCr15 钢各个热处理阶段的组织分别是什么？
16. 脱碳层的检验有哪几种方法？最常用的方法是什么？
17. 总脱碳层和全脱碳层是一样的吗？为什么？
18. 用金相法测脱碳层深度时，脱碳层深度和标尺读数、放大倍数有什么关系？
19. 45 钢淬透性较差，过冷奥氏体稳定性不足，一般采用水淬，如果采用油冷淬火，心部组织经常出现托氏体，铁素体等。试问经过低温回火后，已经存在的这部分缺陷组织会有变化吗？为什么？

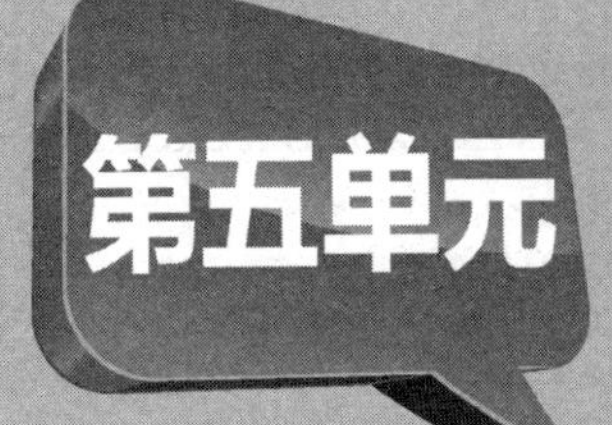

工具钢的金相检验

内容导入

在金属材料的检验中，工具钢的金相检验具有举足轻重的地位，这是由于工具材料成本高，制作工艺复杂。生产中常常通过金相检验来评价工具钢的材料质量和工艺质量，因此分析工具钢不同热加工状态的显微组织，是本章学习的重点内容。

工具钢用来制造刀具、模具和量具。刀具、模具和量具用钢是按照工具钢用途的分类，实际使用时一些钢号并不局限于某一种用途。例如，某些低合金刀具钢除了用于刀具外，也可以用来制造冷作模具或量具。按照成分划分，工具钢可分为碳素工具钢和合金工具钢两大类。高速工具钢因用量大，成分、组织特殊，一般单独归一类。工具钢金相检验常用的浸蚀剂和用途见表 5-1。

表 5-1　工具钢金相检验常用的浸蚀剂和用途（摘自《金属材料金相图谱》）

序号	名　　称	组　　成	用　　途
1	2%～5%硝酸酒精	硝酸　2～5mL 酒精　95～98mL	显示工具钢显微组织
2	10%硝酸酒精	硝酸　10mL 酒精　90mL	高速工具钢淬火组织及晶间组织的显示
3	饱和苦味酸水（酒精）溶液	饱和苦味酸水溶液 （或酒精溶液）	显示钢组织，特别是显示碳化物组织
4	碱性高锰酸钾溶液	高锰酸钾　1～4g 氢氧化钠　1～4g 蒸馏水　100mL	碳化物染成棕色，基体组织不显示
5	饱和苦味酸-海鸥洗涤剂溶液	饱和苦味酸+少量海鸥洗涤剂溶液	新配置适用于显示淬火组织晶界
6	三酸乙醇溶液	饱和苦味酸　20mL 硝酸　10mL 盐酸　20mL 酒精　50mL	显示合金工具钢的淬火与回火组织
7	1+1 盐酸水溶液	盐酸　50% 水　50%	显示 GCr15 钢组织

（续）

序号	名　称	组　成	用　途
8	苦味酸、盐酸水溶液	苦味酸　1g 盐酸　5mL 水　100mL	显示 Cr12MoV 钢组织
9	三氯化铁硝酸溶液	三氯化铁　200g 硝酸　30mL 水　200mL	高速工具钢的淬火组织

模块一　碳素工具钢的金相检验

一、碳素工具钢的成分和性能特点

视频　模具钢

视频　工具钢的金相检验

为了有足够高的硬度和较好的耐磨性，碳素工具钢要求具有较高的含碳量，一般碳的质量分数为 0.7%～1.30%，属于高碳钢的范畴。碳素工具钢的优点是容易锻造和切削加工，而且价格便宜；其缺点是只有碳作为合金元素，钢的热硬性较差，而且因为碳素钢的淬透性差，淬火变形和开裂倾向大，这类钢的使用受到限制，一般只用于制作低速切削的刀具、手工刀具和形状简单的冲模。常用碳素工具钢的热处理规范和用途见表 5-2。碳素工模具行业用得最多的材料是 T10 钢。

表 5-2　常用碳素工具钢的热处理规范和用途（摘自 GB/T 1298—2014）

钢号	统一数字代号	淬火温度/℃	淬火冷却介质	硬度(HRC)	用　途
T8 T8A	T00080 T00083	780～800	水	≥62	受冲击载荷不大，有足够韧性和较高硬度的工具，如剪切刀、扩孔钻、钢印、冲头、木工工具等
T10 T10A	T00100 T00103	760～780	水 油	≥62	不受冲击、有足够硬度和一定韧性的工具，如车刀、刨刀、丝锥、冲模、锉刀、凿岩工具等
T12 T12A	T00120 T00123	760～780	水 油	≥62	不受冲击、切削速度不高、刃口不受热的工具，如车刀、铣刀、铰刀、切烟叶刀、冲孔模等

注：回火温度均在 180～200℃。

二、碳素工具钢的热处理和组织特点

工具钢的热加工过程一般都包括锻造、锻后球化退火、淬火回火处理。

碳素工具钢锻后组织是片状珠光体+网状渗碳体。为消除网状渗碳体，便于机械加工，并为后续淬火处理做组织准备，需进行球化退火，球化退火后的组织为粒状珠光体（图 1-18），允许有少量的片状珠光体。最终热处理淬火+低温回火后的组织为回火马氏体+

残留奥氏体+颗粒状渗碳体（图 1-29c、d）。

三、碳素工具钢的金相检验及缺陷组织类型

碳素工具钢的金相检验是对其进行组织分析，不同热处理阶段的正常组织已经讨论，在此仅对非正常组织形态及产生原因进行说明。

1. 球化退火欠热组织

图 5-1 所示为 T10 钢球化退火欠热组织：球状珠光体+10%（体积分数）左右的片状珠光体。

原因分析：由于球化退火加热温度较低，约在 Ac_1 附近，因此基体组织不发生相变，仅使片状珠光体中的层片状渗碳体发生球化，球状组织具有最小的表面能，层片状组织自由能高而不稳定，在 Ac_1 附近加热必然会使不稳定的组织趋向稳定，从而获得球状珠光体。球化退火的温度偏低，致使一部分细片状珠光体被保留下来，这样的组织比正常组织硬度稍高。

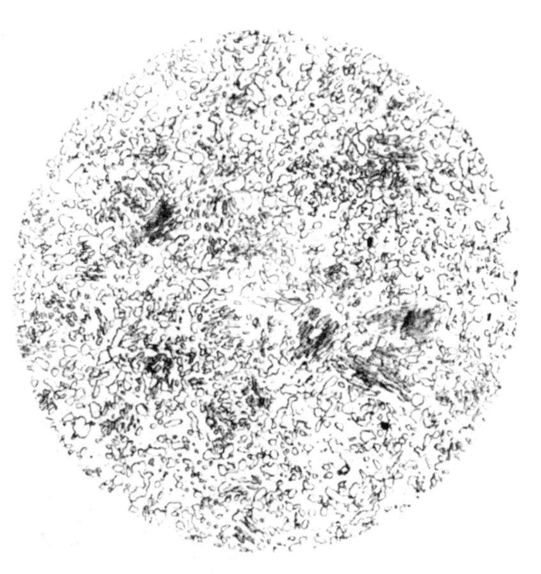

图 5-1 T10 钢球化退火欠热组织（500×）

2. 球化退火过热组织

图 5-2 所示为 T10 钢球化退火过热组织：粗大的片状珠光体+少量球状珠光体嵌杂在粗片状珠光体中。球状珠光体中的渗碳体颗粒也很粗大。

原因分析：球化退火时加热温度过高，使大部分珠光体发生相变，之后又在缓慢冷却过程中进行冷却，导致共析反应析出的珠光体呈粗片状分布，而部分未发生相变的珠光体则发生球化，但是由于温度较高，仅其中少量渗碳体颗粒发生聚集长大，故呈粗粒状。

图 5-3 所示为 T12 钢球化退火严重过热的缺陷组织：铁素体基体+稀疏的粗片状和球状

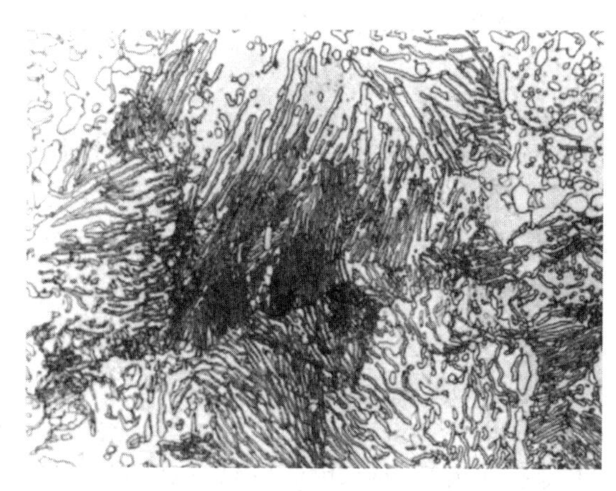

图 5-2 T10 钢球化退火过热组织（500×）

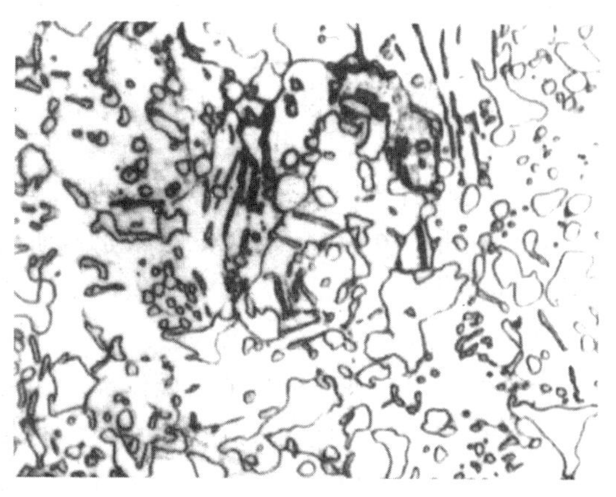

图 5-3 T12 钢球化退火严重过热缺陷组织（500×）

珠光体+大块棱角状分布的渗碳体。

原因分析：由于球化退火温度过高，保温时间过长，致使组织中不但出现粗大片状珠光体，而且使渗碳体长大成棱角状分布。这种组织为球化退火过热的标志。

具有这种组织的工件，若进行正常的淬火处理，则将由于棱角状渗碳体不易溶解而导致奥氏体的含碳量不足，使淬火硬度不高，并使工件脆性增大。

珠光体形态的不同既决定了使用性能，又能反推热处理时的工艺是否正确。金相分析工作者要抓住微观形貌的细微差别，做出合理的判断，俗话说细节决定成败，这里就是最生动的体现。

3. 淬火欠淬透组织

图 5-4 所示为 T12 钢淬火欠淬透组织：淬火马氏体+残留奥氏体+碳化物+沿晶界分布的黑色托氏体。

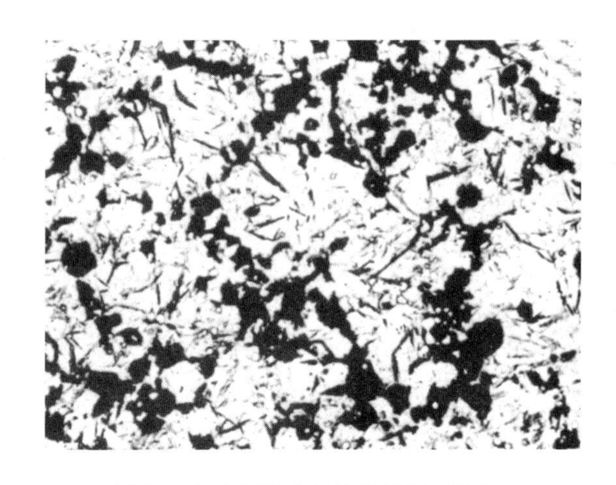

图 5-4 T12 钢淬火欠淬透组织（500×）

原因分析：碳素工具钢淬火时要求冷却速度较大，当冷却速度不够快时，就会在晶界出现托氏体组织。

托氏体组织在淬火工件上是软点，当托氏体数量较多时，会明显降低材料的硬度，这使得工具的耐磨性大大降低，使用寿命缩短。

4. 淬火过热过烧组织

图 5-5 所示为 T12A 钢淬火严重过热组织，其回火后的组织为回火马氏体（黑色针片组织）+残留奥氏体（白色组织），看不到渗碳体颗粒。

原因分析：由于加热温度远高于正常加热淬火温度，奥氏体晶粒显著长大，冷却时孪晶马氏体高速形成，相互撞击后片状组织中出现较多微裂纹，先形成的马氏体片比较粗大，最长的马氏体针片贯穿原奥氏体晶粒，图 5-5 中两片特长针片状孪晶马氏体的中脊线清晰可见，微裂纹多出现在先形成的马氏体部位，后形成的马氏体呈小针片状，在先形成针片的间隙中生长而成。残留奥氏体存在于马氏体的叶片间隙中。

图 5-6 所示为 T10A 钢淬火严重过烧组织，水冷后的组织为粗针状马氏体+残留奥氏体。组织粗大，晶粒呈六角形，晶界已经氧化开裂。此缺陷是由于工件局部接触盐浴炉电极而导致局部过烧。

图 5-5 T12A 钢淬火严重过热组织（1000×）

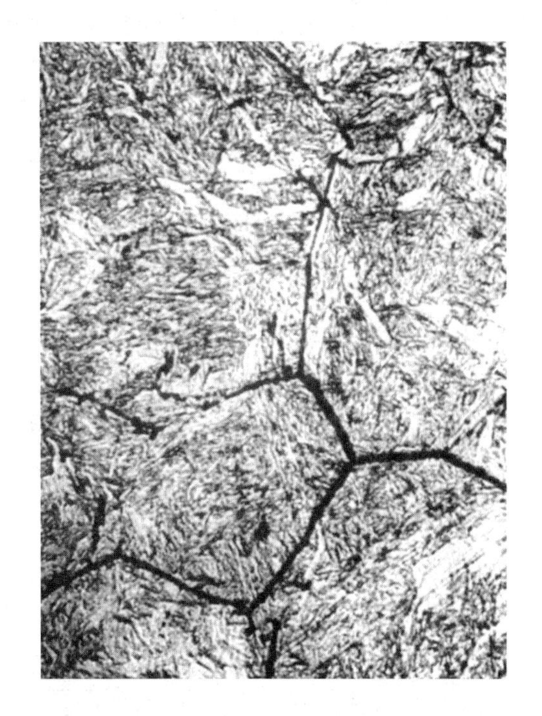

图 5-6 T10A 钢淬火严重过烧组织（500×）

模块二 低合金工具钢的金相检验

一、低合金工具钢的成分和性能特点

音频 工具钢的金相检验

为了弥补碳素工具钢的不足，低合金工具钢加入一些合金元素如锰、硅、铬、钨、钼、钒等。合金元素的加入提高了钢的淬透性，淬火时可用油作淬火冷却介质，或采用其他冷却方式，以减小变形开裂倾向。有数据表明，加入质量分数为1%的铬，可以提高钢的淬透性 2~3 倍。由于合金渗碳体较稳定，所以在淬火加热时阻碍奥氏体晶粒长大。常用低合金工具钢的化学成分见表 5-3。

二、低合金工具钢的热处理

低合金工具钢在淬火前一般都要经过球化退火处理，以得到粒状珠光体组织，降低硬度，改善切削加工性能，均匀组织，为淬火做组织准备。球化退火一般采用等温退火工艺，以 30~40℃/h 的速度冷却至 700℃左右，等温 4h，再炉冷到 600℃出炉。常用低合金工具钢的球化退火工艺见表 5-4。

低合金工具钢的淬火温度一般为 Ac_1+30~50℃。多用油冷进行单液淬火，也可进行熔盐分级淬火或等温淬火，从而大大降低淬火应力，减小工件变形和开裂倾向。淬火后采用低温回火。常用低合金工具钢的热处理工艺及应用见表 5-5。

表 5-3 常用低合金工具钢的化学成分（质量分数,%）

钢号	统一数字代号	C	Si	Mn	Cr	W	供货状态硬度(HBW)
9SiCr	T30100	0.85~0.95	1.20~1.60	0.30~0.60	0.9~1.25	—	197~241
CrWMn	T20111	0.90~1.05	≤0.40	0.80~1.10	0.90~1.20	1.20~1.60	207~255
Cr06	T30060	1.30~1.45	≤0.40	≤0.40	0.50~0.70	—	187~241
Cr2	T30201	0.95~1.10	≤0.40	≤0.40	1.30~1.65	—	179~229
W	T30001	1.05~1.25	≤0.40	≤0.40	0.10~0.30	0.80~1.20	187~229

表 5-4 常用低合金工具钢的球化退火工艺

钢号	加热温度/℃	等温温度/℃	钢号	加热温度/℃	等温温度/℃
9SiCr	790~810	700~720	Cr2	770~790	680~700
CrWMn	770~790	680~700	W	780~800	650~680
Cr06	760~790	620~660	—	—	—

表 5-5 常用低合金工具钢的热处理工艺及应用

钢号	淬火				回火		用途
	加热温度/℃		硬度(HRC)		温度/℃	硬度(HRC)	
	油冷	熔盐中冷却	油冷	熔盐中冷却			
9SiCr	865~875	870~880	63~64	62~64	160~180	61~63	宜用于形状复杂、变形要求小的薄刃工具，如搓丝板、铰刀，也可用于冲模
CrWMn	820~840	830~850	63~65	61~63	170~200	60~62	用于耐磨性较高、变形较小的工具，如长丝锥、拉刀，也可用于量规、精密丝杠、复杂高精度冲模
Cr2	830~850	830~860	62~65	61~63	150~170	60~62	用于低速切削工具，也可用于冲模
W	800~820（水冷）	—	62~64（水冷）	—	150~180	59~61	丝锥、铰刀和特殊切削工具

三、典型低合金工具钢的组织特点

1. 9SiCr 钢

由于 Si、Cr 的加入提高了钢的淬透性，所以直径小于 40mm 的工件都能淬透。油淬后硬度可达 62~64HRC，残留奥氏体体积分数为 6%~8%。钢的耐回火性较好，经过 250℃ 回火，硬度仍然高于 60HRC，碳化物细小、分布均匀，使用时不易崩刃。通过分级或等温处理，钢的变形比较小。但是该钢种由于 Si 的存在，脱碳倾向较大，切削加工性相对较差。

9SiCr 钢常采用等温淬火工艺，等温淬火是提高模具韧性的有效方法，模具的使用寿命可提高 2~3 倍。图 5-7 所示为 9SiCr 钢等温淬火后的组织，热处理工艺为 870℃ 加热后 250℃ 等温 40min 后空冷，组织为下贝氏体（体积分数约为 30%）+马氏体+残留奥氏体+碳化物，硬度为 57~59HRC。

2. CrWMn 钢

由于 Cr、W、Mn 的三元复合作用，CrWMn 钢有较高的淬透性，油淬临界直径可达 50~70mm。淬火后钢中的残留奥氏体体积分数为 18%~20%，淬火后变形小。由于含碳量高，因此能保证形成比较多的碳化物，并且 Cr、W 的碳化物比较稳定，也使淬火加热时的奥氏体晶粒细小，所以该钢种具有高硬度、高的耐磨性。CrWMn 钢的耐回火性与 9SiCr 钢相似，高于 250℃ 回火后的硬度低于 60HRC。由于 W 的作用，钢中碳化物比较多且容易形成网状。Mn 元素有使钢临界点下降的作用，加入质量分数为 1% 的 Mn 时，可使淬火加热温度下降 10~15℃，并能使 *Ms* 点急剧下降。这样，在淬火后会使残留奥氏体的数量增多，抵消淬火时因马氏体生成而产生的体积膨胀，减小淬火后的总变形量，有利于制造变形要求严格的模具和刀具。图 5-8 所示为 CrWMn 钢 840℃ 加热后油冷淬火+280℃ 回火的组织。组织为回火马氏体基体+残留奥氏体+颗粒状碳化物，硬度为 59~60HRC。

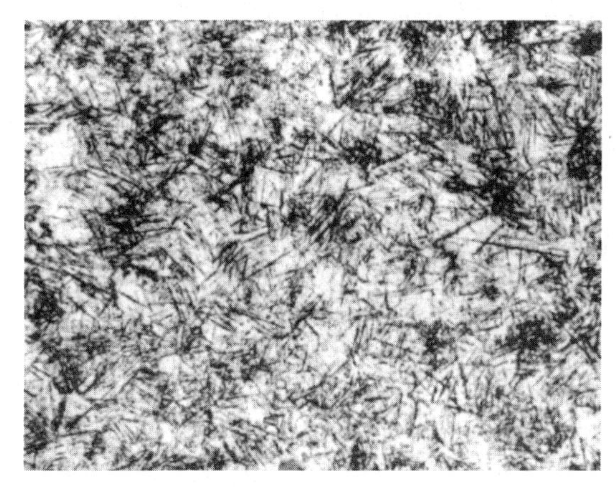

图 5-7 9SiCr 钢等温淬火后的组织（500×）

图 5-8 CrWMn 钢淬火+回火组织（600×）

四、低合金工具钢的金相检验项目

低合金工具钢的检验可按照 GB/T 1299—2014《工模具钢》的要求进行。检验金相组织中是否有非正常的组织出现，常见的非正常组织有表面脱碳、过热组织、非金属夹杂物、网状碳化物等，缺陷类型基本与碳素工具钢相同。下面就网状碳化物举例分析讨论。

图 5-9 所示为 9SiCr 钢淬火+回火组织。热处理工艺为 850℃ 加热保温后油冷淬火+180℃ 回火等温 1h，组织为细针状回火马氏体的黑色基体+白色断续网状二次碳化物。网状碳化物按 GB/T 1299—2014 中第二级别图评定为 3 级。

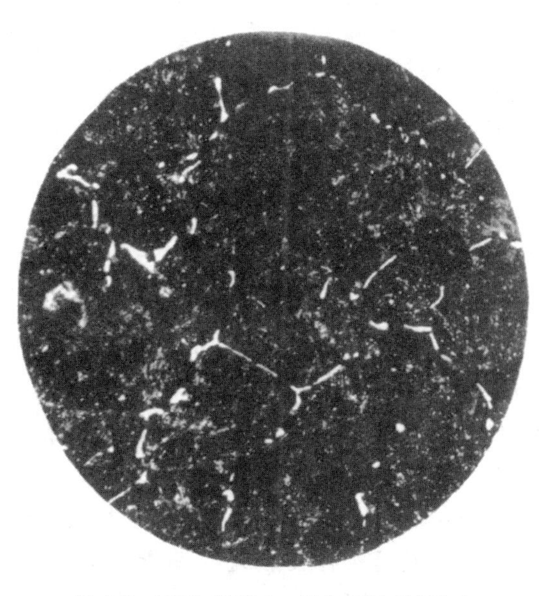

图 5-9 9SiCr 钢淬火+回火组织（500×）

图 5-9 中的二次碳化物呈粗大的断续

网状分布，使滚丝模的脆性增大，在滚丝时产生碎裂。粗大网状碳化物在磨削加工时易产生磨削裂纹，因此这种组织属于缺陷组织。

缺陷分析：网状碳化物的产生，大多是由于终锻温度过高、冷却又较缓慢，使二次碳化物沿奥氏体晶界析出所致。另外，退火温度过高，也将产生网状碳化物。这种网状碳化物，在正常淬火温度下加热是无法消除的，因此在淬火后仍将存在于基体中。

为了防止网状碳化物的产生，可采用稍低的终锻温度和正常的退火工艺。如钢中已存在网状碳化物，则可采用高温正火处理予以消除。

模块三 冷作模具钢的金相检验

主要用来制造各种模具的钢称为模具钢。用于冷态金属成形的模具钢称为冷作模具钢，如制造冲模、冷挤压模、冷拉模的钢种，其工作温度一般不超过200~300℃。

一、冷作模具钢的成分和性能特点

冷作模具在使用时要承受很大的载荷，如剪切力、压力、弯矩等，而且这些载荷大多带有冲击力，模具与坯料间会发生强烈的摩擦，因此冷作模具钢要求高硬度和高的耐磨性，足够的强度、韧性和疲劳强度。冷作模具钢要求具有良好的热处理性能，如高的淬透性、变形量小等。

冷作模具钢要求的含碳量高，一般碳的质量分数为0.8%~2.3%，以保证淬火后硬度在60HRC左右。另外，要求加入较多的能形成难溶碳化物、提高耐磨性的元素，如Cr、Mo、W、V等，尤其是Cr元素。常用冷作模具钢的化学成分见表5-6。其中最常用的冷作模具钢材料是Cr12钢，Cr5Mo1V钢是一种值得推广的空冷淬硬冷作模具钢，是国际上通用的钢种，与美国A2钢相当。

表5-6 常用冷作模具钢的化学成分（摘自GB/T 1299—2014）

钢号	统一数字代号	化学成分(质量分数，%)						供货状态硬度(HBW)
		C	Si	Mn	Cr	Mo	V	
Cr12	T21200	2.00~2.30	≤0.40	≤0.40	11.50~13.00	—	—	217~269
Cr12MoV	T21201	1.45~1.70	≤0.40	≤0.35	11.00~12.50	0.40~0.60	0.15~0.30	207~255
Cr5Mo1V	T20501	0.95~1.05	≤0.50	≤1.00	4.75~5.50	0.90~1.40	0.15~0.30	202~229

二、冷作模具钢的热处理和组织特点

Cr12钢属于亚共晶莱氏体钢。在退火态含有体积分数为16%~20%的（Cr，Fe）$_7$C$_3$碳化物，其中也可能会溶入少量的Mo和V。随着钢中含碳量的提高，共晶碳化物增多，碳化物不均匀性也加大。钢中的碳化物在高温淬火加热时，大量溶入奥氏体，提高了钢的淬透性，并提高了钢的耐回火性。

Cr12MoV钢比Cr12钢含碳量低，加入Mo和V可以减少并细化共晶碳化物，细化晶粒，改善韧性，但仍然存在碳化物偏析现象。Cr12MoV钢具有高的淬透性，截面积在200~300mm^{2}以下可以完全淬透，它主要用于制造大尺寸、形状复杂、承受载荷较大的模具。

Cr12 钢的组织和性能与高速工具钢有许多相似之处，铸态组织有网状的共晶碳化物存在，必须经过轧制或锻造处理来破坏共晶碳化物，减少碳化物的不均匀分布。Cr12 钢锻造破碎后的共晶块状碳化物有独特的形态特征，呈长方形或条块状。

锻造后的 Cr12 钢硬度较高，难以进行切削加工，所以需要球化退火。退火加热温度为 850~870℃，保温后炉冷至 720~750℃保温，再炉冷至 500℃以下出炉空冷。退火后的硬度将从锻态的 477~653HBW 下降到 207~267HBW。退火组织为索氏体型珠光体+块状碳化物。Cr12 钢常采用的淬火、回火工艺有两种，一次硬化法和二次硬化法。表 5-7 为 Cr12 钢热处理强化工艺比较。

表 5-7 Cr12 钢热处理强化工艺比较

钢号	一次硬化法			二次硬化法		
	淬火温度/℃	回火温度/℃	硬度(HRC)	淬火温度/℃	回火温度/℃	硬度(HRC)
Cr12	980	170	61~63	1100	510~520	60~62
Cr12MoV	980~1030	150~170		1050~1100	490~520	

一次硬化法是采用较低的温度淬火和回火，是 Cr12 钢常规采用的热处理工艺，淬火温度低，晶粒细小，残留奥氏体量少，强韧性好。适用于变形小、耐磨性高的模具。图 5-10 所示为 Cr12 钢 980℃淬火后的组织。组织为白色隐针状淬火马氏体+残留奥氏体+碳化物。图中残留奥氏体和马氏体很难区别，奥氏体晶界很明显。图 5-11 所示为 Cr12 钢淬火+回火后的组织，组织为回火马氏体基体+少量残留奥氏体+白色块状、粒状碳化物，碳化物呈条带状分布。碳化物不均匀性的评定按照 GB/T 1299—2014 标准第三级别图，评定为 1 级。1 级碳化物不均匀性属于优良的级别。

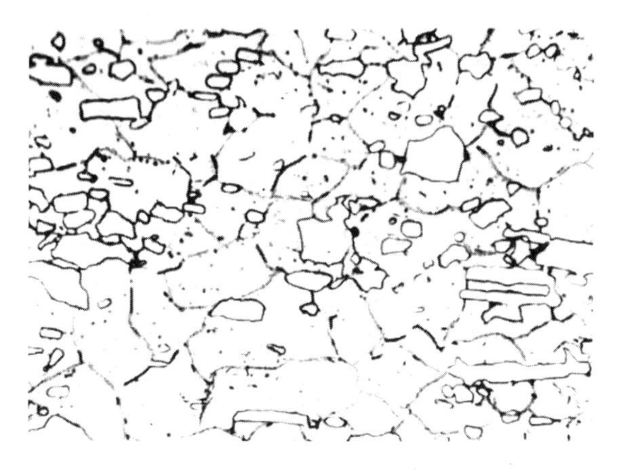

图 5-10 Cr12 钢 980℃淬火后的组织（500×）

二次硬化法是采用较高温度淬火，进行多次高温回火。较高的温度保温后油淬，组织中残留奥氏体很多，硬度较低，图 5-12 所示为 Cr12MoV 钢的硬度、残留奥氏体量与淬火温度的关系。要消除这些残留奥氏体，必须采用 490~520℃多次回火，回火次数通常 3~4 次，残留奥氏体转变为马氏体，合金元素从马氏体中析出，产生二次硬化现象，硬度回升到 60~62HRC。为了减少回火次数，对于尺寸不大、形状简单的模具，可进行冷处理（-78℃）。注

图 5-11 Cr12 钢淬火+回火后的组织（100×）

意，高碳高铬模具钢在室温停留 30~50min 以后，残留奥氏体迅速稳定化，因此冷处理应该在淬火后立即进行。随后再进行 490~520℃ 回火处理。二次硬化法适用于要求有较高热硬性的模具，如在 400~450℃ 条件下工作或需要进行渗氮的模具。

淬火+回火后的组织为回火马氏体+残留奥氏体+共晶碳化物+二次碳化物。

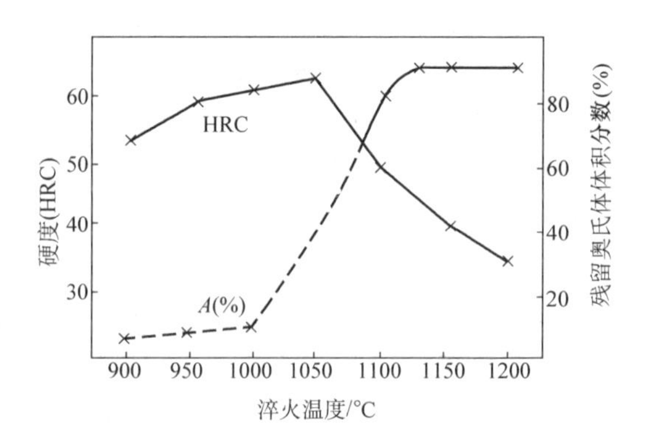

图 5-12 Cr12MoV 钢的硬度、残留奥氏体量与淬火温度的关系

三、Cr12 钢的金相检验项目

Cr12 钢的金相组织检验，需要根据不同热处理状态检验不同的项目。

（1）热轧、锻造状态 应检验共晶碳化物不均匀度。检验依照 GB/T 14979—1994《钢的共晶碳化物不均匀度评定法》进行。

（2）球化退火状态 需检验球状珠光体的碳化物颗粒大小及分布情况，另外观察是否存在未球化的片状珠光体组织。

（3）淬火状态 检验马氏体针级别，晶粒度的大小。

（4）回火态 检验回火是否充分。回火充分的组织可以释放淬火应力，减小开裂的倾向，回火状态的组织不应看到晶界。

四、Cr12 钢的缺陷组织实例

【例 5-1】 图 5-13 所示为 Cr12 钢经锻造退火处理后，再经 560℃ 预热、940℃ 加热油淬后的组织。锻造时未能改善的严重的网状碳化物，按照标准评定为 6~7 级，促使晶界处脆性增大，故在淬火应力作用下，易在晶界处开裂，图中显示裂纹沿共晶碳化物延伸的情况。类似的碳化物是原材料中的共晶碳化物未被完全破碎，呈聚集分布或呈变形的断续网状分布。显著不均匀的碳化物在后续热处理时，易造成材料脆性增大，极可能出现淬裂，断裂面

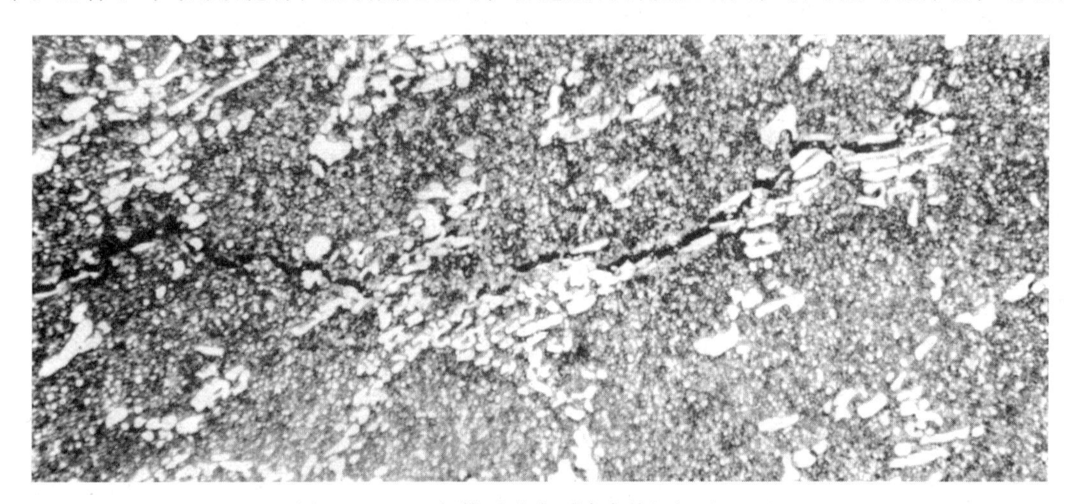

图 5-13 Cr12 钢锻后退火再淬火的组织（500×）

一般沿碳化物的边界发展。

【例 5-2】 图 5-14 所示为 Cr12MoV 钢的未淬透组织，材料在真空炉中加热到 1000℃后，在炉内喷氩气冷却，经炉内余热回火。取样位置在未直对氩气喷头的工件外侧面，冷却不够充分，淬火后在马氏体基体上有较多黑色块状托氏体组织，硬度为 52～54HRC。

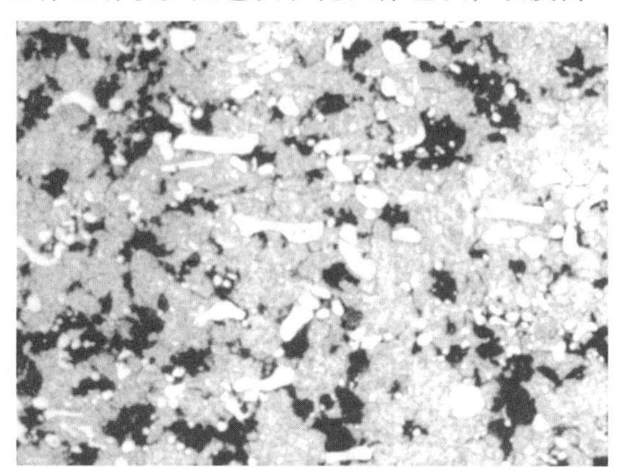

图 5-14 Cr12MoV 钢的未淬透组织（500×）

模块四 热作模具钢的金相检验

用于热态金属成形的模具钢称为热作模具钢，如制造热锻模、热挤压模、压铸模的钢种，这类材料制作的热作模具工作时型腔表面的温度可达 600℃以上。

一、热作模具钢的成分和性能特点

由于长期在反复的急冷急热条件下服役，要求热作模具钢材料能够稳定地保持各种力学性能，特别是热强性、热疲劳性、韧性，并要求良好的导热性。根据使用特点，热作模具又分为热锻模、压铸模和热挤压模。常用的热锻模材料有 5CrMnMo 钢和 5CrNiMo 钢。碳含量低可以保证热锻模材料具有足够的韧性，合金元素的作用是强化铁素体和提高淬透性，这类材料要求能够承受冲击载荷，具有高的韧性。一般中小型模具用 5CrMnMo 钢，大型锻模则用淬透性和热硬性较好的 5CrNiMo 钢制造。常用的压铸模和热挤压模材料有 3Cr2W8V 钢和 4CrW2Si 钢，这类材料要求高的热硬性。3Cr2W8V 钢由于含碳量低，因此有一定的韧性和良好的导热性。表 5-8 是常用热作模具钢的化学成分。

表 5-8 常用热作模具钢的化学成分（质量分数，%）

钢号	统一数字代号	C	Si	Mn	Cr	W	Mo	其他元素
5CrMnMo	T20102	0.50～0.60	0.25～0.60	1.26～1.60	0.60～0.90	—	0.15～0.30	—
5CrNiMo	T20103	0.50～0.60	≤0.40	0.50～0.60	0.50～0.80	—	0.15～0.30	Ni 1.40～1.60
3Cr2W8V	T20280	0.30～0.40	≤0.40	≤0.40	2.20～2.70	7.50～9.00	—	V 0.20～0.50

二、热作模具钢的热处理和组织特点

1. 5CrMnMo 钢和 5CrNiMo 钢

5CrMnMo 钢和 5CrNiMo 钢属于亚共析钢。钢坯经锻造后空冷，由于冷却速度较大，使先共析铁素体从奥氏体中析出受到了控制，所以在连续冷却过程中产生伪共析，从而获得全部珠光体组织，增大了锻件的硬度，因此锻件必须经过软化退火处理，一方面消除锻造应力，降低材料硬度，以利于进行切削加工；另一方面可以细化晶粒和改善组织，以适应最终热处理的要求。

5CrNiMo钢的退火工艺：780~800℃或810~830℃保温4~6h，以小于40℃/h的速度炉冷至500℃以下出炉空冷。退火状态的硬度为197~241HBW。图5-15所示为5CrNiMo钢810℃退火后的组织，为片状珠光体+白色块状铁素体。

5CrNiMo钢淬火温度一般为830~860℃，淬后要求500~600℃高温回火，具有较高的硬度（40~48HRC）。5CrMnMo钢淬火温度为820~850℃，其性能与5CrNiMo钢相近，韧性稍低，淬透性和热疲劳性也稍差。热处理后5CrMnMo钢的冲击韧度较低，只适合于制作中小型热锻模。5CrNiMo钢有很高的淬透性，其 Ms 点为210℃，因此淬火冷却介质可采用油或低温硝盐。为了减小淬火应力和变形，工件加热后预冷到750~780℃后再淬火，淬入油后在150~200℃时出油，以防止模具内存在大的内应力而引起开裂，出油后必须立即回火，绝不应冷到室温再回火，以防止开裂。图5-16所示为5CrNiMo钢860℃加热保温后油淬的组织：混合马氏体及极少量的残留奥氏体，硬度为53~55HRC。

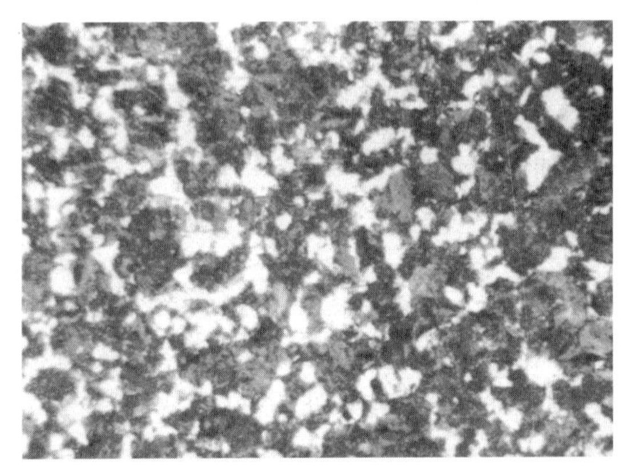

图5-15 5CrNiMo钢810℃退火后的组织（100×）

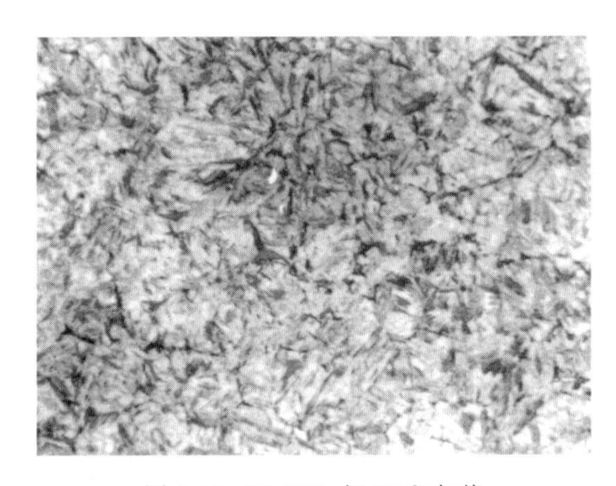

图5-16 5CrNiMo钢860℃加热保温后油淬的组织（500×）

根据制作模具的大小和使用要求选用合适的回火温度。5CrNiMo钢、5CrMnMo钢制热锻模工作面要求有较高的硬度，以满足耐磨性的要求，同时要求有较高的强度和一定的韧性。而锻模的燕尾部分直接与锻锤的锤杆相连接，除了要求一定的强度外，还希望有较好的韧性，以避免在工作时因韧性不足而造成脆性断裂。因此热锻模回火时，燕尾部分的回火温度应比锻模工作面高。通常采用的办法是：回火时将锻模燕尾部分置于盐浴炉中加热，温度在520~580℃，而锻模工作面则暴露在空气中，锻模工作面的颜色呈现蓝色（其温度在400℃左右），这样保温一定时间后，将模具置于油中冷至100℃时出油空冷，再在190~200℃补充回火一次，以消除一次回火时产生的内应力。这样回火处理后的组织是：锻模燕尾获得回火索氏体，而锻模工作面可得到回火托氏体组织。

2. 3Cr2W8V钢

3Cr2W8V钢属于钨系热作模具钢，具有高的热稳定性，Cr提高钢的淬透性，并使模具有较好的抗氧化性。W 提高热稳定性和耐磨性。3Cr2W8V 钢中大量合金元素的加入，使共析点大大左移，因此含 C 量虽低，但已属于过共析钢。较低的含 C 量，可保证钢的韧性和塑性。

3Cr2W8V 钢常采用 1050～1150℃ 加热油淬或硝盐分级淬火，再经过高温回火，得到回火马氏体+未溶解的颗粒状碳化物。3Cr2W8V 钢的 Ac_1 为 820～830℃，Ac_3 为 1100℃，在较高温度淬火后，马氏体中固溶足够的碳化物和合金元素，使回火时析出高度弥散的高硬度的 W 和 V 的碳化物，导致钢在回火时产生二次硬化现象。为了使回火充分，大型模具材料经常采用两次回火。

三、热作模具钢的金相检验及缺陷组织实例

热作模具钢的金相检验按照 GB/T 1299—2014《工模具钢》、JB/T 8420—2008《热作模具钢显微组织评级》和 GB/T 14979—1994《钢的共晶碳化物不均度评定法》的要求进行。不同热处理状态的正常组织前面已经讨论，下面以典型热作模具钢易出现的缺陷组织为例分析讨论。

【例 5-3】 图 5-17 所示为 5CrMnMo 钢 900℃ 加热保温后退火的组织，组织为呈带状分布的针状索氏体+白色块状铁素体+黑色块状的片状珠光体，硬度为 270HBW。

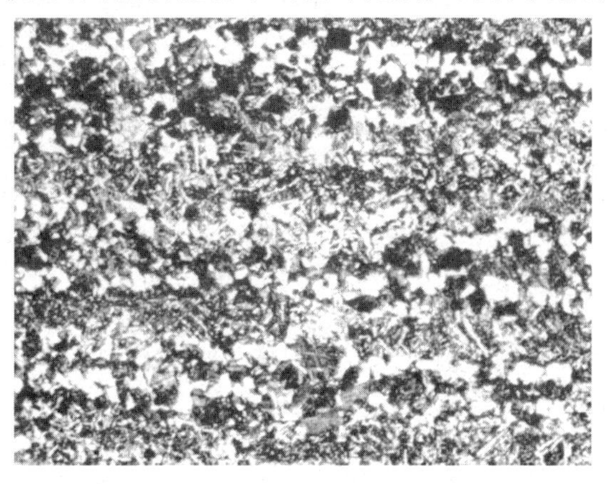

图 5-17　5CrMnMo 钢 900℃ 加热保温后退火的组织（100×）

5CrMnMo 钢凝固时易产生树枝状偏析，锻造时将沿着变形方向成为带状组织。由于合金元素在高温时扩散较慢，因此经一般退火后，仍将保持带状偏析，出现条带分布的显微组织，这将使钢的力学性能具有方向性，导致锻件组织和力学性能出现不均匀，严重影响了锻模使用寿命。为了改善这种缺陷组织，可将钢坯进行充分的锻造，一般交替拔长和镦粗至少 2～3 次，再进行退火处理，可使锻坯得到均匀的显微组织和力学性能。

【例 5-4】 3Cr2W8V 钢属于过共析钢，由于高合金含量的作用和成分的偏析，组织中有时会出现共晶碳化物，特别是会在大型模具中存在。若共晶碳化物能够破碎，均匀分布，则危害不大；若共晶碳化物偏聚，或形成共晶莱氏体，则会造成模具脆裂。所以，控制共晶碳化物的分布是 3Cr2W8V 钢必要的质量要求之一。图 5-18 所示为 3Cr2W8V 钢退火后的组织（点状珠光体+白色碳化物+共晶莱氏体），碳化物

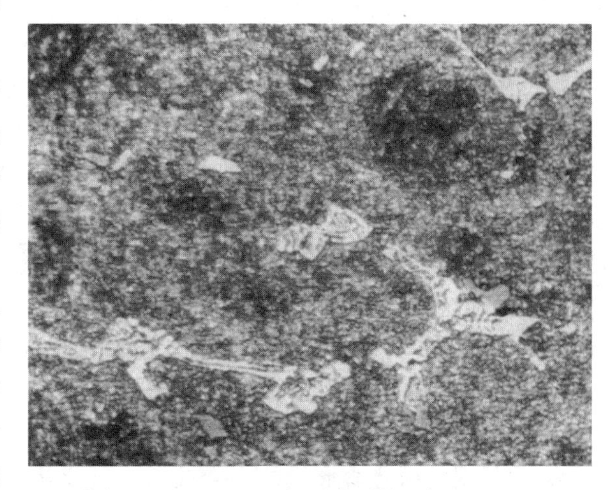

图 5-18　3Cr2W8V 钢退火后的组织（500×）

呈颗粒状、条状、块状，共晶莱氏体呈鱼骨状分布。

【例 5-5】 图 5-19 所示为 3Cr2W8V 钢淬火+回火组织，经苦味酸、硝酸酒精溶液浸蚀，组织为针状马氏体+贝氏体+少量残留奥氏体+少量颗粒状碳化物，组织分布不均匀。根据 JB/T 8420—2008《热作模具钢显微组织评级》评定，马氏体针长为 4~5 级。组织中的显著不均匀现象与原始组织的不均匀有关，组织粗大是淬火温度偏高造成的。

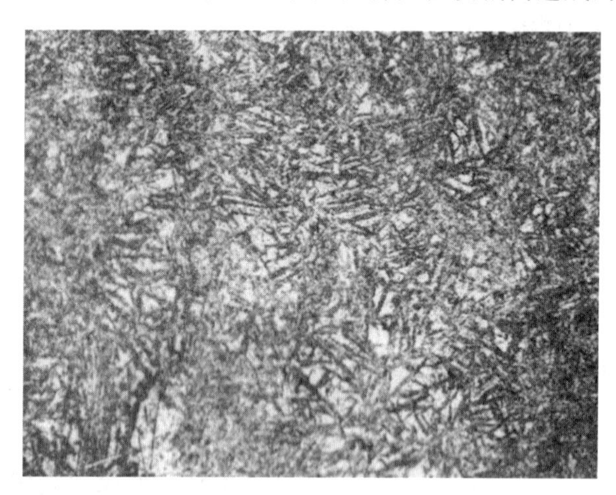

图 5-19 3Cr2W8V 钢淬火+回火组织（500×）

模块五 高速工具钢的金相检验

高速工具钢以应用于高速切削的刀具而闻名，热硬性较好，能够在 600℃以下保持高的硬度和耐磨性。近几十年来，高速工具钢的应用范围已不断扩大，目前除了用于高速切削的刀具外，还可制作冷作模具、高温下服役的热冲压冲头、挤压模具和热锻模等。

一、高速工具钢的分类及其特点

高速工具钢按照化学成分和性能特点可分为以下几类。

视频 工具钢金相检验典型案例_1

1. 钨系高速工具钢

钨系高速工具钢的典型牌号为 W18Cr4V（简称 18-4-1），是最早使用并应用较广的钢种。其优点是含 W 量高，W 是提高高速工具钢热硬性的主要元素，也是强烈促使多种碳化物形成的合金元素。高速工具钢淬火加热时，碳化物不易溶解，对晶粒长大有抑制作用，虽然淬火温度很高，但钢中仍能保持细小晶粒，即该钢种淬火加热温度范围较宽，不易过热。回火时析出 W 的碳化物，弥散分布在马氏体基体上，产生二次硬化现象。W18Cr4V 钢的缺点是铸态下共晶碳化物不均匀性严重，热塑性差。另外，合金元素含量高，材料成本高，不够经济。

2. 钨钼系高速工具钢

W6Mo5Cr4V2（简称 6-5-4-2）钢、W6Mo5Cr4V3 钢等是应用最为普遍的钨钼系高速工具钢。Mo 也是促使碳化物形成的合金元素，所起作用与 W 相似，约 1%（质量分数）的 Mo 可替代 2%（质量分数）的 W，Mo 的碳化物也能产生二次硬化现象。在铸态下，

W6Mo5Cr4V2 钢的共晶碳化物比 W18Cr4V 钢的要细小，经锻造后的碳化物不均匀度较好，因此淬火+回火后钨钼系高速工具钢的强度较钨系的要高，抗冲击能力较强，材料价格相对较低。但是钨钼系的缺点是 Mo 的主要碳化物熔点较 W 的主要碳化物的熔点低，所以淬火时晶粒易于长大，过热敏感性高，淬火加热温度范围较窄。

3. 一般含钴高速工具钢

W12Cr4V5Co5 钢、W6Mo5Cr4V2Co5 钢等是较典型的含钴高速工具钢。这类高速工具钢热硬性好，但由于 Co 资源短缺，材料价格昂贵，故较少适用。

4. 超硬高速工具钢

超硬高速工具钢的典型牌号为 W6Mo5Cr4V2Al，具有高硬度（65~70HRC）、高热硬性（600℃，54~55HRC）的特点，一般认为达到了超硬型钴高速工具钢的水平，而成本是钴高速工具钢的 1/4~1/2。

生产上习惯把钨系和钨钼系高速工具钢称为通用型高速工具钢，而把其他类型称为特殊用途高速工具钢或高性能高速工具钢。常用高速工具钢的化学成分见表 5-9。

表 5-9　常用高速工具钢的化学成分（质量分数，%）

钢号	统一数字代号	C	Si	Mn	Cr	Mo	W	V
W18Cr4V	T51841	0. 70~0. 90	0. 20~0. 40	0. 10~0. 40	3. 80~4. 40	≤0. 30	17. 50~19. 00	1. 00~1. 40
W6Mo5Cr4V2	T66541	0. 80~0. 90	0. 20~0. 45	0. 15~0. 40	3. 80~4. 40	4. 50~5. 50	5. 50~6. 75	1. 75~2. 20

二、高速工具钢不同热加工状态的组织

1. 铸造状态

高速工具钢属于莱氏体钢。铸锭在凝固时，由于冷却速度大于平衡冷却速度，合金元素来不及扩散，其铸态组织为鱼骨状的莱氏体+黑色组织+白色组织，如图 5-20 所示。所谓的黑色组织是奥氏体共析转变成的托氏体，白色组织是隐针马氏体+残留奥氏体。共晶莱氏体的粗细直接影响碳化物的不均匀程度，莱氏体粗大，则锻、轧后得到较严重的碳化物不均匀度。铸造时应尽量加快冷却速度，从而得到细小的共晶莱氏体，因此，高速工具钢铸锭比其他钢种的铸锭小得多，为长方体，称为扁锭。图 5-20 所示为取自铸件边缘部位的铸态组织，得到的是细小共晶体，材料性能较好。相反，粗大的共晶莱氏体会导致严重的碳化物不均匀性，使材料的力学性能下降。

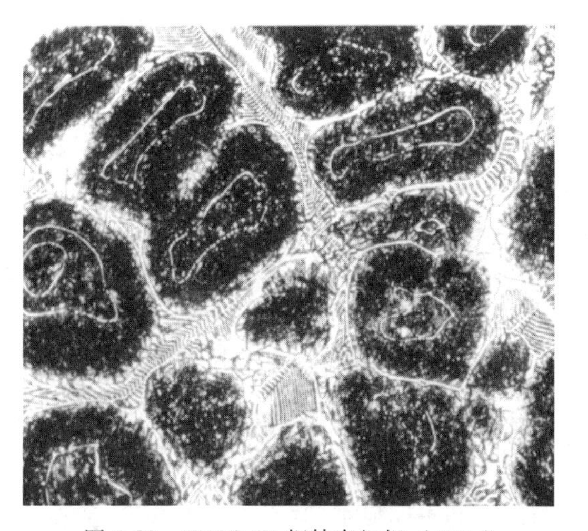

图 5-20　W18Cr4V 钢铸态组织（500×）

2. 锻造状态

锻造使高速工具钢钢锭在铸态下的鱼骨状共晶莱氏体受外力作用而破碎，锻造变形量越大，破碎的碳化物均匀性越好。尺寸大的材料，由于变形量小，所以金相组织中存在较严重

的碳化物不均匀度，这样就不能满足刀具生产对材料性能的要求。一般精密大型刀具要求反复镦粗、拔长，锻造比为7~11。锻造后的组织依照JB 4290—2011《高速工具钢锻件 技术条件》的要求进行金相检验。

3. 退火状态

W18Cr4V钢的锻后退火组织为索氏体+碳化物，如图5-21所示。改锻后的高速工具钢锻件，应进行充分退火，如果退火不充分，则制成的刀具在热处理时易出现晶粒不均匀，严重者会产生萘状断口，退火的质量在金相组织上不易判断，一般以退火硬度为检验依据，退火硬度应在207~255HBW。

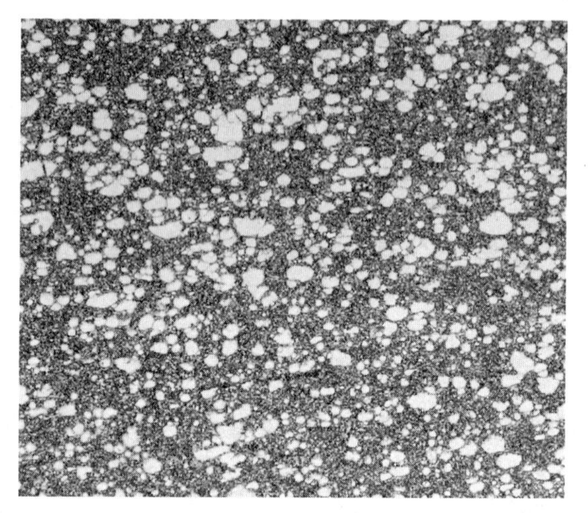

图5-21 W18Cr4V钢锻后退火组织（500×）

4. 淬火状态

高速工具钢中含有大量的难溶合金碳化物，为了在淬火后得到高硬度的马氏体和回火后得到高的热硬性，必须使合金元素充分溶解在奥氏体中，因此高速工具钢淬火加热温度很高，W18Cr4V钢为1270~1285℃，W6Mo5Cr4V2钢为1210~1230℃。又由于合金元素含量高，高速工具钢的导热性差，加热太快易引起开裂，所以淬火时应进行二次预热。W18Cr4V钢的淬火、回火工艺如图5-22所示。

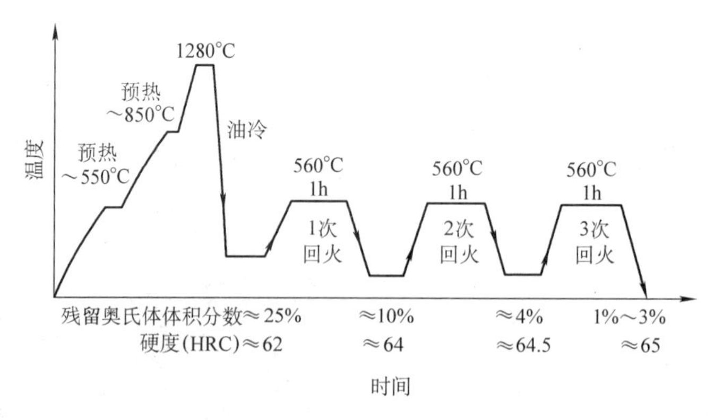

图5-22 W18Cr4V钢的淬火、回火工艺

淬火组织由合金程度较高的隐针马氏体+大量的残留奥氏体+碳化物组成，如图5-23所示。淬火组织经8%~10%的硝酸酒精浸蚀，主要是把未溶碳化物和奥氏体晶界显露出来，而马氏体却不能显示。

5. 回火状态

为了使高速工具钢在热处理后获得高硬度及优异的热硬性，需在淬火后及时进行多次高温回火。在回火过程中，同时进行着两种组织结构的变化。一方面由于温度较高，合金元素的原子已有显著的扩散，从马氏体中析出合金碳化物，这些碳化物呈高度弥散分布，使高速工具钢出现二次硬化现象。另一方面，在高温回火时，残留奥氏体中也会析出大量细小的合金碳化物，从而降低了残留奥氏体中的合金含量，使残留奥氏体的稳定性降低，转变为马氏体（常称之为二次马氏体，以区别于由过冷奥氏体转变成的马氏体），这种现象称为二次淬火。

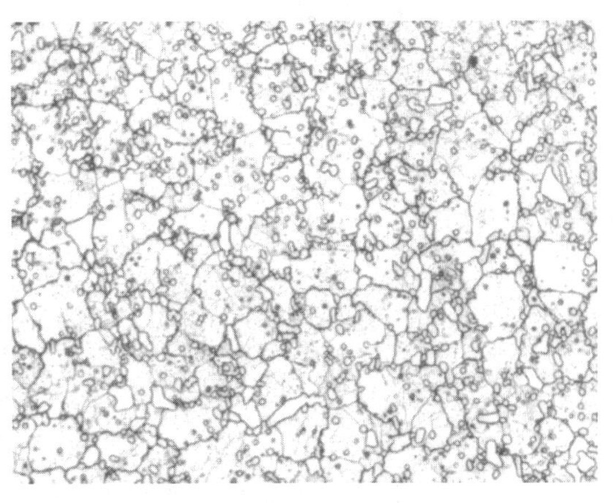

图 5-23 W18Cr4V 钢的淬火组织（500×）

高速工具钢之所以要进行多次高温回火，不仅是为了更好地消除残留奥氏体，同时因为第一次回火时只能对淬火马氏体起到回火作用，而在回火冷却过程中形成的二次马氏体及相关的内应力则尚未消除，因此，只有在第二次回火时才能使二次马氏体得到回火，并消除内应力和减小脆性。经三次 560℃ 回火后，高速工具钢的硬度不降低，反而升高。

回火后的组织是回火马氏体+少量残留奥氏体+碳化物，如图 5-24 所示。和淬火状态相比，回火后的基体组织呈黑色。因为高速工具钢在回火马氏体基体上分布着大量高度弥散的碳化物质点，这些碳化物十分稳定，在高温下不易聚集长大，故赋予高速工具钢以优异的热硬性。这些碳化物质点又十分细小，在一般光学显微镜下难以辨别。又因高度弥散，易被浸蚀，故基体呈黑色。

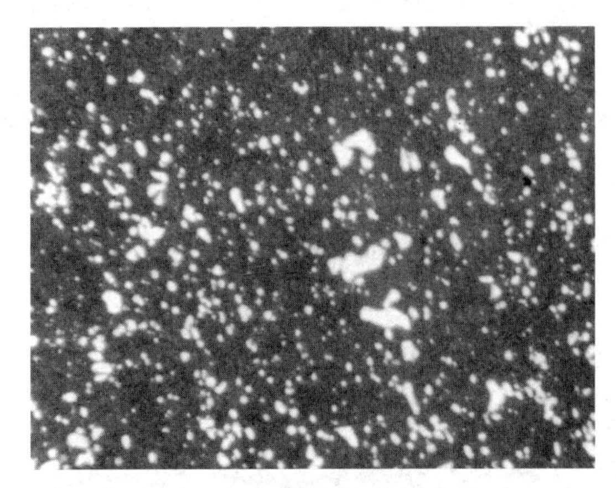

图 5-24 W18Cr4V 钢的淬火、回火组织（500×）

导入案例

【案例 5-1】 一种高速工具钢刀具，材料为 W6Mo5Cr4V2，在淬火后发现裂纹，刀具报废。为寻找裂纹产生原因，在裂纹处取样进行金相检验，经 4%硝酸酒精溶液浸蚀后组织如图 5-25 所示。从图中组织分析，我们可以判定裂纹是淬火过程中产生的吗？

三、高速工具钢的缺陷组织

1. 碳化物不均匀

碳化物不均匀是高速工具钢锻造加工不能达到组织要求，经淬火、回火后也不能改善其性能的缺陷组织。图 5-26、图 5-27 所示为 W18Cr4V 钢锻造后经 1280℃ 淬火，560℃ 回火三次的组织，试样经 4%硝酸酒精深浸蚀。由图 5-26 可看出，黑色回火马氏体基体上分布有稍变形的网状碳化物和小颗粒状的二次碳化物，碳化物不均匀度按 GB/T 9943—2008《高速工具钢》评定为 8 级。图 5-27 是图 5-26 放大后的组织，共晶碳化物呈封闭的网状。产生这样的组织是由于钢锭虽经锻压加工，但设备能力太小，致使共晶碳化物网未被破碎，仅稍有变

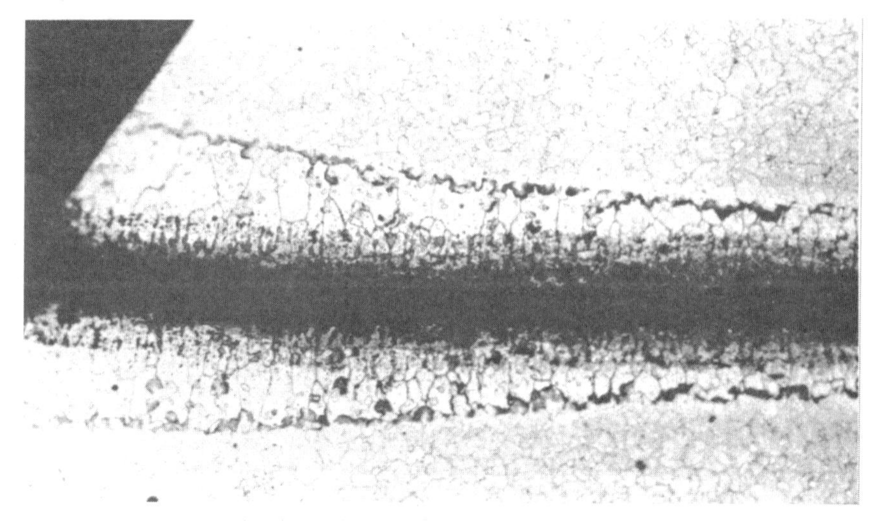

图 5-25 W6Mo5Cr4V2 钢淬火后发现的裂纹（500×）

形。采用具有这种组织的钢制造的工件，其强度、塑性和韧性都很低，使用中极易脆断。

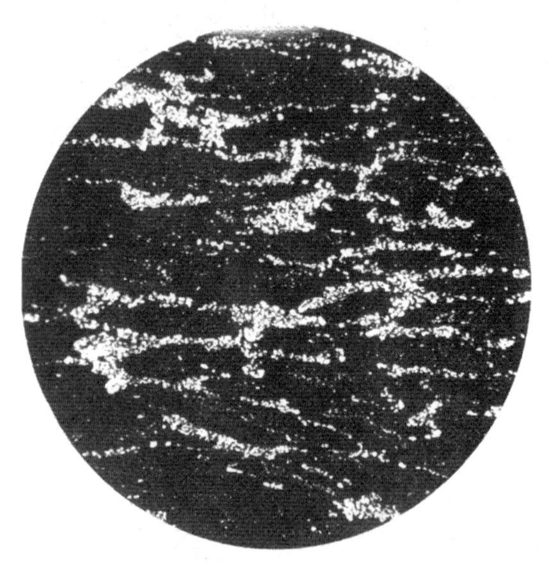

图 5-26 W18Cr4V 钢碳化物不均匀组织（100×）

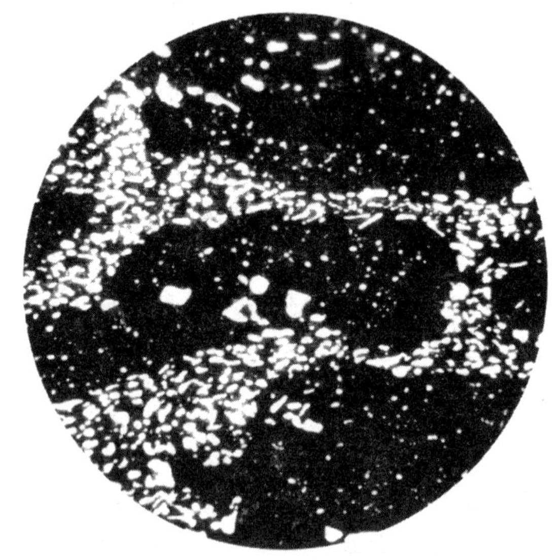

图 5-27 W18Cr4V 钢碳化物不均匀的高倍组织（500×）

2. 欠热组织

欠热是指高速工具钢淬火加热温度较低，其微观组织特征是淬火后晶粒细小，有时看不清晶界，碳化物数量多，如图 5-28 所示。该组织中碳化物溶解太少，大量的合金元素仍然存在于碳化物中，奥氏体中的合金元素少，马氏体的硬度较低，回火后的二次硬化也不明显，热硬性变差，致使刀具耐磨性降低，使用寿命变短。

3. 过热组织

高速工具钢淬火加热温度高于正常范围，会产生过热组织。其组织特征是晶粒粗大，碳化物溶解多，数量变少，图 5-29 所示为 W18Cr4V 钢的轻度淬火过热组织。JB/T 9986—2013

《工具热处理金相检验》中规定了过热程度的评级标准，不同使用功能的高速工具钢刀具允许的过热级别有差异。如直柄钻头直径≤3mm时，过热程度合格级别≤1级；当直径>3～20mm时，过热程度合格级别≤2级。重要刀具或工件过热程度控制在1级，一般工件过热程度控制在2级。过热程度及组织特征如下：1级——碳化物变形呈棱角状；2级——碳化物呈拖尾状态；3级——碳化物呈线段状态（图5-30）；4级——碳化物呈半网状态；5级——碳化物呈封闭网状态。

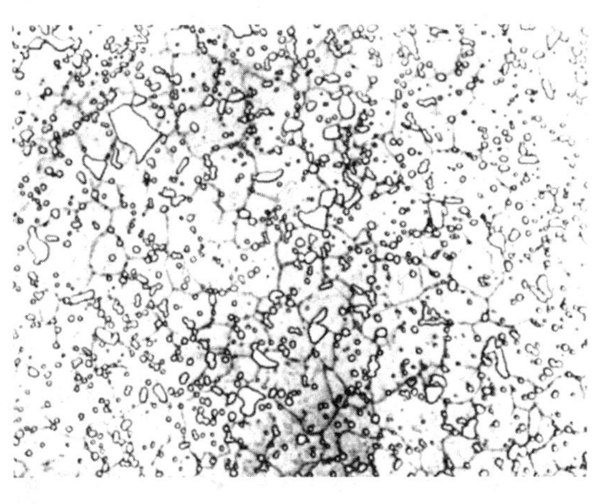

图5-28　W18Cr4V钢的淬火欠热组织（500×）

过热后的组织，碳化物充分溶解，奥氏体合金化程度高，淬火、回火后工件有较高的硬度和热硬性。但碳化物溶解同时晶粒长大，降低了材料的冲击韧度，增大其脆性，刀具使用时容易崩裂。严重过热的组织，碳化物呈半网状或网状，材料脆性更大，是不允许使用的。

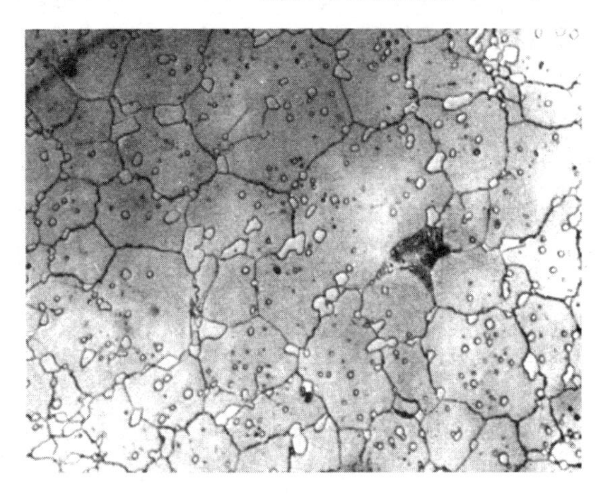

图5-29　W18Cr4V钢的轻度淬火过热组织（500×）

4. 过烧组织

高速工具钢加热温度过高，过热组织进一步演化，就会形成过烧组织。过烧的组织晶粒明显长大，碳化物呈棱角状分布，碳化物数量变得很少，晶界局部熔化后生成莱氏体组织，有时晶粒内部会出现黑色组织，晶界上出现熔化孔洞，这些都是过烧特征。过烧组织是不可挽救的缺陷组织。图5-31所示为典型的W18Cr4V钢的过烧组织，局部晶界熔化，冷却时析出次生共晶莱氏体，碳化物呈棱角状。

图5-32所示为W18Cr4V钢在1320℃加热淬火形成的严重过烧组织。基体为淬火马氏体+残留奥氏体，晶界处灰色的网为共晶莱氏体，大块黑色组织为索氏体与托氏体的混合组织，被黑色包围的白色块状物为δ相。由于加热温度过高，不仅碳化物完全溶解，而且奥氏体晶界发生大量熔化，在随后的冷却过程中，熔化处生成莱氏体组织，在奥氏体晶粒内的黑色组织中夹着白色高温铁素体δ相小块。这种严重过烧的组织使工件严重变形，出现收缩、皱皮，有时淬火后

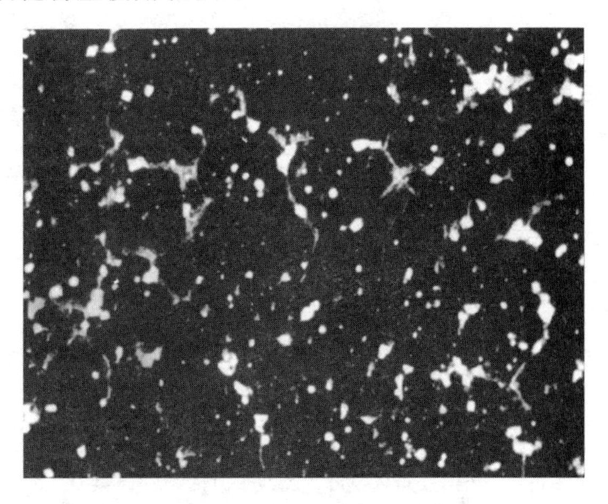

图5-30　W18Cr4V钢的碳化物呈线段状态（500×）

即发生开裂，导致报废。

过烧现象多数是由控温仪表故障或工件加热时靠近电极所造成的。

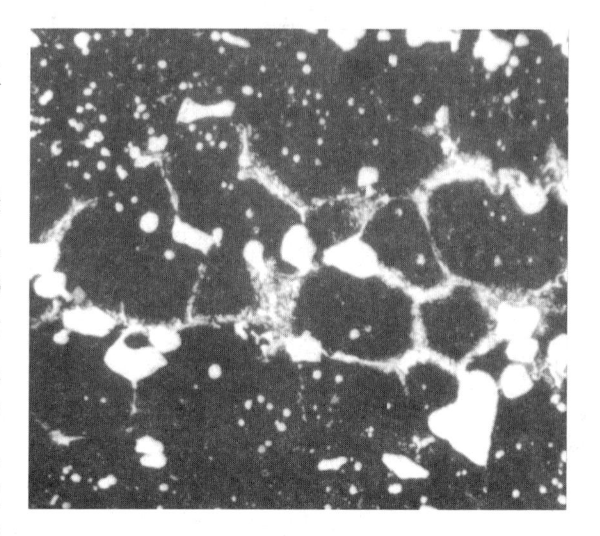

图 5-31 W18Cr4V 钢的过烧组织（500×）

5. 回火不充分组织

回火程度的检验以回火马氏体的被浸蚀能力和晶界消失程度作为评定依据。W18Cr4V 钢的回火不充分组织如图 5-33 所示，黑色回火马氏体基体上，除碳化物颗粒外，还有成片聚集的白色区域，白色区域与基体没有明显的界限，这就是残留奥氏体存在较多的部位。白色区域越多，说明回火越不充分，严重回火不充分的组织还能看到奥氏体的晶界。回火保温时间不够或者回火次数不够都会产生回火不充分组织。回火不充分时，回火过程新产生的马氏体引起的内应力不能得到消除，有时材料硬度较难反映，但其脆性较大，使用时易发生刀具崩刃或开裂。有资料表明，回火不充分的高速工具钢抗拉强度和挠度也不能达到最满意的水平。

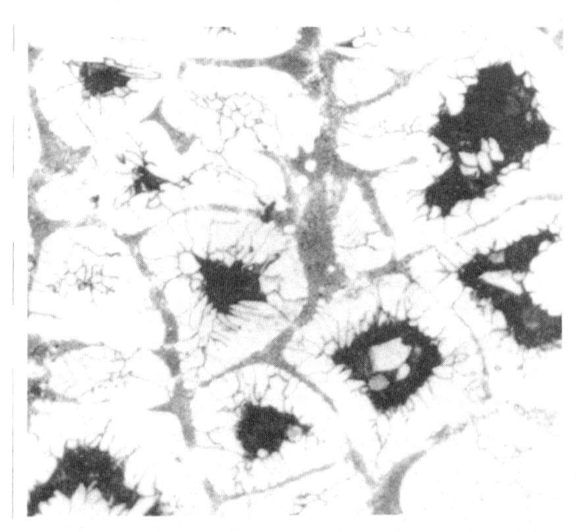

图 5-32 W18Cr4V 钢的严重过烧组织（500×）

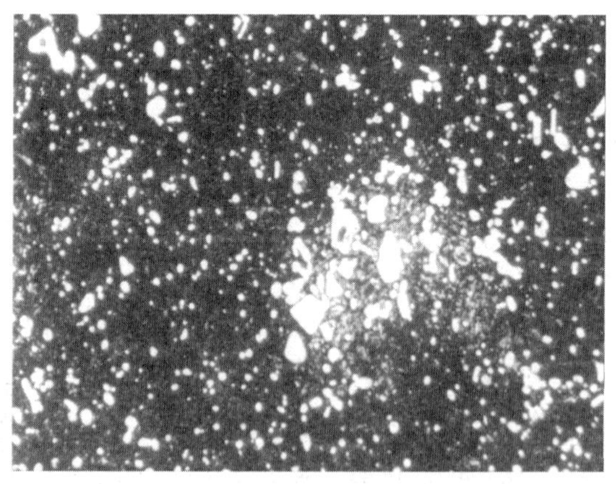

图 5-33 W18Cr4V 钢的回火不充分组织（500×）

回火温度偏低和时间较短，均会发生回火不充分现象，需要进行补充回火来消除这种缺陷。

6. 萘状断口

图 5-34 所示为 W18Cr4V 钢工件经二次 1280℃ 加热淬火后的组织，属于典型的萘状断口显微组织。白色基体为淬火马氏体+残留奥氏体，基体上有大块未溶碳化物，奥氏体晶粒特别粗大。观察碳化物的形态，没有过热的棱角状或莱氏体的网状形态特征，具有这种组织的

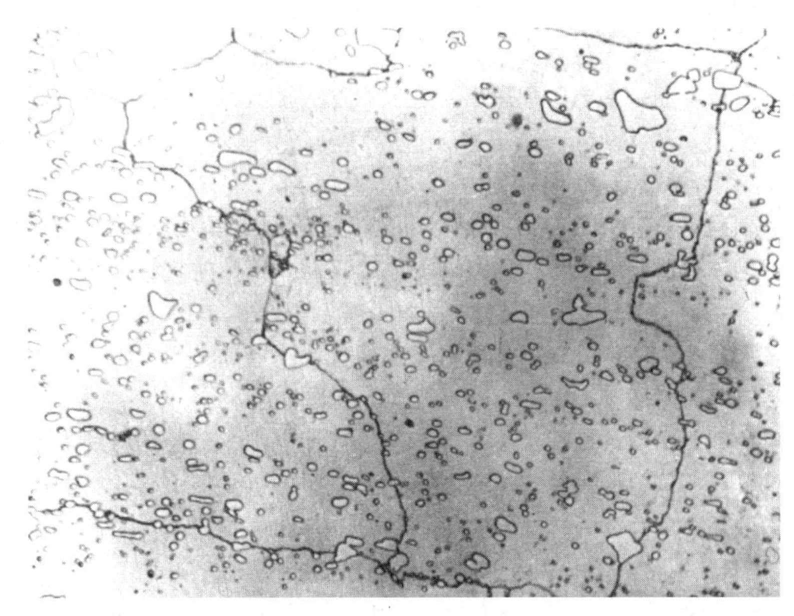

图 5-34　W18Cr4V 钢萘状断口的显微组织（500×）

钢材其宏观断面为萘状断口，断口特点是具有特殊的闪亮小点或小平面（图 2-20），这是高速工具钢的一种常见缺陷。

具有萘状断口的材料硬度、热硬性和正常材料无差别，但其强度很低，韧性更差，使用时很容易早期失效。

萘状断口是热压力加工的终锻温度过高，当塑性变形在临界值（5%~9%）时，容易出现的缺陷。由于淬火后硬度低、变形超差等原因，进行第二次淬火返修时，在第二次淬火前又未进行退火处理，也容易产生萘状断口。

四、高速工具钢的金相检验项目

高速工具钢的金相检验根据相关的国家标准、行业标准要求进行，一般分为以下几项检验。

1. 共晶碳化物不均匀度的检验

高速工具钢的共晶碳化物不均匀度应该在退火状态检验。依照 GB/T 14979—1994《钢的共晶碳化物不均匀度评定法》的规定评定。对于改锻后的组织，也可依照 JB/T 4290—2011《高速工具钢锻件　技术条件》评定。另外，在现行的标准 GB/T 9943—2008《高速工具钢》中对碳化物的不均匀度合格级别有规定，见表 5-10。

表 5-10　高速工具钢碳化物不均匀度合格级别

钢材截面尺寸/mm	碳化物不均匀度(不大于)
≤40	3
>40~60	4
>60~80	5
>80~100	6
>100~120	7

2. 脱碳层的测定

高速工具钢经过的热加工过程较多，这些过程均会产生不同程度的脱碳层。脱碳层深度应小于切削加工余量，如果在切削加工后仍有脱碳层，那么最终热处理后刀具的表面硬度不够，耐磨性变差。

3. 晶粒度的测定

晶粒度的级别是评价淬火质量的重要指标。一般材料的晶粒度测定是在100倍下进行的，但高速工具钢淬火后晶粒细小，需要在500倍下测定。高速工具钢的淬火晶粒度测定依照专业标准JB/T 9986—2013《工具热处理金相检验》执行，实际测定的放大倍数与评定标准不符时，应按照GB/T 6394—2017《金属平均晶粒度测定方法》中不同放大倍数下晶粒度级别评定表的规定进行对照。

淬火加热时的碳化物溶解情况，反映了碳及合金元素溶入奥氏体内的程度，这直接与淬火后的热硬性有关。所以检验高速工具钢淬火晶粒度时，也要评定碳化物的溶解情况。

高速工具钢的晶粒度通常在淬火状态下检验，高速工具钢刀具淬火后的晶粒度多控制在9~10级，一些形状简单的刀具可以允许为8级晶粒度。

4. 回火程度的检验

高速工具钢淬火后要求多次回火，应该得到回火马氏体、少量残留奥氏体和碳化物的组织。经过正常淬火和充分回火的高速工具钢才能展现其优异的材料性能。回火后进行金相组织检验，评定回火级别。回火程度和组织特征见表5-11。专业标准JB/T 9986—2013《工具热处理金相检验》中规定了不同工具钢的回火级别要求。

表5-11 回火程度和组织特征

级别	回火程度	组织特征
1	充分	整个视场为黑色的回火马氏体(图5-24)
2	一般	个别区域或碳化物堆积处有白色区存在(图5-33)
3	不足	较大部分白色区存在,可见淬火晶粒

5. 淬火缺陷组织的检验

高速工具钢的淬火加热程度，一方面可以通过测定晶粒度级别来考察，另一方面可以通过分析碳化物的形态来进行评价。欠热、过热和过烧的组织在前面缺陷组织中已经讨论。

模块六 钢的共晶碳化物不均匀度评级法

本节内容摘自GB/T 14979—1994《钢的共晶碳化物不均匀度评定法》。标准适用于经过压力加工变形的莱氏体型高速工具钢、合金工具钢、高碳铬不锈轴承钢、高温轴承钢和高温轴承不锈钢中共晶碳化物不均匀度的显微评定。

一、试样的选取与制备

在钢材或钢坯上均取纵向截面试样。自交货状态的钢材或钢坯上切取厚10~12mm的横向样坯，再按该标准推荐的方法切取试样，取样要求见表5-12。

表 5-12　共晶碳化物不均匀度检验金相试样的取样要求

材料类型	尺寸/mm		纵向磨面长度/mm	磨面宽度
圆钢	直径	≤25	10~12	圆钢的直径
		>25~60		圆钢的半径(图 5-35)
		>60		1/2 半径
方钢	边长	≤25		对角线长度
		>25~60		1/2 对角线长度(图 5-36)
		>60		1/4 对角线长度
扁钢	厚度	≤30		应取扁钢宽度的 1/4 剖面处为试样磨面，磨面宽度为扁钢的厚度
		>30		应取扁钢宽度的 1/4 剖面处为试样磨面，磨面宽度为扁钢的 1/2 厚度

试样的检验状态为退火状态。必要时，也允许采用淬火+回火状态。高速工具钢、合金工具钢、高温轴承钢试样抛光后可选用 4%~10%硝酸酒精溶液浸蚀。

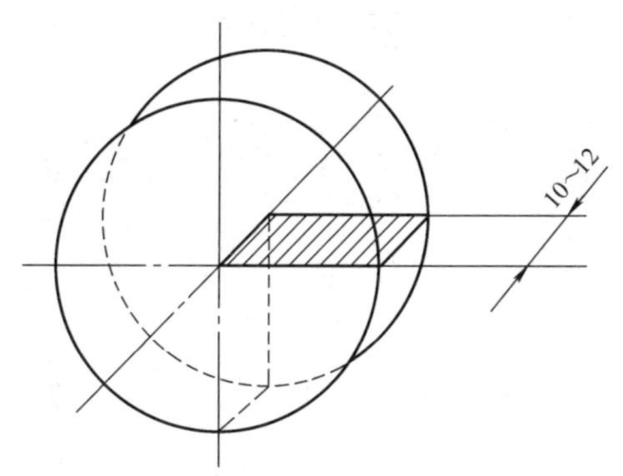

图 5-35　直径 25~60mm 的圆钢取样图

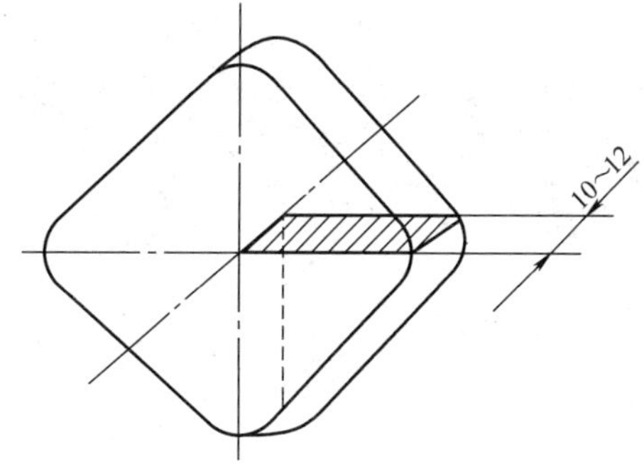

图 5-36　边长 25~60mm 的方钢取样图

二、评定方法

检测面为纵截面，放大倍数为 100 倍。

评级原则：对于共晶碳化物呈网状形态的，主要考虑网的变形、完整程度及网上碳化物的堆积程度；对于共晶碳化物呈条带形态的，主要考虑条带宽度及带内碳化物的聚集程度。

结果评定：在标准规定的检测部位选择共晶碳化物不均匀度最严重的视场与相应的评级图片比较评定结果，评定结果用级别数表示。

该标准评级图片共有六套，图片请查原标准。

模块七　工具钢金相检验分析案例

【CrWMn 钢轧头失效分析案例】

材料：CrWMn 钢。

热处理情况：煤炉加热后油冷淬火。

工件：专用轧头，如图 5-37 所示（未浸蚀）。

呈现情况：使用时仅轻轻一轧，尾部即发生断裂，断口处晶粒粗细不一。轧头尾部（箭头 1 所指处）晶粒很粗大，逐渐向上，晶粒变细（箭头 2 所指处）。此外，在轧头尾部外圆表面上（箭头 3 所指处）有肉眼可见的黑色网纹。对上述三个区域分别进行金相分析，浸蚀试剂均采用 4%硝酸酒精溶液。

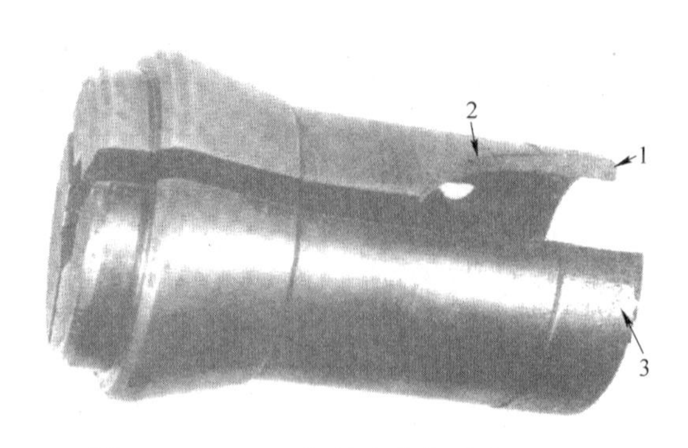

图 5-37　CrWMn 钢轧头实物照片（0.9×）

对箭头 2 处取样，如图 5-38 所示，细晶粒区的显微组织基体为黑色回火马氏体及白色颗粒状碳化物，属于 CrWMn 钢热处理后的正常组织。

对箭头 3 处取样，如图 5-39 所示，黑色网纹处的显微组织，奥氏体晶粒粗大，晶界较平直，且呈 120°角，部分晶界处嵌有浅灰色氧化物，少量奥氏体晶界交接处出现轻微的熔化孔洞。基体组织为白色针状淬火马氏体及较多的残留奥氏体。由此证实，轧头尾部局部淬火加热温度过高，致使局部晶界发生氧化和轻度熔化，从而造成严重的过烧缺陷，此缺陷反映在零件表面上为黑色网纹的小龟裂。

图 5-38　箭头 2 处的显微组织（500×）

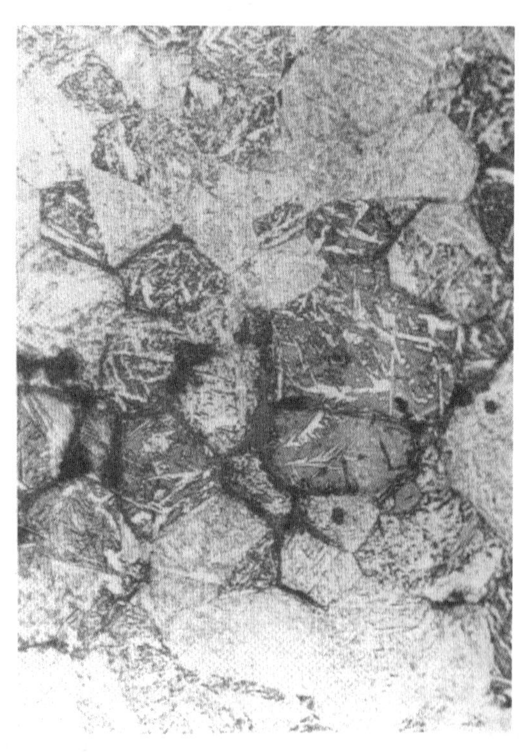
图 5-39　箭头 3 处的显微组织（200×）

对箭头 1 处取样，如图 5-40 所示，粗晶断口处的显微组织基体为粗大的白色淬火针状马氏体及残留奥氏体。奥氏体由于浸蚀时间较长变为暗色。该处为过热淬火区，脆性较大，致使轧头轻轻一轧即发生脆裂。

图 5-41 所示为图 5-40 对应试样经过 180 ℃ 回火 1h 后的显微组织，采取轻微抛光浸蚀后，与图 5-40 同一视场摄影，可见白色针状马氏体因受回火作用而变成黑色针状回火马氏体。

综上所述，由于轧头在煤炉上直接加热，四周温度不均匀，同时加热温度无法控制，易使轧头产生局部过热和过烧缺陷，淬火后又未经回火处理，致使过烧、过热部位因脆性较大而产生断裂，造成报废。

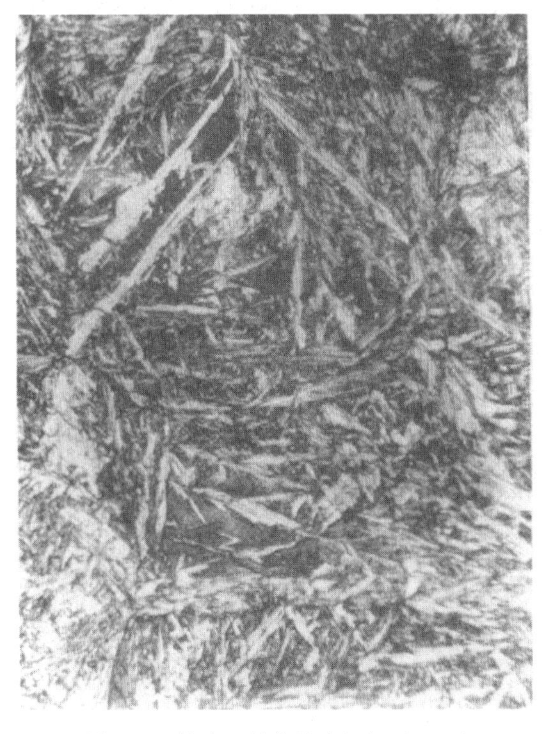

图 5-40　箭头 1 处的淬火组织（500×）

图 5-41　箭头 1 处的淬火+回火组织（500×）

【高速工具钢淬火后裂纹分析案例】

在图 5-25 中，远离裂纹的区域是浸蚀较浅的高速工具钢淬火组织，由高速工具钢淬火组织对照图可知，晶粒不粗大。裂纹两边有明显的脱碳层，这说明裂纹在淬火前就已经产生。近表面处由于氧化严重，脱碳层深，越往里面脱碳层越浅。

淬火前退火过程中，钢材不可避免地会产生不同程度的脱碳，但钢材表面的脱碳在机械加工过程中得到去除，而裂纹两侧的脱碳层则无法去除，而且较细小的裂纹也无法发现，淬火后裂纹扩张才显露出来。

因此，裂纹缺陷不是淬火过程造成的，事故责任在前面工序。

【思考题】

1. 碳素工具钢有什么使用特点？
2. T10 钢正常淬火后的组织是什么？淬火欠热和过热的组织特征分别是什么？
3. 9SiCr 钢等温淬火后的组织是什么？有什么优良性能？

4. 常用低合金工具钢有哪些？主要用途有哪些？

5. 9SiCr 钢与 T9 钢的含碳量范围一致，分析比较：

1）9SiCr 钢的淬火加热温度比 T9 钢要高，请分析原因。

2）$\phi30 \sim \phi40$mm 的 9SiCr 钢在油中能淬透，而 T9 钢却不能，试说明未淬透的工件由表面至心部的组织是如何过渡的。

6. 冷作模具钢在性能上有什么优势？常用冷作模具钢有哪几种？

7. 比较 Cr12 钢经过不同淬火工艺后组织和性能的异同点。

8. Cr12 钢的退火组织是什么？淬火组织是什么？常采用什么温度范围回火？

9. Cr12 钢的碳化物形态特征是什么？

10. 热作模具钢在性能上有什么特点？常用热作模具钢有哪几种？

11. 5CrNiMo 钢、5CrMnMo 钢淬火后为什么必须马上回火？回火后通常得到什么组织？

12. 3Cr2W8V 钢是否属于高合金钢？分析说明其供应态会有什么组织？

13. 高速工具钢在性能上有什么特点？

14. 常用高速工具钢有哪几类？分别有什么优缺点？

15. 高速工具钢的铸态组织是什么？为什么会得到这样的组织？

16. 试根据高速工具钢淬火强化过程的热处理工艺，说明不同阶段的显微组织分别是什么。

17. 有一批 W18Cr4V 钢制钻头，淬火后硬度偏低，经检验是淬火温度出了问题。淬火温度可能会出现什么问题？怎样从金相组织上去判断？

18. 高速工具钢 W18Cr4V 的 A_1 点在 800℃ 左右，为什么常用的淬火加热温度却高达 1270～1285℃？

19. 高速工具钢淬火欠热组织有什么特征？淬火过热和过烧的组织特征呢？欠热或轻度过热的组织可以采用什么方法矫正？

20. 萘状断口的显微组织特征是什么？试分析造成萘状断口的原因。

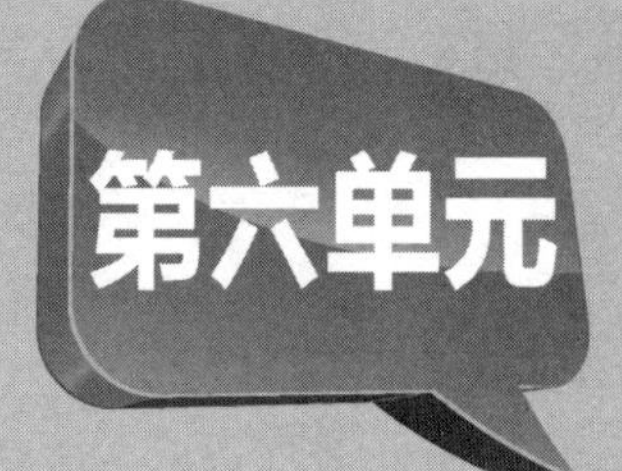

不锈钢的金相检验

内容导入

不锈钢是工业生产中应用最为广泛的特种钢之一，本单元主要介绍最常用的奥氏体不锈钢和马氏体不锈钢的成分、组织和热处理特点，以及不同组织对应的性能，介绍这两类不锈钢金相检验的基本项目。

视频　耐热钢的金相分析

一般来讲，耐大气、蒸汽和水等弱介质腐蚀的钢称为不锈钢，而将其中耐酸、碱和盐等强腐蚀性介质腐蚀的钢称为耐酸（蚀）钢。广义的不锈钢也包括不锈耐热钢，即具有较好的抗高温氧化性能（和高温强度）的不锈钢。不锈钢的共同特点是高铬含量（一般质量分数不低于11%），一些不锈钢中也加入较多的镍元素，它们构成了铬系和镍系不锈钢。钢中加入的铬、镍与空气中的氧发生作用，表面形成一层非常致密的含合金元素的复合氧化物薄膜，这种薄膜在许多腐蚀性介质中具有很高的稳定性，从而起到防腐作用。起到这种作用的铬，以溶于铁基固溶体之中的形式存在，而非化合态形式。不锈钢按其正火后金相组织的不同分为五类，即奥氏体不锈钢、马氏体不锈钢、铁素体不锈钢、奥氏体-铁素体双相不锈钢和沉淀硬化不锈钢，其中最常用的是奥氏体不锈钢和马氏体不锈钢。下面主要介绍这两类不锈钢。

模块一　奥氏体不锈钢的金相检验

视频　不锈钢的金相分析

这种钢是在著名的18-8型（$w_{Cr}=18\%$和$w_{Ni}=8\%$）不锈钢的基础上形成的钢种，经所有的热处理后，均得到奥氏体组织，故称为奥氏体钢。这种钢因易于制作、有良好的焊接性，以及具有适合于各种用途的良好耐蚀性，已成为使用最广泛的不锈钢。奥氏体不锈钢基本上是Cr的质量分数为16%~25%、Ni的质量分数为7%~20%的铁铬镍三元合金，常用的牌号有06Cr19Ni10、17Cr18Ni9、12Cr18Ni9和1Cr18Ni9Ti。

一、奥氏体不锈钢热处理后的组织与性能

奥氏体不锈钢最基本的类型是18-8型和18-8Ti型，下面将以这两种钢为主，介绍其热

处理后的组织与性能。奥氏体不锈钢常用的热处理方法有：固溶处理、稳定化处理、去应力处理和消除δ相处理。

1. 固溶处理

固溶处理是将钢加热至高温，使碳化物得到充分溶解，然后迅速冷却，得到单一奥氏体组织的一种热处理。碳在镍铬奥氏体中的固溶度极小，当18-8型不锈钢中的含碳量较高时，组织中便会析出碳化物，从而减少奥氏体中的含铬量，降低钢的耐蚀性。因此通过将奥氏体不锈钢加热至1050~1100℃，使碳化物溶于奥氏体之中，经水中冷却，可以得到含有过饱和碳的单一奥氏体组织，1Cr18Ni9Ti钢在1050℃固溶处理后的组织如图6-1a所示。固溶处理的温度不宜过高或过低。温度过低不能使碳化物迅速充分地溶于奥氏体中，温度过高则导致奥氏体晶粒的长大。1Cr18Ni9Ti钢在1180℃固溶处理后的组织如图6-1b所示，由于固溶温度高，奥氏体晶粒变得粗大，恶化了加工成形性能、冲击韧性，增大了晶间腐蚀倾向，同时还可能会析出高温铁素体。18-8型不锈钢一般在固溶状态下使用，目的是提高耐蚀性并使钢软化。这类钢在固溶状态下塑性很好，适于各种冷塑性变形，对加工硬化敏感，故此类钢唯一的强化方法是加工硬化，而不能通过热处理强化。

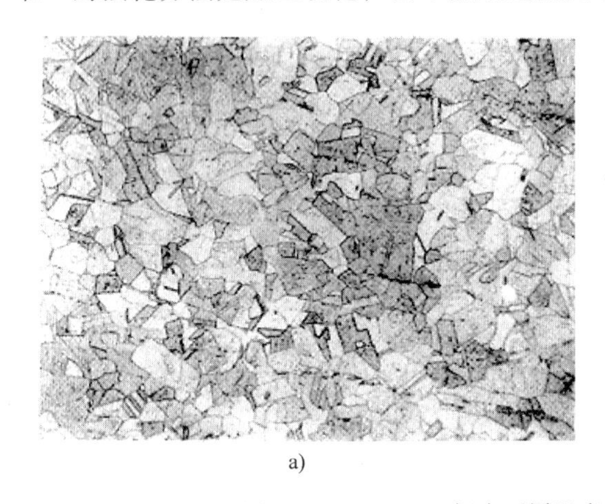

a)

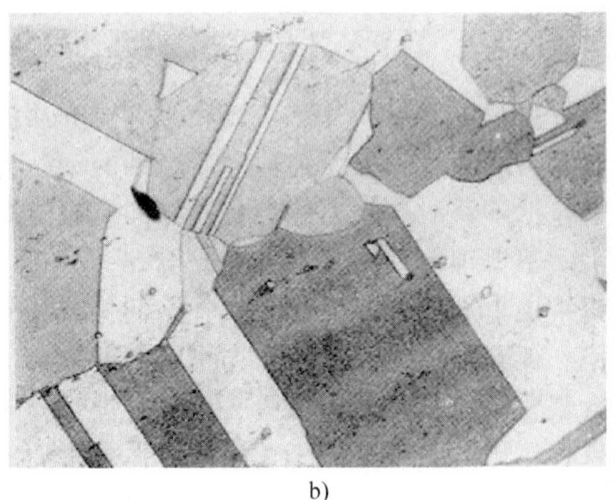

b)

图6-1 1Cr18Ni9Ti钢在不同温度进行固溶处理后的组织（250×）
a）1050℃ b）1180℃

钢经固溶处理后硬度最低，塑性、韧性最好，因此这种热处理和一般结构钢通过淬火、回火强化有本质上的不同。

2. 稳定化处理

18-8Ti型不锈钢如需要可以在固溶处理后再进行稳定化处理。稳定化处理的目的是避免钢在固溶处理后由残存的碳化物引起晶间腐蚀。这是由于含钛或铌的奥氏体不锈钢中，钛和铌与碳的亲和力比铬大，把它们加入不锈钢中，碳优先与它们结合形成TiC、NbC，从而使钢中的碳不再与铬生成$Cr_{23}C_6$，也就不再引起晶界贫铬，起到抑制晶界腐蚀的作用。但由于钢中铬的含量比钛、铌的含量多，且钛、铌的扩散速度很慢，因此一般固溶处理后总要生成一部分$Cr_{23}C_6$。由图6-2中能够看出，1Cr18Ni9Ti钢晶界的点状$Cr_{23}C_6$碳化物特征，图中长条状黑色凹坑是变形δ铁素体被严重腐蚀的特征，氮化钛夹杂物呈灰色块状分布。为了消除$Cr_{23}C_6$碳化物，需将1Cr18Ni9Ti加热至850~900℃进行稳定化处理，在此温度范围内，$Cr_{23}C_6$将溶解，而TiC、NbC仍然稳定，从而使钢中不再含有$Cr_{23}C_6$，由此提高合金的抗晶间腐蚀能力。

3. 去应力处理

去应力处理分为高温和低温两种。低温去应力处理是为了消除冷加工和焊接引起的内应力，处理温度为 300～350℃，不应超过 450℃，以免析出 $Cr_{23}C_6$ 碳化物造成基体贫铬而引起晶界腐蚀。高温去应力处理一般在 800℃以上进行。对于不含稳定碳化物元素的 18-8 型不锈钢，加热后应快速冷却，以快速通过析出碳化物的温度区间，防止晶间腐蚀。对于含有稳定碳化物元素的钢，这一处理常与稳定化处理一起进行。

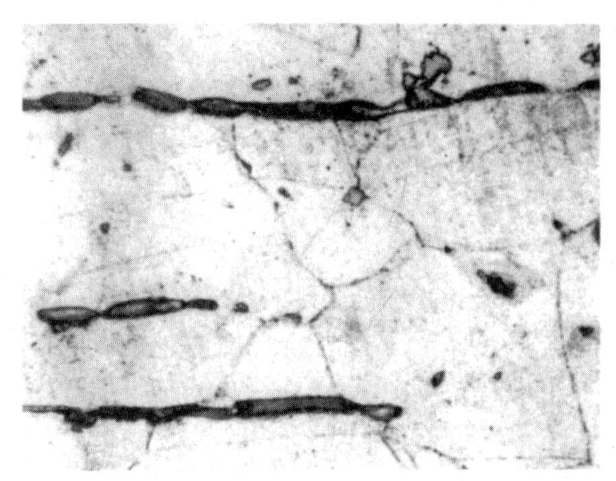

图 6-2　1Cr18Ni9Ti 钢晶界的点状 $Cr_{23}C_6$ 碳化物特征（500×）

4. 消除 δ 相处理

18-8 型不锈钢在铸造、焊接、热处理过程中可能会产生 δ 相，使钢的冲击韧度下降。这种由于 δ 相引起的脆性可通过 820℃以上的加热或固溶处理予以消除。钢的成分不同，δ 相溶解于铁素体的上限温度也不同。因此，消除 δ 相的热处理温度应由实验确定。

二、奥氏体不锈钢的检验

奥氏体不锈钢的主要检验项目有：奥氏体晶粒度、δ 铁素体含量、晶间腐蚀程度、σ 相检验等。

1. 奥氏体不锈钢金相检验的制样特点

（1）试样的制备　奥氏体不锈钢基体较软，韧性较高并易于加工硬化，所以试样制备较难，制样过程易产生机械滑移和金属扰乱层等，这些会影响正常的金相组织分析和检验。因此，磨制时应注意不要产生高热，尽量缩短磨制时间。机械抛光时，应使用长毛绒织物和磨削力大的金刚石研磨膏，抛光时间不宜过长，施加压力不宜过大。最好的抛光方法是电解抛光，可以避免产生假象。

（2）试样的浸蚀　不锈钢具有较高的耐蚀性，所以必须用具有强浸蚀性能的试剂显示组织，并根据热处理状态来选择。使用时应注意安全，防止发生烧伤及爆炸等事故。常用浸蚀剂有：①氯化铁 5g，盐酸 5mL，水 100mL；②盐酸 10mL，硝酸 10mL，酒精 100mL；③苦味酸 4g，盐酸 5mL，酒精 100mL。

2. 奥氏体不锈钢的晶粒度检验

奥氏体不锈钢的晶粒度检验可以按照 GB/T 6394—2019《金属平均晶粒度测定方法》中的孪晶晶粒度评级图进行评级。评定时应注意孪晶的影响，有孪晶的晶粒应为一个晶粒。图 6-3 所示为 12Cr18Ni9 钢固溶处理的均匀等轴奥氏体组织。

3. δ 铁素体含量的测定

δ 铁素体含量对奥氏体不锈钢的力学性能、耐蚀性和可加工性都有很大影响，正确测定 δ 铁素体含量就成为重要的问题。通常采用与标准图片对照的金相法，GB/T 13305—2008 中绘出的标准图片可作为常规检验的对照标准。此法简单、方便，准确性可满足一般要求。

由图 6-4 中可见等轴奥氏体组织和仍保持沿加工方向变形的长条状 δ 铁素体。

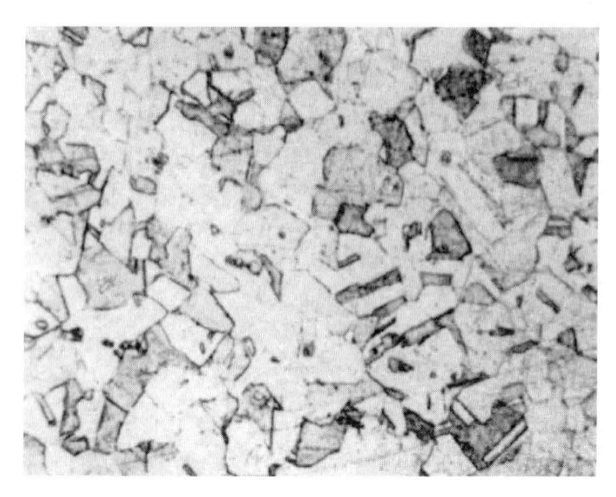

图 6-3 12Cr18Ni9 钢固溶处理的均匀等轴奥氏体组织（500×）

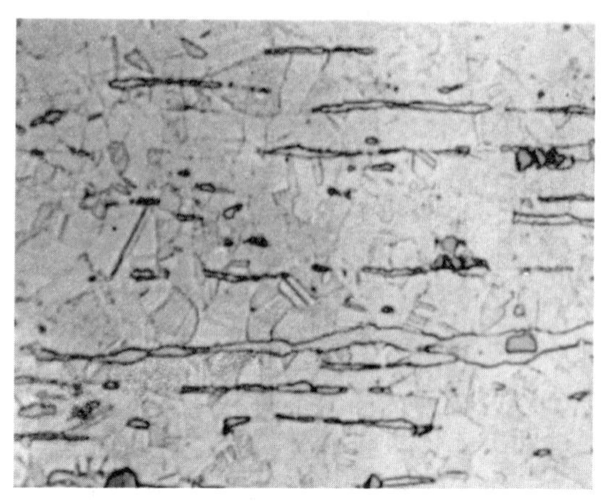

图 6-4 12Cr18Ni9 钢固溶处理后长条状分布的 δ 铁素体（500×）

奥氏体不锈钢焊缝中的铁素体起着极其重要的作用。奥氏体不锈钢焊缝中常常需要形成一定数量的 δ 铁素体（4%～12%），以防止焊缝产生凝固裂纹（热裂纹）。δ 铁素体是奥氏体不锈钢（含焊缝金属）在一次结晶过程（凝固过程）中生成并保留至常温的铁素体。铁素体含碳量很低，性能与纯铁相似，有良好的塑性和韧性，低的强度和硬度。铁素体的有利作用是对 S、P、Si 和 Nb 等元素的溶解度较大，能防止这些元素的偏析和形成低熔点共晶，从而阻止凝固裂纹产生。从焊接性（裂纹敏感性）角度，要求铁素体含量大于 5% 为好；从耐蚀性角度，在一般介质中铁素体含量大于 8% 为好，但在尿素之类的介质中时，以小于 0.5% 为好；从力学性能角度，特别是在中、高温下工作的焊缝，以小于 5% 为宜，否则将产生 σ 相脆化。由此可见，不锈钢焊接生产和科研工作中，均需方便而准确地控制和测量焊缝或熔敷金属的铁素体 的含量。GB/T 1954—2008《铬镍奥氏体不锈钢焊缝铁素体含量测量方法》规定了可采用金相法和磁性法测定铁素体含量。金相测量法是将焊接部位通过取样、磨制、抛光、腐蚀后在显微镜下进行观察，测量的方法有两种：截线法和图谱比较法，一般以截线测量法为准，图谱比较法属于半定量分析，只能给出铁素体含量的大概范围。磁性测量法是指用仪器测量，磁性测

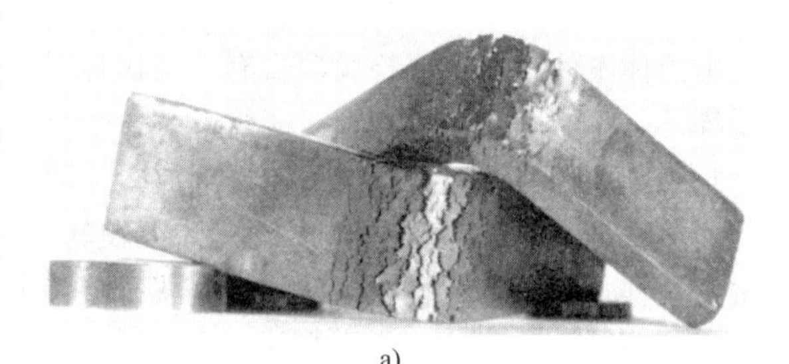

a)

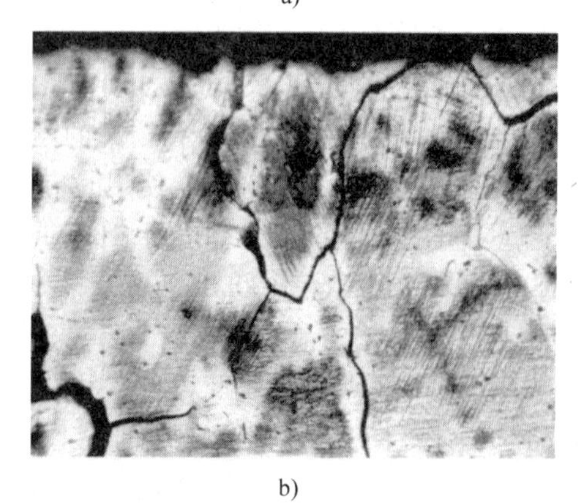

b)

图 6-5 12Cr18Ni9 钢经硫酸-硫酸铜腐蚀试验后的晶间开裂特征

a）试样 90°弯曲后晶间开裂特征（1×）

b）金相磨面上显现的大量沿晶裂纹（50×）

量法在 GB/T 1954—2008 中的解释为以磁吸引力或磁导率原理的铁素体测量仪器进行测量，仪器一般可以称为铁素体测量仪。目前，国际上均采用磁性法作为统一的测量方法。

4. 晶间腐蚀检验

晶间腐蚀检验是奥氏体不锈钢的重要检验项目，通常采用 GB/T 4334—2008《金属和合金的腐蚀 不锈钢晶间腐蚀试验方法》。该标准包括 10%草酸浸蚀、硫酸-硫酸铁腐蚀、65%硝酸腐蚀、硝酸-氢氟酸腐蚀、硫酸-硫酸铜腐蚀五种方法，规定了试验的试样、试验溶液、试验设备、试验条件和步骤、试验结果的评定及试验报告。10%草酸浸蚀试验方法是不锈钢晶间腐蚀的筛选试验方法，试样在 10%草酸溶液中电解浸蚀后，在显微镜下观察被浸蚀表面的金相组织，以判定是否需要进行硫酸-硫酸铁、65%硝酸、硝酸-氢氟酸以及硫酸-硫酸铜等长时间热酸试验。不锈钢硫酸-硫酸铜腐蚀试验方法是最常用的晶间腐蚀检验方法，腐蚀后在 10 倍放大镜下观察弯曲后的试样外表面，根据有无因晶间腐蚀产生的裂纹进行评定。试样不能进行弯曲评定或弯曲的裂纹难以判定时，则采用金相法在显微镜下观察。图 6-5 所示为 12Cr18Ni9 钢经硫酸-硫酸铜腐蚀试验后的晶间开裂特征。

模块二 马氏体不锈钢的金相检验

马氏体不锈钢高温状态的组织为奥氏体，经过淬火后，奥氏体转变为马氏体，故称其为马氏体不锈钢。马氏体不锈钢最常见的是 Cr13 型不锈钢，即 Cr 的质量分数为 12%~14%，C 的质量分数为 0.1%~0.4%，GB/T 1220—2007《不锈钢棒》中属于该系列的牌号有 12Cr13、20Cr13、30Cr13、40Cr13。

一、马氏体不锈钢热处理后的组织

1. 退火状态

马氏体不锈钢的退火有完全退火和中间退火两种。完全退火是在 840~900℃ 保温，然后用≤25℃/h 的冷却速度冷却到 600℃，空冷。对于经过冲压、锻造、轧制等热加工或冷加工硬化的工件，可在相变点以下进行中间退火使之软化，温度一般为 700~750℃。

退火状态下的马氏体不锈钢组织为富铬的铁素体与碳化物（即球粒状珠光体），晶界上碳化物有呈断续网状分布的倾向。图 6-6 所示为 20Cr13 钢退火状态的组织特征。

2. 淬火状态

马氏体不锈钢通常在淬火+回火状态下使用，淬火后的组织主要是铬含量高的马氏体。含碳量较低的 12Cr13 钢除马氏体外，还存在一定数量的铁素体。20Cr13 钢的正常淬火温度为 920~980℃，油冷，在 1000℃ 淬火油冷后的组织为针状马氏体+极少量残留奥氏体，其组织如图 6-7 所示。对于含碳量较高的 30Cr13、40Cr13、95Cr18 钢，除马氏体外，还存在一定数量的一次碳化物，如图 6-8 所示，40Cr13 钢

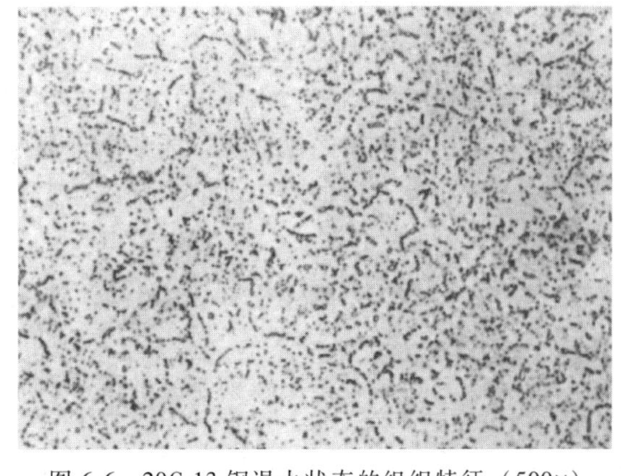

图 6-6 20Cr13 钢退火状态的组织特征（500×）

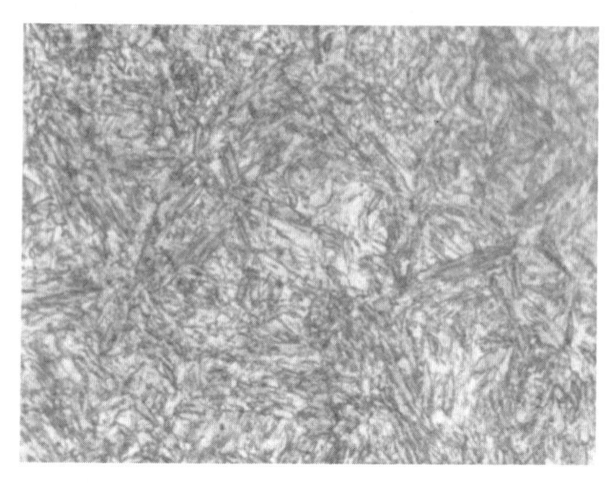

图 6-7 20Cr13 钢 1000℃油冷淬火组织（500×）

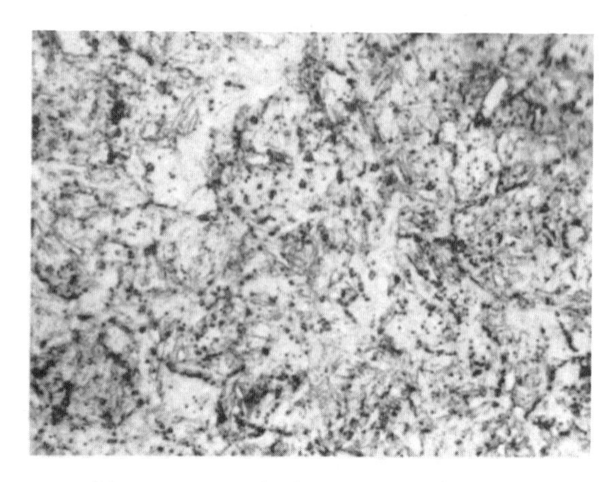

图 6-8 40Cr13 钢淬火组织特征（500×）

的淬火组织为淬火细马氏体及未溶解的碳化物颗粒。

3. 回火状态

马氏体不锈钢的回火组织变化与结构钢相同，由低温回火得到回火马氏体组织，高温回火得到回火索氏体组织。但马氏体不锈钢的回火索氏体仍保留明显的马氏体位向。图 6-9 所示为 20Cr13 钢淬火+高温回火后的组织，为保持原来板条状马氏体位向（呈 60°等腰三角形分布）的索氏体组织。

图 6-9 20Cr13 钢淬火+高温回火后的组织（500×）

二、马氏体不锈钢的检验

马氏体不锈钢主要检验 δ 铁素体含量、晶粒度、马氏体组织与级别等项目。

1. δ 铁素体含量测定

马氏体不锈钢对 δ 铁素体含量都有一定的要求，如用于汽轮机叶片的马氏体不锈钢规定 δ 铁素体含量必须低于 5%。通常检验方法有图片比较法、定量金相法和网格法。

2. 晶粒度测定

马氏体不锈钢常用于技术要求比较高的结构零件，对晶粒度要进行严格控制。通常用来腐蚀马氏体不锈钢组织的试剂都不能清晰地显示其晶粒度。因为马氏体不锈钢回火组织保留马氏体位向，所以可根据马氏体的粗细来判定奥氏体晶粒的大小。

模块三 不锈钢的金相检验标准

目前我国制定的有关不锈钢制品的国家强制性、推荐性和行业标准约 40 多个，这些标准中除规定了产品的尺寸、外形及允许偏差、牌号及化学成分、力学性能、工艺性能、表面质量等要求以外，还分别规定了低倍组织、非金属夹杂物、晶粒度、铁素体含量、耐蚀性等要求，应通过金相检验等手段予以确定。

音频 特殊钢常规金相分析

不锈钢的低倍组织及缺陷的试验方法可以根据 GB/T 226—2015《钢的低倍组织及缺陷酸蚀检验法》进行。浸蚀一般用热蚀法，即将试样在 60～80℃ 的比例为 HCl（50mL）/H_2O（50mL）溶液中浸泡 30min，然后在流水中用刷子洗刷干净表面的腐蚀产物。此外，还可采用 HNO_3（10～40mL）/HF（48%，3～10mL）/H_2O（87～50mL）或 HCl（50mL）/HNO_3（25mL）/H_2O（25mL）热蚀。

低倍组织的评定可参照 GB/T 1979—2001《结构钢低倍组织缺陷评级图》进行。GB/T 1220—2007《不锈钢棒》中规定，钢棒的横截面酸浸低倍或断口试样上不得有肉眼可见的缩孔、气泡、裂纹、夹杂、翻皮及白点。对于较高级钢棒，其一般疏松、中心疏松、偏析均不得超过 2 级；对于普通钢棒，上述级别均不得超过 3 级。

GB 4234—2017《外科植入物用不锈钢》中则还规定了经固溶处理的钢材在 100 倍的金相显微镜下检验，应无游离铁素体存在，并同时规定钢材中的 A、B、C、D 四类夹杂物的细系级别不超过 1.5 级，粗系级别不超过 1.0 级。如需方要求，经固溶处理的钢材的晶粒度级别不小于 5 级。不锈钢中的非金属夹杂物的评级可按 GB/T 10561—2005《钢中非金属夹杂物含量的测定　标准评级图显微检验法》进行。

【思考题】

1. 什么是不锈钢？按其金相组织不同可分为哪几种？
2. 奥氏体不锈钢的组织特点及代表钢号是什么？
3. 奥氏体不锈钢的热处理特点有哪些？
4. 马氏体不锈钢的组织特点是什么？其代表钢号是什么？
5. 铁素体不锈钢的组织特点及代表钢号是什么？

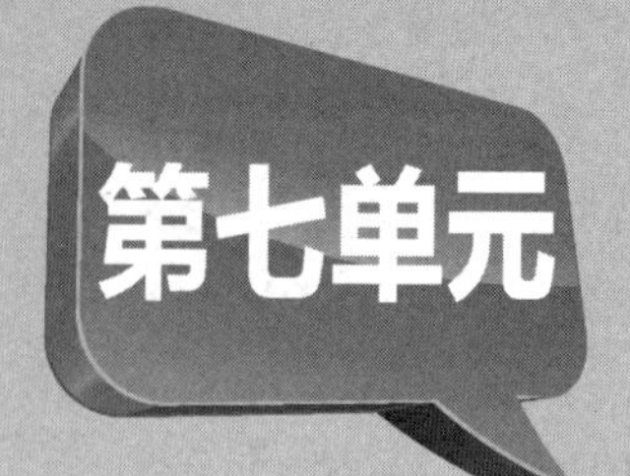

铸钢和铸铁的金相检验

内容导入

铸钢是在特定情况下使用的金属材料，铸造高锰钢又是铸钢材料应用最广的类型之一，需要掌握它们的组织特点。铸铁是工业生产中广泛使用的金属材料，其中的灰铸铁、球墨铸铁应用最多。而球墨铸铁件比灰铸铁件的组织要求更多，因此球墨铸铁的金相检验是本章应该掌握的重点。

在机器制造和工程结构上，对于许多形状复杂难以用轧制、锻造、切削等方法完成的零件，采用直接浇注成形，这类零件称为铸件。钢铁材料铸件可分为铸钢件和铸铁件。铸件不经加工或局部经少量加工即可满足使用，可以大量节省材料和加工成本。

模块一　铸钢的金相检验

一、铸钢的分类及其特点

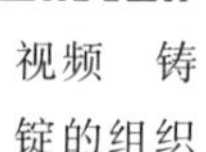

视频　铸锭的组织

视频　铸钢的金相检验

铸钢和轧钢的成分大致相当，铸钢中碳的质量分数一般不超过 0.6%，常用铸钢的碳量为低碳或中低碳。碳的含量过高，将使钢的铸造性能恶化，且使铸钢的塑性不足，易产生龟裂。

一般工程用铸钢的牌号、力学性能及用途见表 7-1。牌号中的“ZG”表示铸钢，碳素铸钢在“ZG”后的两组数字分别表示该钢中的屈服强度和抗拉强度，例如 ZG 200-400、ZG 230-450、ZG 270-500、ZG 310-570、ZG 340-640。

表 7-1　一般工程用铸钢的牌号、力学性能及用途（摘自 GB/T 11352—2009）

牌号		力学性能(≥)			用途举例
新	旧	$R_{eH}(R_{p0.2})$/MPa	R_m/MPa	A(%)	
ZG 200-400	ZG15	200	400	25	用于机座、电器吸盘、变速箱体等受力不大但要求韧性的零件
ZG 230-450	ZG25	230	450	22	用于载荷不大、韧性较好的零件，如轴承盖、底板、阀体、机座等

（续）

牌号		力学性能(≥)			用途举例
新	旧	$R_{eH}(R_{p0.2})$/MPa	R_m/MPa	A(%)	
ZG 270-500	ZG35	270	500	18	应用广泛，用于制作飞轮、车辆车钩、轴承座、连杆、箱体、曲拐
ZG 310-570	ZG45	310	570	15	用于重载荷零件、联轴器、大齿轮、缸体、机架、制动轮、轴及辊子
ZG 340-640	ZG55	340	640	10	用于起重运输机齿轮、联轴器、车轮、棘轮、叉头

合金铸钢“ZG”后的数字表示碳的平均质量分数，以万分之几表示。合金元素后的数字一般表示质量分数的百分之几。常见的有 ZG15Mo、ZG25Mo、ZG40Mo2、ZG40Cr、ZG35CrMo、ZG20SiMn、ZG35SiMn 等。

视频 树枝晶　视频 铸钢

二、铸钢的铸态组织特点

铸钢的铸态组织为铁素体+珠光体+魏氏体组织。

1. 晶粒粗大，酸浸蚀后可见明显的树枝晶，常有魏氏体组织出现

由于铸钢的浇注温度很高，凝固冷却的速度缓慢，生成的组织为粗大的树枝晶。越是壁厚的铸件，冷却速度越慢，晶粒越粗大。钢液凝固时主要以树枝晶方式生长，先结晶的枝干含杂质元素少，最后凝固的部分杂质多，非金属夹杂物多，所以经酸浸蚀后，宏观可以看到粗大的树枝晶显示出来。魏氏体组织是常常伴随着粗晶而出现的，一般铸件内部或多或少都有不同程度的魏氏体组织存在。图 7-1 所示为 ZG 230-450 钢的铸态组织。

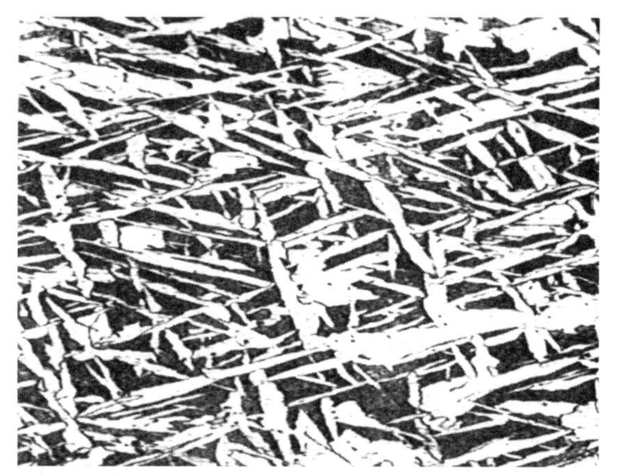

图 7-1　ZG 230-450 钢的铸态组织（100×）

魏氏体组织的形态在第一单元有介绍，铸钢中的魏氏体组织是铁素体魏氏体组织，其特征为铁素体呈针状或三角形，有时也称之为以旗形的状态分布在晶界上，由奥氏体晶界向晶内呈方向性生长。魏氏体组织铁素体的具体形貌，取决于冷却条件，冷却速度慢时是三角形，冷却速度快时以针状、锯齿状或呈现羽毛状成排分布。魏氏体组织的存在，大大降低了铸钢的力学性能，特别是使铸钢的脆性显著增大。

铸态组织各组成相所占的比例与铸钢的含碳量有关。含碳量越低的铸钢，铁素体越多，魏氏体组织针状越明显、发达，数量越多。随着铸钢含碳量的增加，珠光体数量增多，魏氏体组织的针状或三角形的铁素体数量减少，针齿变短，而以块状和晶界上的网状形式存在的铁素体却变得粗化，数量增多。图 7-2 所示为 ZG 310-570 钢的铸态组织，试比较图 7-2 与图 7-1 中的魏氏体组织形态的不同，含碳量高的铸钢珠光体多，魏氏体组织细小。但是成分相同的铸钢，由于铸件壁厚等因素导致的冷却条件不同，也会产生不同的组织。较小的铸件，由于过冷度较大，奥氏体晶内析出大量针状铁素体，构成严重魏氏体组织，如图 7-3 所示。

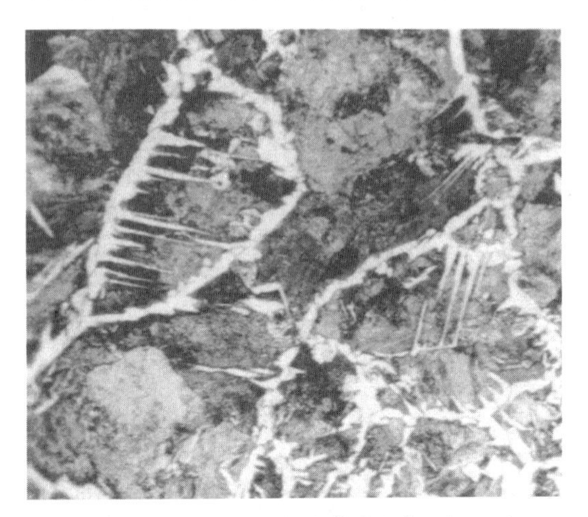

图 7-2 ZG 310-570 钢的铸态组织（100×）

图 7-3 ZG 310-570 钢的铸态组织（50×）

2. 成分偏析和组织不均匀

铸件内部各部位冷却时机不同，前面说到铸件的凝固是以树枝晶的方式生长，先结晶的枝干内含高熔点的组元多，随着继续冷却，温度降低，后结晶的末梢在先形成的枝干间隙中，含低熔点的组元多，这种成分的不均匀现象就称为成分偏析。由于成分不同，生成的组织也不同，那么铸钢件的组织就存在不均匀现象。铸钢中的非金属夹杂物含大量低熔点的组元，是在相对低温时形成的，所以存在于树枝晶的树枝间。铸钢件凝固的冷却速度越快，成分偏析和组织不均匀越严重。非金属夹杂物沿晶界呈断续网状分布，也会大大增大铸钢的脆性。

3. 存在各种铸造缺陷

铸钢件由钢液浇注而成，和铸铁件一样都属于铸件。铸件经常会有铸造缺陷存在，缺陷的数量和大小会由于生产条件不同而异。铸件的宏观组织缺陷常见的有气孔、残余缩孔、缩松、夹杂等。这些缺陷一旦超标，会严重影响铸钢件的性能，需要严格控制。

三、铸钢热处理后的组织特点

铸钢件的铸态组织可以通过热处理得到改善，热处理后的组织，晶粒细化、魏氏体组织消除、偏析减少、铸造应力降低。常用的热处理方式有退火、正火、淬火+回火、高频感应淬火。退火的类型有去应力退火、高温均匀化退火、完全退火和不完全退火。退火对组织和性能的影响作用可参考第一单元的相关内容。完全退火后的铸钢件组织为细小的铁素体加珠光体，铸态的组织特点已经不存在。图 7-4 所示为 ZG25Mo 钢退火+正

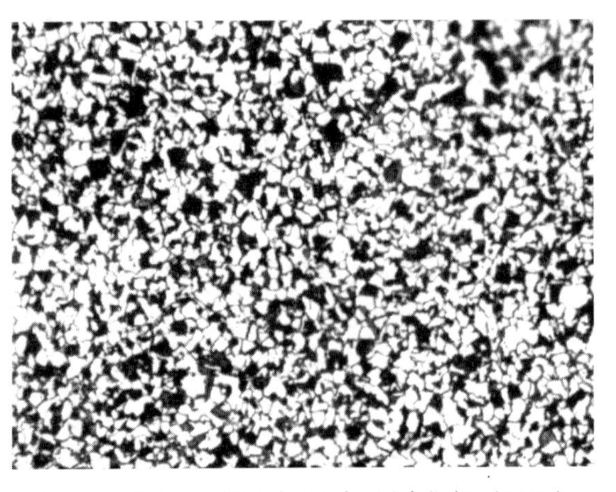

图 7-4 ZG25Mo 钢退火+正火+回火组织（100×）

火+回火组织。

一般情况，铸钢件的交货状态是正火态。正火后的性能高于退火后的性能，为达到这一目的，铸钢件常采用正火处理代替退火。正火后的组织更均匀细小，组织为铁素体+珠光体，有时还会出现贝氏体或马氏体。常用铸造碳钢的组织见表 7-2。

表 7-2 常用铸造碳钢的组织

<table>
<tr><th colspan="2">牌号</th><th>ZG 200-400</th><th>ZG 230-450</th><th>ZG 270-500</th><th>ZG 310-570</th><th>ZG 340-640</th></tr>
<tr><td rowspan="7">显微组织</td><td rowspan="2">铸态</td><td colspan="2" rowspan="2">魏氏体组织+块状铁素体+珠光体</td><td rowspan="2">珠光体+魏氏体组织+铁素体</td><td colspan="2">珠光体+铁素体</td></tr>
<tr><td>部分铁素体呈网状分布</td><td>铁素体呈网状分布</td></tr>
<tr><td rowspan="2">退火</td><td colspan="3">铁素体+珠光体</td><td colspan="2" rowspan="2">珠光体+铁素体</td></tr>
<tr><td>珠光体呈断续网状分布</td><td colspan="2">珠光体呈网状分布</td></tr>
<tr><td>正火</td><td colspan="3">铁素体+珠光体</td><td colspan="2">珠光体+铁素体</td></tr>
<tr><td>调质</td><td colspan="2">—</td><td colspan="3">回火索氏体</td></tr>
</table>

四、铸钢的金相检验项目

铸造碳钢的金相检验标准，过去使用的 GB/T 8493—1987《一般工程用铸造碳钢金相》已废止，可以参考 TB/T 2450—1993《ZG 230-450 铸钢金相检验》评定铸态组织、残留铸态组织、正火后组织、退火后组织、回火程度。铸钢的金相检验应该按照标准进行，主要评定项目是显微组织分析、晶粒度评级和非金属夹杂物的评级。金相试样的选取，根据标准规定应该在力学性能试样上切取，特殊情况由供需双方协商确定。

1. 显微组织的检验

金相试样磨抛完成后，经 2%～4%的硝酸酒精浸蚀，在 100 倍下观察，将组织与标准中提供的组织图对照评定。调质态的组织需在 500 倍下评定，铸态、退火态、正火态均在 100 倍下评定。标准分别给出了多种钢号不同热处理状态的正常和非正常组织照片，供评定时对照使用。表 7-3 给出了 ZG 340-640 铸钢不同热处理的显微组织。

表 7-3 ZG 340-640 铸钢不同热处理的显微组织

状态		热处理温度/℃	显微组织及特征
铸态		—	珠光体、网状分布的铁素体
退火	非正常	Ac_1～Ac_3	珠光体、铁素体、残留铸态组织
	正常	Ac_3+50～150	珠光体、铁素体
	非正常	Ac_3+150 以上	珠光体、铁素体(组织粗化)
正火	非正常	Ac_1～Ac_3	珠光体、铁素体、残留铸态组织
	正常	Ac_3+50～150	珠光体、铁素体
	非正常	Ac_3+150 以上	珠光体、网状分布的铁素体(组织粗化)
调质	非正常	Ac_1～Ac_3 水淬+回火	回火索氏体、未溶铁素体
	正常	Ac_3+30～50 水淬+回火	回火索氏体
	非正常	Ac_3+50 以上水淬+回火	回火索氏体(组织粗化)

2. 晶粒度评级

晶粒度的评级一般是按照标准规定进行，在100倍下与标准对照评级。如不是在100倍下，则按照GB/T 6394—2017《金属平均晶粒度测定方法》进行评级。

3. 非金属夹杂物的评级

非金属夹杂物的评级仍是按照标准规定进行，评定时在100倍下，以最严重的视场评定结果为准。

五、铸造高锰钢的金相检验

视频 高锰钢水韧处理

高锰钢又称耐磨钢，以铁为基体材料，其主要合金元素是碳和锰，w_C = 0.9%~1.5%，w_{Mn} = 11%~14%，通常锰与碳的质量比控制在9~11。碳有显著提高加工硬化能力的特性，使切削加工很难进行，因此高锰钢零件多数是采用铸造成形，也就是说使用中的高锰钢零件几乎都是铸造高锰钢。

高锰钢最重要的特征是在外载荷作用下产生形变强化现象，通常称为加工硬化。其最大的特点是钢的表面通过形变强化具有很高的耐磨性。靠近表层，硬度急剧升高，变形程度越高，硬度越高，硬化层下面仍是软韧的奥氏体组织。

1. 高锰钢金相试样制备

从高锰钢加工硬化后的显微组织看，硬化层最外层的显微组织发生了很大变化，晶粒成为扁平状，滑移线数量很多，且不同的晶粒滑移线有不同的方向。从表层向内部发展，随变形程度的降低，晶粒的变形程度减小，滑移线也减少。

试样表面的损伤层是切割过程产生的，磨光过程可以把损伤层减少到最低程度甚至为零，抛光会使试样表面产生挤抹（一种塑性流变）或擦亮，这对获得没有损伤层的试样表面是有害的。由此可见，切割和抛光过程，都有可能使高锰钢试样表面产生塑性变形，所以高锰钢试样的制备，要特别注意切割和抛光这两个过程。

（1）取样与抛光

1）取样。高锰钢最好采用线切割机取样，因为线切割通过工件与电极丝之间进行脉冲放电，使放电通道的中心温度瞬时高达10000℃以上，而热源作用区局部电极丝及工件表面，同时被加热到熔点甚至沸点以上的温度，使局部的金属材料熔化和汽化来完成切割的过程。由于切割过程中试样表面不发生塑性变形，所以不产生加工硬化现象，这样就为后续制样过程奠定了良好的基础。

取好的试样首先在砂轮机上倒棱和倒角，然后在金相试样预磨机上用由粗到细的水砂纸进行磨平和磨光，用力不要太大。

2）抛光。抛光时，选用呢子作为抛光布，呢子的纤维长短适中。使用前在清水中把呢子上的浮毛揉洗掉，紧贴抛光盘安装好抛光布，然后分开拇指和十指并紧贴抛光布再向一起并拢提抛光布，以不能提起为好。抛光盘转动要平稳，手持试样施力要均匀。为了缩短抛光时间，尽量减少滑移线的产生，可用W3.5和W1两种高效抛光喷雾剂或金刚石研磨膏分别进行粗抛和精抛，不允许逆抛光盘转动方向移动试样。

如果抛光织物纤维过长，抛光时阻力过大，奥氏体晶粒内易产生滑移线，如图7-6所示，有滑移线。滑移线和划痕的区分：抛光好的试样表面，应无划痕，如果有也是极个别的，其特征是黑色、笔直、一般是单条、细长，可穿越几个晶粒；滑移线的特征是黑色、多条、相互平行、不同晶粒内的滑移线方向不同，只在晶粒内延伸，不能穿越晶界，如图 7-6 所示。

（2）试样的侵蚀　最后用 4%硝酸酒精溶液侵蚀、4%盐酸酒精溶液擦洗试样，能较好地呈现显微组织。

2. 高锰钢的铸态组织

高锰钢平衡缓冷的铸态组织应该为奥氏体基体+少量珠光体型共析组织+大量碳化物；工业生产中的铸造高锰钢铸态组织为奥氏体基体+针状马氏体+晶界上的莱氏体+托氏体+贝氏体等混合组织。如图 7-5 所示，白色基体为奥氏体（箭头 1，显微硬度 226HV），其上分布有长针状的马氏体。奥氏体晶界上的黑色块状组织为托氏体（箭头 2，显微硬度 477HV），大块灰白色鱼骨状组织为碳化物，与奥氏体构成莱氏体（箭头 3，显微硬度 687HV），在莱氏体边上的是羽毛状贝氏体，细针状组织为马氏体。

3. 高锰钢的水韧处理

铸造高锰钢铸态组织中存在着沿奥氏体晶界析出的碳化物和托氏体等，使钢的力学性能变差，特别是使冲击韧度和耐磨性降低，所以需要经过水韧处理加以改善。所谓水韧处理是将高锰钢铸件加热到 1050～1100℃，使碳化物全部溶解到奥氏体中，然后在水中激冷，防止碳化物析出，以获得均匀单相奥氏体组织，从而使其具有强韧结合的优良性能。水韧处理后的组织如图 7-6 所示，水韧处理后的零件硬度很低，一般为 180～220HBW，冲击韧度很高 $a_K \geqslant 150 J/cm^2$，能够承受强大的冲击载荷。在工作时，如受到强烈的冲击、压力、摩擦力，表面会因为塑性变形而产生强烈的加工硬化，使硬度达到 50～55HRC，从而使表面具有高的耐磨性，内层仍保持原来奥氏体的高塑性和高韧性。

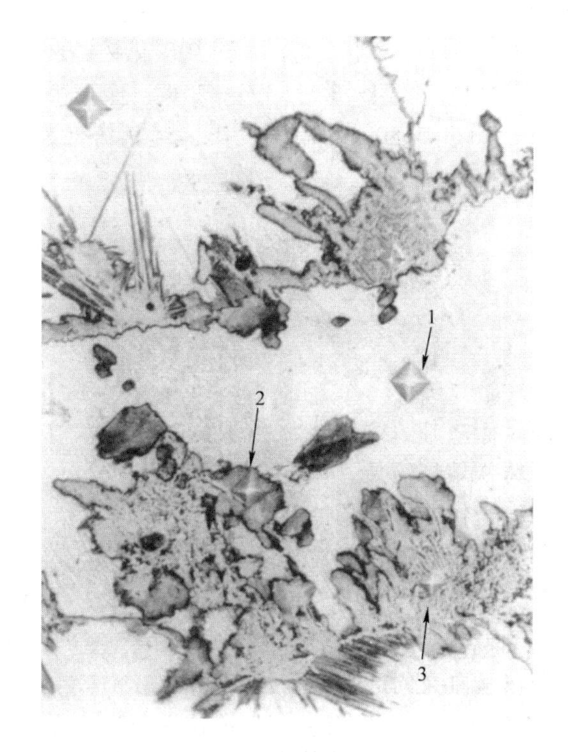

图 7-5　ZG Mn13 钢铸态组织（500×）

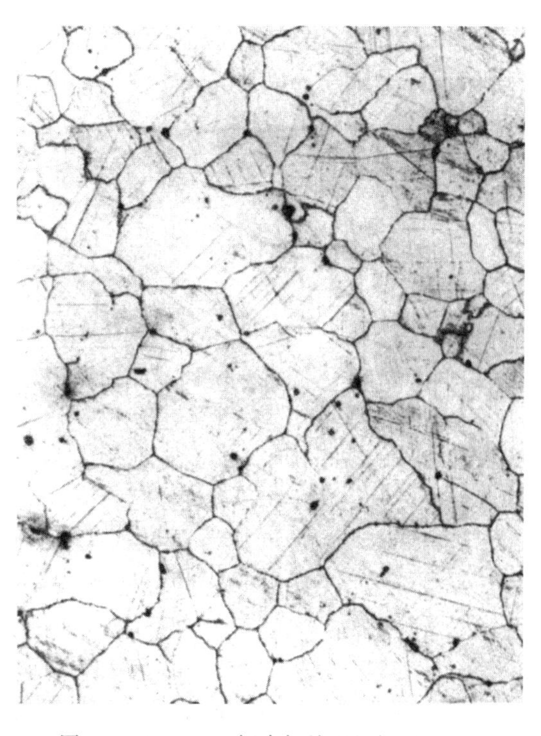

图 7-6　ZG Mn13 钢水韧处理组织（100×）

>>> 注意

图 7-6 中的细线条都是以晶粒为单元的，在晶界内方向不同，它们是滑移线，不是制样抛光不彻底残留的磨痕。磨痕不可能以晶界断开，而是连续穿越晶界的。如果这个细节不注意，很可能判断错，同学们在分析的时候，不可匆忙下结论，应认真仔细不放过任何细枝末节，养成良好的工作习惯，必将日趋进步，终会成为合格的金相分析工作者。

由于高锰钢具有这些特性，所以这类材料适用于制作坦克和拖拉机的履带、碎石机颚板、铁路道岔、挖掘机铲斗的斗齿等。

4. 高锰钢的金相检验项目

水韧处理的质量影响着高锰钢的耐磨性，因此需要严格控制水韧处理的加热温度，对水韧处理后的组织要求进行金相检验。若水韧处理的高锰钢组织未达到单相奥氏体，则说明水韧处理温度太低，使韧性变差；若获得的单相奥氏体晶粒粗大（晶粒度大于 5 级），则说明水韧处理的温度太高，使零件的屈服强度降低，而且表面容易氧化和脱碳。高锰钢水韧处理后一般不进行回火处理，也不适合在 250℃以上的工作温度服役。

高锰钢零件表面受力超过其屈服强度时，就会产生加工硬化现象，因此，在制取金相试样时，应该注意在用砂轮磨平时不应用力太重，且需及时加水冷却。进行磨光时，最后用水砂纸在湿态下磨制。抛光也要轻，冷却要及时。

高锰钢试样用 3%~5%的硝酸酒精溶液浸蚀，再用 4%~6%盐酸酒精溶液去除表面腐蚀产物和变形层，在 500 倍下观察，选择最严重的视场评定。

评定时按照 GB/T 13925—2010《铸造高锰钢金相》标准，进行显微组织、晶粒度和非金属夹杂物的级别评定。标准中对显微组织的碳化物类型，即未溶、析出、过热碳化物各自特征分别在不同系列的评级图中给出了说明。晶粒度的评定按照 GB/T 6394—2017《金属平均晶粒度测定方法》进行。非金属夹杂物评定按照 GB/T 5680—2010《奥氏体锰钢铸件》规定，1~2 级为合格。

模块二　铸　铁

一、概述

音频　铸钢和铸铁的金相检验

铸铁是碳质量分数大于 2.11%的铁碳合金。除了碳之外，铸铁还含有较多的硅、锰和其他一些杂质元素。与钢相比，铸铁熔炼简便，成本低廉，虽然强度、塑性和韧性较低，但是有优良的铸造性能。石墨的存在，使铸铁有较好的减振性和耐磨性，并且石墨的润滑作用和断屑作用，使之切削加工性能良好。因此，铸铁件得到广泛的应用。

根据碳在铸铁中存在的形式，铸铁可分为：

（1）白口铸铁　碳主要以渗碳体形式存在，断口呈白亮色，所以称为白口铸铁。

（2）灰铸铁　碳主要以游离碳，即石墨的形式存在，断口呈灰色。灰铸铁又根据石墨碳的存在形式，分为普通灰铸铁、球墨铸铁、蠕墨铸铁、可锻铸铁几种。灰铸铁是铸铁应用最广的一类。

灰铸铁中除以石墨形式存在的碳外，与钢具有相同的金属基体。铸铁的金属基体相当于纯铁、亚共析钢和共析钢的组织，即金属基体可以有铁素体、珠光体+铁素体、珠光体三种类型。

（3）麻口铸铁　既有以石墨形式存在的碳，又有以渗碳体形式存在的碳，断口呈黑白相间的麻点状。这类铸铁脆性大，耐磨性又不如白口铸铁，所以很少使用。

铸铁的金相制样在本书第三单元模块一中专门有介绍，特别要注意试样在制备过程中石墨是否产生了曳尾，不要造成假象带来误判。

二、铸铁的分类及其组织和性能

1. 白口铸铁

根据含碳量的多少，形成的组织不同，白口铸铁可分为亚共晶白口铸铁、共晶白口铸铁和过共晶白口铸铁。

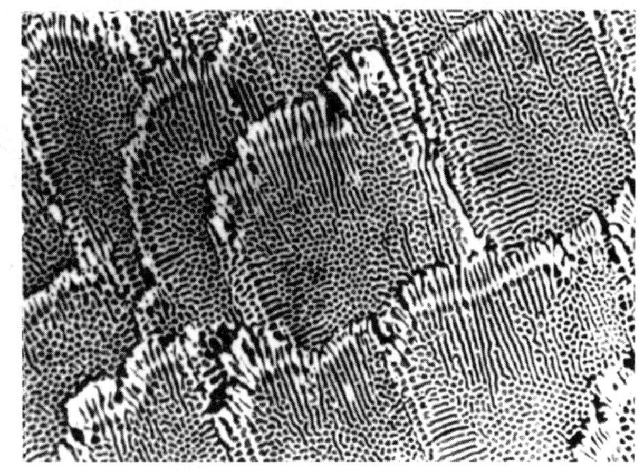

图 7-7　共晶白口铸铁的室温组织（100×）

共晶白口铸铁的室温组织为室温莱氏体，如图 7-7 所示，由白色的渗碳体和黑色的珠光体组成。渗碳体是基体，珠光体呈蜂窝点状均匀分布，在原奥氏体晶界位置，珠光体较粗大。

图 7-8 所示为亚共晶白口铸铁的组织，其中基体由麻点状的室温莱氏体构成，基体上的黑色组织为珠光体，珠光体是由亚共晶铁液中先析出的奥氏体在共析温度之后转变而成的。

过共晶白口铸铁的组织如图 7-9 所示，基体是室温莱氏体，分布在基体之上贯穿整个视场的白色组织是渗碳体，这种粗大的渗碳体是共晶铁液中先析出的一次渗碳体。

由于渗碳体硬脆，所以使用白口铸铁一般都采用共晶成分或亚共晶成分。白口铸铁是在快速冷却下得到的，生产上一般采用金属型浇注获得。受冷却条件的制约，激冷作用只能得到一定深度的白口层，其内层是麻口层，再往心部逐渐过渡到灰口层。白口层中的共晶莱氏体具有高硬度和高耐磨性，为保证其耐磨性，对白口层深度应进行金相检验。金相试样要取与激冷表面垂直的切面，在切面磨制的金相磨面上，由激冷表面最外层向内观察，测量白口层深度。

2. 普通灰铸铁

通常所说的灰铸铁是指普通灰铸铁，是由一定成分的铁液浇注而成，其生产工艺简单，铸造性能优良，是生产中应用最广的一种铸铁，约占铸铁总量的 80%。灰铸铁的石墨主要以片状形式存在。详细内容见本单元模块三。

3. 球墨铸铁

球墨铸铁是铁液经过球化剂、孕育剂处理后浇注得到的一种铸铁。其中的碳主要以球状或团絮状的石墨形式存在，是一种具有多种优良性能的铸铁。详细内容见本单元模块四。

4. 蠕墨铸铁

蠕墨铸铁是在铁液中加入一定的蠕化剂并经孕育处理生产出来的一类铸铁。其中石墨大

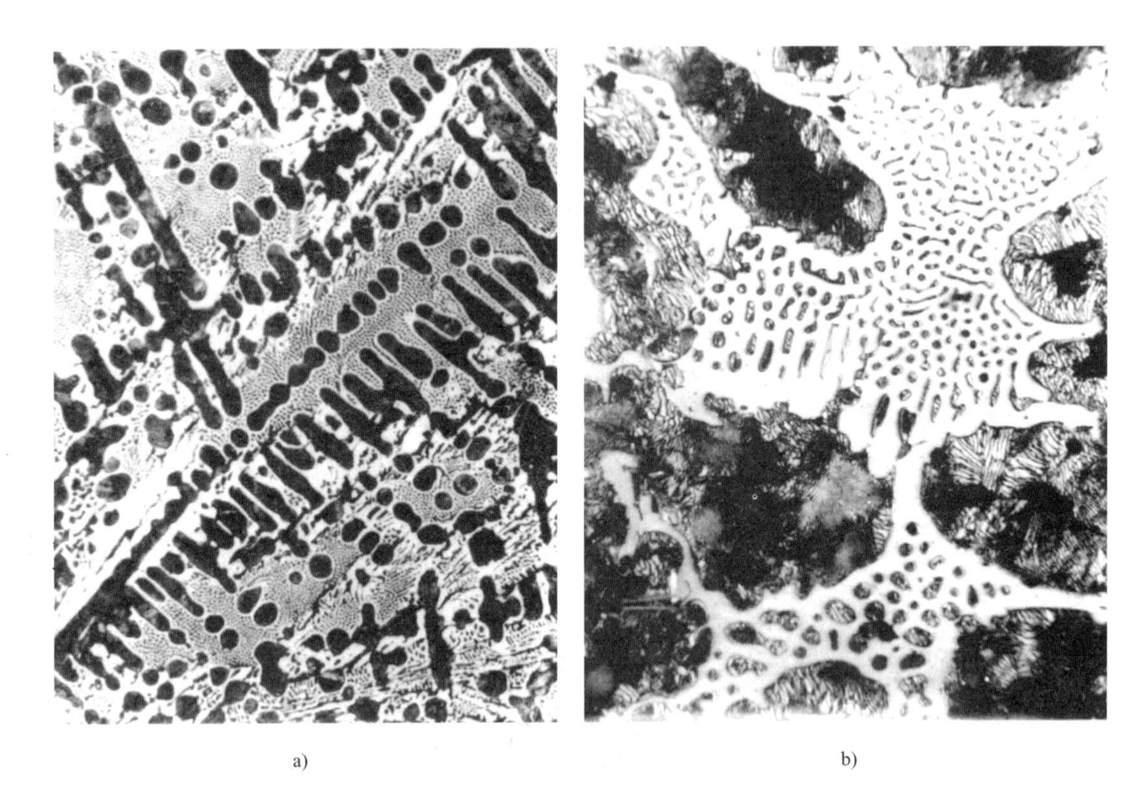

a)　　b)

图 7-8　亚共晶白口铸铁的组织

a）100×　b）500×

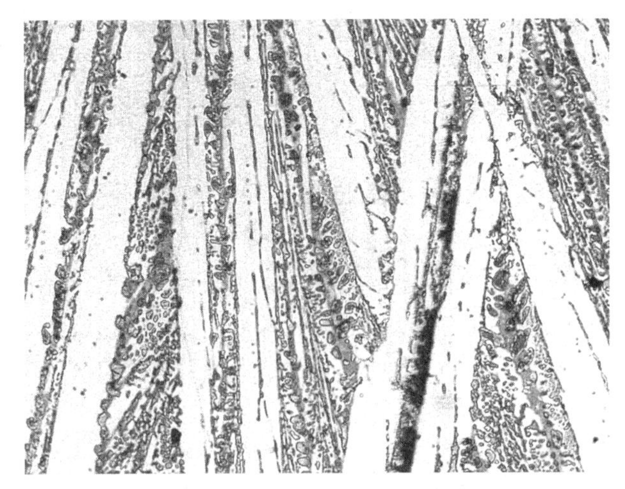

图 7-9　过共晶白口铸铁的组织（100×）

部分呈蠕虫状，少量以球状存在，其组织和性能介于球墨铸铁和灰铸铁之间，具有良好的综合性能。另外，蠕墨铸铁的铸造性能比球墨铸铁好，接近灰铸铁，并且有较好的耐热性。因此，形状复杂的铸件或高温下工作的零件可用蠕墨铸铁制造。蠕墨铸铁是近些年迅速发展起来的一种新型铸铁材料。

蠕墨铸铁一般采用共晶点附近的成分，以有利于改善铸造性能。通常含量为 w_C =

3.0%~4.0%，w_{Si}=1.4%~2.4%，w_{Mn}=0.4%~0.8%，w_P=0.08%，w_S<0.03%。碳含量对于薄壁件取上限值，以免出现白口；厚壁件取下限值，以免出现石墨漂浮。硅元素是典型的石墨化元素，主要作用是控制基体，防止白口化。硅含量增加，基体中的珠光体量减少，铁素体量增加。锰在蠕墨铸铁中起到稳定珠光体的作用，如要求获得良好韧性的铁素体基体蠕墨铸铁，则锰含量取下限，要获得高强度、高硬度的珠光体基体蠕墨铸铁，则锰含量取上限。磷含量在要求零件具有突出的耐磨性时，可以提高到 w_P=0.2%~0.35%。硫是与蠕化剂亲和的元素，会削弱蠕化剂的作用，因此需要控制。

蠕墨铸铁中的石墨呈蠕虫状，介于片状与球状之间，比灰铸铁的石墨片短、厚，端部圆钝，形似蠕虫，如图 7-10 所示，图 7-10a 所示为光学显微镜下的二维形态，图 7-10b 所示为扫描电镜（SEM）下的三维形态。蠕墨铸铁石墨的长度与厚度之比一般为 2~10，灰铸铁中>50，蠕墨铸铁中石墨的长厚比要比灰铸铁中小得多，所以石墨对基体的割裂作用较小，抗拉强度可达 300~450MPa。

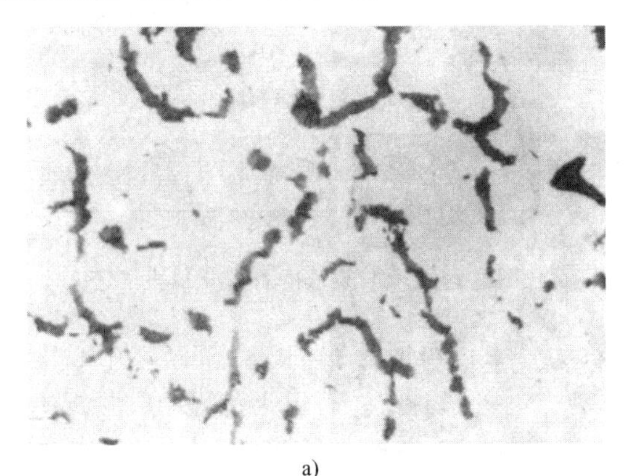

a)

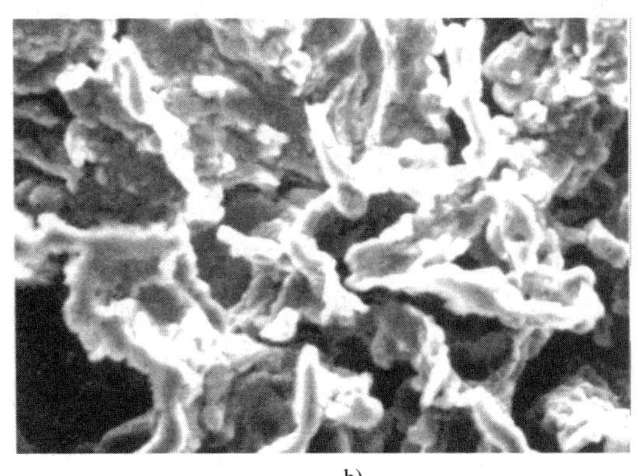

b)

图 7-10　蠕墨铸铁的组织

a）未浸蚀状态（100×）　b）SEM 照片（200×）

蠕墨铸铁不仅强度高，而且具有一定的韧性和耐磨性，同时又具有良好的铸造性能和导热性。因此，蠕墨铸铁较适合用于强度要求较高、承受冲击载荷或热疲劳的零件。但蠕墨铸铁和球墨铸铁相似，切削加工时对刀具的磨损比灰铸铁要高。蠕墨铸铁的牌号、性能及应用见表 7-4。蠕墨铸铁的性能主要取决于金相组织，金相组织中主要评定蠕化率指标。JB/T 3829—1999《蠕墨铸铁　金相》中的蠕化率是指光学显微镜中蠕虫状石墨面积占视场内全部石墨面积的百分比。

表 7-4　蠕墨铸铁的牌号、性能及应用（蠕化率不小于 50%）

牌　号	R_m/MPa	A(%)	硬度（HBW）	基体组织	应　用
	不小于				
RuT420	420	0.75	200~280	珠光体	活塞环、气缸套、刹车鼓、制动盘、泵体、玻璃模具
RuT380	380	0.75	193~274	珠光体	
RuT340	340	1.0	170~249	珠光体+铁素体	龙门铣床横梁、飞轮、起重机卷筒、液压阀体
RuT300	300	1.5	140~217	铁素体+珠光体	排气管、变速箱体、气缸盖

（续）

牌　　号	R_m/MPa	A(%)	硬度（HBW）	基体组织	应　　用
	不小于				
RuT260	260	3.0	121～197	铁素体	增压器废气进气壳体，汽车、拖拉机的某些地盘零件

5. **可锻铸铁**

可锻铸铁是由铁液浇注成白口铸铁坯料，再经过石墨化退火而得到的。可锻铸铁中的碳主要以团絮状石墨形式存在，对基体的割裂效果和引起的应力集中作用比灰铸铁小。与灰铸铁相比，可锻铸铁有较好的强度和塑性，很好的低温冲击性能。

视频　铸铁的石墨化

根据白口铸铁石墨化退火的工艺不同，可得到铁素体基体的可锻铸铁和珠光体基体的可锻铸铁。图 7-11 所示为可锻铸铁的石墨化退火工艺，图 7-12a、b 所示分别为铁素体基体的可锻铸铁和珠光体基体的可锻铸铁的组织。按照断口颜色的不同，可锻铸铁又分为黑心可锻铸铁和白心可锻铸铁。黑心可锻铸铁是由白口铸铁经长时间石墨化退火而得到的。若白口铸铁中的渗碳体在退火过程中全部分解而石墨化，则最终得到的组织为铁素体基体+团絮状石墨，称为铁素体可锻铸铁，因为其断口中心呈暗灰色，靠近表皮部分因脱碳呈灰白色，所以又称为黑心可锻铸铁。若退火过程中，共析渗碳体没有石墨化，则最终组织为珠光体基体+团絮状石墨，称为珠光体可锻铸铁，其断口呈灰色。

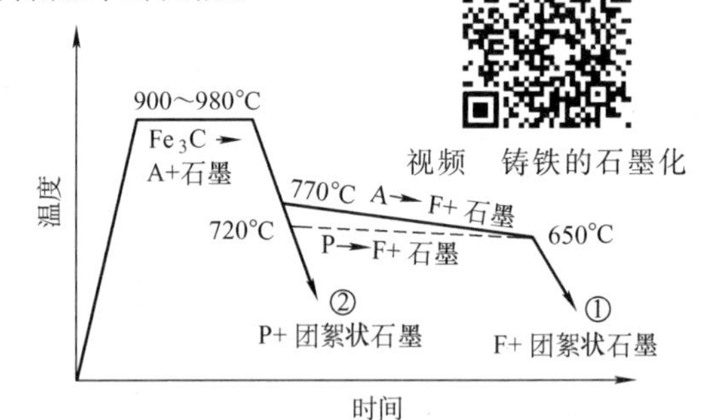

图 7-11　可锻铸铁的石墨化退火工艺

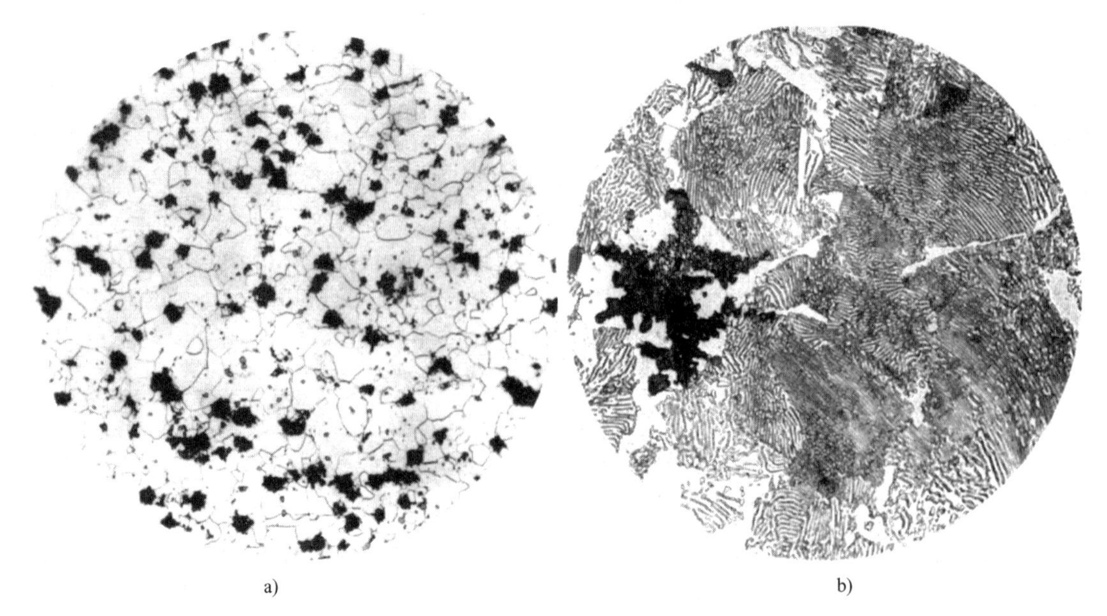

a)　　b)

图 7-12　可锻铸铁的组织

a）铁素体基体（100×）　b）珠光体基体（500×）

白心可锻铸铁是白口铸铁在氧化性介质中经退火和脱碳而得到的。其外层组织为脱碳后得到的铁素体或铁素体+珠光体，外层没有石墨存在，心部为珠光体+少量渗碳体+团絮状石墨。断口中心呈灰白色，表层呈暗灰色，所以称为白心可锻铸铁。

黑心可锻铸铁牌号由“KTH”加两组数字表示，珠光体可锻铸铁牌号由“KTZ”加两组数字表示，白心可锻铸铁牌号由“KTZ”加两组数字表示，两组数字分别表示最低抗拉强度和最小伸长率。表7-5列出了我国部分可锻铸铁的牌号、性能及应用。

>> 注意　铸铁中的石墨是灰黑色的，在未经浸蚀的抛光状态下检验，石墨形态为絮状时，与缩孔、疏松很像，疏松是缺陷，在企业中通常叫“缺肉”，会使性能显著降低，而石墨是铸铁里碳的主要形态是正常的。如果遇到这样的情况，检验者切不可草率处理，应借助显微硬度计或其他手段，搞清楚了再出检验报告。如果由于不严谨出现误判，可能造成产品使用时出现质量事故，因此检验员的职业责任心应时刻铭记于心，不可疏忽大意。

在黑心可锻铸铁中，由于团絮状石墨对金属基体的割裂作用远比片状石墨小，而不如球墨铸铁的球状石墨，所以其性能比灰铸铁高，比球墨铸铁差。尽管可锻铸铁生产周期长，但由于它具有铁液处理方便、生产质量稳定的优点，而且在生产形状复杂的薄壁细小铸件和壁非常薄的管件方面，和其他铸铁相比具有明显的优势，所以可锻铸铁不能完全由球墨铸铁所取代。目前我国主要使用的是黑心可锻铸铁。

表7-5　部分可锻铸铁的牌号、性能及应用（试样尺寸 ϕ16mm）（参照 GB/T 9440—2010）

牌　号	R_m/MPa	$R_{p0.2}$/MPa	A(%)	基体组织	应　用
	不小于				
KTH300-06	300	—	6	铁素体	有一定强度和韧性，用于承受低动载荷，要求气密性好的零件，如管道配件、中低压阀门
KTH330-08	330	—	8		用于承受中等动载荷和静载荷的零件，如犁刀、机床用扳手及钢丝绳扎头等
KTH350-10	350	200	10		
KTH370-12	370	—	12		有较高的强度和韧性，用于承受较大冲击、振动及扭转载荷零件，如汽车、拖拉机后轮壳
KTZ450-06	450	270	6	珠光体	强度、硬度及耐磨性好，用于承受较高应力与磨损的零件，如曲轴、连杆、凸轮轴、活塞环、摇臂、齿轮、轴套、犁刀、耙片、万向接头、棘轮扳手、传动链条、矿车轮等
KTZ550-04	500	340	4		
KTZ650-02	600	430	2		
KTZ700-02	700	530	2		

可锻铸铁的金相检验依照JB/T 2122—1977《铁素体可锻铸铁　金相》进行。石墨的检验要求对石墨形状、石墨分布及石墨颗数评级；基体组织的检验主要是对珠光体和渗碳体的残余量及表皮厚度的检验。残余珠光体和残余渗碳体是由白口铸铁坯料在退火时，不同阶段退火不充分所致，必须进行检验。表皮层是指出现在铸件外缘的珠光体层或铸件外缘的无石墨铁素体层。表皮层由石墨化退火时退火温度过高，铸件表皮奥氏体强烈脱碳所致。对于石墨和基体的各项检验，按照标准规定的方法和组织说明，与标准图片对照比较进行级别评定。

三、石墨与基体对铸铁性能的影响

铸铁的组织由金属基体和石墨组成，铸铁的性能则取决于金属基体的性质和石墨的性质及其数量、大小、形状和分布。

石墨十分松软而脆弱，抗拉强度在20MPa以下，伸长率趋近于零。石墨就像金属中的空洞和裂缝，可以把铸铁看成是有大量空洞和裂缝的钢。石墨一方面破坏了基体金属的连续性，减小了铸铁的实际承载面积；另一方面石墨边缘如同尖锐的缺口或裂纹，在外力作用下会导致应力集中，形成断裂源。因此，铸铁的抗拉强度、塑性和韧性都很低。

石墨的数量、大小和分布对铸铁的性能有显著影响。就片状石墨而言，石墨数量越多，对基体的削弱作用和应力集中程度越大，灰铸铁的抗拉强度和塑性越低。但是灰铸铁的抗压强度比抗拉强度高得多，这是由于在压应力作用下，石墨片不引起过大的局部应力。石墨数量一定时，若石墨片粗大，则虽然应力集中程度减弱，但在局部区域使承载面积急剧减小，性能也显著下降；若石墨片很细，则石墨片增多，应力集中程度增大，尤其当石墨片相互连接时，承载面积也显著减小。当石墨形成封闭的网络时，铸铁的力学性能最低。

石墨形状也显著影响铸铁的性能。对于基体为珠光体的铸铁，当石墨由灰铸铁的粗片状分别变成细片状（孕育铸铁）、团絮状（可锻铸铁）和球状（球墨铸铁）时，抗拉强度和伸长率逐渐提高。当石墨为团絮状或球状时，铸铁的强度和中碳钢的强度相当。

基体组织对铸铁的力学性能也起着重要作用。对于同一类铸铁来说，其他条件相同的情况下，可以显示出基体组织对铸铁性能的影响。铸铁基体中铁素体越多，铸铁塑性越好，基体中珠光体数量越多，则铸铁的抗拉强度和硬度越高，但是灰铸铁除外。这是由于普通灰铸铁中的粗片状石墨对基体有强烈的割裂作用，即使得到全部铁素体基体，塑性和韧性仍然很低。因此，只有当石墨为团絮状、蠕虫状或球状时，改变金属基体组织才能显示出对性能的影响。例如，铁素体可锻铸铁具有一定的强度及较高的塑性和韧性，珠光体可锻铸铁具有较高的强度、硬度和耐磨性以及一定的塑性和韧性。

球墨铸铁的基体组织对其力学性能起着更显著的作用。铁素体球墨铸铁的塑性和韧性相当高；珠光体球墨铸铁强度很高，耐磨性较好，并具有一定的塑性和韧性。此外，通过热处理可以使球墨铸铁得到下贝氏体、回火马氏体、回火索氏体等组织，从而使球墨铸铁具有更高的强度和塑性。

石墨和基体除了影响铸铁的常规力学性能外，还能使铸铁具有某些特殊性能和优良的工艺性能。

1）石墨在铸铁中具有良好的减振作用。石墨对铸铁的振动起缓冲作用，将振动转变为热能，尤其是粗片状石墨对基体分割作用大，减振能力较强，所以普通灰铸铁比球墨铸铁具有更好的减振性。

2）石墨本身具有良好的润滑作用和减摩作用。在有润滑的条件下，石墨脱落后的空洞可以吸附和储存润滑油，使润滑面保持良好的润滑条件，从而使铸铁比钢具有更好的耐磨性。

3）铸铁的可加工性好，尤其是灰铸铁，可加工性最好。

4）与钢相比，铸铁具有优良的铸造性能。因为铸铁的碳、硅含量较高，熔点比钢低，故具有良好的流动性和充型性。另外，由于石墨的比体积大，凝固时铸件的收缩量减小，可以减少铸件内应力，防止铸件变形和开裂，同时可以减少冒口，简化铸造工艺。因此，铸铁是工业上十分有价值的结构材料，可以广泛用于制造各种机器零件，尤其适用于铸造薄壁复杂的机器零件。

模块三 灰铸铁的金相检验

一、灰铸铁的牌号、化学成分及性能

按 GB/T 9439—2010《灰铸铁件》规定，灰铸铁共有八个牌号。灰铸铁牌号由“灰铁”汉语拼音“HT”和其后的三位数字表示，数字表示最小抗拉强度。

部分灰铸铁化学成分的一般范围见表 7-6，其中 HT300 和 HT350 两种灰铸铁的化学成分为经过孕育处理后的成分。灰铸铁化学成分范围较宽，又因为生产过程简单，铸造性能好，因此铸造工艺的可操作性强，灰铸铁的应用非常普遍。铸铁化学成分控制的目的是服务于铸铁件的组织和性能，一般不作为检验的硬性指标。

表 7-6 部分灰铸铁化学成分的一般范围

牌 号	基体组织	化学成分（%）				
		w_C	w_{Si}	w_{Mn}	w_P	w_S
HT100	珠光体 30%～70%，铁素体 70%～30%	3.4～3.9	2.1～2.6	0.5～0.6	<0.3	<0.15
HT150	珠光体 40%～90%，铁素体 60%～10%	3.2～3.5	1.8～2.4	0.5～0.9	<0.3	<0.15
HT200	珠光体>95%，铁素体<5%	3.0～3.5	1.4～2.0	0.7～1.0	<0.3	<0.12
HT250	珠光体>98%	2.8～3.3	1.3～1.8	0.8～1.2	<0.2	<0.12
HT300	珠光体>98%	2.8～3.3	1.2～1.7	0.8～1.2	<0.15	<0.12
HT350	珠光体>98%	2.7～3.1	1.1～1.6	1.0～1.4	<0.15	<0.10

灰铸铁根据直径 30mm 单铸试棒的抗拉强度进行分级。部分灰铸铁的牌号、抗拉强度及应用见表 7-7，从表中可看出，牌号越高的灰铸铁，其抗拉强度越高，另外，相同牌号的铸件，壁厚增加则最小抗拉强度降低。这主要是因为铸件壁厚增加时冷却速度降低，造成基体组织中铁素体数量增多而珠光体数量减少。

表 7-7 部分灰铸铁的牌号、抗拉强度及应用（参照 GB 9439—2010）

牌 号	铸件壁厚/mm	R_m/MPa 不小于	应 用
HT100	2.5～50	130～80	适用于载荷小，对摩擦、磨损无特殊要求的零件，如盖、外罩、油盘、手轮、支架、底座等
HT150	2.5～50	175～120	适用于承受中等载荷的零件，如卧式机床上的支柱、底座、齿轮箱、刀架、床身、轴承座、工作台、带轮等
HT200	2.5～50	220～160	适用于承受大载荷的重要零件，如汽车、拖拉机的气缸体、气缸盖、刹车轮等
TH250	4～50	270～200	适用于承受大载荷的重要零件，如联轴器盘、液压缸、阀体、泵体、化工容器、圆周转速 12～20m/s 的带轮、泵壳、活塞等
HT300	10～50	290～230	适用于承受高载荷、要求耐磨性和高气密性的重要零件，如剪床、压力机等重型机床的床身、机座及受力较大的齿轮、凸轮、衬套、大型发动机的气缸、缸套、气缸盖、液压缸、泵体、阀体等
HT350	10～50	340～260	

由于石墨的强度相比金属基体而言很低，在铸铁中相当于裂缝和空洞，破坏了金属基体的连续性，使基体的有效承载面积减小，并且片状石墨的端部在受力时很容易造成应力集中，因此，灰铸铁的抗拉强度、塑性和韧性都明显低于碳素钢。石墨片的数量越多，尺寸越大、分布越不均匀，对基体的割裂作用越显著。所以在生产灰铸铁件时，应尽可能获得细小的石墨片。但是，灰铸铁的硬度和抗压强度主要取决于基体组织，其抗压强度明显高于抗拉强度，因此灰铸铁比较适合用作耐压零件，如机床的底座、床身、支柱、工作台等。

二、灰铸铁的基本组织

灰铸铁的基本组织由石墨和金属基体构成。

1. 石墨分布形态

灰铸铁石墨形态是片状，石墨的分布形式，按照 GB/T 7216—2009《灰铸铁金相检验》分为六种，分别为 A 型、B 型、C 型、D 型、E 型、F 型，如图 7-13 所示。

A 型石墨——片状：石墨呈无方向性均匀分布。这种石墨通常是共晶或接近共晶成分的铁液在缓慢冷却（过冷度很小）条件下形成的。冷却条件除和砂型铸造条件有关外还和铸件的壁厚有关。越厚的铸件越易形成 A 型石墨。按传统观点，细小的 A 型石墨具有最好的力学性能。

B 型石墨——菊花状：片状及细小卷曲的片状石墨聚集成菊花状分布。心部为少量点状石墨，外围为卷曲片状石墨。这种石墨一般是接近共晶成分的铁液经孕育处理后，在较大的过冷条件下形成的。其力学性能稍次于 A 型石墨。

C 型石墨——块片状：初生的粗大直片状石墨。不包括其周围的小石墨。这种石墨一般是过共晶铁液在过冷度比较小的情况下形成的。其中的大块和粗大片是由铁液中初生的石墨，会出现在高含碳量的厚壁铸件中。C 型石墨铸铁的力学性能显著下降。

D 型石墨——枝晶点状：细小卷曲的片状石墨在枝晶间呈无方向性分布。这种石墨是亚共晶成分的铁液在较大过冷度下形成的。D 型石墨是过冷石墨，出现在金属型浇注的铸件和离心铸件的外表面。

E 型石墨——枝晶片状：片状石墨在枝晶二次分枝间呈方向性分布。这种石墨是亚共晶成分的铁液在比形成 D 型石墨小的过冷度下形成的。在有 D 型石墨的铸件中，冷却较缓慢的部位往往能见到 E 型石墨。

F 型石墨——星状：初生的星状（或蜘蛛状）石墨。石墨的星状就是较大的块状。这种石墨一般是过共晶成分的铁液在较大过冷度下形成的。高含碳量的薄壁件中常出现，比如活塞环。

在实际铸件中，往往同时存在几种石墨形态。石墨的分布形态影响铸件的力学性能，比较而言，以 A 型和 B 型石墨的分布形态为好。

2. 石墨的长度

灰铸铁的石墨长度是影响力学性能的因素。灰铸铁金属基体相同时，石墨片越长，抗拉强度越低。GB/T 7216—2009 将石墨长度分为八级，见表 7-8。例如“石长 9”表示石墨长度在>6～12mm，是一个范围。

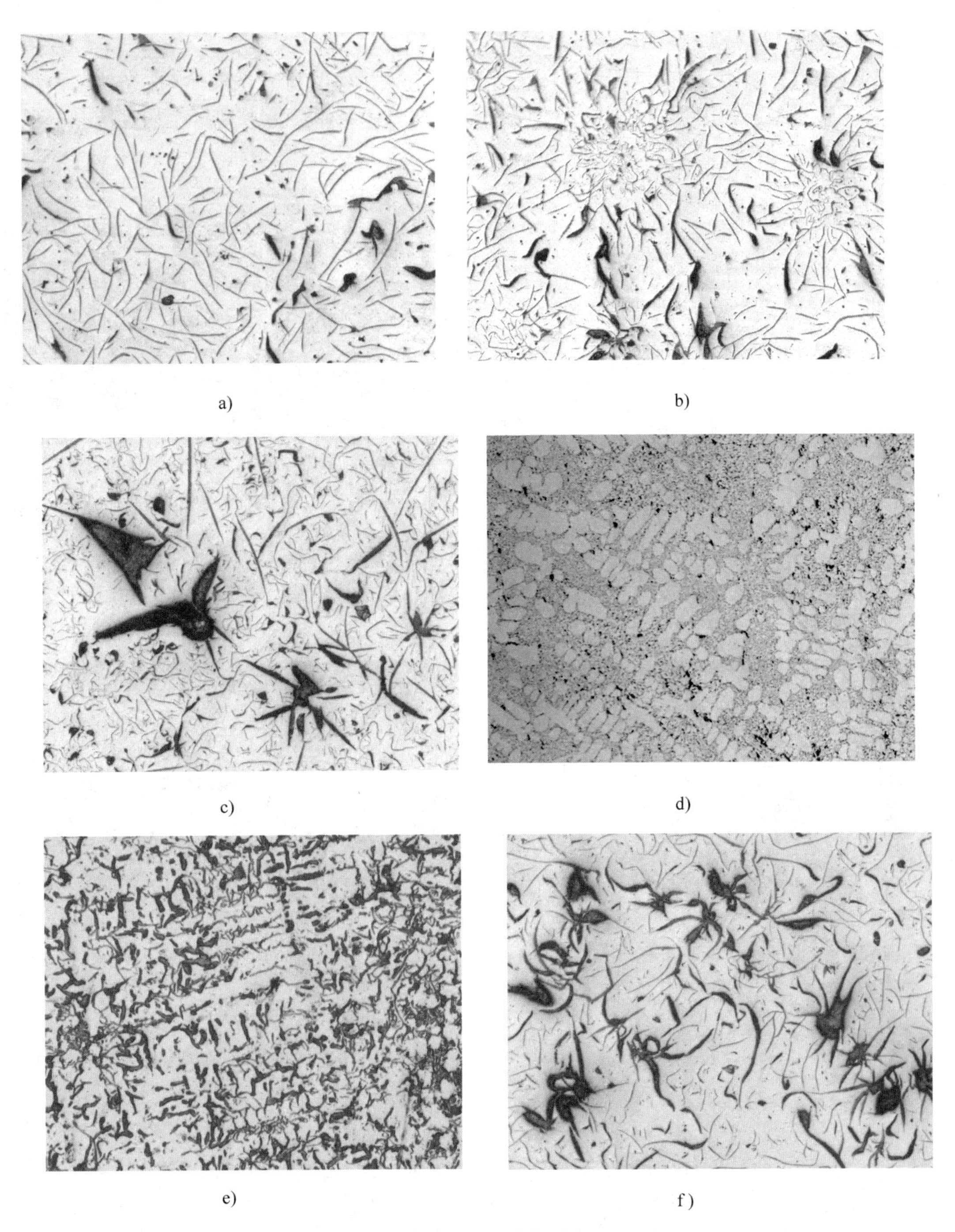

图 7-13　灰铸铁的石墨分布形态（100×）

a）A 型片状　b）B 型菊花状　c）C 型块片状　d）D 型枝晶点状　e）E 型枝晶片状　f）F 型星状

表 7-8　石墨长度分级

级　别	1	2	3	4	5	6	7	8
名称	石长 100	石长 75	石长 38	石长 18	石长 9	石长 4.5	石长 2.5	石长 1.5
100 倍下石墨长度/mm	>100	>50~100	>25~50	>12~25	>6~12	>3~6	>1.5~3	<1.5

3. 基体组织

灰铸铁的基体组织，相当于钢的组织，常见的有铁素体基体、铁素体+珠光体基体、珠光体基体三种类型，如图 7-14 所示。其中铁素体+珠光体基体最为常见。在某些情况下，也会出现贝氏体或马氏体。

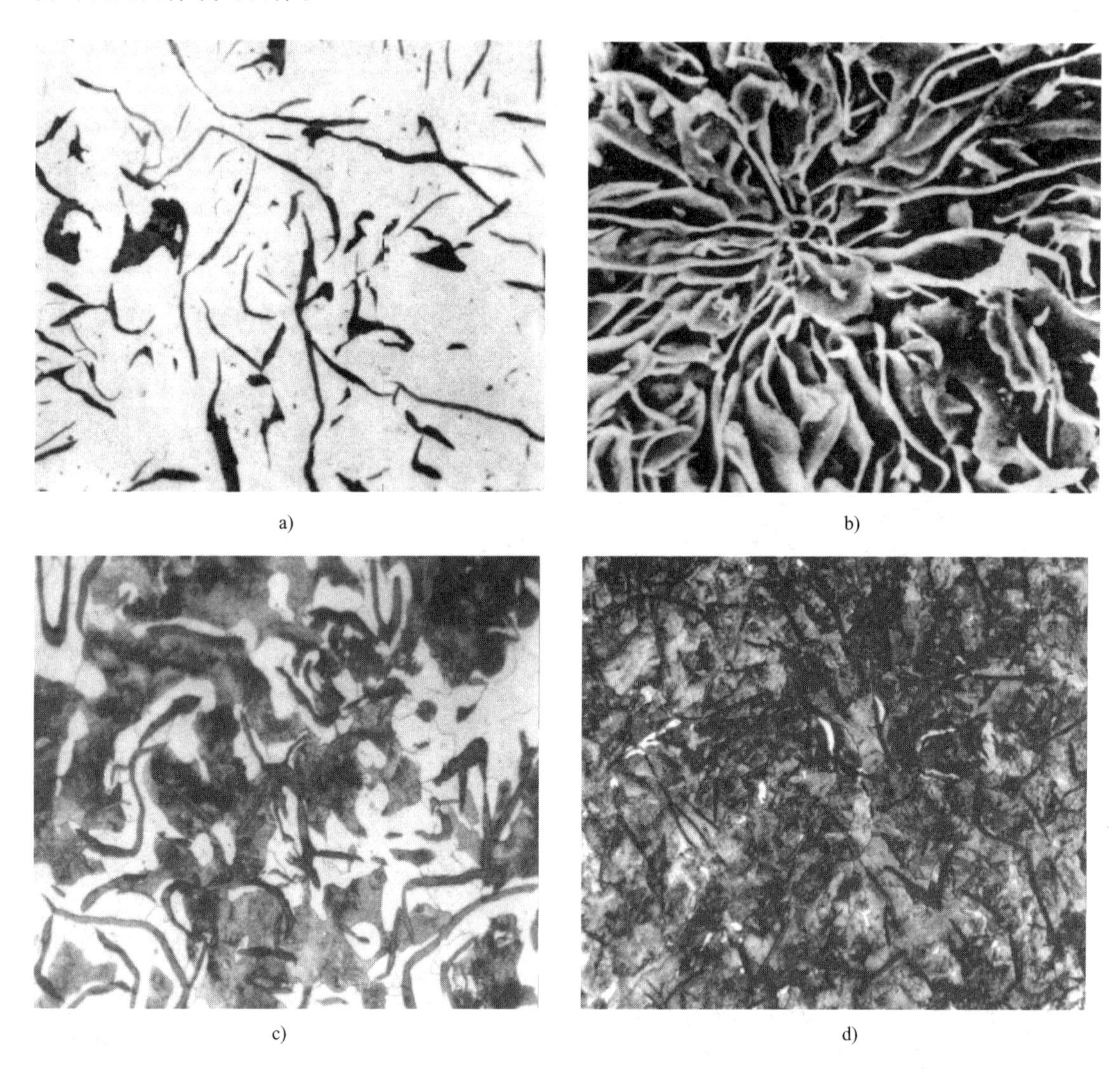

a) b) c) d)

图 7-14 A 型石墨灰铸铁

a）铁素体基体（100×） b）SEM 下 A 型石墨形态（600×）

c）铁素体+珠光体基体（100×） d）珠光体基体（100×）

基体组织对灰铸铁的力学性能起到了决定作用。珠光体的数量越多，材料的强度越高。珠光体基体灰铸铁的强度大于混合基体灰铸铁的强度，混合基体灰铸铁的强度大于铁素体基体灰铸铁的强度。灰铸铁的耐磨性也是随基体强度提高而提高的。

进行灰铸铁基体组织检验时，首先确定基体类型，如果是混合组织类型，则需要评定珠光体与铁素体的相对含量。GB/T 7216—2009 将珠光体数量分为八级，1～8 级分别为珠 98、珠 95、珠 90、珠 80、珠 70、珠 60、珠 50、珠 40。每一级表示珠光体数量在一定的范围。

例如 4 级珠 80 表示珠光体数量在 75%~85%，8 级珠 40 表示珠光体数量<45%。

珠光体的形态在基体组织中一般呈片状，偶尔也有粒状珠光体。片状珠光体的粗细也会影响材料的力学性能，珠光体片间距越小，灰铸铁的强度和硬度越高。在 500 倍下，按照珠光体片间距的大小，将珠光体粗细分为四级：索氏体型珠光体（铁素体片与渗碳体片难以分辨）、细片状珠光体（片间距≤1mm）、中片状珠光体（片间距>1~2mm）以及粗片状珠光体（片间距>2mm）。但是，珠光体的粗细对材料力学性能的影响远不如珠光体数量的多少对力学性能的影响显著。因此，生产中要求金相检验项目必须有珠光体数量的检验，但不一定要求珠光体粗细评级。

4. 碳化物和磷共晶

铸铁结晶时，根据化学成分和冷却速度不同，铁液可以 Fe-C（石墨）稳定系相图结晶，也可以按照 Fe-Fe_3C 亚稳定系相图结晶。如果按照后者，则碳以渗碳体形式存在。实际生产中，灰铸铁件的碳化物很少，但在合金铸铁和耐磨铸铁中，会有较多碳化物出现。根据碳化物的分布形态，可分为针条状碳化物、网状碳化物、块状碳化物和莱氏体状碳化物。GB/T 7216—2009 将碳化物分为六级：碳 1、碳 3、碳 5、碳 10、碳 15、碳 20。评定时，以碳化物数量，按大多数视场对照标准图片。例如“碳 5”表示碳化物的体积分数约占 5%。碳化物具有很高的硬度，脆性很大，会降低铸铁的韧性，并且在加工时，成为硬质点，恶化加工性能。因此，碳化物在铸铁中是缺陷相，检验过程如果发现碳化物，则应该对其形态和数量进行评定。

铸铁铁液中含磷量高时，会出现磷共晶。磷共晶是一种低熔点的组织，总是分布在晶界处、共晶团边界和铸件最后凝固的热节部位。磷共晶类型按其组成分为四种：二元磷共晶、三元磷共晶、二元磷共晶-碳化物复合物、三元磷共晶-碳化物复合物。这四种类型磷共晶的组织特征见表 7-9。显微组织分别如图 7-15~图 7-18 所示。

表 7-9 磷共晶类型和组织特征

类　型	组 织 特 征	图　号
二元磷共晶	在磷化铁上均匀分布着奥氏体分解产物的颗粒	7-15
三元磷共晶	在磷化铁上分布着奥氏体分解产物的颗粒及粒状、条状的碳化物	7-16
二元磷共晶-碳化物复合物	二元磷共晶和大块的碳化物	7-17
三元磷共晶-碳化物复合物	三元磷共晶和大块的碳化物	7-18

二元磷共晶：向内凹陷弯曲，明亮的磷化铁基体上均匀分布着暗色的 α 质点，共晶体边界内外较深、截然分明。另一种二元磷共晶呈鱼骨状，它的外形像莱氏体组织，显微观察其亮度要比莱氏体差，共晶体中有时珠光体呈小团分布。

三元磷共晶：特征是在磷化铁基体上散布着大小不均匀的 α 颗粒，有的串连成条状，在高倍下观察整个共晶体中隐约可见微微凸起的亮白色杆状或粒状碳化物，这种三元磷共晶不仔细观察，有时会与二元磷共晶混淆。

二元磷共晶-碳化物复合物：白亮的碳化物条带贯穿或附着在二元磷共晶体上，形成鲜明的直线界限，碳化物光亮无点状颗粒物。

形成二元或三元磷共晶，既与含磷量有关，也与含碳量有关。磷共晶分布形状分为四种：孤立块状、均匀分布、断续网状、连续网状。

铸铁中含磷量较低时，磷共晶常分布于几个共晶团交界处，呈现出边界向内弯曲的孤岛

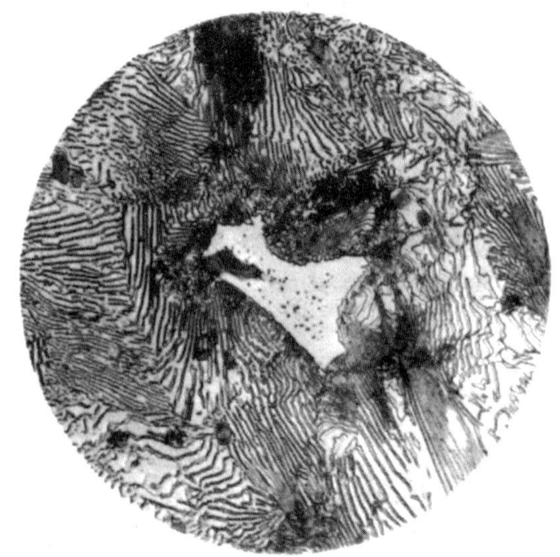

图 7-15 二元磷共晶（500×）

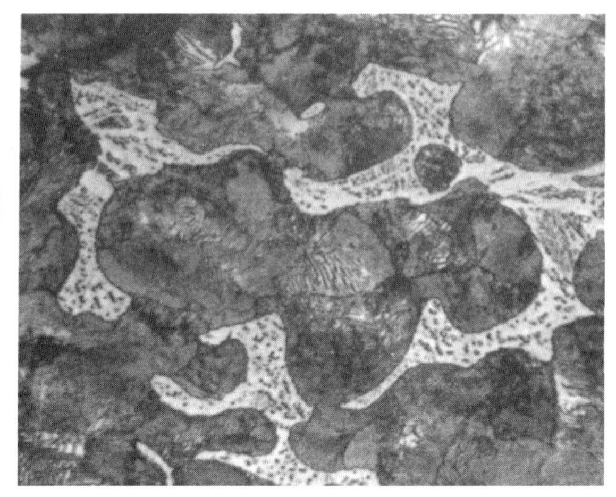

图 7-16 三元磷共晶（500×）

图 7-17 二元磷共晶-碳化物复合物（500×）

图 7-18 三元磷共晶-碳化物复合物（500×）

状。当铸铁含磷量较高时，位于共晶团边界的磷共晶可形成断续网状，严重时形成连续网状。磷共晶硬而脆，显著降低铸铁的韧性，因此，与铸铁中的碳化物一样，磷共晶也是缺陷相。在铸铁基体中一经发现，需要对其数量进行评定。GB/T 7216—2009 将磷共晶数量分为六级：磷 1、磷 2、磷 4、磷 6、磷 8、磷 10。

碳化物和磷共晶都属于基体组织，它们的存在与否与铸铁的化学成分和冷却条件有关。

想一想

如果是混合型基体的灰铸铁，碳化物和磷共晶一旦出现，会存在于铸铁基体的什么组织上？

三、灰铸铁的制样

灰铸铁的金相检验试样，不是随机任意选取。金相试样应取自抗拉试样距断口 10mm 处，或从试棒的底部切除 10mm 后再切取金相试样，试样尺寸应包括试棒半径的一半。由于特殊需要，从铸件取样时，应在报告中注明取样位置、壁厚等情况。不允许从冒口上直接检验金相组织。抗拉试样由与铸件同炉浇注的单铸试棒加工得来，试棒的加工按照 GB/T 9439—2010《灰铸铁件》的要求进行。单铸试棒如图 7-19 所示。

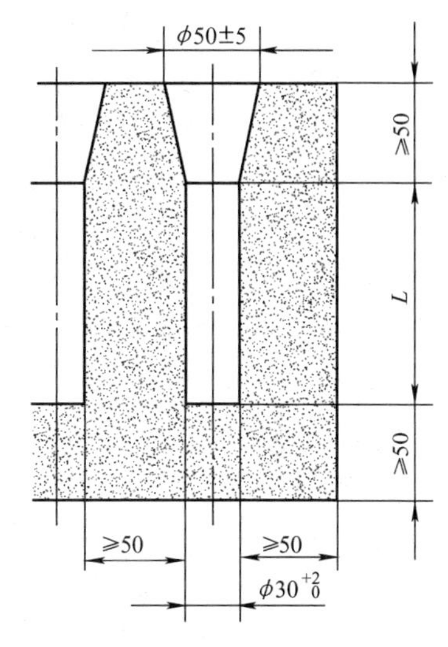

图 7-19　灰铸铁单铸试棒

需要热处理的铸铁件，应随带同一处理条件的力学性能试样或特殊试块，从其上切取金相试样。

制备金相试样过程中，应注意防止石墨夹杂脱落或变形，试样表面应该光洁，不允许有抛光时的条纹。

用磨制好未经浸蚀的试样检查石墨形貌并评级，浸蚀之后的试样再检查基体组织。浸蚀液选用 2%～5% 硝酸酒精溶液。

四、灰铸铁的金相检验项目

制备好金相试样之后，按照 GB/T 7216—2009《灰铸铁金相检验》进行金相检验。

在抛光完成后不经浸蚀进行石墨的检验，显微镜的放大倍数为 100 倍。基体组织的检验在浸蚀后进行，除珠光体粗细、碳化物分布形态和磷共晶类型需要在 500 倍下评定外，其他项目均在 100 倍下评定。首先整体观查整个受检面，然后按大多数视场所示图像，按照 GB/T 7216—2009 的评级图对照评定。

1. 石墨分布形态的评定

同一试样中往往同时存在多种形态的石墨，应根据每种形态所占的比例，按由多到少的顺序依次列出，并在报告中注明每种石墨形态的百分数。

2. 石墨长度的评定

选择有代表性的视场，按其中最长的三条石墨的平均值评定，被测量的视场不少于三个。

如果采用图像分析仪，在抛光态下直接进行阈值分割，测量每个视场中最长的三条石墨的平均值，被测量的视场不少于十个。

3. 基体组织类型的确定

常见基体组织类型有铁素体基体、珠光体基体、铁素体+珠光体基体三种，如果是铁素体+珠光体基体，需要评定珠光体数量。有时还要求对基体组织中的珠光体评定粗细。

4. 基体组织中缺陷相的评定

基体组织中有时存在碳化物和磷共晶的缺陷相。如果存在这些缺陷，则需要对其形态和数量进行评定。新标准按大多数视场对照评级图评定。企业一般要求按最差的视场（缺陷最严重的视场）评定，观察视场不少于五个，评定视场不少于三个。当碳化物和磷共晶都很少时，在低倍下难以区分，当碳化物和磷共晶数量之和<5%时，可以将二者合并按照总

量评定。例如："碳磷1"表示渗碳体与磷共晶体积分数之和约为1%。如果需要确定到底是哪种缺陷相，可以采用染色法加以区别。常用的染色剂是氢氧化钠、苦味酸水溶液（25g氢氧化钠，2g苦味酸，100mL蒸馏水），在煮沸的氢氧化钠、苦味酸水溶液中浸蚀2~5min后观察，磷化铁由淡蓝色至蓝绿色，渗碳体呈棕色，碳化物呈黑色（含铬高的碳化物除外）。

5. 共晶团数量

共晶团的大小与铸铁的力学性能密切相关。其他条件相同时，共晶团越小，铸铁的强度越高。在常规检验中以此评定铸铁性能、检验铸铁的孕育效果，以及通过它来对工艺条件进行调整。

共晶团边界上常富集一些碳化物、夹杂物偏析和低熔点共晶体，可以通过浸蚀剂显示共晶团的边界。对于共晶团数量的评定，浸蚀剂和放大倍数都不同于前面的检验内容。常用浸蚀剂如下：

1）氯化铜3g、三氯化铁1.5g、盐酸2mL、碳酸2mL、乙醇100mL。

2）硫酸铜4g、盐酸20mL、水20mL。

3）氯化铜10g、盐酸100mL、水50mL。

4）苦味酸5g、乙醇95mL。

GB/T 7216—2009规定灰铸铁共晶团的检验在放大倍数为10倍或50倍下，观察共晶团的个数，或者由每平方厘米内实际共晶团的数目来评定级别，见表7-10。图7-20和图7-21分别为共晶团4级时，10倍（A）和40倍（B）下的标准照片。

图7-20 共晶团数量4级（A系列 10×）

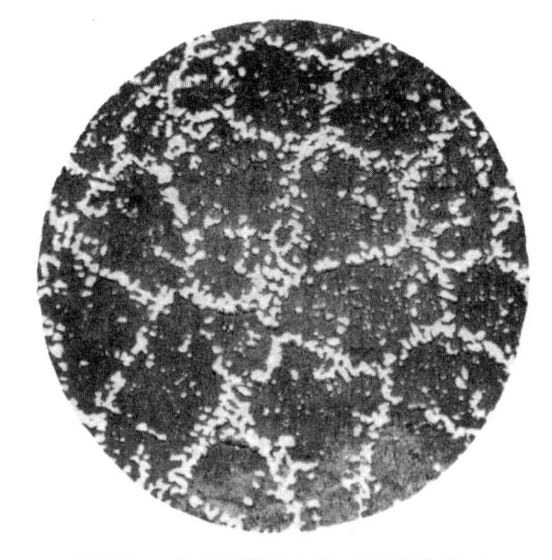

图7-21 共晶团数量4级（B系列 40×）

表7-10 共晶团数量的分级表（摘自GB/T 7216—2009）

级别	共晶团数量/个		单位面积中实际共晶团个数/(个/cm^2)
	ϕ70mm图片 放大10倍	ϕ87.5mm图片 放大50倍	
1	≈200	≈13	≈520
2	≈150	≈9	≈390

在实际检验灰铸铁的工作中，很多时候出现的情况与国家标准中的图片不一致，应该如何评定呢？

接到金相检验任务后，首先要选择对口的国标，熟知国标内容，认真琢磨组织特点，找出与文字对应的图形，转化成自己的理解语言表述出来，找前辈、师长去说，以便确认个人理解是否正确，将标准图谱搞清楚后，才能着手实物检验。比如 GB/T 7216-2009 中有六种石墨分布形态，而实际的灰铸铁石墨分布形态检验往往不完全与标准图谱一致，应该先检验整个受检面，不少于五个视场，大体了解均匀性后，在有代表性的视场找最多分布形态的类型，比如是 B 型菊花状为主，E 型枝晶片状为辅，少量枝晶点状。需要在报告中将所有石墨分布形态都写出来，依照由多到少的顺序，并且说明各种分布形态所占百分比。这样发出的检验报告才能体现材质内部的实际情况，检验报告才能在指导生产、提高质量方面发挥作用。金相检验人员出具的报告翔实、准确是职业岗位的份内职责，只有掌握相关的理论基础、积攒必备实践经验才能胜任这份专业工作。试想，为了使我国产品品质量更上一层楼，为祖国的强大贡献一己之力，哪种技能不是经过一步一步、一点一滴的积累而掌握的呢？

模块四　球墨铸铁的金相检验

一、球墨铸铁的牌号、化学成分及性能

视频　球状石墨生成过程

国家标准将球墨铸铁的牌号分为八种，见表 7-11。牌号中“QT”是“球铁”汉语拼音字首字母大写，后面两组数字分别表示最低抗拉强度和最小伸长率。球墨铸铁的化学成分和灰铸铁相比，碳、硅含量高，锰含量低，磷、硫含量要求严格控制。一般含量范围是：$w_C=3.6\%\sim4.0\%$，$w_{Si}=2.0\%\sim3.2\%$，$w_{Mn}=0.3\%\sim0.8\%$，$w_P<0.06\%$，$w_S<0.05\%$。

表 7-11　球墨铸铁的牌号、性能及用途（参照 GB 1348—2009）

牌　号	R_m/MPa	$R_{p0.2}$/MPa	$A(\%)$	基体组织	应　用
	不小于				
QT400-18	400	250	18	铁素体	汽车、拖拉机的牵引框、轮毂、离合器及减速器的壳体，大气压阀门阀体、阀盖支架、输气管
QT400-15	400	250	15	铁素体	
QT450-10	450	310	10	铁素体+少量珠光体	
QT500-7	500	320	7	铁素体+珠光体	液压泵齿轮、阀门体、瓦轴机器底座、支架、链轮、飞轮
QT600-3	600	370	3	珠光体+铁素体	连杆、曲轴、凸轮轴、气缸体、进排气门座、脱粒机齿轮条、轻载荷齿轮、部分机床主轴
QT700-2	700	420	2	珠光体	
QT800-2	800	480	2	珠光体或回火组织	
QT900-2	900	600	2	贝氏体或回火组织	汽车弧齿锥齿轮、减速器齿轮、凸轮轴、传动轴、转向节

球墨铸铁中的石墨呈球状，对基体的割裂作用较小，球墨铸铁比灰铸铁具有高得多的强度、塑性和韧性。与其他铸铁相比，球墨铸铁不仅抗拉强度高，而且屈服强度也很高，屈强

比达到 0.7~0.8，比钢高很多（普通钢为 0.35~0.5）。因此对于承受静载荷的零件，可以用球墨铸铁代替钢，以减轻机器自重。此外，球墨铸铁的疲劳强度也可和钢相媲美。

球墨铸铁的缺点是铸造性能低于普通灰铸铁，凝固时收缩较大。另外，对铸铁的化学成分要求高。球墨铸铁减振性不如灰铸铁高。

二、球墨铸铁的基本组织

球墨铸铁的基本组织由石墨和金属基体构成。和灰铸铁相比，主要是石墨形态不同，基体组织无大的差别。

1. 石墨形态

石墨形态是指单颗石墨的形状，GB/T 9441—2009《球墨铸铁金相检验》中，根据石墨的面积率划分为五种：球状、团状、团絮状、蠕虫状、片状。所谓石墨面积率是指单颗石墨实际面积与其最小外接圆的面积比率。石墨面积率越接近 1，该石墨越接近于球状。面积率≥0.81 为球状，面积率 0.81~0.61 为团状，面积率 0.61~0.41 为团絮状，面积率 0.41~0.10 为蠕虫状，面积率<0.10 为片状。石墨的形态不同，对金属基体连续性的割裂程度就不同，直接影响到铸铁的性能。在球墨铸铁中，实际存在的石墨形态往往不仅是一种，常见多种形态共存。图 7-22 所示为球化不好时，在一个视场下同时存在球状、团状、团絮状、蠕虫状组织。

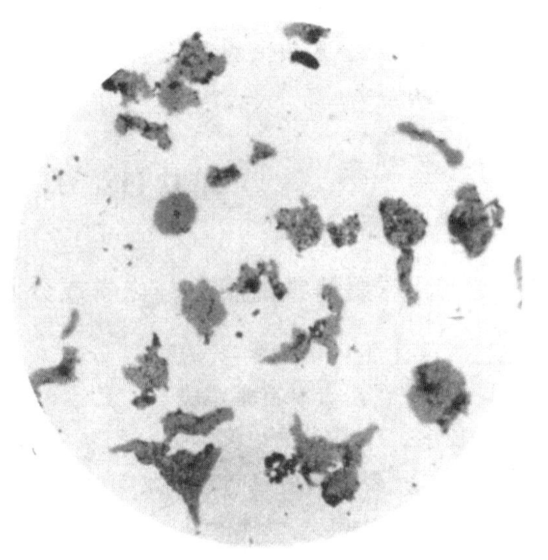

图 7-22 多种石墨形态共存的球墨铸铁（100×）

2. 球化率

球化率是指所观察的视场内，所有石墨接近球状的程度，是石墨球化程度的综合指标。

GB/T 9441—2009 规定了利用面积率定量计算球化率的方法。一般情况下，球化率用与国家标准的金相评级图对照的方法进行评定。球化分级表示了石墨的形态、分布和球化率的整体情况。国家标准将球化级别分为了六级，分别如图 7-23a~f 所示。球化分级说明见表 7-12。石墨的球化率越高，球墨铸铁的力学性能越好，石墨球化的好坏主要影响的是伸长率指标。

表 7-12 球化分级说明

球化级别	说　明	球化率(%)
1	石墨呈球状，少量团状，允许极少量团絮状	≥95
2	石墨大部分呈球状，余为团状和极少量团絮状	90~<95
3	石墨大部分呈团状和球状，余为团絮状，允许有极少量蠕虫状	80~<90
4	石墨大部分呈团絮状和团状，余为球状和少量蠕虫状	70~<80
5	石墨呈分散分布的蠕虫状和球状、团状、团絮状	60~<70
6	石墨呈聚集分布的蠕虫状和片状及球状、团状、团絮状	50~<60

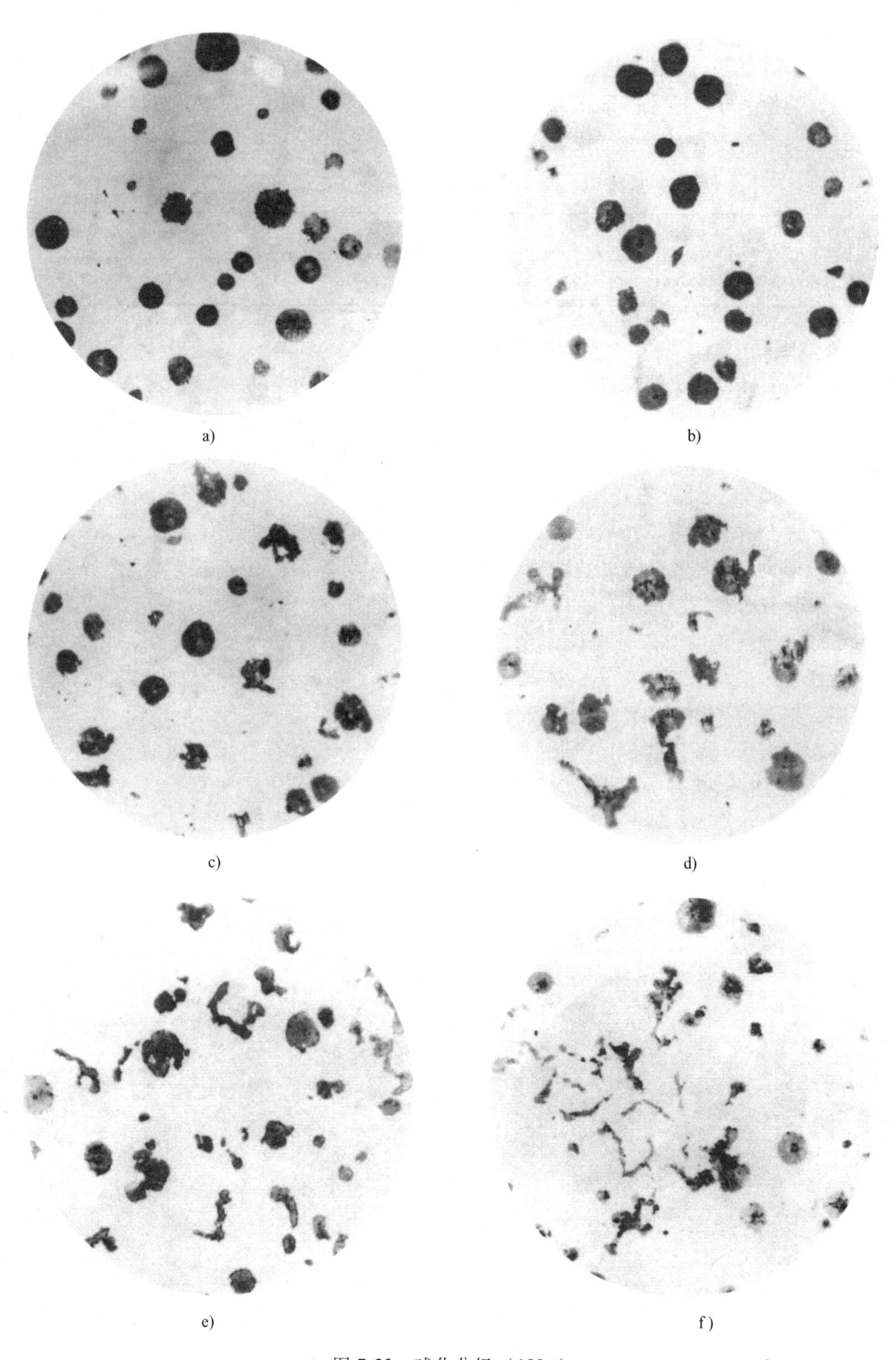

图 7-23　球化分级（100×）

a）1 级　b）2 级　c）3 级　d）4 级　e）5 级　f）6 级

3. 石墨大小

石墨大小也是影响铸铁力学性能的一个因素。一般石墨球径越细小，球墨铸铁的强度越高，塑性、韧性越好。国家标准将石墨大小分为六级，见表 7-13。评级时可以对照评级图评定，也可以测量石墨的大小进行评定。

表 7-13 石墨大小分级（摘自 GB/T 9441—2009）

级 别	3	4	5	6	7	8
石墨直径/mm(100 倍)	>25~50	>12~25	>6~12	>3~6	>1.5~3	≤1.5

4. 基体组织

同灰铸铁一样，常见的球墨铸铁基体有铁素体基体、珠光体基体、铁素体+珠光体基体三种形式，如经过热处理，基体中还可有下贝氏体、马氏体、托氏体和索氏体等。珠光体球墨铸铁的抗拉强度比铁素体球墨铸铁的高 50%以上，而铁素体球墨铸铁的伸长率是珠光体球墨铸铁的 3~5 倍。经过热处理改善球墨铸铁的基体组织，可以使其具有更高的强度、塑性和断裂韧性。对基体进行检验时，首先确定基体类型，再评定珠光体数量。这部分内容可参考本单元模块三灰铸铁的金相检验内容。不同之处是，铁素体在铸态或完全奥氏体化正火后，呈牛眼状分布在石墨周围，如图 7-24 所示。

如果球墨铸铁还采用部分奥氏体化正火，则铁素体呈分散分布的块状，如图 7-24a 所示。这种铁素体是在三相区（奥氏体、铁素体、石墨三相区）内，呈块状的未溶铁素体在正火时保留下来的。如果采用完全奥氏体化炉冷至三相区保温，进行二阶段正火，则铁素体呈分散分布的网状，如图 7-24b 所示，这种铁素体是从奥氏体晶界上析出的。一般情况下，分散分布的铁素体数量较少。GB/T 9441—2009 按照块状（A）和网状（B）两个系列，将分散分布的铁素体分为六级，见表 7-14。

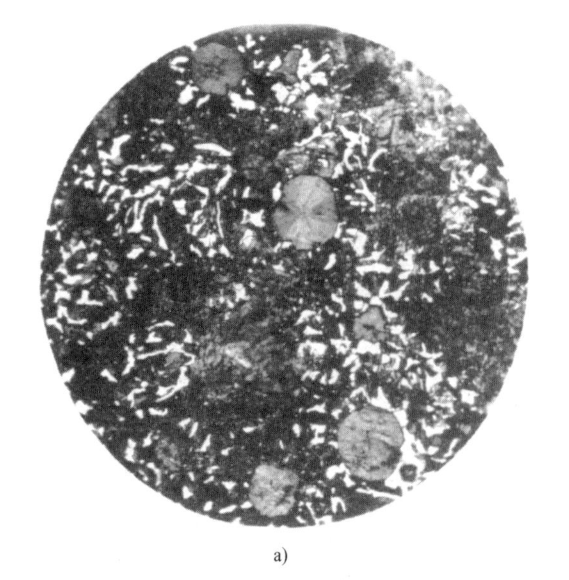

a)

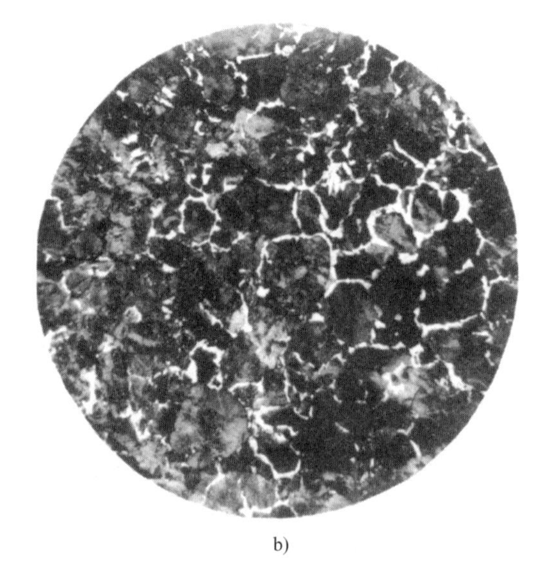

b)

图 7-24 分散分布的铁素体（100×）

a）块状分布 b）网状分布

表 7-14　分散分布的铁素体数量

级　　别	铁 5	铁 10	铁 15	铁 20	铁 25	铁 30
分散分布的铁素体数量(%)	≈5	≈10	≈15	≈20	≈25	≈30

5. 磷共晶和渗碳体

磷共晶的组织形态和磷共晶的类型，在本单元模块三中灰铸铁的基本组织中已经详细说明，这里不再赘述。但是，对于磷共晶的数量评级，GB/T 9441—2009 中将磷共晶分为五级，分别是磷 0.5、磷 1、磷 1.5、磷 2、磷 3，不同于灰铸铁的标准分为六级。

碳化物的数量评级，也不同于灰铸铁将碳化物分为六级，GB/T 9441—2009 中将碳化物分为五级，分别是碳 1、碳 2、碳 3、碳 5、碳 10。渗碳体是碳化物最常见的一种形式，其分布形态可参考灰铸铁金相检验中的内容。

想一想

在铸态下，对球墨铸铁进行金相检验时，评定了珠光体数量后，还要不要评定铁素体数量？

三、球墨铸铁的制样

同灰铸铁金相检验一样，球墨铸铁的金相检验也不是任意取样。试块的形状和尺寸由供需双方商定，一般根据试块代表的铸件而定。当铸件的质量小于 2000kg 时，选用单铸试块，形状有 U 形、Y 形和敲落试块三种可选择。例如，图 7-25 所示为 Y 形单铸试块，图中试块不同部位的尺寸 u、v、x、y、z 根据铸件有效壁厚来确定，标准中给出 4 套尺寸。标准要求单铸试块应与该批铸件以同一批量的铁液浇注，并在每包铁液的后期浇注。需热处理时，试块应与铸件同炉热处理。

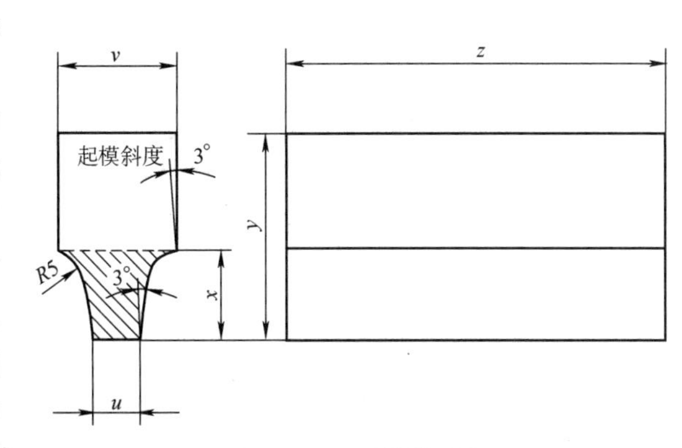

图 7-25　Y 形单铸试块

拉伸试样在单铸试块的剖面线部位或铸件本体上切取。拉伸试样的形状和尺寸如图 7-26

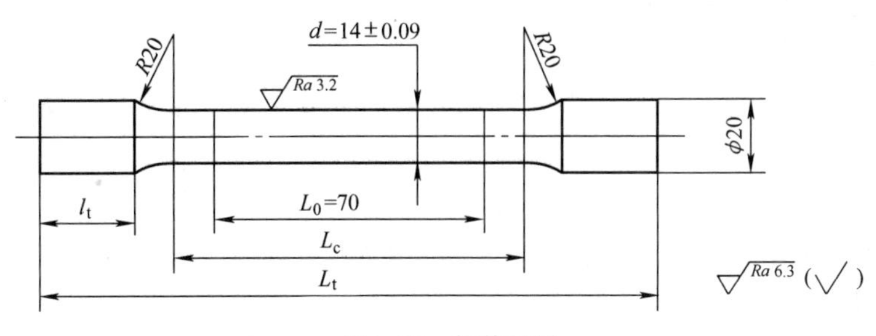

图 7-26　拉伸试样

所示。金相试样在试块上截取或在距拉伸试样断口位置1cm处截取，经过供需双方商议，也可在铸件有代表性的部位上截取。

在制备球墨铸铁金相试样时，除应遵循常规的金相试样制备方法和程序外，特别应注意以下几个方面。

1. 防止石墨剥落

球墨铸铁的石墨颗粒较大，在制样时，容易出现石墨剥落现象。石墨剥落现象，可能是整个石墨剥落，也可能是石墨局部剥落。石墨剥落后一般留下和石墨形状相似的凹坑，在显微镜下呈黑色模糊影像，石墨在制样不好的情况下不是正常的灰色，而是黑色，这就与凹坑难以区别。为了防止石墨剥落，抛光时不能用力过大，宜选用颗粒较细的抛光粉。在保证样品质量的前提下，尽可能缩短抛光时间。对于经过淬火处理的球墨铸铁试样，因其硬度高，石墨与基体的界面处受淬火应力的作用，在制样时更容易出现石墨剥落现象，应该特别注意。

2. 防止石墨曳尾

由于石墨质软，在制样时容易产生石墨曳尾现象。石墨曳尾是抛光时产生的，特征是大多数石墨沿同一方向“拖尾巴”。这种现象会掩盖该处的组织。为了防止石墨曳尾，在抛光后期，不仅要轻抛，而且要不断旋转试样的方向，并将试样置于抛光盘线速度较低的位置。抛光后期用清水代替抛光液，轻抛数秒。

3. 防止抛光不足

抛光良好的铸铁试样，不仅石墨轮廓清晰，而且还能看到石墨内部的细微结构。在显微镜下，石墨呈灰色。抛光不足的试样，石墨呈黑色，即石墨截面上污物未能抛除，必须延长抛光时间。抛光不足的试样，很容易将石墨与显微缩松、夹渣相混淆。为了缩短抛光时间，在抛光初期采用较浓的抛光剂，或者在抛光过程中，间以轻浸蚀数次。在实际操作中，要养成良好的卫生习惯做到定置定位试剂和用具，勤打扫工位，勤洗手，避免磨粒、废液等污染金相试样。安全、文明生产从小处做起，看起来多做了一点事，实际上预防了返工，提高了工作效率。

四、球墨铸铁的金相检验项目

试样抛光后首先检验石墨，经2%~5%硝酸酒精浸蚀后再检验基体组织，放大倍数除评定珠光体粗细为500倍外，其余检验项目均在放大倍数100倍下进行。

1. 石墨形态

球墨铸铁中可能存在多种石墨形态，评定时应观察整个试样，选取有代表性的视场以由多到少的顺序依次列出各种石墨的形态。

2. 球化分级和评定

根据球状石墨和团状石墨的个数所占石墨总数的百分比作为球化率，按照评级图和评级表评定。

计算球化率时，视场直径为70mm，被测视场周界切割的石墨不计数，放大100倍时，少量小于2mm的石墨不计数，若石墨小于2mm或大于12mm，则可适当放大或缩小倍数，视场内的石墨一般不少于20颗。

在抛光态下检查时，首先检查整个受检面，选择三个球化最差的视场对照评级图目视评定。

采用图像分析仪进行评定时，在抛光态直接经行阈值分割提取石墨球，按照球状石墨和团状石墨的个数所占石墨总数的百分比计算球化率及评定级别，同样首先检查整个受检面，选择三个球化最差的视场进行测量，取平均值。

3. 石墨大小

首先检查整个受检面，选择有代表性的视场，计算直径大于最大石墨球半径的视场中石墨球直径的平均值，对照评级图目视评定。

采用图像分析仪进行评定时，在抛光态直接经行阈值分割提取石墨球，选取有代表性的视场，计算直径大于最大石墨球半径的视场中石墨球直径的平均值。

4. 基体组织的类型及评定

先确定基体类型，最常见的是珠光体+铁素体混合基体，需要评定珠光体的数量和粗细。如果是纯铁素体或纯珠光体基体，则只需要说明基体类型即可。如果是热处理后的状态，铁素体不是牛眼状分布在石墨周围，则需要评定分散分布的块状或是网状分布的块状铁素体数量，而珠光体数量就不必再评定。

评定珠光体数量、分散分布的铁素体数量时，应以大多数的视场对照相应的级别图评定。例如，标准中“珠 55”表示珠光体数量为>50%~60%，“珠 45”表示珠光体数量为>40%~50%，GB/T 9441—2009 按照石墨的大小，将珠光体数量分为 A、B 两个评定系列，如图 7-27 所示。

5. 基体组织中磷共晶和渗碳体

磷共晶和渗碳体在基体中是缺陷相，需要对其数量和形态进行评定。检验磷共晶及渗碳体的数量时，应以含量最多的视场评定。磷共晶及渗碳体的数量以相应的级别名称或百分数来表示。例如：“磷 1.5” 表示磷共晶数量≈1.5%。

GB/T 1348—2009《球墨铸铁件》规定力学性能以抗拉强度和伸长率指标作为验收依据。对屈服强度和硬度有要求时，经供需双方商定，可以作为验收依据。需方要求进行金相组织检验时，按照 GB/T 9441—2009《球墨铸铁金相检验》的规定进行。球化级别一般不得低于 4 级。球化级别和基体组织，也可以用无损检测的方法进行检验，有争议时，应以金相检验法裁决。如果碳化物和磷共晶含量不超过 5%，二者可以合并评定。

五、球墨铸铁几种常见的铸造缺陷

视频　球化不良缺陷形成原因

1. 球化不良和球化衰退

球化不良和球化衰退的组织特征是，除了球状石墨外，出现较多的蠕虫状石墨。产生球化不良的原因是铁液含硫量过高，球化剂残余量不足或是铁液氧化。产生球化衰退的原因是随着时间的延长，经球化处理的铁液中球化剂的残余量逐渐减少，以至于不能起到球化的作用。球化不良和球化衰退的球墨铸铁达不到规定的力学性能时就得报废。

2. 石墨漂浮

石墨漂浮的金相组织特征是石墨大量聚集，往往呈开花状，如图 7-28 所示。开花状石墨是爆开的球状石墨，其中嵌有金属基体。因爆裂程度不同，形态也各异。有的开花程度较小，形如梅花，仍保持较完整的球形。有的爆裂程度较大，成为互不联系的块状。这种缺陷

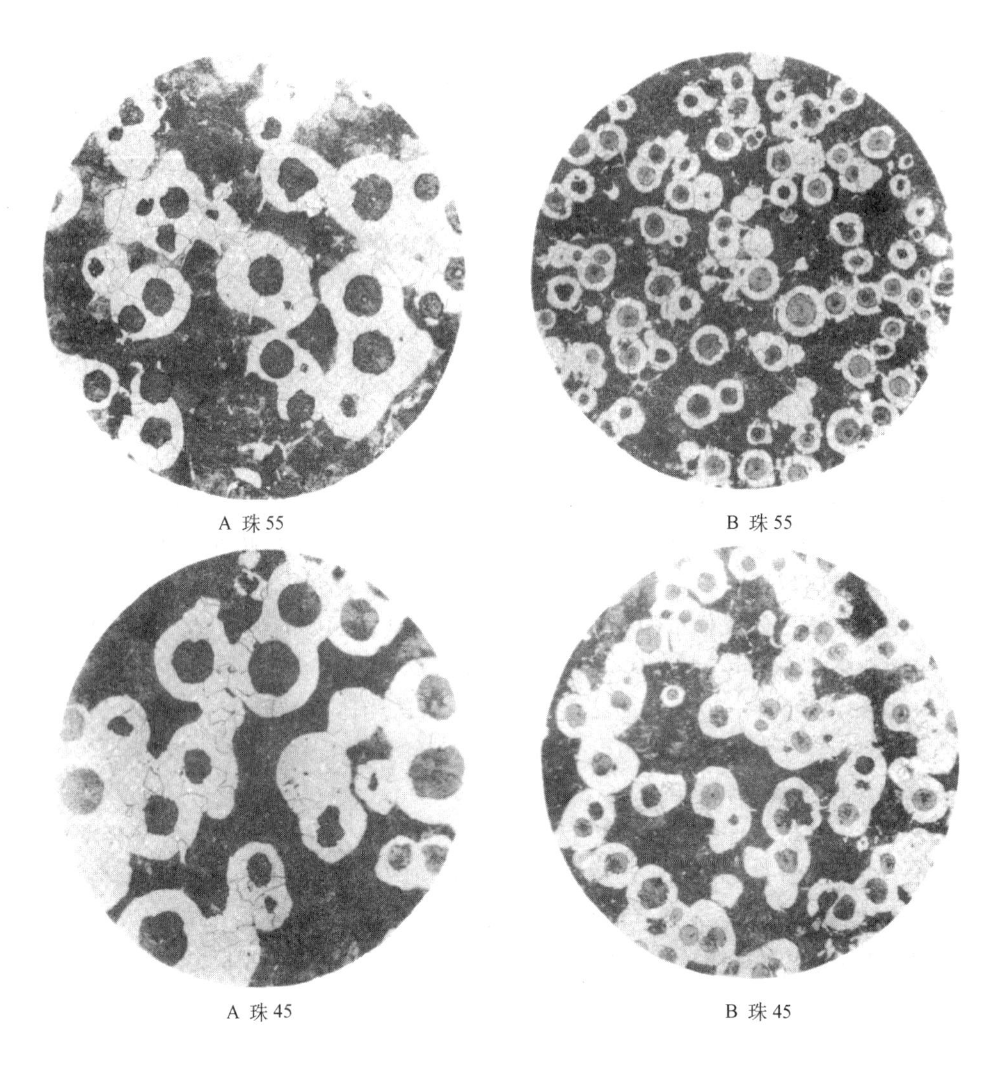

图 7-27 珠光体数量分级（100×）

常出现在铸件的上表面或型芯的下表面，或在大断面球墨铸铁的热节处。形成原因是碳当量过高和铁液在高温液态时停留时间过长。这种缺陷容易在壁厚较大的铸件中出现，石墨漂浮降低铸件的力学性能。

视频 球墨铸铁件失效分析

3. 夹渣

球墨铸铁的夹渣一般是指呈聚集分布的硫化物和氧化物。在显微镜下，为黑色不规则形状的块状物或条带状物。这种铸造缺陷出现的位置与石墨漂浮位置相同。产生原因可能是扒渣不尽而混入一次渣，也可能是浇注温度过低使铁液表面氧化而形成二次渣。有夹渣缺陷的铸件，力学性能降低，严重时会使铸件渗漏。图 7-29 所示的黑色条状氧化物为稀土镁球墨铸铁中的夹渣，图中还有球状石墨和蠕虫状石墨。

4. 缩松

缩松是指在显微镜下可看到的微观缩孔。缩松分布在共晶团的边界上，呈向内凹陷的黑洞。其形成原因是铁液凝固时，铸型对石墨化膨胀的阻力太小，铸件外形胀大，使共晶团之

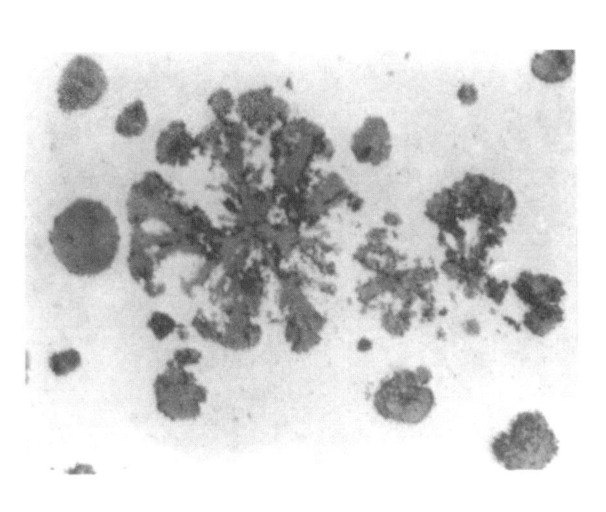

图 7-28　开花状石墨（100×）

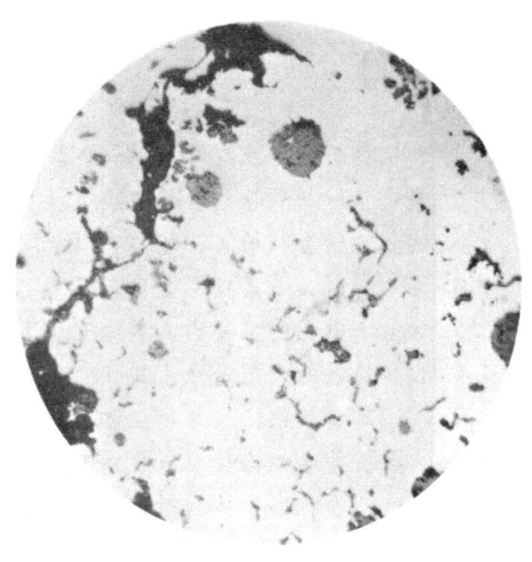

图 7-29　稀土镁球墨铸铁中的夹渣（100×）

间的间隙较大，凝固时又得不到后续铁液的补充从而留下显微空洞。缩松破坏了金属的连续性，降低了力学性能，严重时引起铸件渗漏。

5. **反白口**

在铸件心部和热节部位形成的渗碳体，称为反白口。之所以称这种缺陷为反白口，是对应白口组织渗碳体，白口组织一般出现在铸件的边角和表面，而反白口组织位于铸件内部。灰铸铁、蠕墨铸铁、球墨铸铁都能出现此缺陷，尤以后者为甚。组织特征是针状渗碳体大多呈一定方向排列在共晶团边界上，如图 7-30 所示，也有渗碳体呈块状和莱氏体状的，如图 7-31 所示。集中出现这种缺陷的原因是铁液强烈过冷和反白口元素偏析（主要是锰的富集，也可有磷、镁和稀土元素）。分散分布的反白口由残留于共晶枝晶间的铁液强烈过冷所致。反白口的出现，会使机械加工困难，并削弱铸铁的性能，特别是对于动态应力下工作的零件，更易造成脆性断裂和早期失效，故应严格控制。

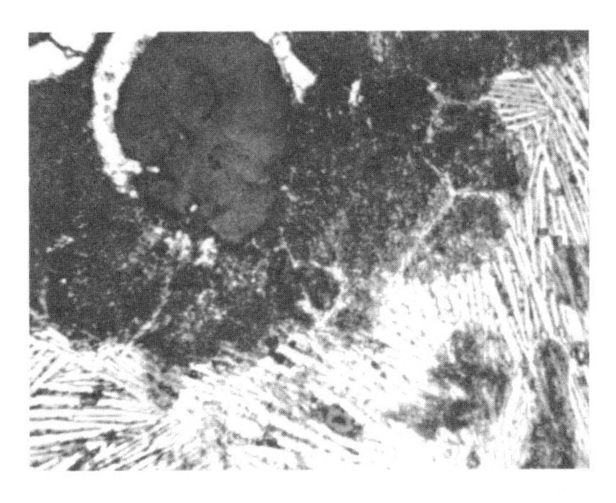

图 7-30　球墨铸铁中的反白口组织——针状渗碳体（400×）

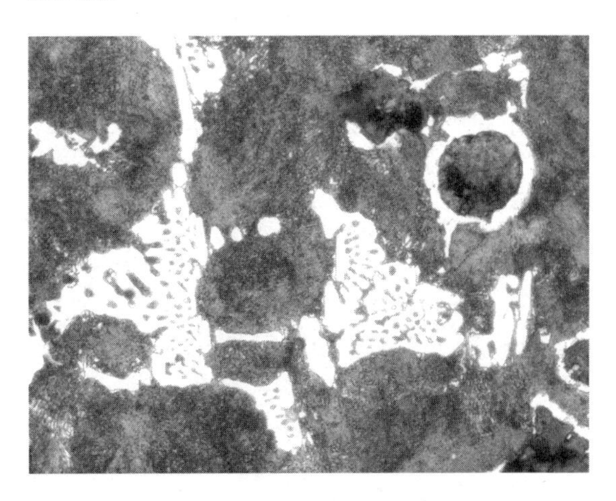

图 7-31　球墨铸铁中的反白口组织——莱氏体型渗碳体（500×）

【思考题】

1. 铸钢的铸态组织有什么特点?
2. 高锰钢水韧处理过程组织会发生什么变化? 水韧处理后得到什么组织? 硬度如何?
3. 铸铁件的金相检验，取样有什么要求?
4. 在制样时，石墨曳尾是如何形成的?
5. 影响石墨化的主要因素有哪三方面?
6. 白口铸铁的表层是什么组织? 有何特性?
7. 简述蠕墨铸铁的组织特点和性能特点。
8. 灰铸铁的金相检验应包括哪些内容?
9. 什么叫面积率? 什么叫球化率? 两者的区别是什么?
10. 灰铸铁和球墨铸铁最常见的三种基体是什么?
11. 一般工程用铸造碳钢金相检验应包含哪些检验项目?
12. 球墨铸铁的金相检验应包括哪些内容?
13. 为什么磷共晶往往偏聚在铸件的热节部位?
14. 稀土镁球墨铸铁的力学性能是否只取决于球化率? 为什么?
15. 如何区分碳化物和磷共晶?

钢的化学热处理及表面淬火的金相检验

内容导入

通过化学热处理和表面淬火的方法，可以有效提高钢的表面硬度、耐磨性和耐蚀性等性能，因此广泛应用于工业生产中。通过硬度测试、组织分析评定、层深测量等金相检验项目，可以评价钢的表面处理质量。

导入案例

【案例 8-1】 某企业的一批变速齿轮，在安装试车阶段发生咬合面掉渣，呈现无序的斑点或凹坑，造成批量报废。该批齿轮选材 38CrMoAl，经渗氮处理提高表面耐磨性。检验材质、表面硬度等项目，均符合设计要求。那么，问题到底出在哪里呢？经解剖后发现是基体出现问题，心部组织不符合要求，基体硬度太低，受力后出现掉渣，先期形成的小金属屑，作用在齿轮咬合面之间，更加剧了齿轮的破坏。

模块一　表面处理的方法和金相检验制样特点

一、表面处理的方法概述

视频　表面处理后的金相检验

在复杂应力条件下工作的机器零件，有时表面承受高的应力，要求表面具有高的耐磨性、耐蚀性和疲劳极限，而心部能够承受冲击载荷，要求足够的塑性和韧性。这类零件如齿轮、曲轴、活塞销等，通常采用表面处理的方法实现使用要求。

表面淬火分为感应淬火、火焰淬火、激光淬火和电子束淬火等多种方法。化学热处理方法有渗碳、渗氮、碳氮共渗、氮碳共渗、渗金属等。化学热处理不仅改变了材料表面的组织，还改变了材料表面的化学成分。本单元主要讨论热处理后组织的变化和硬化层深度的检验。

二、金相检验制样特点

1. 试样的选取

用于表面热处理后金相检验的试样，可以选自零件本身，也可以是和零件相同材质并同炉处理的随炉试样。为了方便操作，对于表面化学热处理的检验，采用随炉试样比较多。金相试样应垂直于处理表面切取，取横向截面为磨面。对于未淬硬的零件，可用手工锯、车床、刨床等手段取样；对于已经淬硬的零件，可用砂轮切割机或线切割切取，切取过程注意用切削液充分冷却，防止切割过程发热而引起显微组织的变化。

2. 试样的磨制与抛光

磨制试样时应特别注意表面处理一侧的边缘不能产生倒角，必要时采用夹持法和镶嵌法来防止倒角。如果有倒角，则最外层组织不能被观察到，所测定的处理层深度值将变小。另外，金相磨面是垂直于热处理的原始表面的，切取和磨制时注意不能倾斜，如果是检验渗层试样，倾斜则将使测定渗层深度值偏大，带来人为误差。

对试样进行镶嵌是保护表面处理试样经常、有效的做法。但是镶嵌材料往往和试样的材料不同，其硬度也有差异，试样磨光和抛光时倒棱现象的发生就在所难免。为了尽量减少表面处理试样倒棱现象的发生，在磨光与抛光时应注意以下问题。

1）磨光。无论是手工磨光还是在预磨机上机械磨光，都应沿一个方向进行，砂纸由粗到细，淬硬层或渗层深度等方向最好和磨痕方向保持垂直，更换砂纸时试样方向不变，即一直沿一个方向磨至最细。

2）抛光。抛光时，把试样放在抛光盘的外1/3处，层深方向和抛光盘转动方向保持垂直或背向，硬度较高的表层组织最好朝外。用帆布和W3.5的金刚石高效喷雾剂进行粗抛，再用呢子和W1.0的金刚石高效喷雾剂进行精抛。整个抛光过程中，试样不能自转，即试样和手指间不能有相对运动。

3）清洁。精抛后期，在抛光盘上洒少许水，把试样放在抛光盘近中心处，手感轻轻和抛光织物接触再抛光几秒，去除试样表面污物即可。

对于一般感应热处理的检验，表面热处理后金相检验试样的浸蚀通常采用2%～4%硝酸酒精溶液。对于渗层组织显示，常用的浸蚀剂见表8-1。

表8-1 渗层组织显示常用的浸蚀剂（摘自《金属材料金相图谱》）

序号	名　称	组　成	使用方法	用　途
1	2%～4%硝酸酒精溶液	硝酸 2mL 酒精 98mL	浸蚀	渗碳层、碳氮共渗层、氮碳共渗层组织的显示
2	氯化铁+盐酸水溶液	三氯化铁 5g 盐酸 10mL 水 100mL	浸蚀	渗氮扩散层组织的显示
3	硒酸、盐酸酒精溶液	硒酸 3mL 盐酸 20mL 酒精 100mL	浸蚀	渗氮、氮碳共渗层组织的显示
4	盐酸、硫酸铜水溶液	盐酸 20mL 硫酸铜 4g 水 20mL	浸蚀	渗氮层、扩散层组织的显示
5	盐酸、硫酸铜酒精溶液	盐酸 10mL 硫酸铜 2g 酒精 100mL	浸蚀	渗氮层、扩散层组织的显示

（续）

序号	名　　称	组　　成	使用方法	用　　途
6	氢氧化钠、苦味酸水溶液	苦味酸 2g 氢氧化钠 25g 蒸馏水 100mL	煮沸浸蚀 5~10min	渗碳体呈棕黑色、铁素体不变色
7	三钾试剂	铁氰化钾 10g 亚铁氰化钾 1g 氢氧化钾 30g 蒸馏水 100mL	浸蚀	显示渗硼层组织，FeB 呈深灰色、Fe_2B 呈浅灰色
8	铁氰化钾、氢氧化钾水溶液	铁氰化钾 10g 氢氧化钾 10g 蒸馏水 1000mL	先经 4%硝酸酒精预浸蚀、然后再浸蚀	渗铬、渗矾
9	硝酸、醋酸溶液	硝酸 50mL 醋酸 50mL	浸蚀	镀镍
10	硝酸、盐酸溶液	硝酸 20mL 盐酸 60mL	浸蚀	镀铬
11	高氯酸酒精溶液	高氯酸 5mL 酒精 100mL	放入双喷减薄仪中作薄膜减薄用	制作透射电镜（TEM）的金属薄膜试样

模块二　钢的渗碳层金相检验

一、钢的渗碳热处理

视频　钢的化学热处理

渗碳是目前机械制造工业中应用最广泛的一种钢的化学热处理方法。其工艺特点是将低碳或低碳合金钢零件在增碳的活性介质（渗碳剂）中加热到高温（900~950℃），使碳原子渗入表面层，然后进行淬火并低温回火，使零件表层与心部具有不同的成分、组织和性能。渗碳热处理工艺有固体渗碳、气体渗碳、液体渗碳三种形式，生产中最常用的是气体渗碳。无论以何种渗碳介质进行渗碳，都具有分解、吸收、扩散三个基本过程。

资料表明，表层碳的质量分数在 0.8%~1.0%时，钢的抗扭强度、疲劳强度和耐磨性等综合性能达到最高。碳的质量分数如果低于 0.8%，则耐磨性和强度不足；如果高于 1.0%，则因表层碳化物容易形成大块或网状，使硬化层脆性增大，使用中发生剥落，同时残留奥氏体量大为增加，降低了工件的疲劳寿命。渗碳后表层含碳量对工件性能的影响与表层组织密切相关。也就是说，渗碳只能改变零件表面的化学成分，而零件的最终强化必须经过适当的热处理。根据零件材料和性能要求的不同，渗碳后常采用的热处理工艺方法如图 8-1 所示。

二、渗碳缓冷后的组织

视频　井式渗碳炉

正常渗碳后缓冷的组织，由表面逐渐往心部过渡依次是过共析层→共析

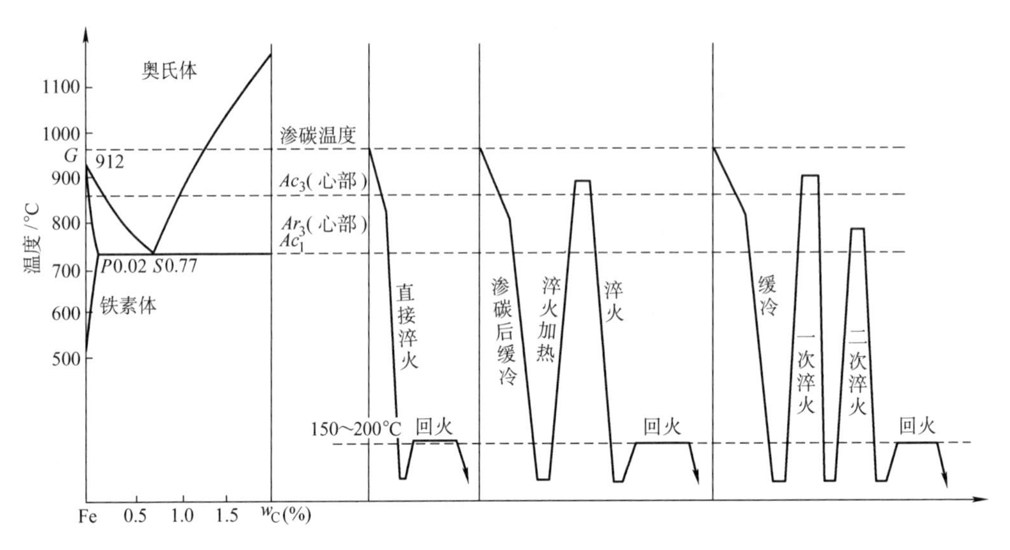

图 8-1 渗碳后常采用的热处理工艺方法

层→亚共析过渡层→心部组织。过共析层组织由片状珠光体和网状、半网状、粒状碳化物组成；共析层是珠光体组织；亚共析层开始出现铁素体，越往心部铁素体越多，珠光体逐渐减少，直到和心部组织一致。图 8-2 所示为 20CrMnTi 钢 920℃气体渗碳后坑冷的组织。图 8-3 所示为图 8-2 表面过共析层放大后的组织，在图 8-2 中看不清的最表层组织在图 8-3 中可以清晰看出，最表层是颗粒状碳化物，达到一定深度后才开始析出沿晶界分布的网状碳化物。图中晶粒分布由表及里逐渐长大，这是由于越是接近表面，碳浓度越高，碳化物阻止晶粒长大的倾向就会越大。

想一想

渗碳缓冷后的组织是否可能表层组织没有过共析层，只有共析层或亚共析层？

三、渗碳淬火+回火后的组织

渗碳后采用不同的淬火工艺，会得到不同的显微组织和性能。淬火后表层获得细小的针状马氏体、适量的残留奥氏体和弥散分布的颗粒状碳化物（表层不允许有网状碳化物）；工件的心部根据材料的淬透性不同会得到不同的组织，一般由低碳马氏体、托氏体、索氏体和铁素体组成。淬火后低温回火表面硬度可达到 58～62HRC，心部硬度可达 35～45HRC。

1. 渗碳后直接淬火

渗碳后直接淬火可以抑制网状碳化物的析出，但由于渗碳温度较高，奥氏体晶粒在渗碳过程中长大，故直接淬火的马氏体针粗大，淬火应力大，并有较多残留奥氏体，这样会使材料脆性增大，易产生淬火裂纹。如果渗碳后降温再淬火，则可以减小淬火应力，但碳化物有时会沿晶界析出。因此，要防止表面碳浓度过高。对于如 20CrMnTi 等本质细晶粒钢常采用这种工艺淬火强化。

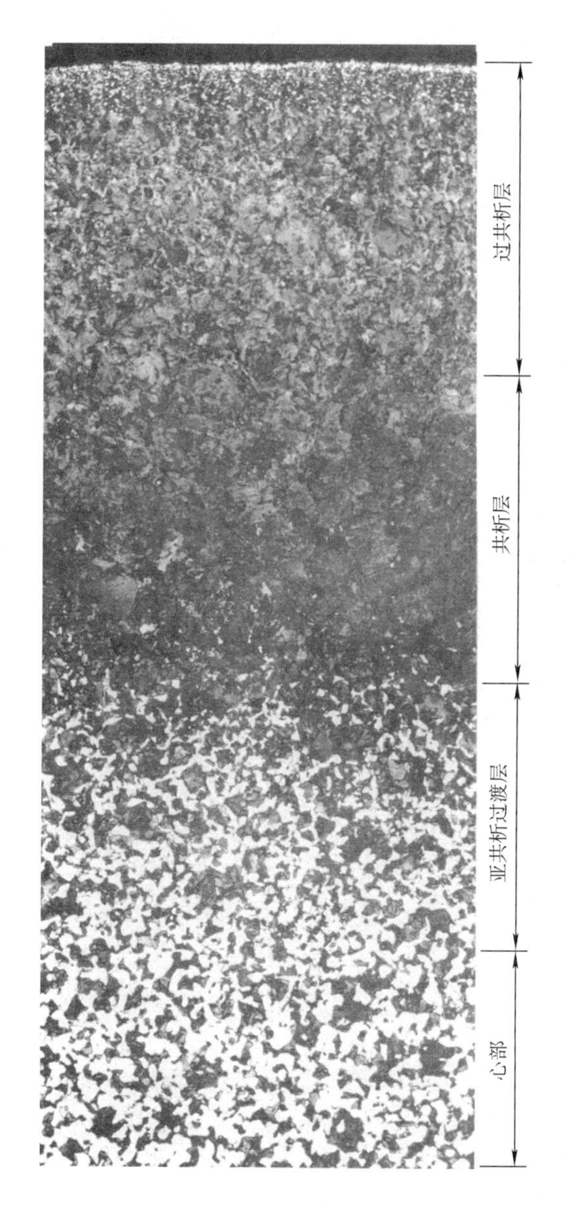

图 8-2 20CrMnTi 钢渗碳坑冷组织（100×）

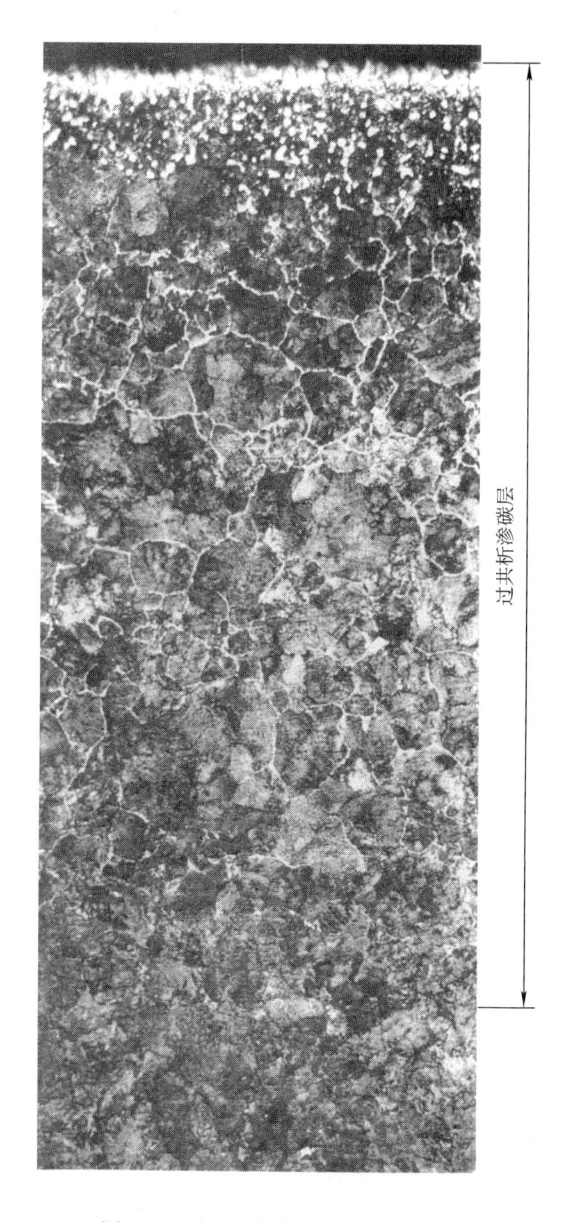

图 8-3 图 8-2 表层过共析层（250×）

2. 一次淬火后低温回火

渗碳后一次淬火、回火的工艺是将高温渗碳的零件缓慢冷却到室温，然后再加热到840~860℃保温并淬火冷却，再进行低温回火处理。这种处理工艺应用比较普遍，适用于本质粗晶粒钢和不适宜直接淬火的零件，比如必须在压床上淬火的齿轮等。一次淬火处理工艺的表层组织为较细的针状马氏体+少量残留奥氏体+少量颗粒状碳化物。值得注意的是，选用这种淬火强化工艺时，应严格控制加热温度和保温时间，以保证表面碳化物部分溶解，心部铁素体充分溶解，淬火后心部获得低碳马氏体，而表层不应出现网状碳化物。因此加热温度太高，马氏体针粗大；温度太低，碳化物呈网状，都是非正常组织。

3．二次淬火后低温回火

对于本质粗晶粒钢或使用要求很高的零件，要采用二次淬火或一次正火后一次淬火的工艺。由于表面碳浓度太高时，一次淬火法消除网状碳化物效果不是很好，因此可采用二次淬火工艺。二次淬火工艺如图 8-1 所示，其第一次淬火温度一般偏高，可将网状碳化物充分溶解于奥氏体中，然后油淬冷却，使析出的碳化物呈均匀分布的小颗粒状，但基体组织粗大，为针状马氏体和较多的残留奥氏体。而第二次淬火温度偏低，可获得细小的马氏体组织。二次淬火工艺复杂，能源消耗大，应用较少。

四、渗碳后的缺陷组织实例

1．渗碳过渡区太陡

渗碳时如果工艺控制不当，使渗碳速度远大于扩散速度，就会造成渗碳过渡区太陡的缺陷组织。相关标准要求渗碳的过渡区应占总渗层深度的 25%～50%，如果过渡区太陡，如图 8-4 所示（20 钢 940℃ 渗碳后缓冷），则见不到明显的扩散过渡区，心部组织与共析层几乎直接相连。这种组织淬火后，在高碳与低碳交界处因组织应力过大而容易产生 T 字形裂纹。

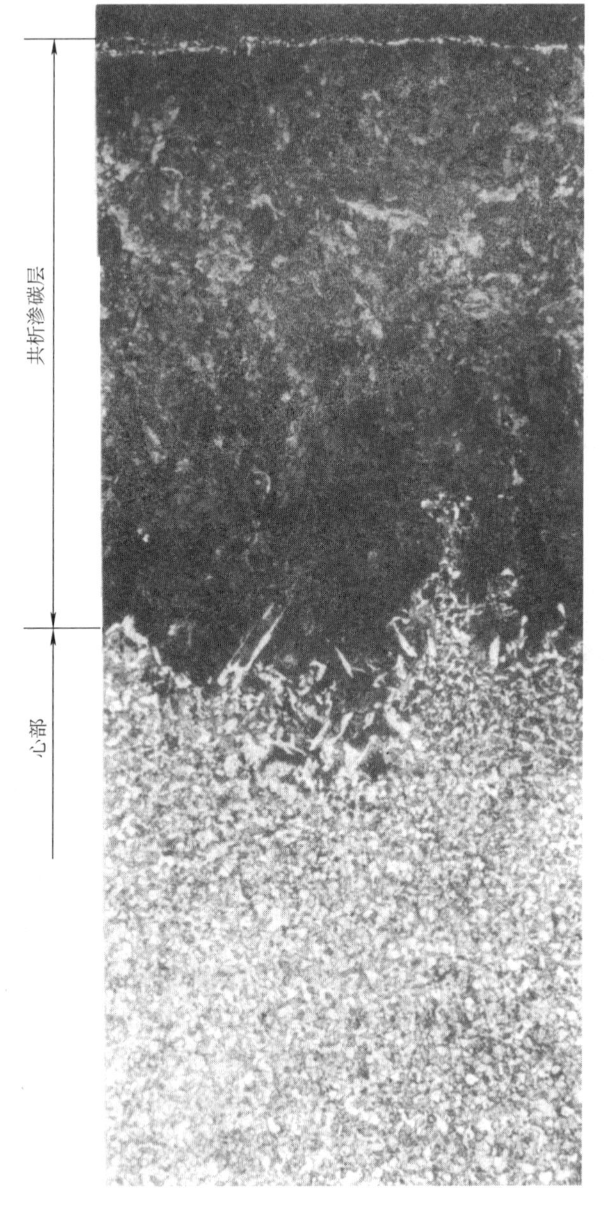

图 8-4 渗碳过渡区太陡（100×）

注意

试想，如果检验员拿到检验渗层深度的任务，仅测定了渗碳层深度，符合图样技术要求，就草草签署了合格报告，而没有认真检查整个渗碳层组织变化，一旦过渡区组织变化太快，不够总渗层的 25%，那么出现 T 字型裂纹的概率很大，也可能出现本单元案例 8-1 中的现象——渗层脱落，使用状态不同，但会出现不同的失效方式。因此，由于检验员的责任心不强，会造成产品出厂后使用中失效报废，给客户造成损失，给企业声誉带来负面影响。社会主义核心价值观个人层面“爱国、敬业、诚信、友善”体现在金相检验员的日常工作中，应认真对待工作的每一个环节，加强理论学习，扎实练就基本功，提升个人专业技能，为企业创造价值。

2. 反常组织

图 8-5 所示为 20 钢 920℃渗碳后表层反常组织，即白色铁素体包围着白色条网状渗碳体。次表层中铁素体消失，是片状珠光体+少量条状渗碳体。这种反常组织在淬火后会造成表面软点、硬度不均匀的缺陷。

3. 网状渗碳体(碳化物)

20 钢 920℃渗碳 2.5h 后炉冷至 860℃，保温 1h 后坑冷，在表层组织中出现白色网状的渗碳体，如图 8-6 所示，基体是片状珠光体，为过共析钢的组织。因为渗碳时炉气成分未控制好，工件表面碳浓度高，碳的质量分数达到 1.2%左右，在缓冷降温（炉冷）到 860℃期间，很容易促使析出的二次渗碳体沿晶界呈较粗的网状分布。这样的二次渗碳体在淬火后是不能被消除掉的，它的存在会使渗层脆性增大，在磨削加工时容易产生龟裂，而且在使用中，当其受到较大的冲击载荷时，易在晶界处产生裂纹。

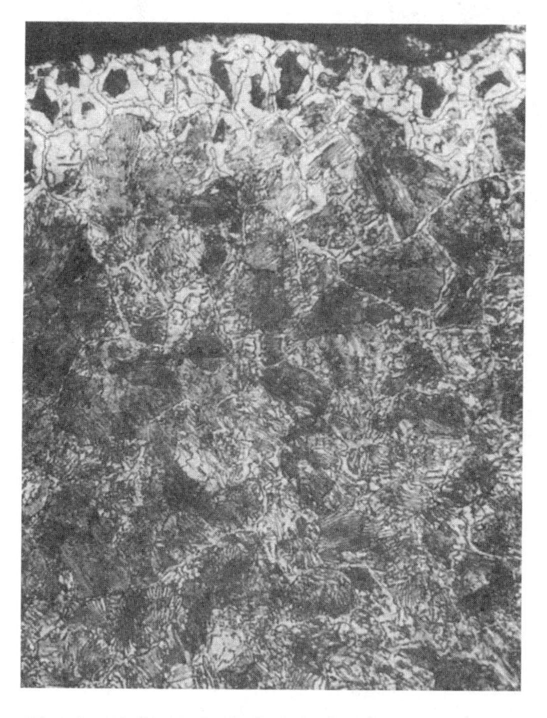

图 8-5 20 钢 920℃渗碳后表层反常组织（500×）

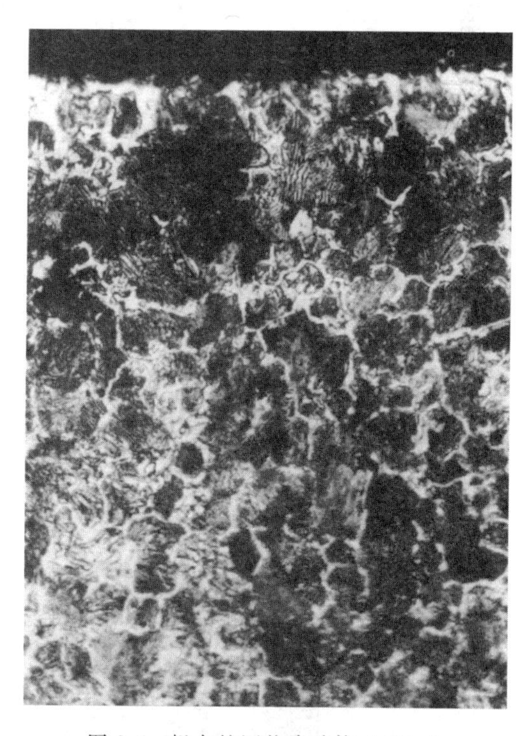

图 8-6 粗大的网状渗碳体（400×）

4. 渗碳淬火过热

图 8-7 所示为 20Cr 钢渗碳淬火后磨削加工中产生的严重龟裂现象。图 8-8 所示为将图 8-7 放大后的基体情况，基体为粗针马氏体及较多的残留奥氏体，裂纹沿晶界分布。这是由于渗碳淬火过热造成组织粗大且呈回火不足现象，过热组织在磨制时很容易产生叠加应力，而导致晶界裂纹。这种龟裂一般深度不深，如果磨制工艺正常，比如砂轮锋利，进刀量不大，则是可以避免龟裂产生的。也就是说，产生龟裂的原因有二：一是组织粗大，即先天不足；二是磨削加工量过大或砂轮钝化，易造成裂纹。

5. 表面脱碳

工件表面出现一层脱碳层，表层组织为大量铁素体+少量珠光体，次表层为细片状珠光体，心部为珠光体+铁素体，如图 8-9 所示。这种缺陷主要是由渗碳出炉时，工件在高温下直接接触空气，表面高温氧化造成的。有脱碳层的工件在淬火后表面硬度降低，耐磨性下降。为避免这种缺陷，可以将工件渗碳后降温到 860℃出炉，并迅速置于有保护气氛的冷却坑中冷却。

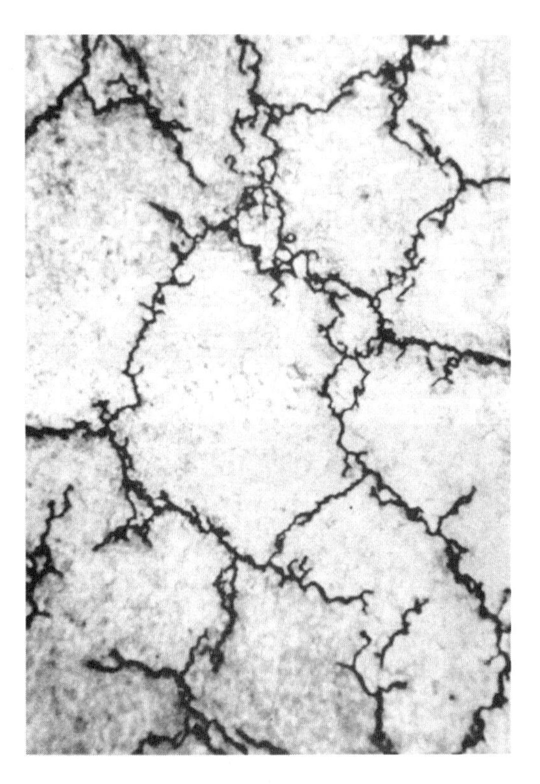

图 8-7 20Cr 钢渗碳淬火后磨削加工中产生的严重龟裂现象（100×）

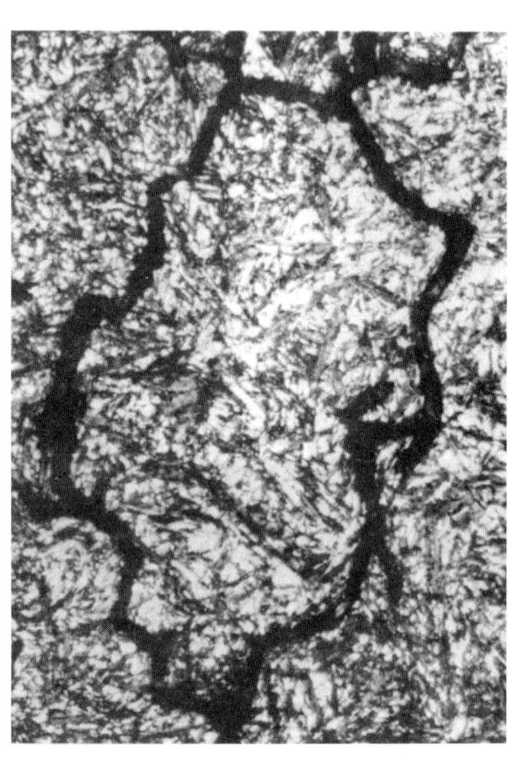

图 8-8 图 8-7 放大后的基体情况（500×）

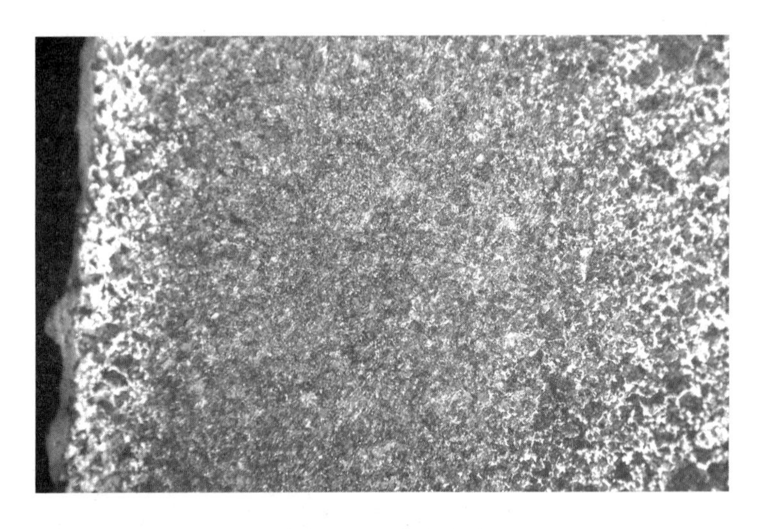

图 8-9 渗碳后表层半脱碳层（100×）

五、渗碳层的金相检验

1. 组织检验

渗碳层的组织检验主要评定马氏体、奥氏体、碳化物。不同行业有不同的行业标准。较常用的有汽车行业标准 QC/T 262—1999《汽车渗碳齿轮金相检验》、机械行业标准 JB/T 6141.3—1992《重载齿轮　渗碳金相检验》、航空行业标准 HB 5492—1991《航空钢制件渗碳、碳氮共渗金相组织检验》。组织评定时依照标准要求进行，虽然标准不同，但方法基本相同。如马氏体的评级，根据马氏体针叶长度（测量并对照标准图）评定，针叶越长，级别越高。汽车齿轮 1~5 级为合格，6~8 级必须返修。残留奥氏体、碳化物及心部铁素体级别均对照标准图评定。

2. 渗层深度的测定

渗碳后渗层深度的常用测定方法有四种：断口法、金相法、显微硬度法和剥层化学分析法。

（1）断口法　将试棒中部开一环形缺口，随炉渗碳后在降温前取出直接淬火，然后击断，用肉眼或低倍放大镜观察最表层白色瓷状细晶粒层，测量其深度。此方法通常用于炉前快速判断渗碳层深度。方法简单，但误差较大。

（2）金相法　在随炉冷却的状态下检验。目前在各种标准中金相法测量渗层深度的结束位置还不统一，常用的有下面三种方法。

1）过共析层+共析层+亚共析过渡层作为渗碳层总深度。使用这种方法时应注意过共析层与共析层之和应不小于渗碳层总深度的 50%~75%。这就是说亚共析层要求有一定厚度，不能过渡太陡，表层的高碳区域要足够深，以保证淬火后表层有高强度和高耐磨性。

2）过共析层+共析层+1/2 亚共析过渡层作为渗碳层总深度。这种方法与断口法和显微硬度法比较一致，因此这种测量方法应用也最广。

3）从表面测至 50%珠光体处作为渗碳层总深度。这种方法比较快，但有时 50%珠光体有一定的区域范围，找测量的界线往往误差较大。

（3）显微硬度法　显微硬度法是从淬火后试样的边缘起，测量显微硬度值的分布梯度。GB/T 9450—2005《钢件渗碳淬火硬化层深度的测定和校核》中规定了测量方法。选用 9.8N（1kgf）载荷，也可采用 4.9~49N（0.5~5kgf）的载荷，在 400 倍下，从表面测至 550HV 处的距离即为有效硬化层深度。适用于有效硬化层深度大于 0.3mm 的零件。此方法适用于基体硬度小于 450HV 的零件。所谓基体硬度，是指离表面三倍于硬化层处的硬度值。当基体硬度大于 450HV 时，一般从表面测至 550HV 高一个级（25HV 为一级）处作为测量的终点，即 575HV 处。在对测量结果有争议的情况下，显微硬度法是仲裁方法。

当有效硬化层深度小于等于 0.3mm 时，采用标准为 GB/T 9451—2005《钢件薄表面总硬化层深度或有效硬化层深度的测定》。此方法使用努氏显微硬度计，长形棱锥压头可使测量精度大大提高。

（4）剥层化学分析法　将车削成规定尺寸的圆试棒随炉渗碳后，在车床上进行分层车削取样，每次进刀深度 0.05mm，然后用化学分析方法分别测定含碳量。这种方法结果准确，但比较费时，常用于调试工艺。

>>> 注意

如果金相观察面没有与渗层表面垂直，或制样产生了倒角，对测量渗层深度值有什么影响呢？不垂直测定结果偏大，有倒角则最边缘测量不到，测定结果偏小。总之，制样不规范，渗层深度测定结果不准确。

同学们是否发现，不经认真分析，盲目开始工作，前期花费的制样时间白白浪费了。因此，接到任务后应该查找相关的技术要求，确定制样和检测方法，然后再开始操作。职业素养是慢慢提升的，着重于日常积累。

想一想

测定渗碳层深度时金相显微镜测量标尺和表面应保持什么角度？

模块三　钢的渗氮层金相检验

一、钢的渗氮处理

音频　表面处理后的金相检验

钢的渗氮处理又称为氮化。渗氮能使工件获得比渗碳更高的表面硬度，表面洛氏硬度值为 68～72HRC，维氏硬度值可达 900～1200HV；渗氮层具有更高的耐磨性、疲劳强度、热硬性和较好的耐蚀性。渗氮的温度较低，在 500～600℃，一般是随炉冷却，不需要像渗碳那样还要淬火处理，所以工件变形小。渗氮一般作为最终热处理，渗氮后不加工或只是精磨或研磨。渗氮常用的气体介质主要是氨气，按照工艺可分为普通渗氮、离子渗氮、防蚀渗氮和氮碳共渗。普通气体渗氮俗称硬氮化，氮碳共渗俗称软氮化。一般气体渗氮的速度较慢，生产周期在 30～50h。

铁的氮化物稳定性较差，硬度较低，因此常选用含 Cr、Mo、W、V、Ti、Al 等能强烈形成氮化物的中低碳合金钢作为渗氮用钢。最为常用的是 38CrMoAlA 钢在调质状态进行渗氮，也可用 35CrMo 钢、40CrNiMo 钢、碳素钢、铸铁等。渗氮选材不同，渗后的表面硬度也不同。合金元素与氮结合成高硬度的氮化物（AlN、TiN、VN 等），并以极细颗粒呈高度弥散地分布在渗层的基体上，因而赋予渗氮层以高硬度和强度。氮的合金化合物会阻碍氮的扩散，所以渗氮的深度和渗碳相比一般都比较浅。

二、渗氮层的组织

铁氮相图中氮浓度不同会形成不同的 Fe-N 二元相结构，ε 相是含氮量范围最宽的含氮化合物，它是通常在渗层最表面能够通过金相显微镜看到的白亮层组织。次表层常常含有白色的脉状组织，再往心部，是氮的扩散层，一般是含氮索氏体，心部是索氏体组织。图 8-10

所示就是典型的38CrMoAlA钢渗氮组织，工艺采用气体渗氮，浸蚀剂为表8-1中的1号试剂。图8-11所示组织是和图8-10所示组织同种材质同炉处理的另一试样，区别仅是浸蚀剂为表8-1中的5号试剂。可以看出图8-10中含氮索氏体经硝酸酒精浸蚀，颜色发黑，较容易与心部的索氏体组织区别开，有较明显的界限。图8-11所示为另一种浸蚀效果，扩散层与基体交界一段呈白色，使得交界线非常清晰，这样方便渗层深度的测量。

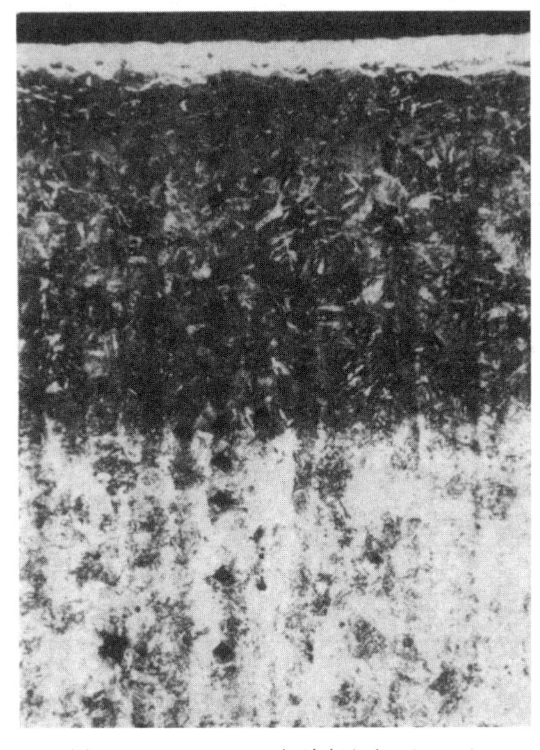

图8-10　38CrMoAlA钢渗氮组织（100×）

图8-11　图8-10对应材料另一种浸蚀剂的效果（100×）

三、渗氮层深度的测定

1. 断口法

断口法将试样制成规定尺寸的缺口试块，渗氮后在缺口处冲断，用肉眼观察试块表面四周有一层很细的瓷状断口区，而心部的断口组织较粗，用10~20倍放大镜测定表面瓷状断口的深度，即是渗氮层深度。

2. 金相法

随炉试样经浸蚀后，在100~200倍下用带刻度的目镜测量，从表面到渗氮扩散层与基体交界处的距离，即是渗氮层深度。金相法测定渗氮层深度时包含了化合物白亮层和扩散层，当扩散层与基体交界不清时，需要采取其他手段，比如采用其他化学浸蚀试剂或热处理的方法使界限清楚显示，才能测定准确，否则应改用其他检测方法测定。

3. 显微硬度法

GB/T 11354—2005《钢铁零件　渗氮层深度测定和金相组织检验》规定了硬度法测定

渗氮层深度的方法。要求用2.94N（0.3kgf）载荷下，从表面测至高出心部硬度50HV（过渡层平缓时可测至高出心部30HV）处的垂直距离作为渗氮层深度。

同渗碳层的测定一样，当有争议时，渗氮层的深度测定以显微硬度法为唯一仲裁方法。

某企业外委的渗氮工件，要求渗层深度≥0.4mm，交付时出具检验合格的报告。但收检时，金相法检测结果渗层深度为0.38mm，判定渗氮层深度不合格。所以请有资质的第三方仲裁检验，测定渗氮层深度为0.41mm。

追溯收检人员的工作差错原因是：渗氮层非常薄，表面硬脆的白亮层没有检测出来，因为在制样阶段没有采用夹持或镶嵌，直接磨制，受检面与表面渗层不垂直，工作面最边缘产生倒角，使最边缘的部分没有纳入检测范围，导致测定结果比真实值小。

质检员为了工作方便，在制样技术不过关的情况下省略了镶嵌工序，导致试样边缘倒角的测定结果不准确；再者，当发现所见组织不同于常规渗氮层组织时，没有分析原因，而是轻率地出具检测结果。这样的事故反映出制样技能不过关以及质检员的职业素养欠缺的问题。金相检验员如同工业产品的医生，发布报告务必追求严谨负责，稍有松懈，就可能产生误判，导致企业不必要的损失。

四、渗氮后表面硬度的检验

由于渗氮层浅薄，通常用维氏硬度或表面洛氏硬度计来测定渗氮表面硬度。由于载荷过大将渗氮层击穿，载荷过小测量不精确，所以应根据渗氮层深度来选择载荷，见表8-2。

表8-2 测定渗氮层表面硬度载荷的选择

渗氮层深度/mm	<0.35	0.35~0.5	>0.5
维氏硬度载荷/kgf	≤10	≤10	≤30
表面洛氏硬度载荷/kgf	≤15	≤30	60

注：1kgf=9.80665N。

对于渗氮后还要精磨的零件，可将试样磨去0.05~0.10mm后再检测硬度，能较真实地反映实际工件的使用性能。

五、渗氮层的脆性检验

一些含Al钢（常用38CrMoAlA钢）气体渗氮后，表面脆性较大，必须进行脆性检验。而离子渗氮脆性较小，可以不检验脆性。检验脆性的方法是先将渗氮层表面用细砂纸稍加处理，如果磨得太深，就会磨去表面硬化层，应使表面光亮，以便测量维氏硬度时可以看清压痕。再根据已经测得的渗氮层深度按照GB/T 11354—2005《钢铁零件 渗氮层深度测定和金相组织检验》选择测定脆性的载荷，渗层越深，载荷越大，渗层越浅，载荷越小。如果选择的载荷太大，则维氏硬度压痕会击穿渗层；如果选择的载荷太小，则不能全面反映渗层的脆性情况。接下来是打维氏硬度，根据压痕情况评定脆性等级。

1级，不脆，压痕边缘完整无缺；2级，略脆，压痕一边或一角碎裂；3级，脆，压痕两边或两角碎裂；4级，很脆，压痕三边或三角碎裂；5级，极脆，压痕四边或四角碎裂，轮廓不清。一般规定1~3级合格，对留有磨量的零件，允许磨加工后再测定脆性。

六、渗氮层的缺陷组织实例

1. 网状氮化物

网状氮化物一般出现在氮浓度特别高的渗氮层中，零件的尖角处更易形成。图8-12所示扩散层中出现连续白色网状氮化物，在500倍下，按照GB/T 11354—2005《钢铁零件渗氮层深度测定和金相组织检验》中的图片对照评定，评为5级，属于不正常级别。

在扩散层中出现断续脉状氮化物，按照标准评级1~3级都属于正常级别，随着氮浓度的提高，直至形成封闭的网状分布，它将导致晶间脆性剧增，使工件表面易于产生剥落现象。

2. 针状氮化物

在渗氮层最表面出现白色针状氮化物，如图8-13所示，它贯穿整个铁素体晶粒，促使渗氮变脆产生崩落。渗氮前零件表面存在铁素体脱碳层，或者调质处理不当，致使零件表面存在铁素体，渗氮后就会形成针状氮化物。针状氮化物会加大表面的脆性，因此要严格控制调质零件的铁素体量，一般控制在5%~10%（体积分数）。38CrMoAlA钢淬透性好，表面不允许有铁素体存在。

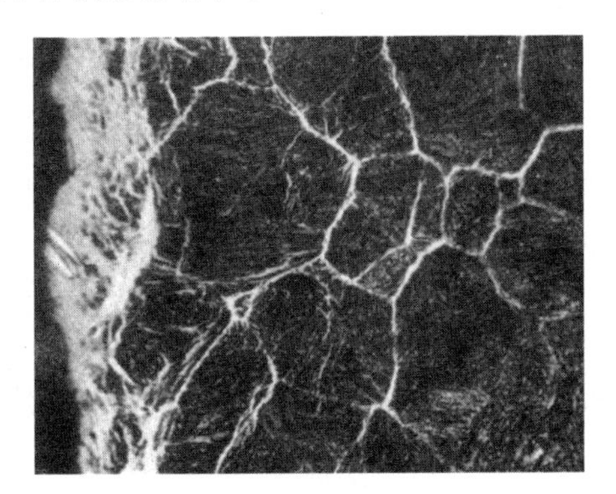

图8-12　网状氮化物（500×）

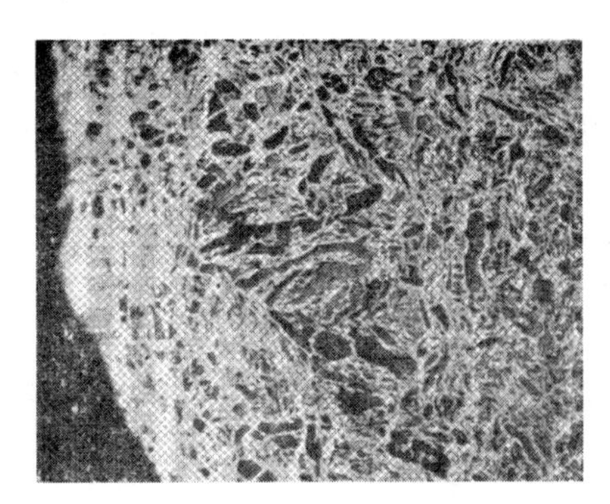

图8-13　针状氮化物（500×）

想一想

渗氮层脆性检验和渗氮层深度测定在试样上的测定位置有何不同？

模块四　钢的碳氮共渗层金相检验

钢的碳氮共渗就是在钢件表层同时渗入碳、氮的热处理过程。根据共渗的温度不同，可分为低温（500~600℃）、中温（700~860℃）、高温（900~950℃）。低温碳氮共渗即目前广为应用的软氮化，其表层主要以渗氮为主，属于渗氮处理，用以提高碳素钢、合金钢、铸铁等零件及工模具的表面耐磨性和抗咬合性。中温碳氮共渗，是通常所说的碳氮共渗，其目的与渗碳相似，主要是提高结构钢零件的表面硬度，它与渗碳相比，将使零件具有更好的耐磨性和抗疲劳性能。高温碳氮共渗以渗碳为主，属于渗碳处理。

一、碳氮共渗的组织

凡是渗碳用钢均可以碳氮共渗。共渗后的热处理基本上与渗碳相同。碳氮共渗缓冷的组织，最表层在碳氮浓度较高时会有一层极薄的白亮层，类似于渗氮处理ε相的白色富氮区，次表层为共析珠光体，再往内部是亚共析过渡层，从出现铁素体起逐渐过渡到心部原始组织。

碳氮共渗后淬火，共渗层组织为细针（或隐针）马氏体+适量碳氮化合物+少量残留奥氏体组织，渗层再向内是马氏体+托氏体组织的过渡区，心部是白色的铁素体+低碳马氏体组织。

二、碳氮共渗的缺陷组织实例

1. 黑色组织

黑色组织形成的原因较多，主要原因是内氧化和渗层表面淬透性降低。

所谓内氧化，是指碳氮共渗时，钢中合金元素及铁原子被氧化，这种缺陷分布在表面深度不大的范围内。这种氧化物沿着原奥氏体晶界分布。

内氧化产生的原因是：在渗碳或碳氮共渗气氛中，总是含有一定量的 O_2、H_2O、CO_2 气体。当炉子气氛中这些组分含量较高，或炉子密封不好有空气侵入，或者零件表面有严重的氧化皮时，在渗碳过程中将发生内氧化。内氧化的实质是：在高温下，吸附在零件表面的氧沿奥氏体晶粒边界扩散，并和与氧有亲和力的元素（如 Ti、Si、Mn、Al、Cr）发生氧化反应，形成金属氧化物，造成氧化物附近基体中的合金元素减少，淬透性降低，淬火组织中出现非马氏体组织。

由于内氧化，表层出现非马氏体组织，零件表面显微硬度明显下降。当内氧化层深度小于 13μm 时，对疲劳强度没有明显的影响；当内氧化层深度大于 13μm 时，疲劳强度随氧化层深度的增大而明显下降。内氧化的存在，也影响表面残余应力的分布，内氧化层越深，表面拉应力越大。为了防止内氧化，在进行渗碳或碳氮共渗时，应选择不易产生内氧化的钢。内氧化与某些合金元素的存在及其在奥氏体中的含量有关。合金元素 Ti、Si、Mn 和 Cr 易被氧化，而 W、Mo、Ni 和 Cu 不易被氧化。在含 Ni 的钢中，可以有效地防止钢的内氧化。在 Cr-Mo 类钢中，Mo 的质量分数偏低（0.2%）时，总是发现内氧化；采用 Mo 的质量分数为 0.5%或更高的钢，对防止内氧化和提高淬透性非常有益。当 Mo 和 Cr 的质量比在 0.4 以下时，可以观察到内氧化层的深度达 14~20μm；Mo 和 Cr 的质量比为 1 时，钢中则观察不到内氧化现象。对于 Cr-Ni-Mo 类钢，其中 Mo 和 Cr 的质量比为 0.4，而 Ni 的质量分数为 1%时，也不易出现内氧化现象。国外已相继研制出能够抑制内氧化的新型渗碳钢。

图 8-14 所示为 20CrMnTi 钢碳氮共渗后直接淬火，在抛光态，未经浸蚀，400 倍下的组织情况，这是比较严重的内氧化组织。出现严重内氧化组织与炉子的密封性有很大关系。共渗炉中的氧气来不及排清，或工件表面沿晶界有锈蚀，都会造成内氧化现象。因为内氧化会自表面沿晶界往里扩展，因此工件表面的清洁度也是至关重要的。

由于化合物的析出，使渗层中固溶的合金元素减少，过冷奥氏体稳定性降低，在正常淬火时发生珠光体型的转变，生成托氏体组织沿原奥氏体晶界呈网状分布。

图 8-15 所示为 20CrMo 钢在 860℃ 碳氮共渗，降温至 830℃ 油冷淬火，180℃ 低温回火，4%硝酸酒精溶液浅浸蚀的组织。表层有不均匀分布的黑色组织，次表层有较粗的黑色组织呈网状沿晶界分布，黑色组织中的白色小颗粒为碳氮化合物。由于碳氮浓度偏高，淬火温度低，在油冷时碳氮化合物析出，淬透性降低，形成黑色组织，即托氏体组织，要消除这种组织应该提高淬火冷却介质的冷却能力，比如提高冷却过程中搅拌介质的速度。

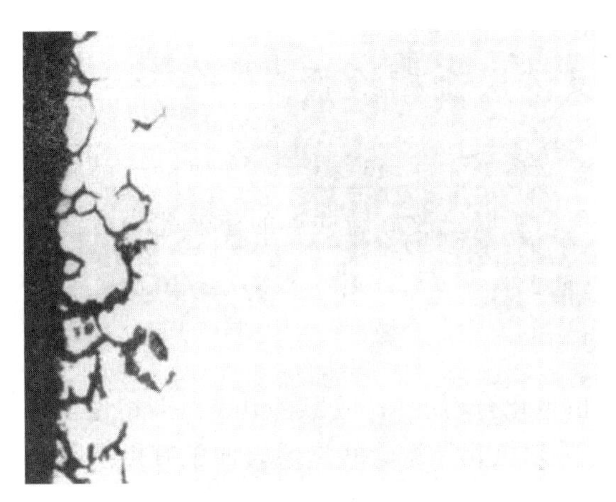

图 8-14　严重内氧化现象（400×）

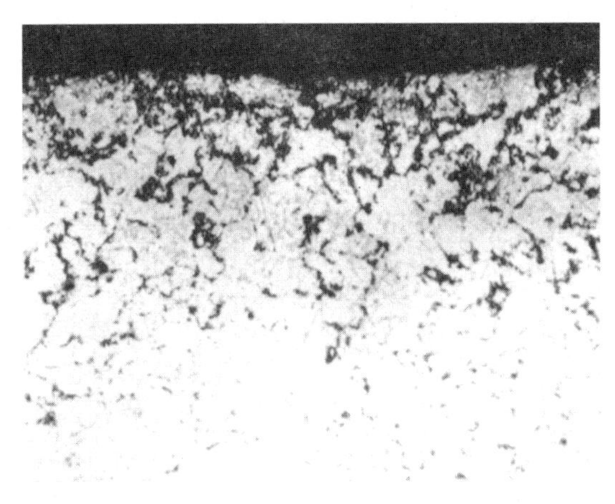

图 8-15　碳氮共渗层黑色组织（400×）

2. 碳氮化合物堆积

碳氮共渗工艺不当，会出现大片连续呈壳状分布的白色碳氮化合物，属于严重的缺陷组织。此缺陷组织表面脆性特别大，稍受外力作用就容易脱落而损坏，故不允许这种缺陷存在。

图 8-16 所示为 20CrMnTi 钢碳氮共渗后淬火+低温回火的组织，可见壳状碳氮化合物。齿轮的齿角表面白亮层是大块的碳氮化合物，次表层断续网状及块状碳氮化合物向纵深分布，基体为细针状马氏体及少量的残留奥氏体。这种缺陷组织和碳氮共渗工艺有关。

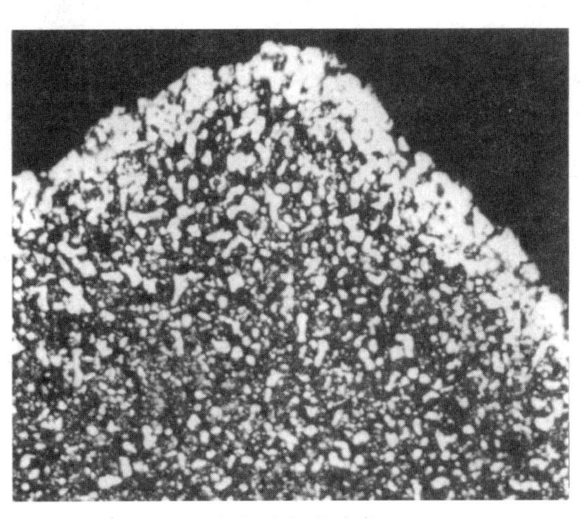

图 8-16　壳状碳氮化合物（400×）

三、碳氮共渗层深度的检验

碳氮共渗层的金相检验参考渗碳层的金相检验。渗层深度的测定分为金相法和显微硬度法。

1. 金相法

金相法是在渗后缓冷状态下，由表面测至与心部组织明显交界处为止。相关标准有 QC/T 29018—1991《汽车碳氮共渗齿轮金相检验》、HB 5492—1991《航空钢制件渗碳、碳氮共渗金相组织检验》、JB/T 7710—2007《薄层碳氮共渗或薄层渗碳钢件　显微组织检测》。

2. 显微硬度法

在碳氮共渗后淬火+回火的状态下检验。渗层深度>0.3mm 时，使用和渗碳层检验相同的标准，即 GB/T 9450—2005《钢件渗碳淬火硬化层深度的测定和校核》。渗层深度≤0.3mm 时，使用 GB/T 9451—2005《钢件薄表面总硬化层深度或有效硬化层深度的测定》。方法规定使用载荷 2.94N（0.3kgf），建议用努氏压头。

模块五 钢的氮碳共渗层金相检验

钢的氮碳共渗是以渗氮为主，同时有微量渗碳的表面处理过程。工作温度范围和渗氮相同，但由于碳的介入，可以加快渗氮的过程，所以一般氮碳共渗的渗速比气体渗氮要快。

一、氮碳共渗的组织及检验

氮碳共渗后的组织和气体渗氮相似，为表面白色化合物层+扩散层，但表面多相化合物层中无高脆性相，故共渗层韧性较好，也因此称为软氮化。氮碳共渗层表面常有黑点状疏松，一般认为是氮分子析出或氧化而形成的化合物疏松。疏松会在一定程度上影响工件的耐磨性和疲劳强度，因此应进行疏松程度评定。均匀、少量的疏松有利于表面储存润滑油，起到好的作用。

氮碳共渗深度测定和疏松程度评定，依照 GB/T 11354—2005《钢铁零件 渗氮层深度测定和金相组织检验》进行。

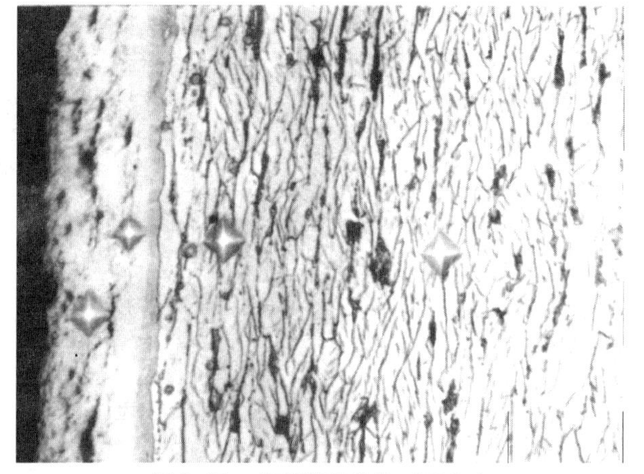

图 8-17 表面严重疏松（500×）

二、氮碳共渗的缺陷组织实例

图 8-17 所示为 15 钢气体氮碳共渗表面严重疏松的例子，疏松同时还有分层现象，疏松程度按 GB/T 11354—2005 评定属于不合格级别。在图中还可看到显微硬度压痕，第一点是疏松区为 388HV，第二点白色化合物区为 604HV，第三点扩散层为 345HV，第四点扩散层为 329HV，心部基体为 215HV。渗层表面存在严重的疏松孔隙，致使表面硬度明显下降，在使用过程中容易起皮、脱落，使工件发生早期损坏。

模块六 钢的感应淬火金相检验

感应淬火是利用电磁感应原理，在工件表面产生涡流使工件表面快速加热并立即冷却而实现表面淬火的工艺方法。感应淬火用钢常选用中碳钢和中碳合金钢，如 40 钢、45 钢、40Cr 钢等，感应淬火和普通淬火相比，有变形小、加热时间短而氧化脱碳少、表面硬度高、缺口敏感性小等优点。

视频 表面感应淬火

一、感应淬火层的组织

中碳钢和中碳合金钢一般预先经过正火或调质处理，然后才进行感应加热淬火，故原始组织为细片状珠光体+细块状铁素体或回火索氏体。预备热处理为正火态时，感应淬火表面完全淬火层全部为马氏体组织，次表层过渡区为马氏体+未溶铁素体及其周围的黑色托氏体。图 8-18 所示为 45 钢高频感应淬火的正常组织，表面主要组织是马氏体，硬度为 58HRC，与心部交界处除了马氏体外，还有少量的铁素体。图 8-19 所示为图 8-18 对应的淬硬层组织，为中等针状马氏体及板条状马氏体的混合。图 8-20 所示为心部原始组织，为细片状珠光体+沿晶界分布的铁素体，硬度为 22~25HRC。

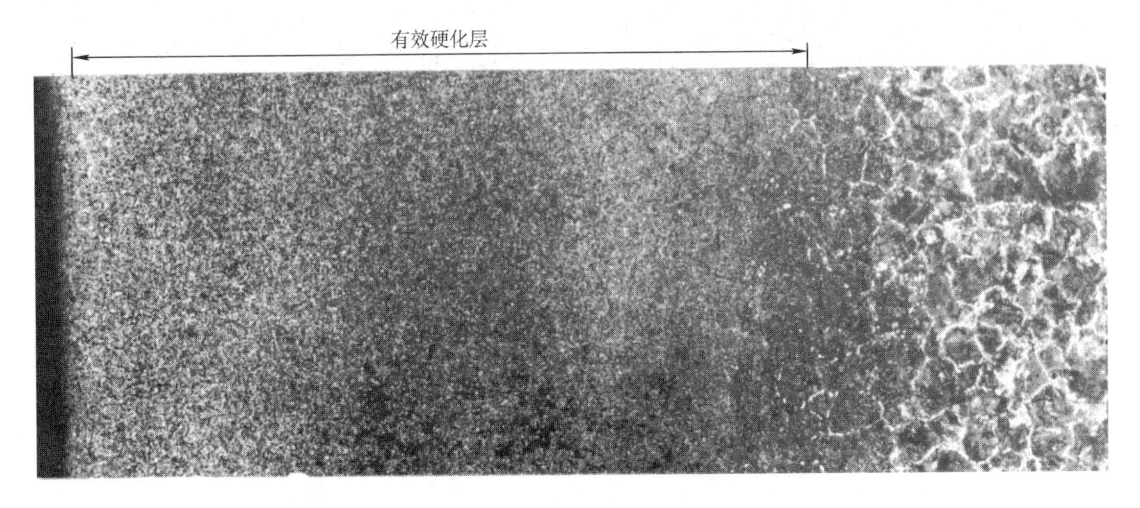

图 8-18　45 钢高频感应淬火的正常组织（50×）

二、感应淬火缺陷组织

图 8-21 所示为 45 钢高频感应淬火的组织，表层是淬硬的马氏体黑色基体+白色未溶铁素体小块，心部是黑色珠光体+白色铁素体。图 8-22 所示为图 8-21 表层欠热组织高倍下的形貌，组织为马氏体+大块未溶铁素体+未溶铁素体周围少量深黑色网状分布的托氏体。检验按 JB/T 9204—2008《钢件感应淬火金相检验》进行。

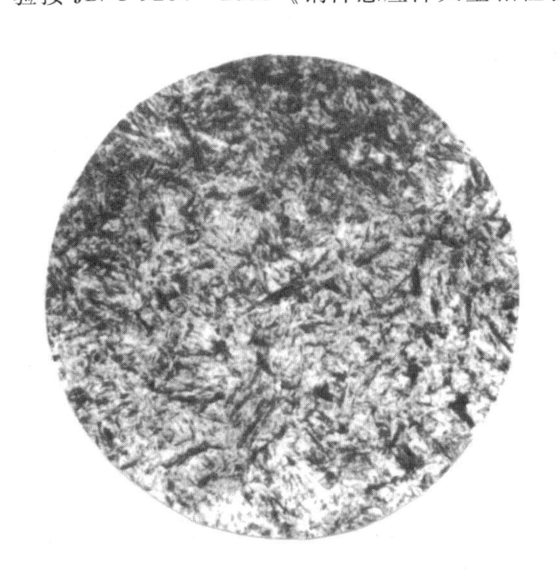

图 8-19　高频感应淬火淬硬层组织（400×）

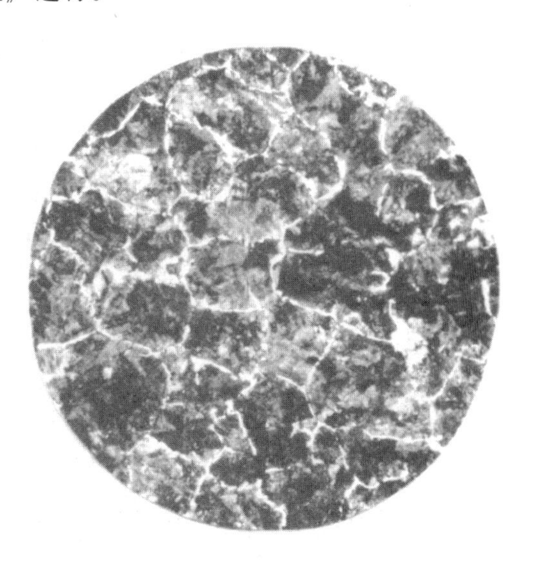

图 8-20　心部原始组织（400×）

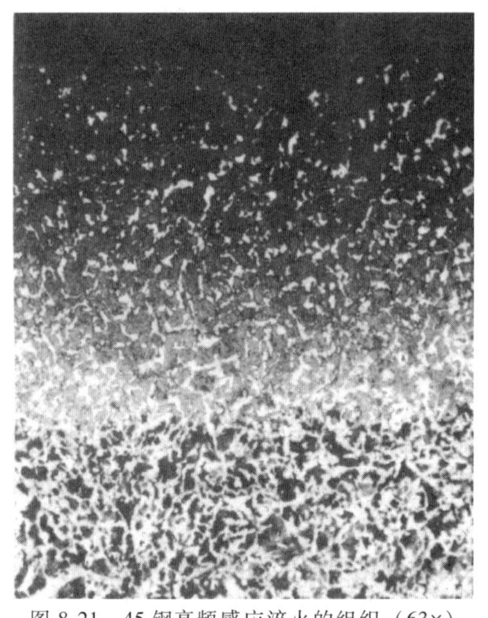

图 8-21 45 钢高频感应淬火的组织（63×）

图 8-22 图 8-21 表层欠热组织（500×）

三、感应淬火有效硬化层深度的测定

1. 金相法

感应淬火前经正火的零件，硬化层深度从表面测到 50% 马氏体处，如果该处铁素体含量高于 20%，则测至 20% 铁素体处为止。

感应淬火前经调质的零件，硬化层深度从表面测至显著出现索氏体处为止。

2. 硬度法

（1）维氏硬度测硬度梯度曲线 GB/T 5617—2005《钢的感应淬火或火焰淬火后有效硬化层深度的测定》中规定，有效硬化层处极限硬度值是零件表面要求的最低硬度的 0.8 倍，即 $HV_{HL}=0.8HV_{Ms}$。例如，工件表面硬度要求>680HV，则极限硬度 $HV_{HL}=0.8HV_{Ms}=0.8\times680HV=544HV$ 在维氏硬度曲线上求得极限硬度值到表面的距离即为有效硬化层深度。

（2）洛氏硬度 从表面测至半马氏体硬度处的距离为有效硬化层深度。碳素钢的半马氏体硬度见表 8-3，合金钢的半马氏体硬度见表 8-4。

表 8-3 碳素钢的半马氏体硬度

钢号	半马氏体硬度(HRC)	钢号	半马氏体硬度(HRC)	钢号	半马氏体硬度(HRC)
30	34.8~38.0	50	42.8~46.0	70	50.8~54.0
35	36.8~40.0	55	44.8~48.0	75	52.8~56.0
40	38.8~42.0	60	46.8~50.0	80	54.8~58.0
45	40.8~44.0	65	48.8~52.0	85	56.8~60.0

表 8-4 合金钢的半马氏体硬度

碳的质量分数(%)	半马氏体硬度(HRC)	碳的质量分数(%)	半马氏体硬度(HRC)
0.18~0.22	30	0.33~0.42	45
0.23~0.27	35	0.43~0.52	50
0.28~0.32	40	0.53~0.60	55

模块七 钢的其他表面处理方法金相检验

视频 火焰表面加热淬火

一、火焰淬火

火焰淬火是将工件置于强烈的火焰中进行加热，使其表面温度迅速达到淬火温度后，急速用水或水溶液进行冷却，从而获得硬度的方法。火焰淬火最常用的是氧乙炔焰，设备简单，使用方便，成本低，并且不受工件体积大小限制，适用于重型机械、冶金机械、矿山机械等，但是工件表面容易过热。火焰淬火质量检验参照感应淬火的方法，其组织变化规律和感应淬火相似。

二、激光淬火

激光淬火是利用激光束照射工件表面，在很短时间内使工件极快达到相变温度，随后以极快的冷速自行淬火。由于加热速度快，相变在很大的过热度下进行，但不会过热，得到的是碳浓度不均匀的细小奥氏体组织。冷却后获得极细小的隐针马氏体或非常细小的马氏体组织。组织变化由表及里是表面淬硬层、过渡层、基体组织。过渡区中有未溶铁素体，其组织形态可参考感应淬火过渡区。

三、渗硼处理

渗硼处理是将硼元素渗入钢的表面，促使形成铁的硼化物，从而得到一薄层比渗氮层硬度更高的硬化层。渗硼层硬度可达1400~2000HV，因此具有很高的耐磨性。渗硼层还有良好的耐蚀性、热硬性等优点。其主要缺点是脆性大，不易磨削加工，而且在950℃渗硼，钢材易产生过热和较大变形。

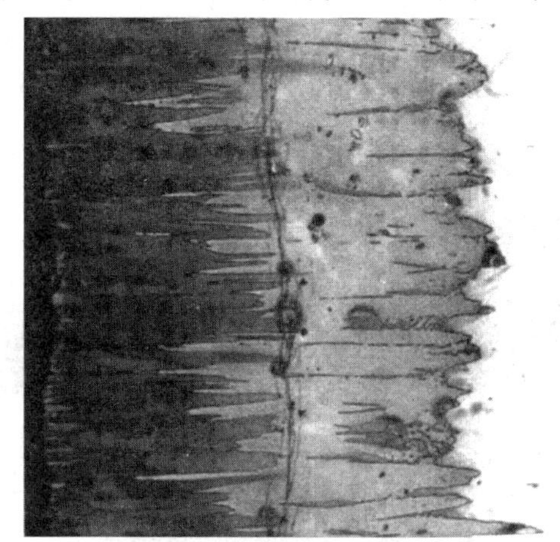

图 8-23 20 钢渗硼层组织（400×）

渗硼后的最表层白亮色锯齿形 Fe_2B 相和 FeB 相硼化物较均匀地楔入基体，碳素钢的锯齿形明显，合金钢、铸铁由于合金元素的影响，锯齿形不明显。渗硼深度一般为 0.1 ~ 0.2mm。Fe_2B 相脆性小，硬度高（1290 ~ 1680HV），耐蚀性、耐磨性都好，而 FeB 相硬度更高（可达 2300HV），但脆性大，适用于高耐磨件。区别这两相的有效试剂是三钾试剂，配方见表 8-1。图 8-23 所示为 20 钢渗硼层组织，工艺为 950℃固体渗硼 6.5h，淬油后低温回火。FeB 在最表层呈深灰色锯齿形，Fe_2B 在次表层呈浅灰色，基体组织未显现。

四、渗铬处理

纯铁或低碳钢渗铬，表面形成以铬铁为主的渗层，硬度与基体相差不大，但有良好的耐蚀性、抗氧化性能，在一定场合可以替代不锈钢。中、高碳钢和中高碳合金钢渗铬，可形成高硬度的以铬铁碳化物为主的渗铬层，可适用于高温、腐蚀环境下工作的工模具。图 8-24 所示为 Q195 钢在 950℃ 液体渗铬的组织，在最表面可看到一薄层铬铁碳化物，次表层柱状分布的晶粒为铬铁素体（渗铬层），内层是基体，基体是铁素体+少量珠光体。

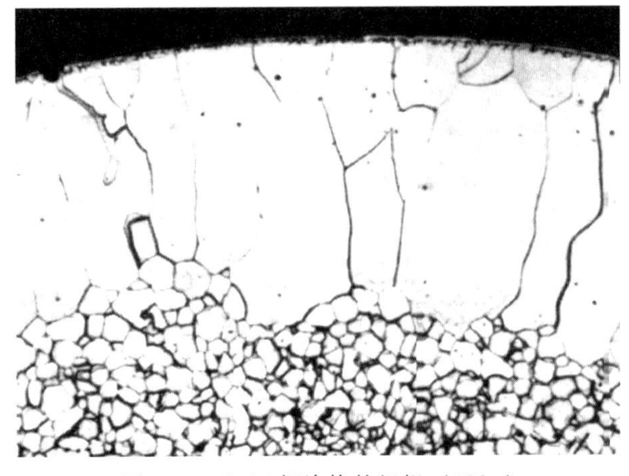

图 8-24 Q195 钢渗铬的组织（100×）

五、渗铝处理

渗铝最常用的方法是热浸渗铝，工艺温度为 700~730℃，然后在 860℃以上进行数小时高温均匀化退火，使渗铝表面形成一层连续、致密的 Al_2O_3 薄膜。渗铝可以提高钢的抗氧化性和耐蚀性（特别是在含硫介质中）。图 8-25 所示为 10 钢热轧板渗铝后均匀化退火的组织，经 4%硝酸酒精浸蚀后再经 0.5%氢氟酸水溶液浸蚀。最表层为铁铝化合物层，次表层为铁铝固溶体，其中存有灰色棒状渗铝表面夹杂物 Al_4C_3，接下来是贫碳区，心部组织为铁素体+少量珠光体，总渗铝层约 0.08mm。

六、电镀

电镀能在金属和非金属制品表面上形成符合某种要求的平滑而致密的金属层，也是一种表面处理方法。按功能可以分为装饰性镀层、功能性镀层、修复性镀层等几种类型。常用的电镀工艺有镀铬、镀镍、镀锌、镀铜、镀银等。图 8-26 所示为 08 钢镀装饰镍的组织，4%硝酸酒精浸蚀，表面白亮层为镀镍层，厚度约 0.07mm，不受浸蚀，心部组织为铁素体+很少量珠光体。

图 8-25 10 钢热轧板渗铝后均匀化退火的组织（100×）

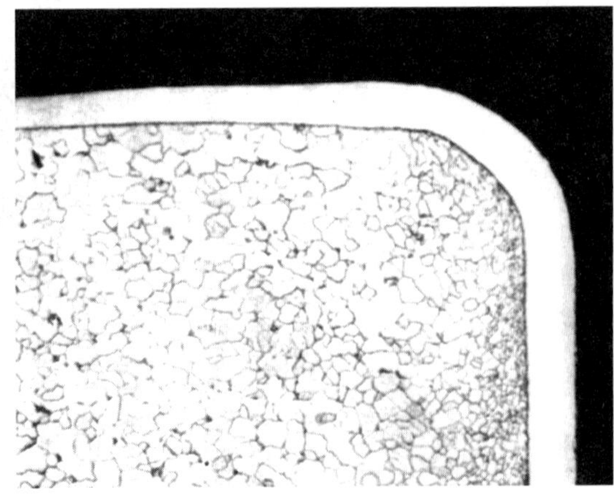

图 8-26 08 钢镀装饰镍的组织（70×）

模块八　钢的渗碳层深度测定案例

某工厂接到一批要求渗碳处理的零件，材料为20CrMnTi钢，渗层深度要求不小于0.70mm，确定工艺为910℃渗碳后淬火+低温回火处理。在渗碳保温阶段结束时，提取随炉渗碳的20CrMnTi钢试棒，及时淬火，打断试棒，在断口处目测观察渗层达到了要求，则将渗碳的零件炉冷至860~880℃后出炉坑冷，然后再加热淬火。在交付零件时，对方单位用金相法测随炉缓冷试样的渗碳层深度，认为未达到技术要求。因此需要用显微硬度法仲裁。

随机抽取一个渗后淬火+回火处理的零件，垂直于渗层表面切取金相试样，然后镶嵌制样，用4%硝酸酒精溶液浸蚀，得到图8-27所示的组织，表层是针状马氏体、残留奥氏体及少量碳化物，心部是低碳马氏体、贝氏体及少量铁素体。为了显示显微硬度压痕变化的整体

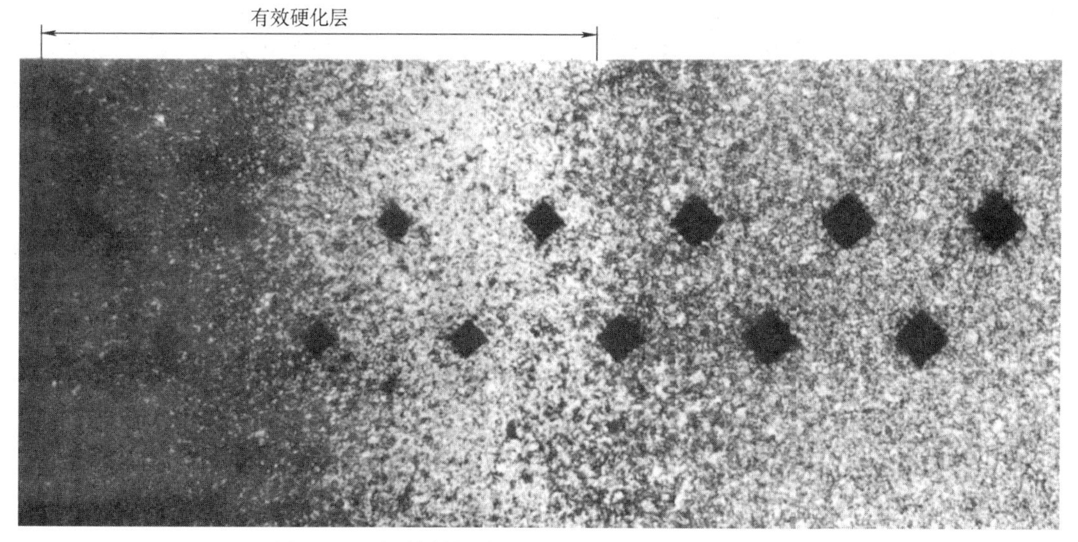

图8-27　渗碳层的组织及显微硬度压痕情况（100×）

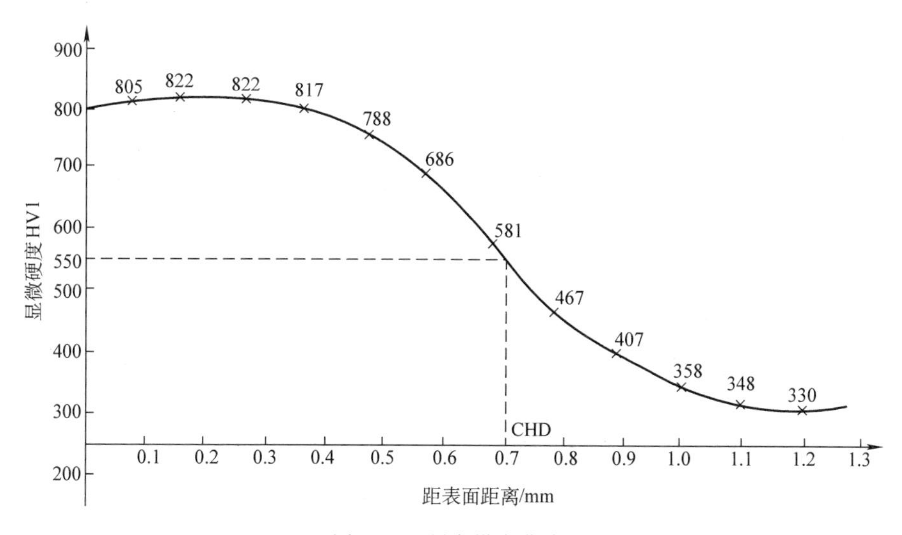

图8-28　硬度梯度曲线

情况，故图示的放大倍数低，组织分辨不清楚。按照 GB/T 9450—2005《钢件渗碳淬火硬化层深度的测定和校核》规定，选取 9.802N 的载荷打显微硬度，图中黑色棱形即是显微硬度压痕。将测得的硬度值绘制成硬度梯度曲线，如图 8-28 所示。可知心部硬度<450HV，所以按标准应测至 550HV 处作为有效硬化层深度。

从曲线上测得有效硬化层 CHD=0.72mm。因此，该批零件渗碳层深度合格。

【思考题】

1. 渗层试样应该怎么取？磨抛渗层试样时应该注意什么？
2. 渗碳齿轮金相检验有哪些项目？
3. 渗碳层深度测定有什么方法？分别如何测定？
4. 碳氮共渗层表层组织和渗碳层表层组织的区别是什么？
5. 渗碳后表面不允许有网状碳化物，那么网状碳化物按照标准评定时，是应该在渗碳缓冷状态还是在渗碳淬火状态？
6. 渗氮层是什么组织？
7. 渗氮层深度测定有几种方法？分别如何测定？以哪一种方法仲裁？
8. 什么是内氧化？表现特征是什么？
9. 应该在哪个面上检验渗氮层脆性？如何检验和评定？
10. 什么是氮碳共渗？氮碳共渗后的检验应怎么做？
11. 感应淬火会得到什么组织？
12. 感应淬火的零件预备热处理一般有哪些？这些状态的组织分别是什么？
13. 金相法如何测感应淬火有效硬化层深度？
14. 什么是极限硬度？维氏硬度法如何测感应淬火有效硬化层深度？
15. 激光淬火的组织特点是什么？
16. 渗硼层一般用什么试剂浸蚀？
17. 渗铬处理后渗层组织有什么特点？

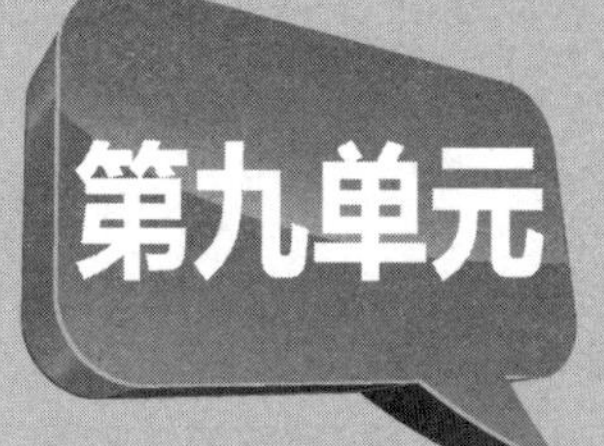

第九单元

焊接件的金相检验

内容导入

焊接结构（件）在生产中得到了广泛的应用。随着锅炉、压力容器、化工机械、航空航天器和原子能工程等向高参数及大型化方向发展，工作条件日益苛刻、复杂，要保证这些焊接结构（件）的高质量，合理而先进的焊接检验技术是必不可少的。

许多金属和合金的产品或构件是通过焊接加工成形的。对于焊接产品的检验必须要了解焊接加热和冷却过程的特征、焊接接头各部分（焊缝和热影响区）的组织特征以及焊接接头中常见的缺陷。

模块一　焊接加热和冷却过程的特征

导入案例

【案例 9-1】　自从焊接结构被广泛应用以来，在国内外都发生过一些破坏性事故，造成了重大损失。如 1979 年底，我国某地的液化石油气站罐区发生一起球罐爆炸事故，其中一个罐沿焊缝脆裂，着火燃烧，引起其他罐爆炸燃烧，大火持续了 23h，烧毁全部建筑和设备，造成 600 多万元财产损失。事后，对爆炸事故进行了调查和分析，球罐的开裂过程为：焊道边缘存在着 2~2.5mm 的咬边，使用时咬边处诱发 6mm 长的焊趾裂纹，焊趾裂纹在介质中萌生出应力腐蚀裂纹（长约 7mm），最后，在应力作用下，当裂纹的有效截面达 $4mm^2$ 时，发生了低应力脆性开裂。

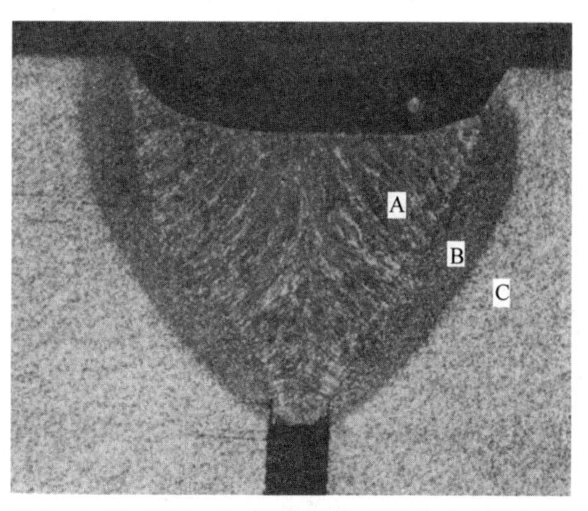

图 9-1　铜-磷钢 CO_2 气体保护焊接头的低倍组织

图 9-1 所示为铜-磷钢 CO_2 气体保护焊接头的低倍组织。可以清楚地看到焊接接头由中心焊缝区（图 9-1A 区）、靠近焊缝的热影响区（图 9-1B 区）、未熔化的母材金属

（图 9-1C 区）三个部分组成。

如果制成金相试样，在显微镜下观察，这几部分的显微组织更是各不相同，十分复杂。

一、焊接热循环

电弧焊接的过程实际上是利用电弧（热源）产生的高温（如焊条电弧温度高达 4000~7000℃）使被焊金属局部加热发生熔化，同时将填充金属（焊条、焊丝）熔化滴入，形成金属液体熔池。当电弧移开时，周围冷金属导热，使熔池的温度迅速降低，熔池即凝固成焊缝。由于电弧的热作用，熔池周围的母材金属从室温一直被加热到较高温度，这部分被加热的母材金属，也随电弧的移开而冷却下来，与焊缝共同形成一个焊接接头。一般把在焊接热循环作用下，焊缝附近发生组织和性能变化的区域称为热影响区。

图 9-2 所示为焊条电弧焊示意图。整个焊接过程实际上可以看作由加热和冷却两部分组成。这两个过程可以用图 9-3 所示的曲线来表示，即在热源沿焊件移动时焊件上某点的温度随时间延长由低而高，到达最大值后又由高而低变化，这称为焊接热循环。而加热速度、最高加热温度、在高温停留的时间及冷却速度等是整个热循环过程的主要影响因素。

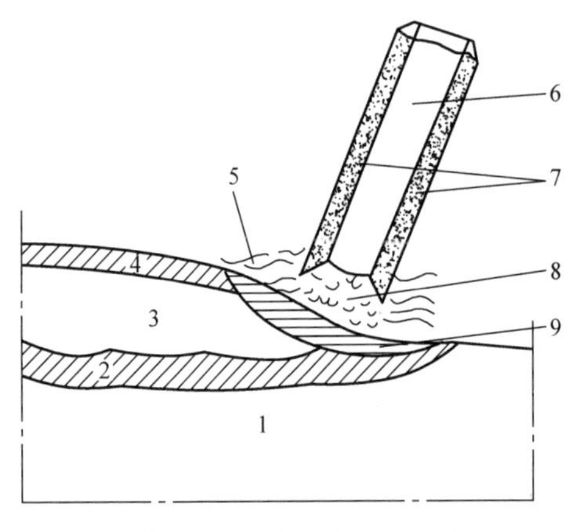

图 9-2 焊条电弧焊示意图

1—母材 2—热影响区 3—焊缝 4—凝固的渣
5—熔渣 6—焊芯 7—药皮 8—电弧 9—熔池

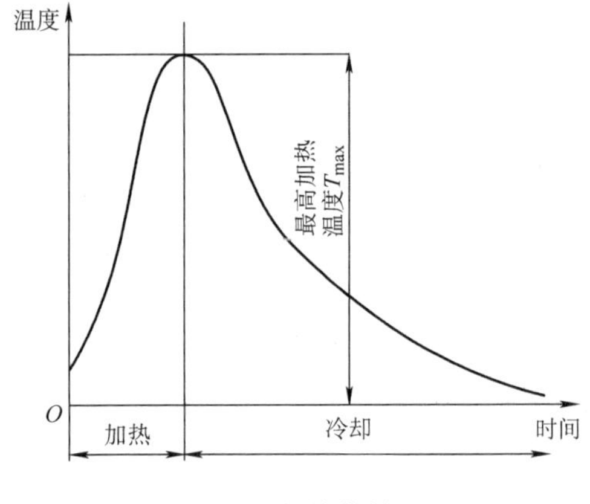

图 9-3 焊接热循环

显然，在焊缝两侧离焊缝的距离不同，各点所经历的热循环也不同。离焊缝越近的各点，被加热到的最高温度越高；越远的各点，被加热的温度越低。

二、焊接加热和冷却过程的特点

由上述分析可知，热影响区的金属受焊接热的作用，经历了加热和冷却过程，相当于经历了特殊的热处理，因此，也要发生一系列的组织转变。和热处理过程相比，焊接过程有以下特点（图 9-4）。

（1）加热温度高 一般热处理的加热温度都不超过 Ac_3 以上 100~200℃，而焊接加热温度很高，近缝区的熔合线附近一般都在 1350℃以上，直至接近金属的熔化温度。

（2）加热速度快 焊接时，由于热源的强烈集中，加热速度要比热处理快得多。焊缝金属熔化与凝固以及热影响区相变均在几秒内完成。

(3) 高温停留时间短　焊接中的保温时间很短(在焊条电弧焊条件下,在 Ac_3 以上停留的时间至多 20s)。热处理则可根据需要控制保温时间。

(4) 局部加热,温差大　热处理时零件在炉中是整体均匀加热,而焊接时只局部集中加热,并随热源的移动,局部受热区域在不断移动,因此焊接条件下的组织转变是在复杂应力作用下(热应力和组织应力)进行的。各部位最高加热温度不同,就造成了组织转变的差异和整个接头组织的不均匀。

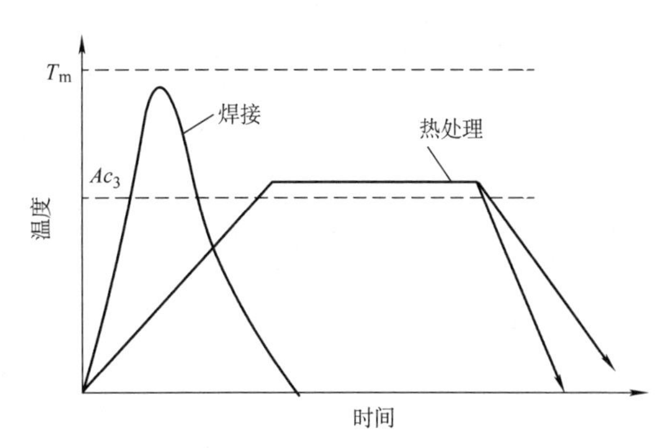

图 9-4　焊接热循环和热处理加热冷却规范的比较

(5) 冷却条件复杂　由于焊缝周围冷金属的导热作用,焊缝和热影响区的冷却速度很快,有时可达到淬火的程度。焊接后的冷却速度受材料本身导热性、板厚、接头形状以及钢板焊前初始温度(包括环境温度和预热温度)等因素的影响。钢板尺寸越大,冷却越快;钢板初始温度越高(例如加以预热),冷却越慢。此外,焊接电流 I、电弧电压 U 和焊接速度 v 对冷却速度也有影响。

(6) 冷却速度快　熔池的体积小,冷却速度快,平均冷却速度为 10~100℃/s,而钢锭的平均冷却速度根据尺寸的不同为 $(3\sim150)\times10^{-4}$℃/s。

(7) 熔液温度高　熔池中的液体金属温度比一般浇注钢液的温度要高得多。熔滴的平均温度约为 2300℃,熔池的平均温度约为(1770±100)℃(指焊接一般碳素钢)。由于熔池中心液体过热温度高,熔池边缘凝固界面处的散热快,冷却速度快,因而熔池结晶一般在很大的温差条件下进行(即液相内的温度梯度大)。

(8) 动态结晶　熔池一般均随热源的移动而移动,是在运动状态下结晶的,因此焊缝凝固时各处最大温度梯度的方向不断地变化,晶体长大的方向也随之而改变,熔池的形状和结晶组织也受热源移动速度(即焊接速度)的影响。焊接时焊条的摆动及电弧的吹力,还会使熔池产生强烈的搅拌作用。

想一想

结合上面所学内容,想一想案例 9-1 中导致焊接结构发生破坏的焊接应力与焊接热循环以及焊接中不均匀的加热和冷却过程有没有关系。

模块二　焊接接头的宏观检验

视频　焊接接头的宏观检验

焊接接头的宏观检验一般包括焊接接头外观质量检验及焊接接头低倍组织检验两方面内容。

一、焊接接头外观质量检验

焊接产品和焊接接头的外观质量检验是通过肉眼、借助检验工具或用低倍放大镜（不大于5倍）对焊接接头进行的检验。

外观质量检验的内容很多，主要是发现焊缝外形尺寸上的偏差、焊缝表面的缺陷以及焊后的清理情况，重点检验在焊接接头区内产生的不符合设计或工艺文件要求的各种焊接缺陷，例如未熔合、裂纹、表面气孔、夹渣、咬边、焊瘤等表面缺陷。在进行外观质量检验之前，必须将焊道表面及其附近清理干净。检验应按照国家标准 GB/T 6417.1—2005《金属熔化焊接头缺欠分类及说明》进行。该标准适用于金属熔化焊，焊接缺欠可根据其性质、特征分为裂纹、孔穴、固体夹杂、未熔合及未焊透、形状和尺寸不良、其他缺欠6个种类。焊缝典型的表面缺陷如图 9-5～图 9-7 所示，这些缺陷很明显，通过肉眼观察或者低倍放大镜就可以检出。

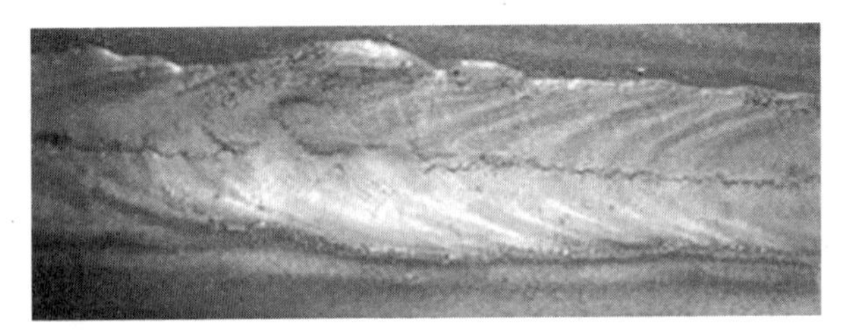

图 9-5 焊缝表面裂纹

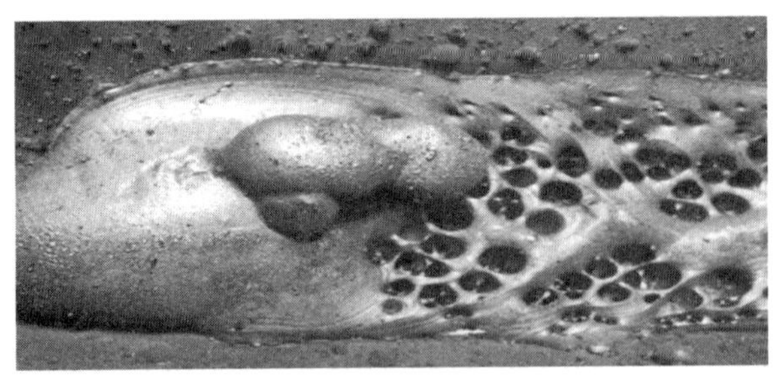

图 9-6 焊缝表面气孔和焊瘤

图 9-7 焊缝表面咬边

GB/T 6417.1—2005 中列出的形状和尺寸不良有：咬边、缩沟、焊缝超高、凸度过大、下塌、焊缝形面不良、焊瘤、错边、角度偏差、下垂、烧穿、未焊满、焊脚不对称、焊缝宽度不齐、表面不规则、根部收缩、根部气孔、焊缝接头不良等。这些缺陷要借助检验工具（焊缝卡尺）来检验。典型的形状和尺寸不良如图 9-8～图 9-16 所示。

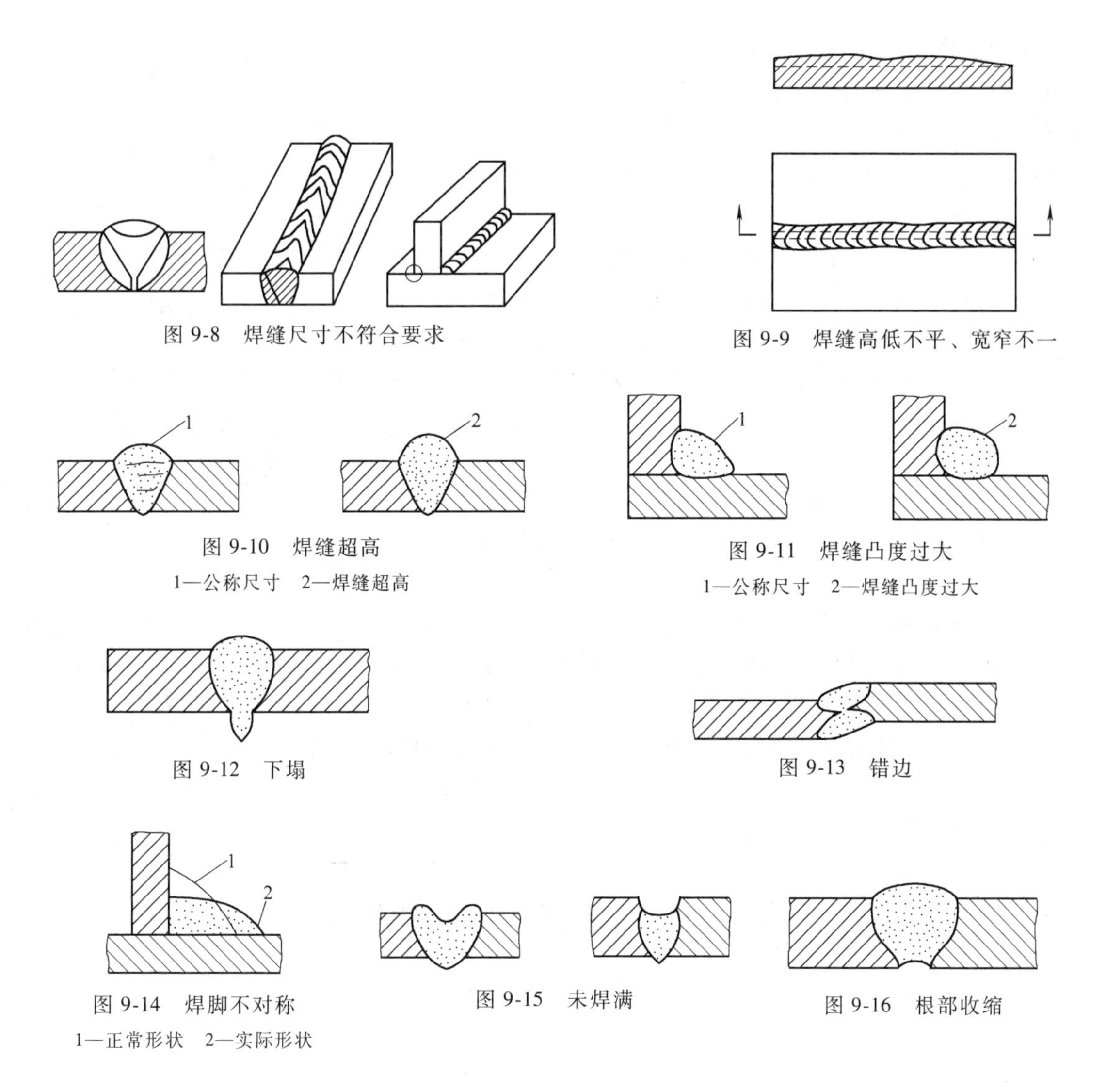

图 9-8　焊缝尺寸不符合要求

图 9-9　焊缝高低不平、宽窄不一

图 9-10　焊缝超高
1—公称尺寸　2—焊缝超高

图 9-11　焊缝凸度过大
1—公称尺寸　2—焊缝凸度过大

图 9-12　下塌

图 9-13　错边

图 9-14　焊脚不对称
1—正常形状　2—实际形状

图 9-15　未焊满

图 9-16　根部收缩

其他缺陷包括：电弧擦伤、飞溅、钨飞溅、表面撕裂、磨痕、凿痕、打磨过量、定位焊缺欠等。这些典型的缺陷通过肉眼观察和经验可以辨别。

总之，通过焊接接头的外观质量检验，可以了解焊接结构和焊接产品的全貌，产生缺陷的性质、部位及其与焊接结构的整体关系等情况，对评定和控制焊接质量，以及防止重大事故发生都是必需的。

二、焊接接头低倍组织检验

焊接接头低倍组织检验要对接头经过解剖取样、制样（包括低倍组织显示）后才能进行。

1. 焊接接头的低倍组织

切取一个熔化焊的单面焊接接头的横截面，经制样浸蚀显示宏观组织，可见焊接接头分为三部分：焊缝中心为焊缝金属，靠近焊缝的是热影响区，接头两边是未受焊接影响的母材金属，如图 9-17 所示。

（1）焊缝金属　熔化焊缝又称为焊缝金属，由熔化金属凝固结晶而成。焊缝金属的组织为铸态的柱状晶，晶粒相当长，且平行于传热方向（垂直于熔池壁的方向），在熔化金属（熔池）中柱状树枝晶呈八字形分布。经适当浸蚀后，在宏观试样上可以看到焊缝金属内的柱状晶，如图 9-18 所示。

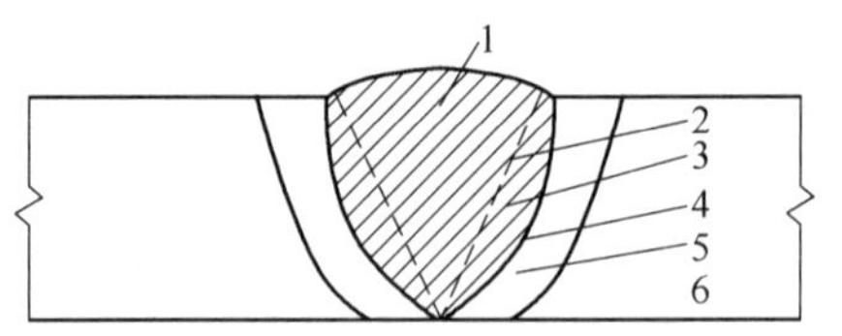

图 9-17　焊接接头宏观结构示意图
1—焊缝金属　2—焊前坡口面
3—母材金属熔化区　4—熔合线
5—热影响区　6—母材

（2）母材热影响区　母材热影响区是母材上靠近熔化金属而受到焊接热作用发生组织和性能变化的区域。母材热影响区实际上是一个从液相线至环境温度之间不同温度冷却转变所产生的连续多层组织区。经适当浸蚀后容易受蚀，在宏观试样上呈深灰色区域。

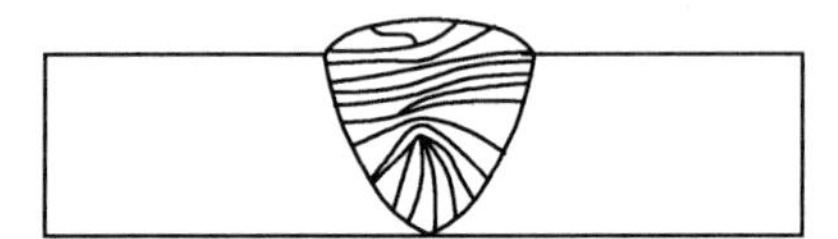
图 9-18　焊缝金属组织示意图

（3）母材金属　即待焊接的材料。由于该区未受到焊接热作用，因此仍保持着母材原有的组织状态和性能。

2. 焊接接头低倍组织检验的内容

焊接接头低倍组织检验的内容包括：焊缝柱状晶的粗晶组织及结构形态；焊接熔合线；焊道横截面的形状及焊缝边缘结合、成形等情况；热影响区的宽度；多层焊的焊道层次以及焊接缺陷，如焊接裂纹、气孔、夹杂物等。接头的断口分析也属于低倍检验，并且可以与其他检验方法（如金相、扫描电镜等微观分析法）综合分析找出接头破断的原因。具体检验项目应根据有关技术要求来确定。

模块三　焊接接头的组织特征

导入案例

【案例 9-2】　某锅炉投入使用不到一年，其炉管焊接接头就发生失效，通过宏观观察、化学成分和微观组织分析，研究了早期失效原因。结果表明：接头近缝区出现魏氏体过热组织，裂纹沿熔合区或过热区扩展，打底焊缝和盖面焊缝组织不均匀。可见，打底焊采用的热输入太大导致焊接接头过热区晶粒粗大是炉管早期失效的根本原因。

在复杂的焊接加热和冷却条件下，焊接接头不同区域的组织差别很大。

一、焊缝的组织特征

焊缝的组织为铸态组织（一次结晶组织），其具有连接长大和形成柱状晶这两个基本特征。

1. 连接长大

视频　焊接区域显微组织特征

焊缝金属的晶粒和熔合线附近母材热影响区内的晶粒是相连接的，即焊缝金属凝固时，它的晶体是从与液态金属相接触的母材热影响区的晶粒连接长大出来的。它们之间所以这样紧密相连，是由于熔合线附近未熔化的母材金属起着熔池壁的作用。未熔化母材和焊缝金属的化学成分相近，晶格类型相同，是焊缝金属结晶时的现成表面，起非自发晶核的作用。在较小的过冷度下，液态焊缝金属可直接从作为熔池壁的母材金属的晶粒上结晶并长大，因此焊缝金属的晶粒总是和熔合线附近的母材晶粒连接并保持着相同的晶轴。如果热影响区的晶粒粗大，则焊缝中的柱状晶也粗大。

2. 形成柱状晶

焊缝组织的第二个特征是焊缝金属大都长成长长的柱状晶，生长的方向与散热最快的方向一致，垂直于熔合线，向焊缝中心发展。在一般焊接条件下，焊缝不出现等轴晶，只有在特殊条件下才形成等轴晶，例如弧坑中的组织，或大断面焊缝中的中、上部形成少量等轴晶。

3. 熔池形状对柱状晶生长形态的影响

焊接条件不同，晶体生长的形态也不同。图 9-19 所示为焊接速度低时柱状晶长大的形态，熔池呈椭圆形，随着最大温度梯度方向的逐渐变化，柱状晶逐渐向焊接方向弯曲，在凝固未达到焊缝的中心线前，很多柱状晶体已经相遇。

但当焊速较高时，熔池呈雨滴状，其最大温度梯度方向在凝固过程中几乎不变。这样使柱状晶最后相遇在焊缝的中心线上，如图 9-20 箭头所示。

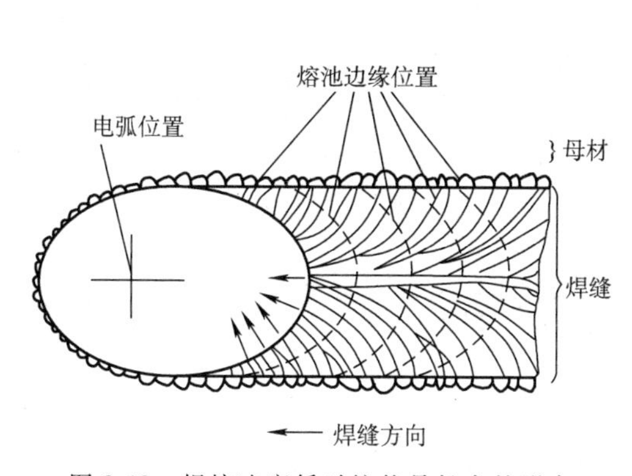

图 9-19 焊接速度低时柱状晶长大的形态

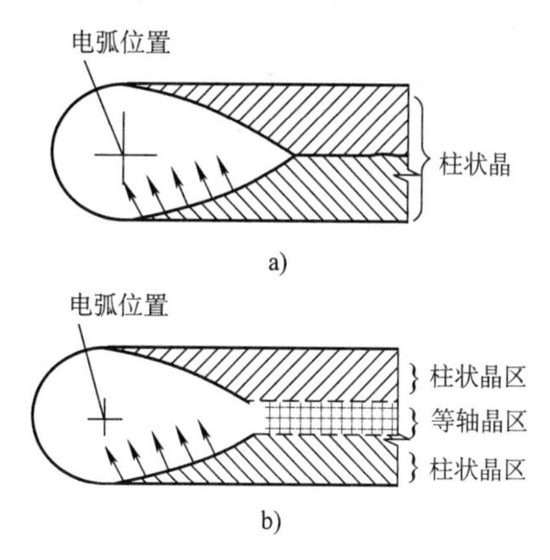

图 9-20 焊接速度高时晶体长大的形态

a）晶粒形态呈单区 b）晶粒形态呈多区

二、热影响区的组织和性能

用于焊接的结构钢，可分为两类，一类是低碳钢和普通低合金钢，加热冷却时不易得到马氏体，称为不易淬火钢；另一类是中碳钢和调质合金钢等，加热冷却时容易得到马氏体，称为易淬火钢。下面以不易淬火钢（20 钢）为例来分析热影响区的组织和性能变化。焊接热影响区与焊接热循环曲线及铁碳相图的关系如图 9-21 所示。20 钢焊接接头组织全貌如图 9-22a 所示。焊接接头组织由左向右依次为焊缝组织、过热区组织、相变重结晶区组织和部分相变区组织。

1. 焊缝区

焊缝的凝固组织（或一次组织）属于铸态组织，凝固时从焊缝边界开始形核，以联生结晶的形式向中心成长。由于熔池体积小、冷速高，一般电弧焊条件下焊缝中看不到等轴晶

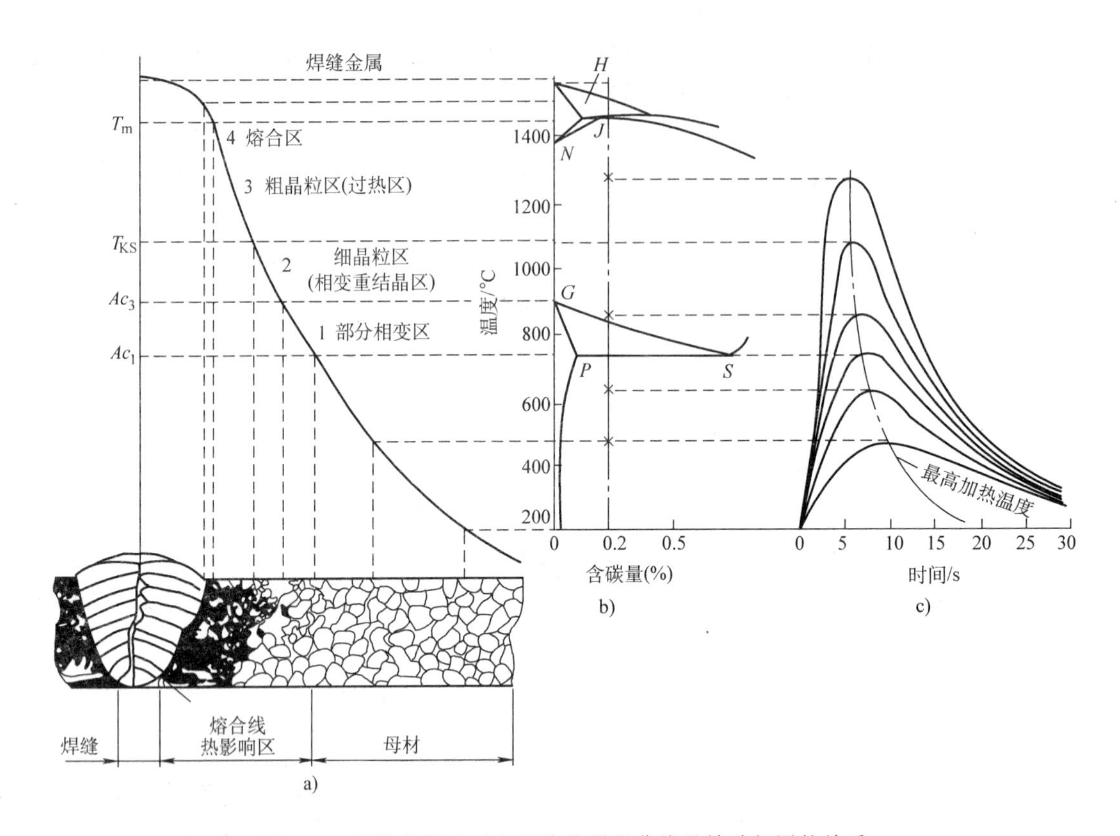

图 9-21 焊接热影响区与焊接热循环曲线及铁碳相图的关系

a）热影响区的组织示意图 b）铁碳相图（低碳部分） c）焊接热循环曲线

粒，如图 9-22a 中 A 区所示，放大后的组织如图 9-22b 所示，为粗大针状铁素体（W）+索氏体。

2. 过热区（粗晶粒区）

过热区是紧邻熔合区具有过热组织或晶粒明显粗化的部位，加热温度在 $T_S \sim T_{KS}$（T_S 为固相温度，T_{KS} 为晶粒开始急剧粗化的温度）。由于温度高，奥氏体晶粒急剧长大，同时难熔质点不断溶入，甚至可能发生局部晶界熔化的现象。对于淬硬倾向小的钢，如低碳钢，这个区域冷却后将得到晶粒粗大的过热组织，在气焊或电渣焊时甚至会得到魏氏体组织。因此这个区的塑性和韧性都很低，特别是韧性将较母材下降 20%~30%，如图 9-22a 中 B 区所示，放大此区后如图 9-22c 所示。对于淬硬倾向比较大的钢，晶粒粗化和难熔质点的溶解都使过冷奥氏体稳定性提高，冷却后过热区将得到马氏体组织。

3. 相变重结晶区（细晶粒区）

此区加热温度为 $Ac_3 \sim T_{KS}$。加热时相变重结晶进行完全，即铁素体和珠光体全部转变为奥氏体，该区空冷后得到均匀细小的铁素体和珠光体，相当于热处理中的正火组织，故该区又称为正火区。此区的塑性和韧性都比较好，如图 9-22a 中 C 区所示，该区放大后如图 9-22d 所示。

4. 部分相变区（不完全重结晶区）

此区加热温度在 $Ac_1 \sim Ac_3$，20 钢的 $Ac_1 \sim Ac_3$ 相当于 750~900℃。这个区域的组织变化比

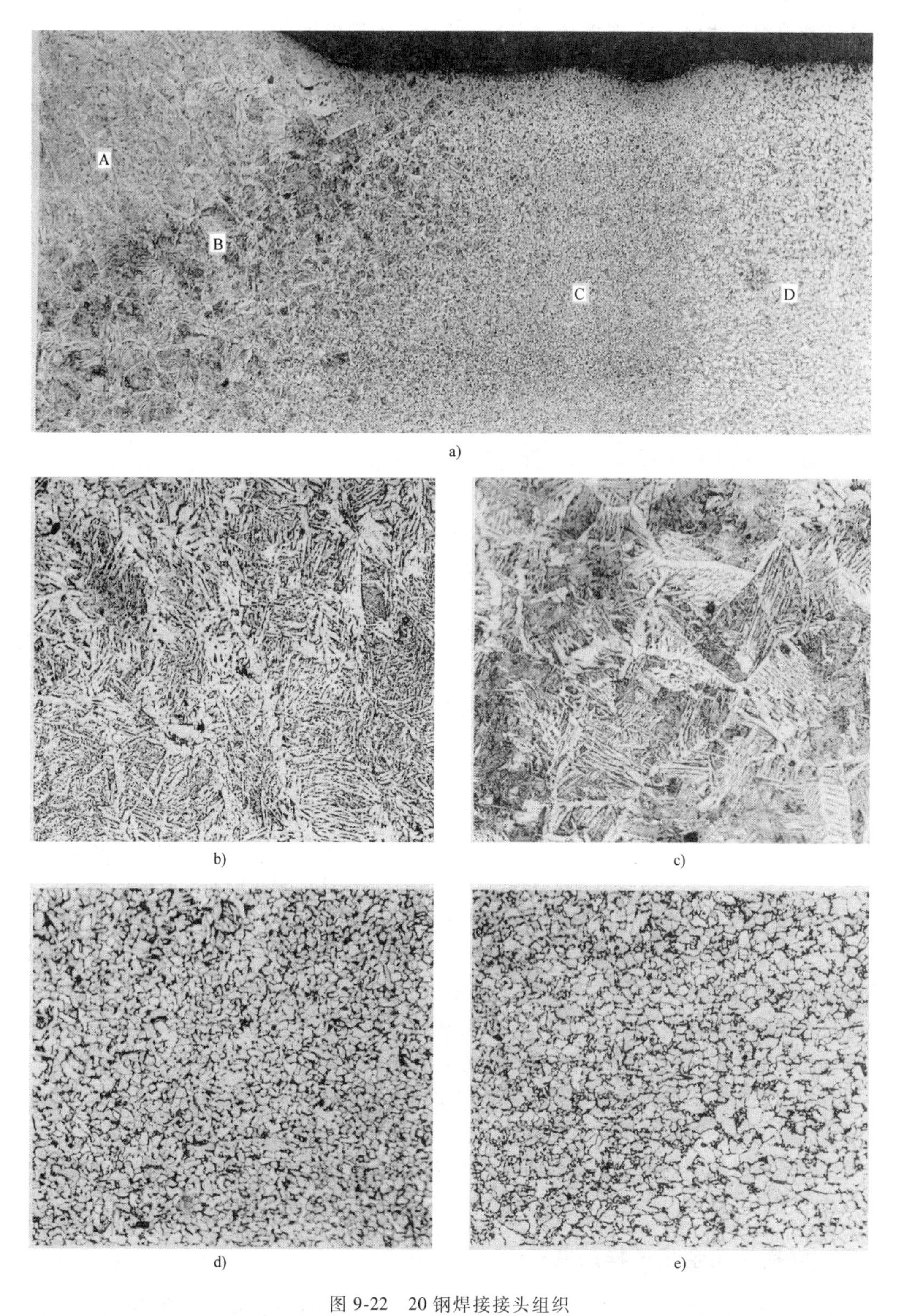

图 9-22 20 钢焊接接头组织

a）焊接接头组织全貌（50×） b）A 区焊缝组织（200×） c）B 区过热区组织（200×）
d）C 区相变重结晶区组织（200×） e）D 区部分相变区组织（200×）

较复杂，加热温度达到 Ac_1，珠光体转变为奥氏体，而铁素体只有部分溶解，大部分没有变化。这时奥氏体中的含碳量比较高，接近于共析成分，即加热时得到的组织是高碳奥氏体和粗大的铁素体。淬硬倾向较小的钢冷却后，奥氏体转变为细小的珠光体和铁素体。而未溶铁素体保留原晶粒大小及分布形态，这个区域的最终组织是较细的珠光体和铁素体分布在原铁素体晶界处，如图 9-22a 中 D 区所示，该区放大后如图 9-22e 所示。对于淬硬倾向较大的钢，冷却中将发生马氏体转变，而铁素体保持不变，最终得到块状铁素体+高碳马氏体+残留奥氏体的混合组织，所以这个区又称为部分淬火区。不均匀的组织导致性能也必然不均匀。

三、焊接接头金相检验

焊接接头金相组织分析，一般先进行宏观分析，再进行有针对性的显微组织分析。

1. 焊接接头的宏观分析

宏观分析包括低倍分析（粗晶分析）和断口分析。

（1）低倍分析 可以了解焊缝柱状晶生长变化形态、宏观偏析、焊接缺陷、焊道横截面形状、热影响区宽度和多层焊道层次情况。

（2）断口分析 可以了解焊接缺陷的形态、产生的部位和扩展的情况。

2. 焊接接头的显微组织分析

焊接接头的显微组织分析包括焊缝和热影响区组织分析。

（1）焊缝的显微组织分析 包括焊缝铸态一次结晶组织和二次固态相变组织分析。

一次结晶组织分析针对熔池液态金属经形核、长大，即结晶后的高温组织进行分析。一次晶常表现为各种形态的柱状晶组织。一次晶的形态、粗细程度以及宏观偏析情况，对焊缝的力学性能、裂纹倾向影响很大。一般情况下，柱状晶越粗大，杂质偏析越严重，焊缝的力学性能越差，裂纹倾向越大。

二次固态相变组织分析针对高温奥氏体经连续冷却相变后，在室温下的固态相变组织进行分析。二次组织与一次组织有承袭关系，对焊缝力学性能、裂纹倾向有直接的影响。分析焊缝的一次晶和二次固态相变组织是认识焊缝的两个重要方面。

（2）热影响区的显微组织分析 焊接接头的热影响区组织情况十分复杂，尤其是靠近焊缝的熔合区和过热区，常存在一些粗大组织，使接头的冲击吸收能量和塑性大大降低，同时也常是产生脆性破坏裂纹的发源地。接头热影响区的性能有时决定了整个接头的质量和寿命，所以热影响区的显微组织分析应特别注意这两个区域。

应当指出，接头的显微组织分析，并不需要在整个金相磨片上平均使用精力，重点应放在焊缝和热影响区的过热区上，从而估计出整个焊接接头的性能。

焊接接头的外观和内部缺欠分为四级，可参照 GB/T 6417. 1—2005《金属熔化焊接头缺欠分类及说明》。

四、焊接接头金相试样的制备

一般情况下，焊接接头的金相试样应包括焊缝、热影响区和母材三个部分。试样的形状和大小没有统一的规定，它们的选取仅从便于金相分析和保证试样上具有尽可能多的信息两方面考虑。金相试样不论是在试板上还是直接在焊接结构件上取样，都要保证取样过程没有任何变形、受热和使接头内部缺陷扩展和失真的情况，这是接头金相试样取样的主要原则，是确保金相分析结果准确、可靠的重要条件。

对于很小、薄或形状特殊的焊接件，取金相试样并不困难，但制作金相试样却不容易，需要采取适当的方法进行镶嵌。

模块四 焊接接头的裂纹分析

导入案例

【案例 9-3】 1944 年 10 月，美国俄亥俄州煤气公司液化天然气储罐发生连锁式爆炸，造成大火，死亡 133 人，损失 680 万美元；1971 年，西班牙马德里一台 5000m^3 煤气球罐发生爆炸而死亡 15 人；1969 年一艘 5 万 t 的矿石运输船在太平洋上航行时，断裂成两段而沉没。人们不禁要问，到底是什么原因导致这些悲剧的发生？据统计，世界上焊接结构所出现的各种事故中，绝大多数是由裂纹引起的脆性破坏导致的。

焊接裂纹按产生过程分：

- 焊接裂纹
  - 热裂纹
    - 结晶裂纹
    - 高温液化裂纹
    - 多边化裂纹
  - 冷裂纹——延迟裂纹
  - 再热裂纹

焊接过程中由于种种原因，如焊接规范选择、操作不当，母材的原始状态不佳或质量有问题，以及结构刚性条件不利等，使焊接接头产生各种缺陷，直接影响焊接接头的质量，从而影响整个焊接结构的使用安全。因此必须对焊接接头进行质量检验。除了通过超声波、X 射线进行无损检测外，金相检验也是常用的有效方法之一。它不仅可以发现焊接接头中的部分缺陷，同时能提供缺陷产生原因的线索。

焊接热裂纹是焊接生产中比较常见的一种缺陷。焊接结构常用的钢或非铁金属，在焊接中都有可能产生热裂纹。金属在产生焊接热裂纹的高温下，晶界强度低于晶粒强度，因而热裂纹具有沿晶界开裂的特征。热裂纹可分为结晶裂纹、高温液化裂纹、多边化裂纹等，其中结晶裂纹是最常见的一种热裂纹。

一、焊接热裂纹

1. 结晶裂纹

（1）结晶裂纹的特征 结晶裂纹又称为凝固裂纹，主要产生于焊缝凝固过程中。当焊缝冷却到固相温度附近时，由于凝固金属的收缩、残余液体金属不足而不能及时填充，在应力作用下沿晶界开裂。多数情况下，在产生裂纹的断面上，可以看到有氧化的彩色，说明这种裂纹是在高温下产生的。结晶裂纹的形态如图 9-23 所示。

结晶裂纹主要产生在含 S、P、C、Si 偏高的碳素钢、低合金钢以及单相奥氏体钢、镍基合金及某些铝合金焊缝中。一般沿焊缝树枝状晶的交界处发生和扩展，如图 9-24 所示。焊

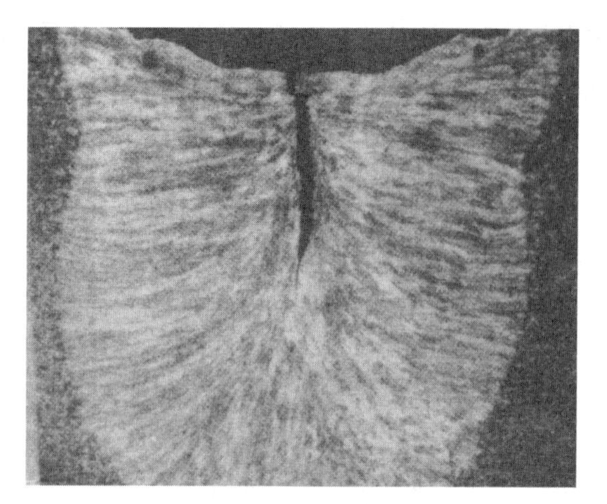

图 9-23 焊缝中的结晶裂纹
（自动焊 15MnVN 钢，焊丝 06MnMo）

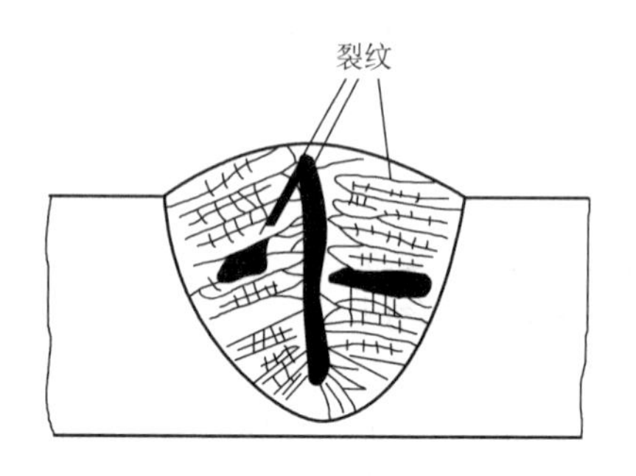

图 9-24 焊缝中结晶裂纹出现的地带

缝中心沿焊缝长度扩展的纵向裂纹如图 9-25 所示。有时也发生在焊缝内部两个树枝状晶体之间，如图 9-26 所示。结晶裂纹表面无金属光泽，带有氧化颜色，焊缝表面的宏观裂纹中往往填满焊渣。

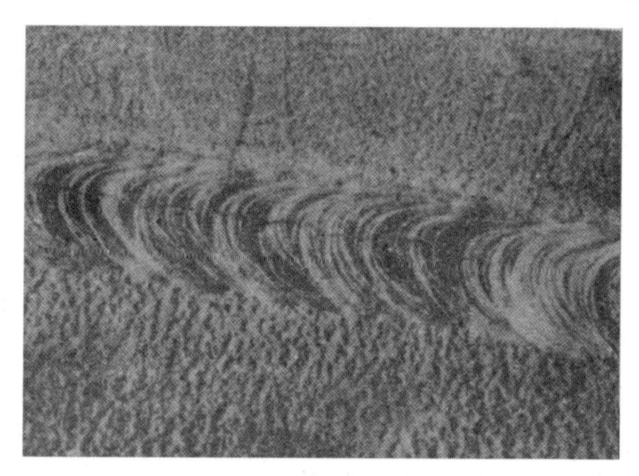

图 9-25 焊缝中心沿焊缝长度扩展的纵向裂纹

（2）结晶裂纹的产生机理 焊缝金属结晶是一个非平衡状态下的凝固过程，也是一个化学成分不均匀、存在成分偏析的结晶过程。结晶凝固传热是靠焊接熔池壁的金属传热来完成的。所以结晶凝固是在熔池壁处依附于母材半熔化晶粒形核长大的，长大方向则垂直于熔池壁，与导热方向相反，呈柱状晶向焊缝中心伸展长大，最终来自各个方向的柱状晶汇总于焊道中心，形成似八字形的柱状晶或称为柱状树枝晶。非平衡结晶的特点就是化学成分不均匀的结晶。分析得知，柱状树枝晶处化学成分比较纯净，合金元素及杂质元素均偏聚于柱状树枝晶间或推向最后结晶的焊道中心部位。杂质元素往往在偏聚的区域形成硫化物、磷化物等低熔点化合物或低熔点共晶体。当温度下降到略高于固相温度时，这些低熔点化合物仍为液态，即所谓液态薄膜，此时，焊缝即使在较小的拉应力作用下，也会因变形全

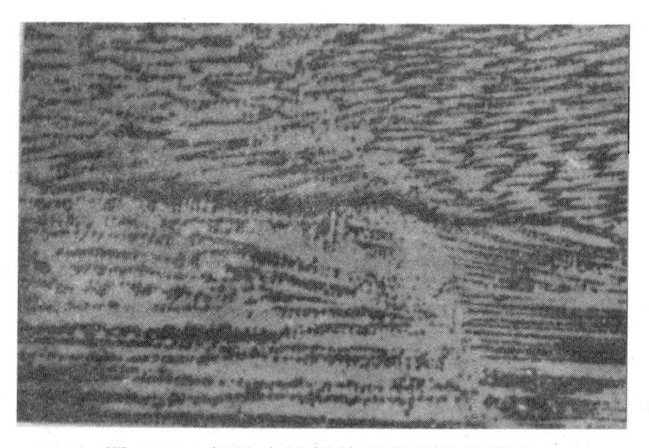

图 9-26 焊缝内沿树枝晶界的结晶裂纹

部集中在液态薄膜上而开裂，即在杂质元素偏聚的柱状树枝晶间或最后结晶凝固的焊道中心部位开裂形成结晶裂纹。

（3）结晶裂纹的预防措施　结晶裂纹的产生都与一次结晶晶界杂质元素偏聚而形成的低熔点化合物或低熔点共晶体有关。因此，防止结晶裂纹主要从冶金和工艺两个方面着手，其中冶金措施更为重要。

首先，控制焊缝中硫、磷、碳等有害元素的含量。硫、磷、碳等元素主要来源于母材与焊接材料，因此首先要杜绝其来源。

其次，对熔池进行变质处理。通过变质处理细化晶粒，不仅可以提高焊缝金属的力学性能，还可提高抗结晶裂纹能力。

再次，调整熔渣的碱度。实验证明，焊接熔渣的碱度越高，熔池中脱硫、脱氧越完全，其中杂质越少，从而不易形成低熔点化合物，可以显著降低焊缝金属的结晶裂纹倾向。因此，在焊接较重要的产品时，应选用碱性焊条或焊剂。

2. 高温液化裂纹

近缝区或多层焊的层间部位，在焊接热循环峰值温度的作用下，由于被焊金属含有较多的低熔点共晶物而被重新熔化，在拉应力的作用下沿奥氏体晶界发生开裂，如图 9-27 所示。

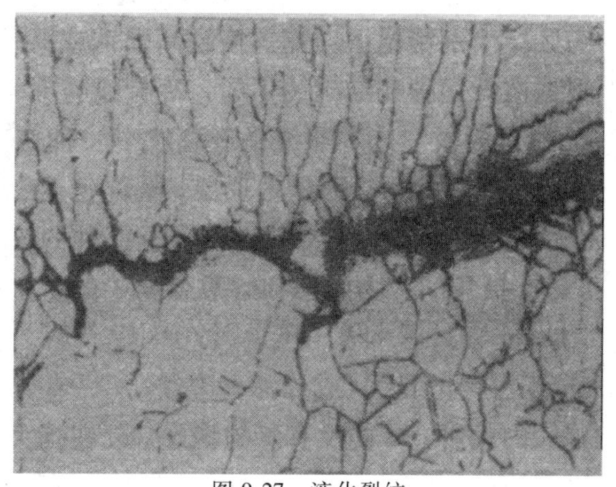

图 9-27　液化裂纹
（TIG 焊镍基合金，500×）

液化裂纹主要发生在含有铬、镍的高强度钢、奥氏体钢以及某些镍基合金的近缝区或多层焊层间部位。母材和焊丝中的硫、磷、硅、碳偏高时，液化裂纹的倾向将显著增高。

3. 多边化裂纹

焊接时，焊缝或近缝区处于固相线稍下的高温区间，刚凝固的金属中存在很多晶格缺陷（主要是位错和空位）及严重的物理和化学不均匀性，在一定的温度和应力作用下，这些晶格缺陷的迁移和聚集，便形成了二次边界，即所谓多边化边界。因边界上堆积了大量的晶格缺陷，所以它的组织性能脆弱，高温时的强度和塑性都很差，只要有轻微的拉应力，就会沿多边化的边界开裂，产生所谓多边化裂纹。多边化裂纹多发生在纯金属或单相奥氏体合金的焊缝中或近缝区。图 9-28 所示为镍基合金焊缝中的多边化裂纹。

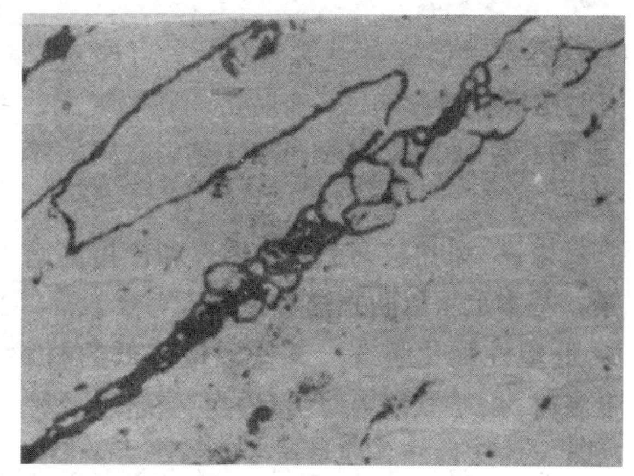

图 9-28　多边化裂纹
（TIG 焊镍基合金，800×）

二、焊接冷裂纹

焊接接头冷却到较低温度下（对于钢来说在 *Ms* 温度以下）时产生的裂纹，统称为冷裂纹。在焊接裂纹所引发的事故中，由冷裂纹所造成的事故约占90%。

焊接接头中，由于出现淬硬组织，使塑性和韧性变差，应力增大，以及焊缝金属中氢含量等诸多条件综合作用而形成的焊接裂纹，称为延迟裂纹。而裂纹的产生不是在焊接过程中，而是在焊后的一定时间内才形成。这个时间少则几秒，多则数月，也就是说裂纹形成有一个孕育期。

1. 延迟裂纹形成的原因

焊接接头金属中的延迟裂纹主要发生在低碳合金高强度钢中，主要是焊缝金属中氢的含量、焊接接头金属承受的拉应力和钢材淬硬倾向影响到金属的塑性三个因素相互作用的结果。

2. 显微组织对延迟裂纹形成的影响

焊接接头金属的塑性取决于它的显微组织。焊接接头金属产生延迟裂纹的倾向与塑性的关系，取决于一定热循环条件下的组织状态对裂纹形成的敏感性。有一种观点认为，延迟裂纹敏感性与马氏体的相对量有关；而另一观点则认为贝氏体组织对诱发裂纹最敏感，马氏体-贝氏体混合组织比全马氏体组织具有更高的裂纹敏感性。孪晶即片状马氏体将有更高的裂纹敏感性。总之焊接接头出现淬硬组织都有形成延迟裂纹的倾向。研究还表明，母材近缝区比焊缝金属更易产生延迟裂纹。

3. 延迟裂纹的形态及鉴别

宏观上延迟裂纹的断口具有脆性断裂的特征，表面有金属光泽，呈人字形态发展。从微观上看，裂纹多起源于粗大奥氏体晶粒的晶界交错处。与热裂纹单一沿晶界断裂不同，冷裂纹可以沿晶界扩展，也可以穿晶扩展，常常是晶间与晶内断裂的混合，如图9-29所示。

延迟裂纹根据在焊接接头中出现的部位可分为以下两种。

（1）焊趾裂纹　这种裂纹起源于母材与焊缝交界处，并有明显应力集中的部位（如咬边处）。裂纹的走向经常与焊道平行，一般由焊趾表面开始向母材的深处扩展，如图9-30所示。

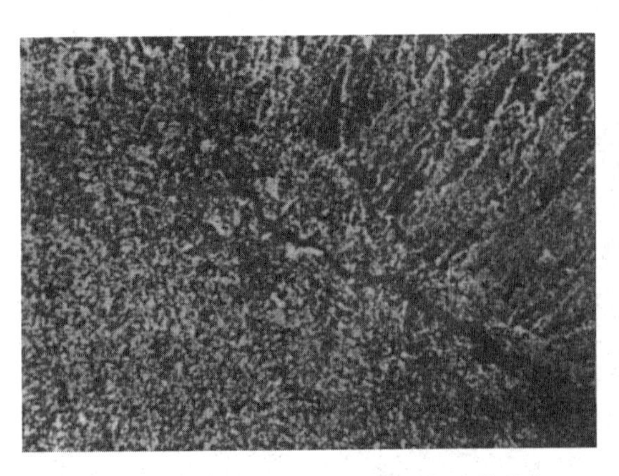

图9-29　15MnVN钢接头冷裂纹的显微照片

图9-30　焊趾裂纹照片

（2）焊根裂纹　这种裂纹是延迟裂纹中比较常见的一种，主要发生在含氢量较高、预热温度不足的情况下。这种裂纹与焊趾裂纹相似，起源于焊缝根部应力集中最大的部位。焊根裂纹可能出现在热影响区的粗晶段，也可能出现在焊缝金属中，这取决于母材和焊缝的强韧程度以及根部的形状，如图9-31所示。焊趾裂纹和焊根裂纹是焊接生产中经常遇到的两种不同形态的延迟裂纹。

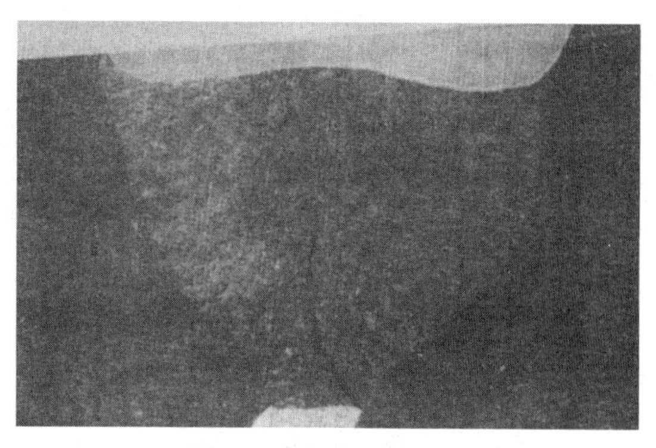

图9-31　焊根裂纹照片

三、再热裂纹

再热裂纹是一种在焊后进行低温去应力退火，或焊后在一定温度下使用而产生的晶间裂纹。再热裂纹的形成与材料沉淀强化有关。具有沉淀敏感性的低合金钢、铁素体热强钢、奥氏体不锈钢、镍基合金等都有产生再热裂纹的可能。

1. 再热裂纹的特征

再热裂纹具有以下明显特征：

1）产生于焊后再次加热的条件下，对再热裂纹敏感的钢，都存在一个最容易产生再热裂纹的温度区间。如沉淀强化的低合金钢为500~700℃，在此温度范围内裂纹率最高而且开裂所需时间最短。

2）再热裂纹大都产生在熔合区附近的粗晶区，有时也可能产生于焊缝中，具有典型的晶间开裂性质。裂纹沿原奥氏体晶界扩展，终止在细晶区，如图9-32所示。

3）再热裂纹的产生以大的残余应力为先决条件，因此常见于拘束度较大的大型产品上应力集中的部位，如图9-33所示。

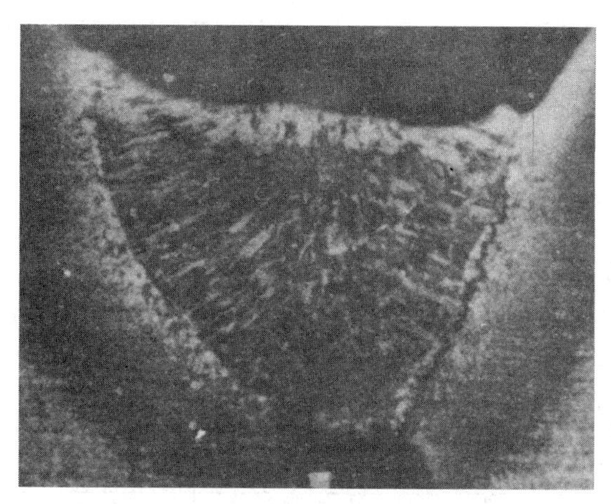

图9-32　再热裂纹沿晶界开裂情况

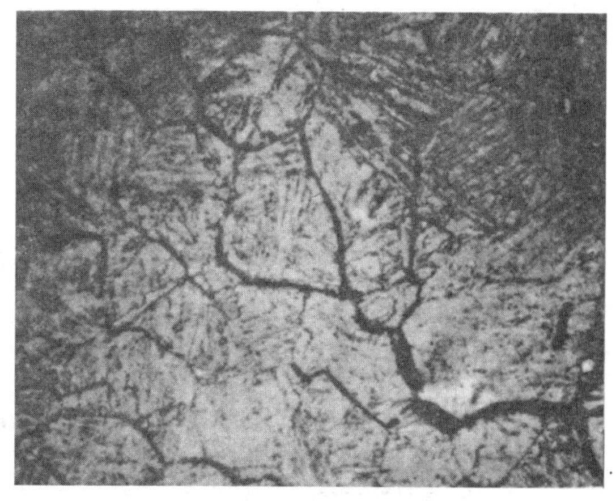

图9-33　15MnMoNb钢再热裂纹的部位

4）与母材的化学成分有关，含有Cr、Mo、V等能起沉淀强化作用元素的钢，对再热裂纹的敏感性较高。

2. 再热裂纹预防措施

1）控制杂质元素含量。

2）尽可能减轻过热影响区晶粒粗大的程度。

3）减少晶内在去应力低温退火过程中的弥散强化。

除了以上介绍的裂纹外，还有一些在常用钢中不常见的裂纹。为了使同学们对裂纹的种类及特征有较全面的了解，现将裂纹分类、基本特征及产生范围列于表 9-1。

表 9-1 各种裂纹分类表

裂纹分类		基本特征	敏感温度区间	被焊材料	位置	裂纹走向
热裂纹	结晶裂纹	在结晶后期，低熔点共晶形成的液态薄膜削弱了晶粒间的联结，在拉应力作用下发生开裂	在固相线温度以上稍高的温度（固液状态）	杂质较多的碳素钢、低中合金钢、奥氏体钢、镍基合金及铝	焊缝上	沿奥氏体晶界
	多边化裂纹	已凝固的结晶前沿，在高温和应力的作用下，晶格缺陷发生移动和聚集，形成二次边界，它在高温处于低塑性状态，在应力作用下产生裂纹	固相线以下再结晶温度	纯金属及单相奥氏体合金	焊缝上，少量在热影响区	沿奥氏体晶界
	液化裂纹	在焊接热循环峰值温度的作用下，热影响区和多层焊的层间发生重熔，在应力作用下产生裂纹	固相线以下稍低温度	含S、P、C较多的镍铬高强度钢、奥氏体钢、镍基合金	热影响区及多层焊的层间	沿晶界开裂
再热裂纹		厚板焊接结构去应力处理过程中，在热影响区的粗晶区存在不同程度的应力集中时，若应力松弛产生的附加变形大于该部位的蠕变塑性，则产生再热裂纹	600～700℃回火处理	含有沉淀强化元素的高强度钢、珠光体钢、奥氏体钢、镍基合金等	热影响区的粗晶区	沿晶界开裂
冷裂纹	延迟裂纹	在淬硬组织、氢和拘束应力的共同作用下而产生的具有延迟特征的裂纹	在 *Ms* 点以下	中、高碳钢，低、中合金钢，钛合金等	热影响区，少量在焊缝	沿晶或穿晶
	淬硬脆化裂纹	主要是由淬硬组织在焊接应力作用下产生的裂纹	*Ms* 点附近	含碳的NiCrMo钢、马氏体不锈钢、工具钢	热影响区，少量在焊缝	沿晶或穿晶
	低塑性脆化裂纹	在较低温度下，由于被焊材料的收缩应变超过了材料本身的塑性储备而产生的裂纹	在400℃以下	铸铁、堆焊硬质合金	热影响区及焊缝	沿晶及穿晶
层状撕裂		钢板的内部存在分层的夹杂物（沿轧制方向），在焊接时产生垂直于轧制方向的应力，致使在热影响区或稍远的地方，产生台阶式层状开裂	约400℃以下	含有杂质的低合金高强度钢厚板结构	热影响区附近	穿晶或沿晶
应力腐蚀裂纹（SCC）		某些焊接结构（如容器和管道等），在腐蚀介质和应力的共同作用下产生的延迟开裂	任何工作温度	碳素钢、低合金钢、不锈钢、铝合金等	焊缝和热影响区	沿晶或穿晶

【思考题】

1. 焊接加热和冷却过程有何特点？
2. 焊接接头由哪几个区域组成？各区域组织有何特征？
3. 焊缝结晶形态有哪几种？
4. 分析20钢焊接热影响区各区域的组织和性能特点。
5. 焊件中常见的裂纹缺陷有哪些？
6. 结晶裂纹常出现在焊接接头的什么区域？
7. 导致产生结晶裂纹的液态薄膜是如何产生的？
8. 焊接延迟裂纹产生的机理是什么？
9. 热裂纹和冷裂纹在产生条件上有何不同？如何识别？
10. 焊前预热和焊后退火的目的是什么？
11. 再热裂纹是如何产生的？

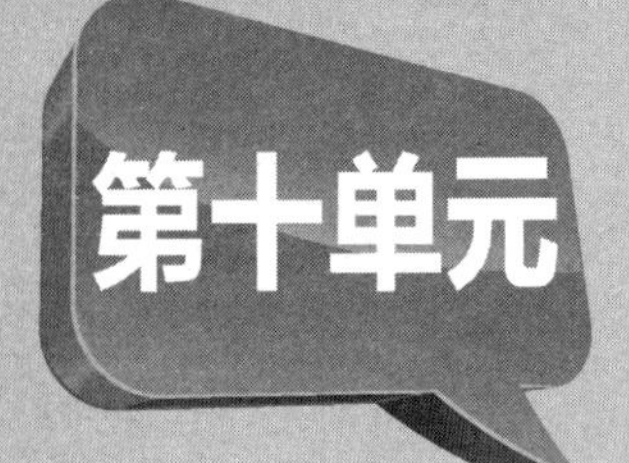

非铁金属的金相检验

内容导入

随着现代化交通工具、通信设施和科学技术的迅速发展，非铁金属材料的应用日趋广泛，也被各行各业的研究人员所重视。

非铁金属材料包括铝合金、铜合金、镁合金、钛合金，以及粉末冶金制品、硬质合金等性质完全不同的材料。在非铁金属中，合金中的相与合金元素有很大关系，不同的合金元素组合所生成的强化相也各不相同。

模块一　铝及铝合金的金相检验

导入案例

视频　铝合金的金相检验

【案例 10-1】　汽车领域中，轻便坚固的铝合金已成为第三大汽车制造材料。

20 世纪 70 年代起，轿车制造技术最明显的变化之一是大量启用了轻型材料，出现了许多用铝合金、塑料等材料制成的零部件。自 1991 年以来，汽车制造商制造汽车时的用铝量成倍增长，其中制造赛车和轻型货车的用铝量增长了 3 倍，而且这一趋势仍将有增无减，其中的关键在于铝合金本身的性能。

铝及铝合金除了具有密度小、塑性好、比强度高、耐蚀性和导电性好等优良性能外，还具有良好的力学性能和工艺性能。因此，在工业上仅次于钢铁而得到广泛的应用。

铝及铝合金的金相检验主要包括宏观检验和微观检验两大部分。

一、铝合金的分类与组成相特点

铝合金按成形方法分为铸造铝合金和变形铝合金两大类，如图 10-1 所示。每类合金根据其成分和应用特点又可分为不同系列。如：铸造铝合金的 Al-Si 系、Al-Cu 系、Al-Mg 系等；变形铝合金的防锈铝、硬铝、锻铝、超硬铝等。

铝合金常含有的合金元素有 Fe、Si、Cu、Zn、Mg、Ni、Mn、Zr、Li、Ti 等。加入的合金元素随加热温度的升高，其固溶度发生变化，并形成各种金属间化合物。铝合金主要由 α（Al）基体、第二相强化相和一些杂质相构成。以 Al-Si 系为例进行说明。该系列合金是铸造铝合金中应用最广泛的一类。图 10-2 所示为 Al-Si 合金相图，根据相图，亚共晶 Al-Si 合金在凝固过程中先形成树枝状的 α 相铝，余下部分铝液在 α 铝树枝晶间生成（α+Si）共晶体。过共晶 Al-Si 合金则首先析出多边形块状初生 Si，然后再生成（α+Si）共晶体。共晶体中的 Si 一般呈粗大针状分布，会降低合金的力学性能。生产上多采用（钠盐或锶盐）变质处理的方法来提高铸造 Al-Si 合金的综合力学性能。经过良好变质处理的共晶 Si 得到了细化，呈点球状。

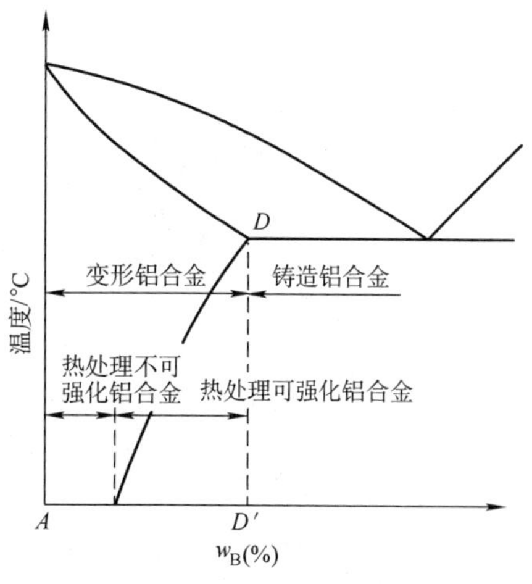

图 10-1 二元铝合金的典型相图及铝合金的分类示意图

合金中一些组成相的特点如下：Si 相，灰色片状、针状、点状、块岛状；$CuAl_2$ 相，粉红色，呈较圆粒状；Al_2CuMg 相，灰黄色蜂窝状；Mg_2Si 相，枝杈或骨骼状，蓝色或杂色；Mg_2Al_3 相，淡黄色网状；Al_6Mn 相，亮白色片状；$FeAl_3$ 相，灰色针状、片状；$Al_{12}Fe_3Si$ 相，浅灰色骨骼状；$FeNiAl_9$ 相，亮灰色片状、针状；Al_9Fe_2Si 相，亮白色片状、针状。

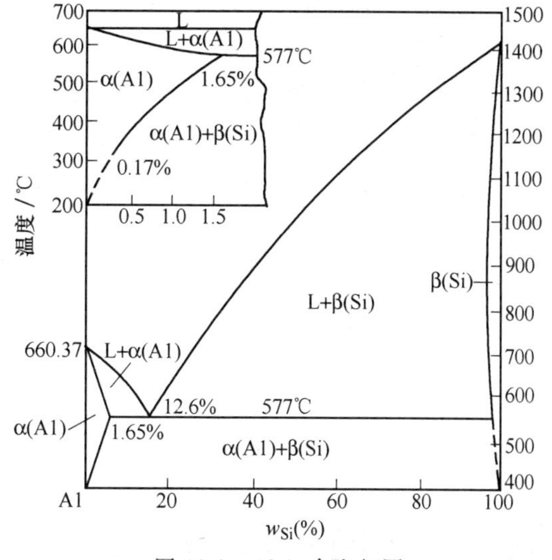

图 10-2 Al-Si 合金相图

二、铝合金的宏观检验

无论是铝及铝合金铸件、变形铝及铝合金铸锭还是变形铝合金加工材料、制品，都会在熔炼、凝固结晶、变形成形加工、热处理等过程中产生缺陷。使用简单的手段进行宏观检验，可以在很大的范围内对铝合金制品的内在缺陷进行检验，因而是一种行之有效的常规检验方法。宏观检验包括针孔度检验、宏观缺陷检验、宏观晶粒度检验、氧化膜缺陷检验和粗晶环检验。

1. 针孔度检验

铸造铝合金针孔度检验可参照 JB/T 7946.3—1999《铸造铝合金针孔》。该标准将针孔度分为 5 级，并给出了 5 级针孔度的标准图片，检验时可将试样对照分级标准图片进行目视比较，确定试样的针孔度等级，一般控制在三级以下。图 10-3 所示为铝合金针孔度检验试样。

2. 宏观缺陷检验

铝合金中的宏观缺陷，可参照 GB/T 3246.2—2012《变形铝及铝合金制品组织检验方法 第 2 部分：低倍组织检验方法》进行检验。该标准规定了变形铝及铝合金铸锭和加工材

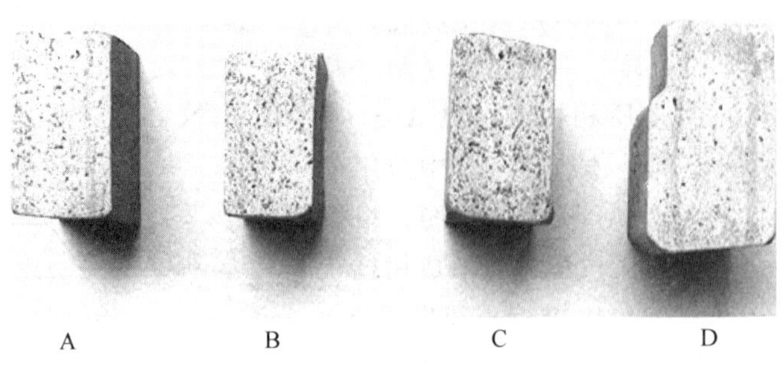

图 10-3 铝合金针孔度检验试样

料、制品的低倍组织检验时试样制备（包括圆铸锭、挤压制品、锻件、板材等）、试样浸蚀、组织检验、缺陷分类及试验记录内容，并将缺陷分为疏松、非金属夹杂、气孔、冷隔、粗晶环、铸造裂纹等 22 种。

3. 宏观晶粒度检验

GB/T 3246.2—2012 中规定了断口检验方法和制品的晶粒度检验方法。晶粒度的评定可通过实物与晶粒度标准照片相比较确定，其中等轴晶粒度分为 8 级，（连）铸（连）轧板（带）晶粒度分为 5 级。应注意的是，与常用的晶粒度评定方法相反，该标准中晶粒度级别越高、晶粒越粗。

4. 氧化膜缺陷检验

铝合金在熔铸过程中，由于一些工艺原因会使一些液面氧化膜卷入铸锭内形成锭内氧化膜，这些卷入物在合金变形过程中使变形不均匀，并在材料内部形成由若干微裂纹和氧化膜组成的缺陷，经低倍浸蚀后即成小分层。氧化膜在低倍试样上呈短线状裂缝，多集中于最大变形部位，并沿金属流线方向分布，如图 10-4 所示。其断口呈白色、灰色或金黄色、黄褐色的小平台，对称或对偶地分布在断裂面上。检验方法可参照 GB/T 3246.2—2012。

5. 粗晶环检验

淬火处理后的挤压制品横向低倍试样上，沿制品周边出现的粗大再结晶组织区，称为粗晶环。单孔挤压呈环形，多孔挤压呈月牙形，如图 10-5 所示，检验时通常测定试样截面粗晶环的深度尺寸。

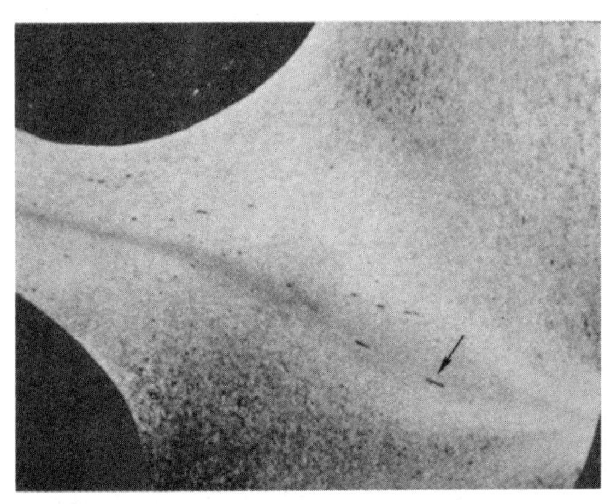

图 10-4 2A50 合金低倍组织上的氧化膜——小分层

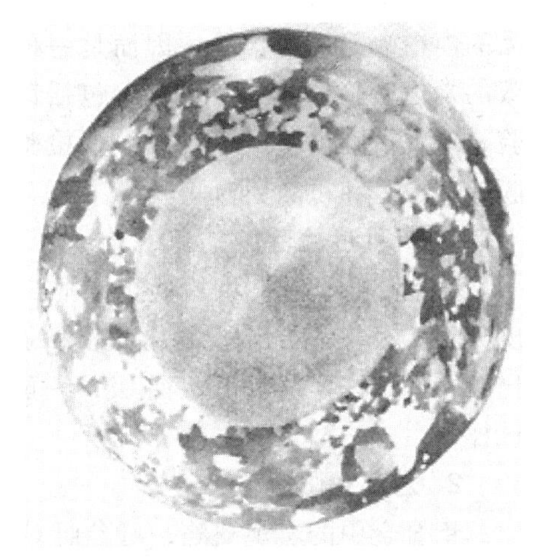

图 10-5 2A12 合金的粗晶环组织

根据铝合金的性能特点，其制样过程可通过手工来完成。首先用手锯在需要分析的部位截取试样后，再用锉刀锉平，断面较平齐时也可用粗砂纸逐渐整平，但不能用力过大，以免形成较厚的金属损伤层。磨光时注意切勿将上道砂纸的粗砂粒带到下一道砂纸上，防止产生很深的划痕而增加抛光的难度。一般磨到1000#砂纸即可。然后在装有细帆布的抛光盘上，用较浓的氧化铝悬浮液进行抛光。抛光织物的湿度以提起样品时，表面的水膜在3~5s内自动挥发为宜。铝合金抛光时，试样表面易氧化，实验证明，用细粒度的金刚石研磨膏抛光效果较好。铝合金的浸蚀剂种类较多，常用的有含量为0.5%HF水溶液等。当试样表面划痕较深且抛光难以消除时，可采用浸蚀、抛光交替的方法，也可用电解抛光的方法制样。

三、铸造铝合金的微观检验

1. 铸造铝硅合金的变质检验

铸造铝硅合金的平衡组织为铝基体上分布着粗大的共晶硅，经过正常变质处理后其显微组织为均匀分布的树枝状α铝初晶及细粒状的硅与铝基体组成的（α+Si）共晶体。图10-6a、b所示分别为未变质处理和经过变质处理后铝硅合金的金相组织。变质检验可按照JB/T 7946.1—1999《铸造铝硅合金变质》进行评定，该标准将变质情况分为未变质、变质不足、变质正常、变质衰退、轻度过变质和严重过变质6级。

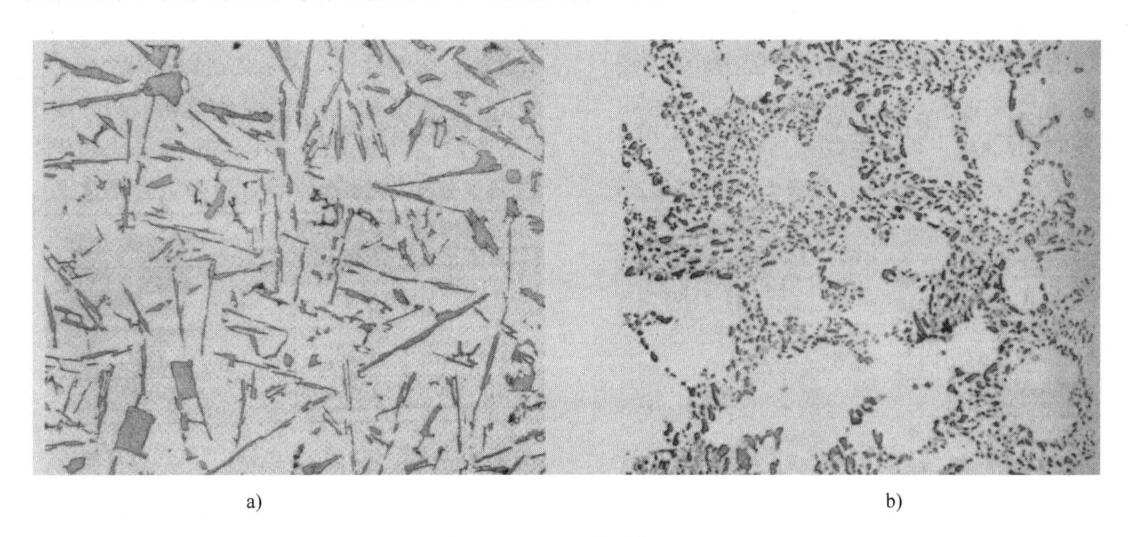

a)　　　b)

图10-6　ZL102的金相组织

a）未变质（100×）　b）变质后（300×）

2. 铸造铝合金的过烧检验

铸造铝合金在凝固过程中存在偏析和低熔点共晶物，在随后的固溶处理温度下，会在合金中出现过烧三角或晶界熔化、复熔球及复熔共晶体等金相组织，即为过烧。所谓过烧三角即晶粒交叉处最后凝固的低熔点共晶物在热处理过程中过烧复熔，并在表面张力作用下形成锐菱三角。如果枝晶内低熔点共晶物熔化后液相球化，则为复熔球。若热处理保温温度过高，则上述区域内的低熔点物质熔化、冷却后形成二元、三元等复熔共晶。

铸造铝硅合金的过烧检验可按照JB/T 7946.2—2017《铸造铝硅合金过烧》进行，该标准将过烧分为正常组织、过热组织、轻微过烧组织、过烧组织、严重过烧组织5级。铸造铝合金过烧的特征与变形铝合金基本一致，对变形铝合金有相应的图示和说明。

视频 铝合金油箱失效

四、变形铝合金的微观检验

1. 变形强化铝合金的相鉴别

部分变形强化铝合金只能采用加工硬化的方法提高强度，主要有纯铝和防锈铝合金。纯铝中的主要杂质元素为硅、铁，由于它们在铝中的固溶度很小，因而通常以杂质相的形态存在。$FeAl_3$ 相呈针状或片状，初生 $Al_{12}Fe_3Si$ 呈枝条状，共晶 $Al_{12}Fe_3Si$ 呈骨骼状。经变形加工后，杂质相被破碎沿压延方向呈不连续的条带状排列，组织呈变形纤维状，杂质相分布其中不易发现，如图 10-7b 和图 10-8b 所示。

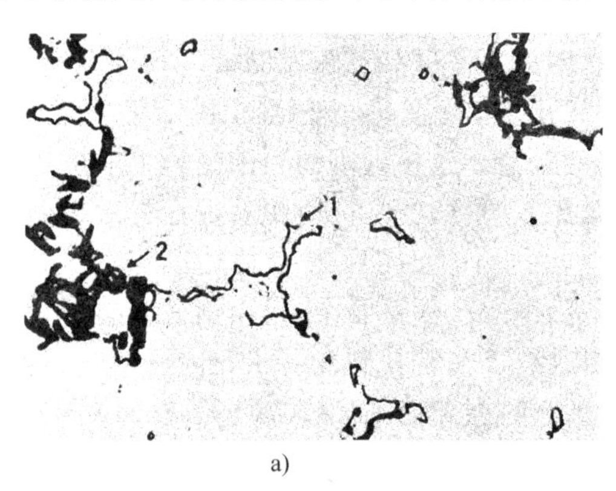

a)

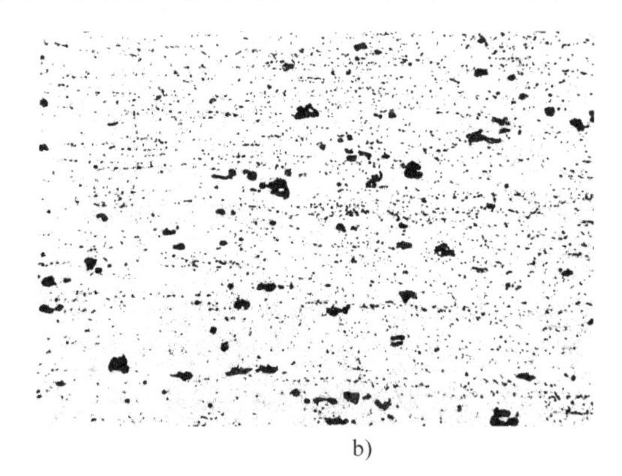

b)

图 10-7 5A06 合金的金相组织（混合酸水溶液浸蚀）

a）半连续铸造状态（400×） b）冷轧材（210×）

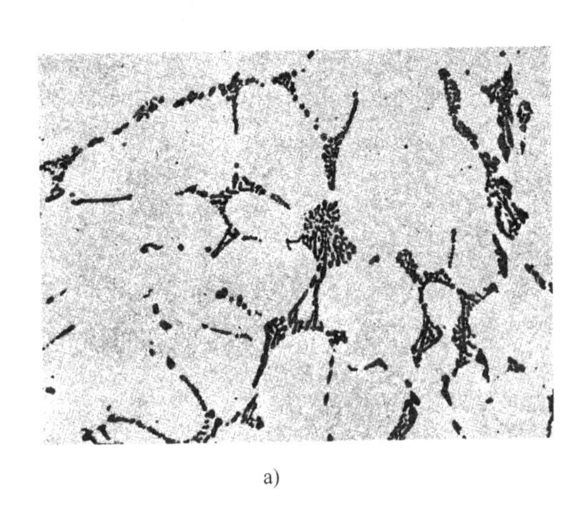

a)

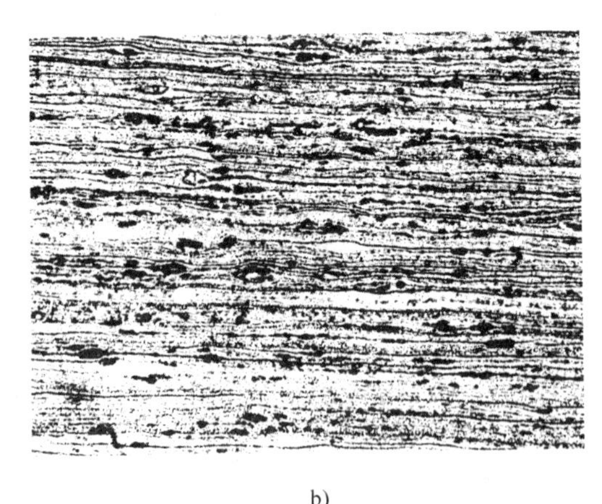

b)

图 10-8 3A21 合金的金相组织（210×，10%NaOH 水溶液浸蚀）

a）半连续铸造状态 b）热轧板材

防锈铝合金主要有铝镁系合金和铝锰系合金。铝镁系合金中有 5A02、5A03、5A05、5A06 等牌号，镁的质量分数均小于 7%。合金中除 α 铝（α 相基体）外，主要有 β（Mg_2Al_3）相（图 10-7a 中的 1）以及 Mg_2Si（图 10-7a 中的 2）、T2（$Al_9Fe_2Si_2$）等杂质相，并可以分别呈点状或网状分布。

铝锰系合金主要有 3A21，锰的质量分数为 1.0%~1.6%，平衡组织应为 α 铝及 Al_6Mn。

但在实际中，由于冷却速度以及杂质的影响，组织中会出现（$\alpha+Al_6Mn$）共晶及粗大的片状 Al_6（FeMn），如图 10-8 所示。

2. 硬铝的相鉴别

硬铝是铝-铜-镁系列的时效强化合金，一般还加有少量的锰。其中的铜与镁为主要合金元素，通过析出 θ（$CuAl_2$）相和 S（Al_2CuMg）相，起到沉淀硬化作用。常用的硬铝合金有 2A10、2A12 等。由于合金的非平衡冷却和偏析，在铸态 2A12 合金中，α 枝晶处可能会出现（α+S）、（α+θ）、（α+θ+S）等二元及三元共晶组织，以及 Al_6（FeMn）、Al_6（FeMnSi）、Al_6（Cu_2Fe）、Mg_2Si 等杂质相。$CuAl_2$ 相未浸蚀时呈颜色很淡的粉红色。

当分别用含量为 25% HNO_3 水溶液（室温）和 10gNaOH+100mL 水溶液浸蚀 3~5s 后，$CuAl_2$ 的颜色变为铜红色（图 10-9 中的 2，图 10-10 中的 1）。S（Al_2CuMg）相与 α（Al）组成的共晶组织未浸蚀时呈灰黄色蜂窝状，经含量为 25% HNO_3 水溶液浸蚀后变为黑褐色（图 10-9 中的 1，图 10-10 中的 2）。

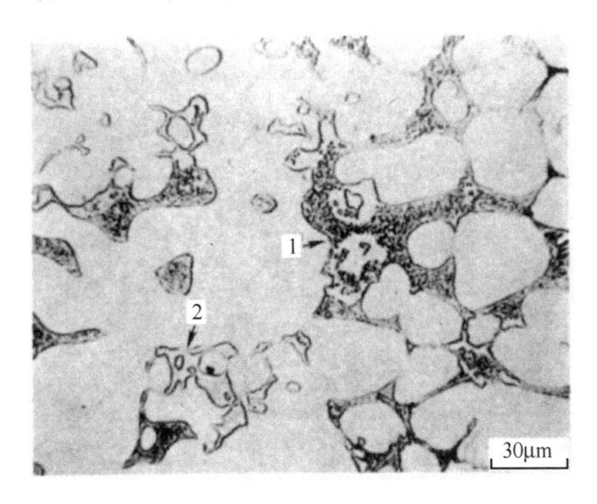

图 10-9 2A12 合金的金相组织（320×）
（25% HNO_3 水溶液浸蚀，半连续铸造状态）

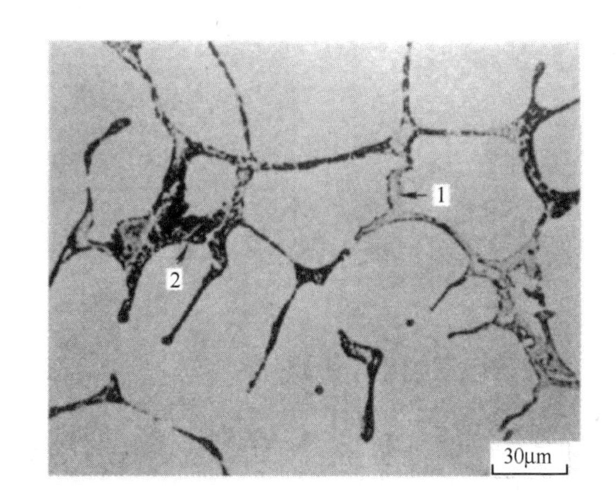

图 10-10 2A02 合金的金相组织（320×）
（25% HNO_3 水溶液浸蚀，半连续铸造状态）

3. 锻铝的相鉴别

锻造铝合金为铝-镁-硅-铜系合金，是由铝-镁-硅系合金发展而来的。此类合金具有良好的热塑性，可采用锻造工艺将其制成形状较为复杂的零件。代表性的合金牌号有 6A02、2A14 等。Mg_2Si 是此类合金的主要强化相，当合金中铁的质量分数超过 0.8%时，会出现粗大的 Al_6（FeMnSi）。Mg_2Si 相共晶呈多角形。实际生产的半连续铸造铸锭，经含量为 25% HNO_3、含量为 0.5%HF 混合酸水溶液浸蚀呈黑色（图 10-11a 的 2）。铸锭经均匀化后，还残存一部分枝晶状组织，并在基体上有条状的 Mg_2Si 析出物和含 Mn 相的分解质点（图 10-11b 中的 2）。Al_6（FeMnSi）相呈浅灰色骨骼状（图 10-11a 中的 1，图 10-11b 中的 1）。

4. 变形铝合金的过烧检验

过烧是铝合金制品在热处理（均匀化、淬火）加热时，因仪表失灵或操作不当，使炉温超过合金中最低共晶温度，造成该共晶组织复熔的结果。正确了解合金产生过烧的温度，对过烧的金相检验十分重要。与铸造产品不同，变形铝合金的晶界特征是过烧的主要特征，主要包括晶界不光滑、晶界加粗、晶界三角形、晶界氧化和复熔共晶球体。开始过烧时主要

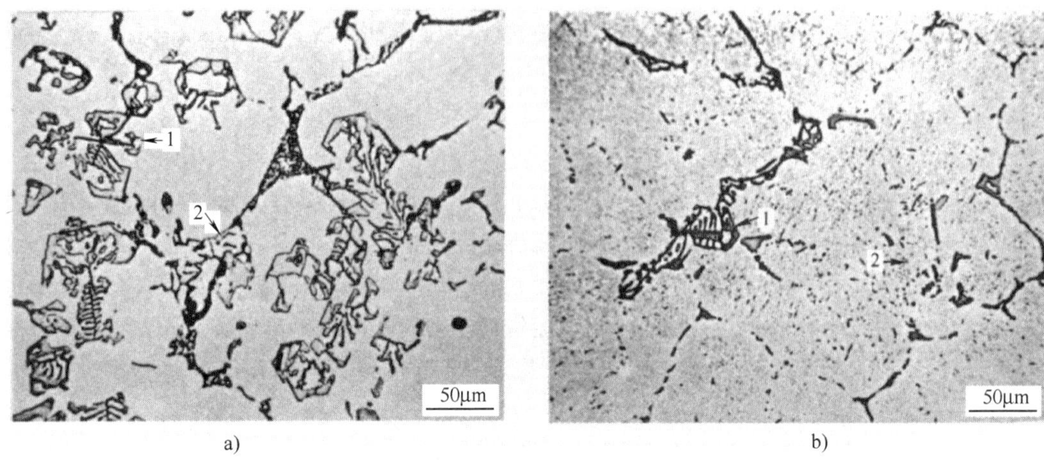

a) b)

图 10-11 2A14 合金的金相组织（210×，混合酸水溶液浸蚀）

a）半连续铸造状态 b）490℃均匀化 12h 空冷

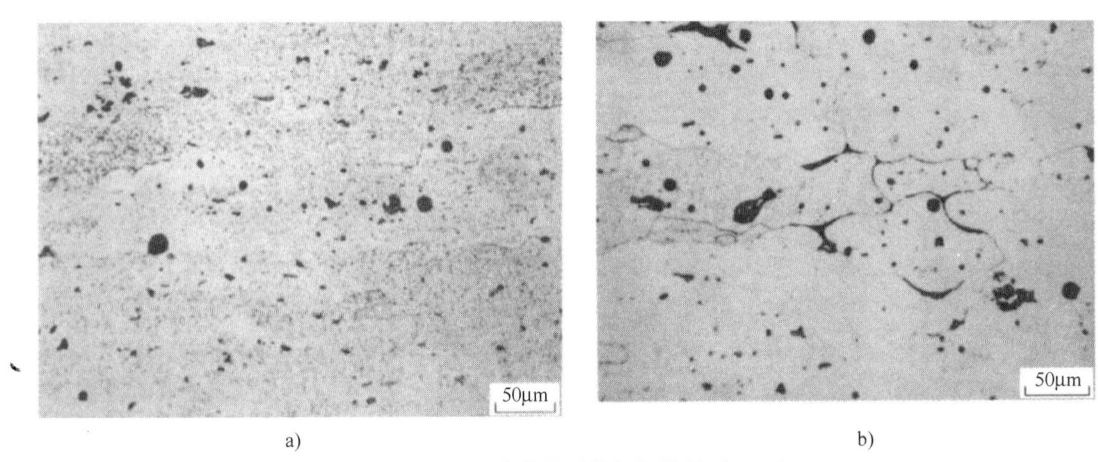

a) b)

图 10-12 2A12 合金的过烧组织特征（200×）

a）开始过烧 b）严重过烧

是晶界不光滑（图 10-12a），严重过烧时晶界普遍复熔和出现三角晶界（图 10-12b）。

5. 铜扩散检验

为提高硬铝合金的耐蚀性，一般采用轧制工艺包覆纯铝，因而在热处理淬火加热时若保温时间太长，就会使基体合金中的 Cu 原子向包铝层中扩散，在包铝层中出现须状组织，如图 10-13 所示，图片上端表面有须状物。该须状物一旦穿透包铝层，会使板材的耐蚀性大大降低。在进行铜扩散金相检验时，试样必须镶嵌后进行制备，以确保试样表面不产生倒角，试样经浸蚀后，在显微镜下测量铜扩散（须状物）的

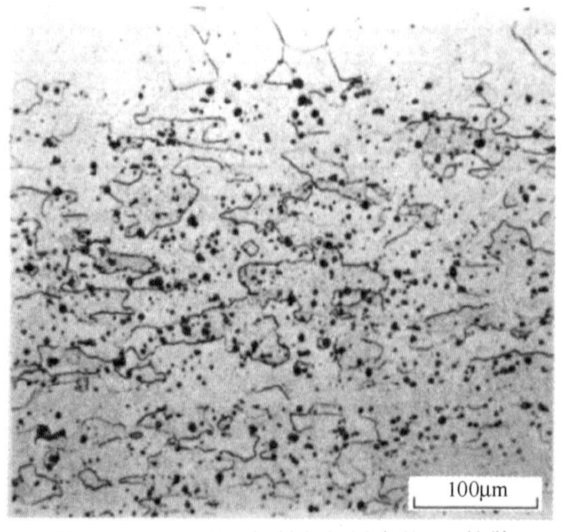

图 10-13 2A12T4 板材包铝层中的 Cu 扩散（150×，混合酸水溶液浸蚀）

深度。

模块二　铜及铜合金的金相检验

导入案例

【案例 10-2】　铜是人类认识和使用最早的金属。宛如星空的铜工艺品，千百年来一直受到人们的钟爱。人类曾经历过一个重要的历史时代——青铜时代，随着技术发展和物质文明的进步，用于制造工艺品的铜合金逐步形成了艺术用铜合金门类。改革开放以来，我国艺术用铜合金和铜工艺品制造技术得到了重大发展，特别是矗立在我国东海之滨普陀山的一尊南海观音巨型仿金铜像，貌相端庄，金光闪闪，是世界上最大的仿金铜像，不但丰富了艺术用铜合金宝库，其制造技术也代表着人类铜工艺品技术的先进水平，同时也诉说着中华民族的智慧和创造精神。

铜及铜合金具有优良的导电、导热性能，足够的强度、弹性和耐磨性，良好的耐蚀性，被广泛应用于仪表、罗盘、航空、航天、雷达、涡轮、轴瓦、轴套、海洋工业、舰船、人类饮用水管道、家用电器、各种货币和工艺美术品、形状记忆合金、超弹性和减振性合金等，同时用来制造各种高强、高韧、高导电、高导热和高耐蚀的重要零件。而航空航天、微电子等高新技术的发展对铜合金的应用提出了更高的要求，弥散强化型高导电铜合金、半导体引线框架用铜合金及球焊铜丝、Cu-Ni-Sn 系高弹性铜合金、覆层铜合金等新型铜合金材料的应用已十分成熟。据不完全统计，目前国际上定型的铜合金已达 400 多种，以传统的铜合金分类方法，可分为纯铜、黄铜、青铜和白铜四大类。根据加工方法不同，又可分为铸造铜合金和加工铜合金。

一、纯铜的金相组织

工业纯铜的新鲜表面呈浅玫瑰红色，大气下常常覆有一层紫色的氧化膜。纯铜在高、低温下均为面心立方结构，具有极高的导电性和导热性（仅次于银）、耐蚀性以及加工成形性，还具有良好的焊接性、抛光性能和表面处理性能。

1. 纯铜的分类

纯铜可按其所含杂质及微量元素的不同分为四类：

1）普通纯铜。有 T1、T2、T3，特点是氧含量较高。

2）无氧铜及脱氧铜。有 TU0、TU1、TU2、TP1、TP2，特点是含氧量极少，在脱氧铜中还残留少量脱氧剂元素。

3）微合金化铜。有银铜、碲铜、硫铜等，特点是分别加入了不同的微量合金化元素，其质量分数低于 0.5%。

4）高铜。铜的质量分数为 96.0%～99.3%的合金。

2. 纯铜的金相组织与检验

（1）纯铜的金相组织　纯铜的基本相组成为 α 单相组织，含氧后出现 Cu_2O 颗粒，含量较多时沿晶界形成共晶网络，铸态组织特征如图 10-14 所示。含硫后出现 Cu_2S 颗粒，呈网状分布于基体上，如图 10-15 所示。

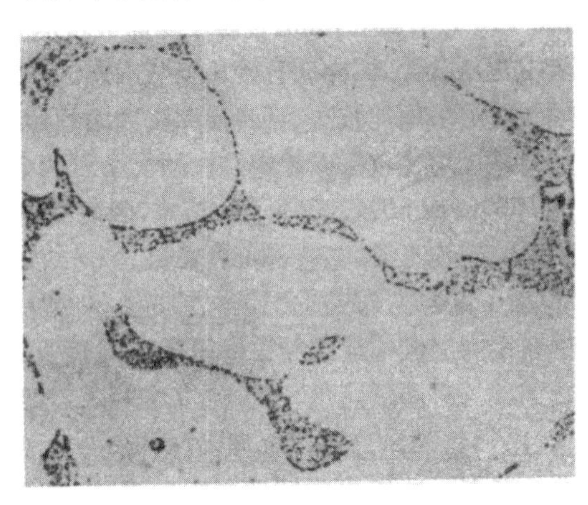

图 10-14 纯铜中的（$Cu+Cu_2O$）共晶体（200×，抛光态）

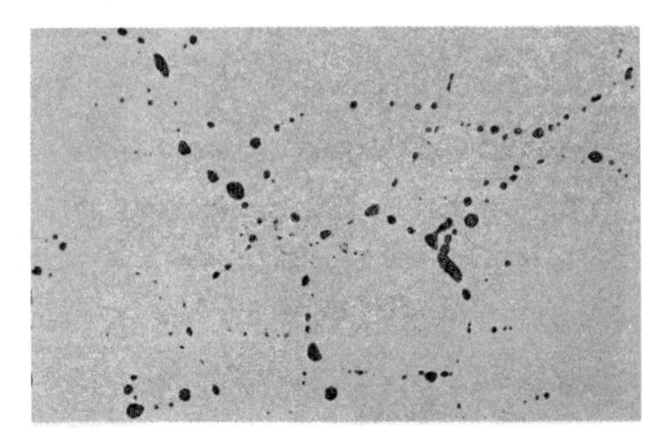

图 10-15 硫铜铸态组织（200×，抛光态）

纯铜的低倍组织多为粗大而发达的柱状晶，由于工艺原因或含微量元素，也会形成细小的等轴晶。如果铸造工艺和冷却不均匀，则容易造成结晶组织不均匀。图 10-16 所示为 T2 纯铜半连续铸造铸锭的低倍组织。纯铜经加工退火后，为完全再结晶组织，如图 10-17 所示。

图 10-16 T2 纯铜铸锭低倍组织（1/3×）

图 10-17 T2 纯铜再结晶退火组织（120×）

（2）无氧铜含氧量检验 纯铜中氧的含量较高时，在氢气等气氛中退火时，氢会在高温下渗入铜内与 Cu_2O 作用，形成高压水蒸气，这种水蒸气在强度较低的晶界处形成逸出通道，导致铜的开裂；未逸出的水蒸气形成气泡作为裂源，在以后的加工或使用过程中进一步扩展而产生开裂。因此，必须严格控制铜中氧的含量。纯铜中氧含量评定可以参照 YS/T 335—2009《无氧铜含氧量金相检验方法》进行。将制备好的试样在含有氢的气氛中加热，并在试样不与空气接触的条件下冷却，根据铜中氧化亚铜与还原性氢气反应使晶界产生裂纹或开裂的特征，用金相显微镜检查裂纹或开裂情况，判断其含氧量等级。图 10-18 所示为标准含氧量级别图。

通常也可采用金相抛光状态的试样通过比较法或定量金相法测定纯铜的含氧量，图 10-19

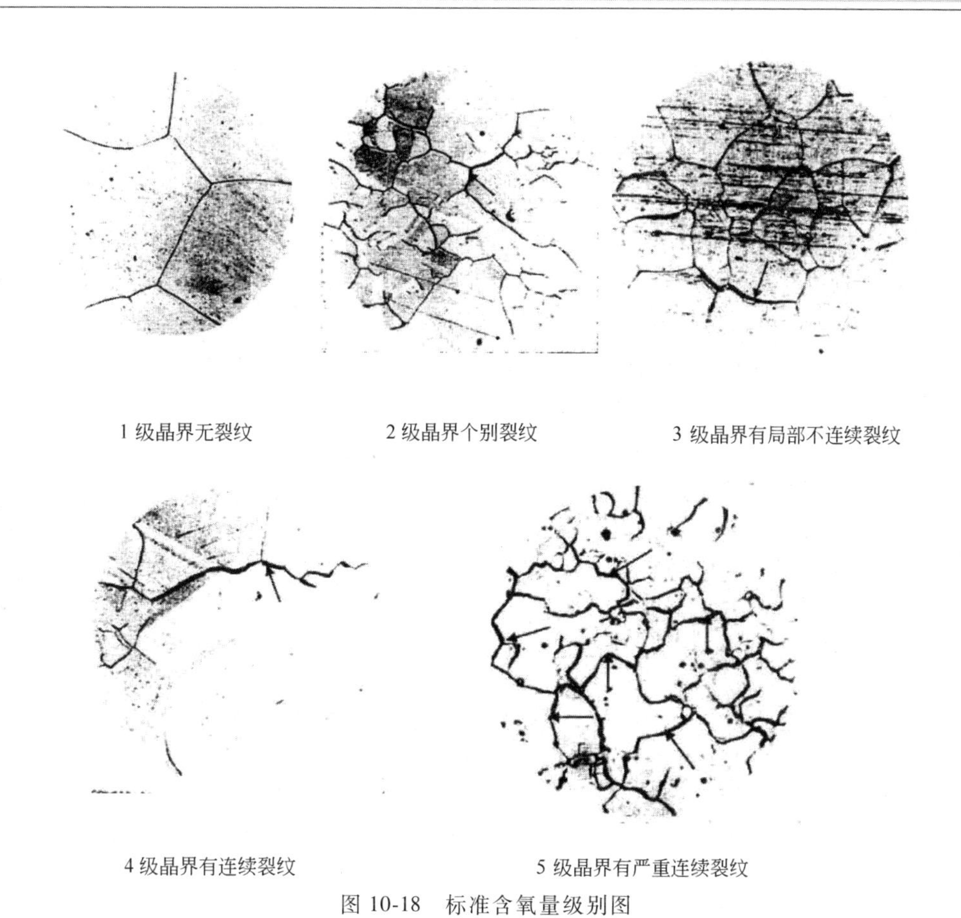

图 10-18　标准含氧量级别图

所示为纯铜抛光态的含氧量特征图。

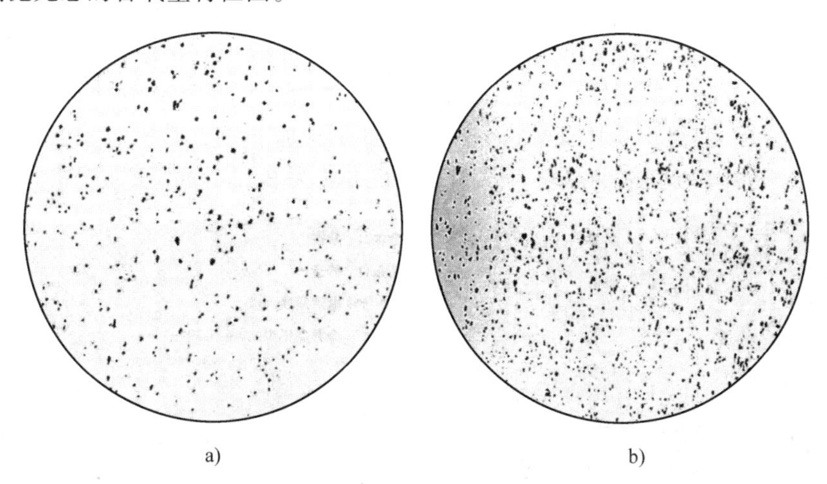

图 10-19　纯铜抛光态的含氧量特征图（200×）

a）氧的质量分数为 0.035%　b）氧的质量分数为 0.09%

二、黄铜的金相组织

铜中加入一定量的锌得到普通黄铜，在普通黄铜的基础上再加入其他合金元素，如铝、铅、锰、硅等就形成了多种类型的特殊黄铜。

1．普通黄铜组织特点

Cu-Zn 二元合金相图如图 10-20 所示，由图可知，含锌量较少时为单相黄铜，如 H96、H80 等黄铜，其组织为 α 固溶体，即锌在铜中的固溶体。随着含锌量的增加，其显微组织中出现 α+β 两相组织，即为双相黄铜，如 H62、H59 等。β 相是以 ZnCu 电子化合物为基的固溶体，属于体心立方晶格。锌含量过高的黄铜没有使用价值。

单相 α 黄铜的铸态组织具有明显的树枝晶及偏析特征，枝晶含铜量较高，难浸蚀，在显微镜下色泽发亮；枝间含锌量较高，易浸蚀，色泽发暗，如图 10-21 所示。

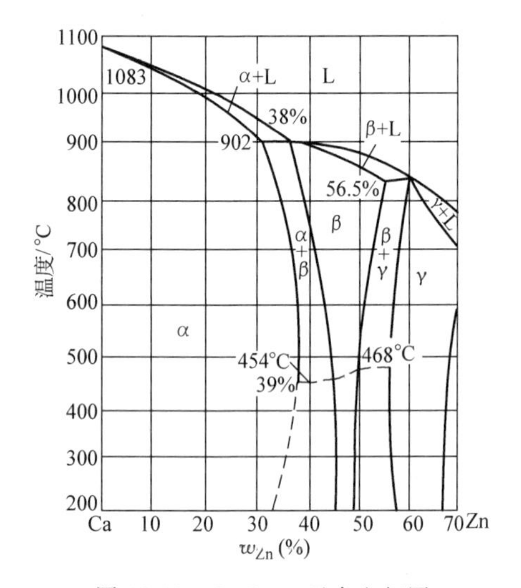

图 10-20 Cu-Zn 二元合金相图

图 10-21 H90 黄铜的铸态组织（120×）

铸态 α+β 两相黄铜在凝固过程中先析出 β 晶粒，冷却时由 β 相析出 α，两相之间存在位向关系，常表现为魏氏体组织的特征。冷速越快，α 相越细。用氯化铁盐酸水溶液浸蚀时，α 相因含铜量较高不易腐蚀，明场下呈亮白色，β 相易受腐蚀，颜色较深，如图 10-22 所示。经热变形后，其组织为具有带状分布特点的 α 相加 β 相，其中 α 晶粒内有孪晶，如图 10-23 所示，图中等轴孪晶的晶粒为 α 相，黑色链状为 β 相。黄铜还易产生应力腐蚀。历

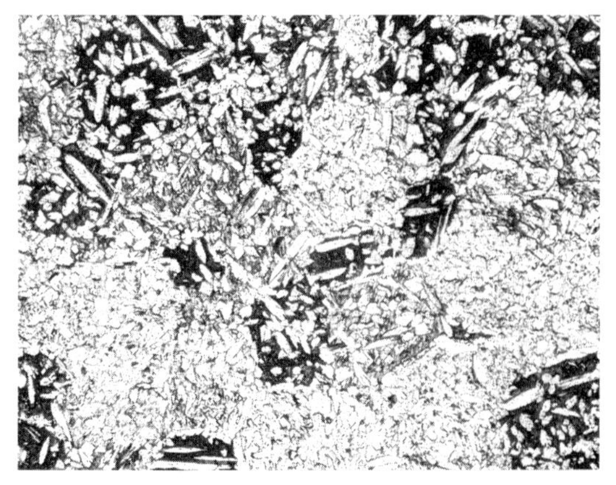

图 10-22 双相黄铜的魏氏体组织（100×）

图 10-23 热轧 H62 黄铜的金相组织（120×）
（氯化铁酒精溶液浸蚀）

史上黄铜的应力腐蚀表现为库存的黄铜炮弹壳的季节性（多为潮湿的雨季）爆裂，俗称季裂。经过研究表明，这是由于存在残余内应力的黄铜构件在某些腐蚀条件下发生了应力腐蚀。实际上，只要存在合适的应力条件（不管是内应力还是外加载荷）和腐蚀环境（如微量氨及铵盐、汞及汞盐、各类酸、二氧化硫等），黄铜就会同时发生脱锌腐蚀和应力腐蚀。应力腐蚀裂纹可以分别呈穿晶或沿晶的方式扩展。

2. 黄铜的金相检验

（1）黄铜的应力腐蚀倾向评定　黄铜制品应力腐蚀倾向的评定一般采用氨熏法或硝酸汞检测法。GB/T 10567.2—2007《铜及铜合金加工材残余应力检验方法氨熏试验法》用于检验热交换器用黄铜管的内应力。美国标准 ASTM B154—2012《铜和铜合金硝酸亚汞试验方法》中规定，将经过适当准备的样品在硝酸汞水溶液中浸泡 30min 后取出，然后肉眼观察试样表面是否存在裂纹。实际上，用此方法测定的是黄铜制品中的内应力大小。

（2）黄铜的晶粒度检验　黄铜的晶粒度对材料的冷加工性能有很大影响。细晶粒组织的强度高，加工成形后表面质量好，但变形抗力较大，较难成形。粗晶粒组织则容易加工，但冲压表面质量不好，甚至形成桔皮，疲劳性能也较差。因此，用于压力加工的黄铜进行再结晶退火时，必须根据需要，很好地控制晶粒度。晶粒度是衡量黄铜退火质量的主要标准。

铜及铜合金晶粒度评定可参照 YS/T 347—2004《铜及铜合金平均晶粒度测定方法》进行。该标准规定了用比较法、面积法和截距法测定铜及铜合金晶粒度的具体方法，通常测定可以用比较法。该标准适用于测定单相或以单相为主的铜及铜合金退火状态的晶粒度。试样应直接从交货状态的产品上取下，并不得经受热处理或塑性变形。

三、青铜的金相检验

青铜是指除纯铜、黄铜、白铜以外的各类铜合金，常见的青铜有锡青铜、铝青铜和铍青铜等。

1. 锡青铜

锡青铜是人类文明史上使用最早的一种铜合金。工业锡青铜除主要合金元素锡外，还含有一定量的磷、锌、铅、镍等元素，也称锡磷青铜。其铸态组织常为树枝状 α 固溶体及（α+δ）共析组织。树枝状 α 固溶体中树干部分为贫锡区，用氯化铁酒精溶液浸蚀时呈白色，外围部分为富锡区，浸蚀时呈黑色。树枝间白亮部分为（α+δ）共析组织，如图 10-24 所示。不平衡铸态组织只有经过均匀化退火才能消除成分偏析，获得单相 α 固溶体。常用的锡青铜有 ZCuSn3Zn11Pb4 及 QSn4-3、QSn6.5-0.1、QSn7-0.2 等。锡青铜由于成本较高，已较少采用。

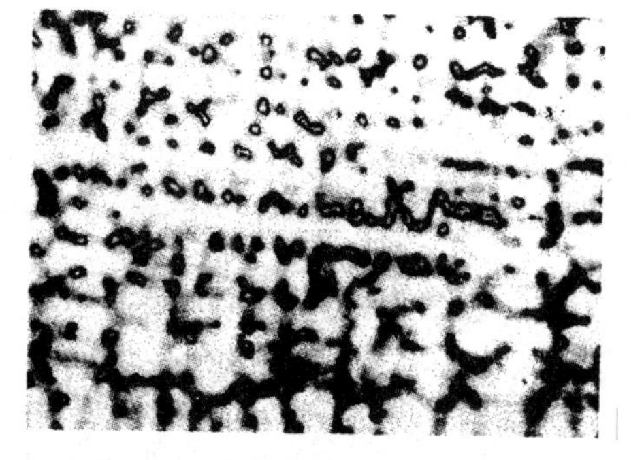

图 10-24　半连续铸造 QSn8-0.3 合金的金相组织（120×）

2. 铝青铜

铝青铜的力学性能和耐蚀性较好，是铜合金中应用较普遍的一种合金。α 相是铝在铜中的固溶体，塑性良好，易进行冷热变形加工。铝青铜中含铝量较低时，在一般铸造冷速下得到单相 α 组织，铝的质量分数为 8%~9%时，铸态组织中就会出现（$\alpha+\gamma_2$）共析体，分布

于 α 晶粒间，如图 10-25 所示。

3. 铍青铜

铍青铜合金很容易进行各种成形加工，如铸造、热锻、挤压、轧制、焊接、电镀等。常用的铸造铍青铜合金中一般含有 Co 和 Ni，其铸态显微组织为枝晶状 α 铜和蓝灰色铍金属间化合物粒子。凝固时形成的初生铍金属间化合物呈汉字形，初生相结晶后形成的次生铍金属间化合物呈棒条状并择优取向，由液相中以包晶形式生成 β 相。在随后的冷却过程中 β 相共析转变为 α 和 γ_2，如图 10-26 所示，图中黑色部分为（$\alpha+\gamma_2$）共析体。

铜及铜合金的显微组织检验时试样制备及组织显示方法可参照 YS/T 449—2002《铜及铜合金铸造和加工制品显微组织检验方法》。

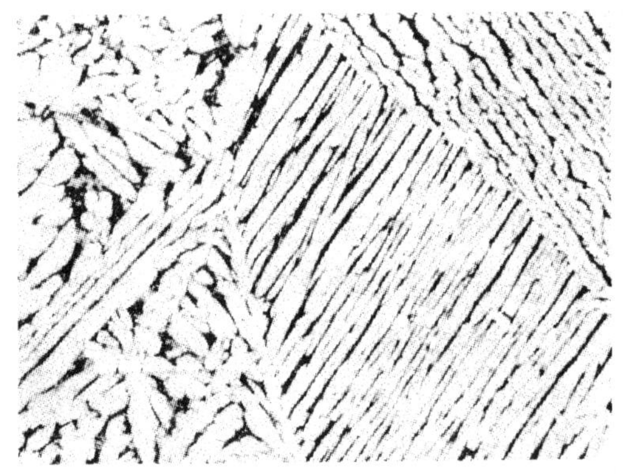

图 10-25　QAl9-2 合金的铸态组织（70×）
（氯化铁酒精溶液浸蚀）

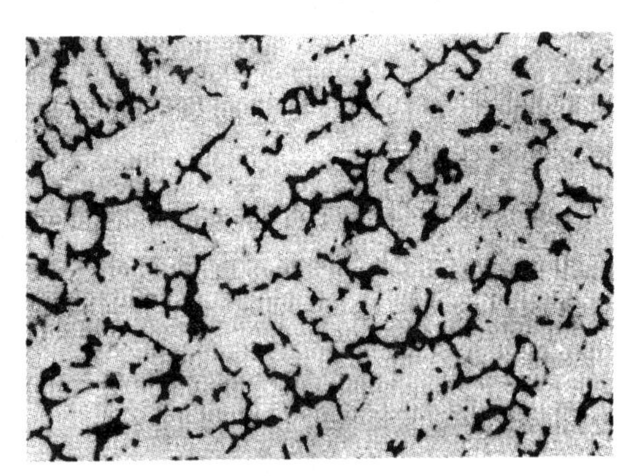

图 10-26　QBe2 合金的铸态组织（120×）
（硝酸铁酒精溶液浸蚀）

模块三　钛合金的金相检验

钛是地壳中分布最广的元素之一，在地壳中的含量约为 0.61%，仅次于铝、镁和铁。钛的密度为 4.5g/cm^3，熔点是 1668±4℃。钛具有密度小，强度高，比强度大，耐腐蚀，耐热性好，低温性能好，无磁，热导率小，弹性模量小，屈强比低，高温下易氧化，抗阻尼性低等特点。钛及钛合金已成为航空、航天中不可或缺的结构材料，而且在外科植入物、医疗器械、兵器、舰船、核工业、电子、石油、化工、海洋、制盐、制碱、造纸、冶金、电力、体育用品、建筑和工艺品等领域均有广泛应用。

视频　钛合金的镦拔

一、钛合金的分类

1. 化学元素对钛及其合金的影响

钛具有同素异构转变。钛有两种同素异形体，在 882.5℃以下为具有密排六方晶格的 α 相，而在 882.5~1668℃之间具有体心立方晶格的 β 相，即在 882.5℃存在 α→β 的转变。α→β 的转变温度称为 β 转变温度（相变点）。钛及钛合金在相变点以上或以下进行变形加工和热处理，所得的组织、性能差别较大。因此 β 转变温度是制订钛合金热加工工艺的一个重要参数。

根据合金元素和杂质元素对钛及钛合金的 β 转变温度的作用性质进行分类，可分为 α

稳定元素、β稳定元素和中性元素。

1）α稳定元素。提高β转变温度，扩大α相区，增大α相稳定性的元素称为α稳定元素。α稳定元素主要包括合金元素 Al、Ga、B 和杂质元素 O、N、C 等。

2）β稳定元素。能够固溶于β相中，扩大β相区、降低β转变温度的元素称为β稳定元素。β稳定元素包括 Mo、V、Ta、Nb 同晶型稳定元素，Mn、Cr、Fe、Cu、Si、Ni、Au、Ag 共析型稳定元素和 H 间隙型杂质元素。

3）中性元素。对β转变温度影响不大的元素称为中性元素。中性元素主要有 Zr、Hf、Sn。

2. 钛合金的分类

钛合金的分类方法很多，通常将钛合金按以下几种方法进行分类：

1）按成形工艺分为三类：变形钛合金、铸造钛合金和粉末冶金钛合金。

2）按应用性能分为四类：结构钛合金、耐蚀钛合金、生物工程钛合金和功能钛合金（形态记忆、储氢及超导等）。

3）按应用温度范围分为三类：高温（热强）钛合金、常温钛合金和低温钛合金。

4）按退火组织分为三类：α钛合金、β钛合金和α+β钛合金。我国钛合金牌号分别以 TA、TB 和 TC 开头，表示此三类钛合金。

5）在钛合金实际生产和应用中，按照亚稳定状态相组成进行钛合金分类比较科学合理，这种分类法将钛合金分为六种类型：α型、近α型、马氏体α+β型、近亚稳定β型（又称过渡型α+β）、亚稳定β型和稳定β型，如图 10-27 所示。

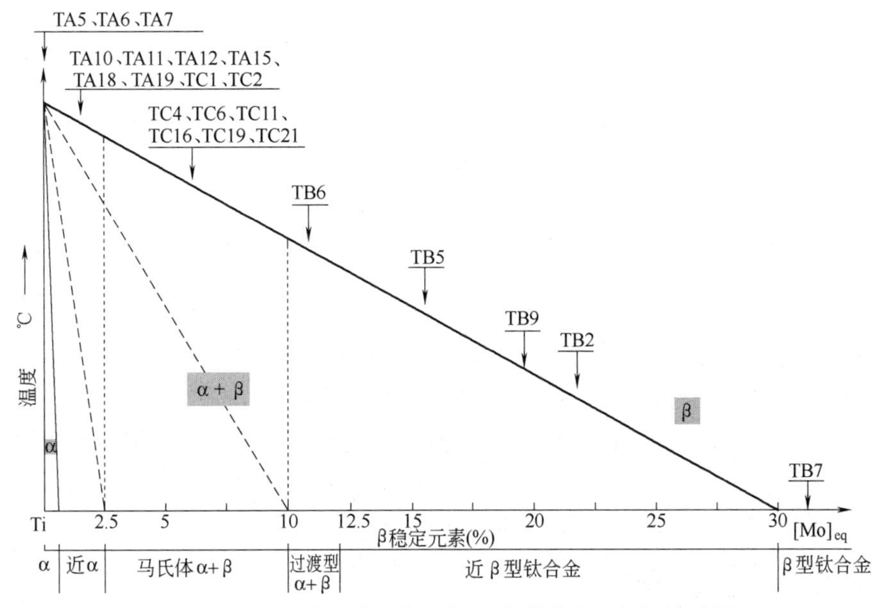

图 10-27　β稳定元素（$[Mo]_{eq}$）与钛合金组织间关系图

各国研究人员为了便于研究合金元素的作用，假定β稳定元素的作用以钼当量 $[Mo]_{eq}$ 来替代，可将各种不同种类和数量合金元素的作用归纳成钼当量形式，来描述和评价各类工业钛合金相组成、组织、转变能力和性能特征。

（1）α型钛合金（$[Mo]_{eq}$0~0.7）　α型钛合金主要包括α稳定元素和中性元素，β转变温度较高，具有良好的组织稳定性、耐热性、抗蚀性以及好的焊接性能。该类合金不能通过热处理强化来提高材料强度。

工业纯钛（TA0、TA1、TA2、TA3、TA4、TA1G、TA2G、TA3G、TA4G 等）不含有其他合金元素，通过控制 O、N、C、H、Fe 等间隙元素的含量来提高材料的性能。工业纯钛在退火状态下为单相 α，相变温度以上热处理为针状或锯齿状 α。

在 α 钛合金（TA5、TA6、TA7 等）中添加 α 稳定元素 Al 和中性元素 Sn、Zr 或极少量 Pb 元素，用来提高材料的强度或耐蚀、耐热性能。在退火状态下为单相 α。相变温度以上热处理为针状 α+原始 β 晶界。

（2）近 α 型钛合金（$[Mo]_{eq}$0.7~2.5） 在 α 合金中添加少量的 β 稳定元素 Mn、Mo、V、Nb、Cr、Cu 等，可进一步提高合金的室温、高温及抗蠕变性能，并改善工艺塑性。典型的近 α 钛合金有 TA10、TA11、TA12、TA15、TA18、TA19、TC1、TC2 等，此类合金具有良好的焊接性能和热稳定性能。目前长期在较高工作温度（500~600℃）的热强钛合金大都属于这一类。

（3）（α+β）钛合金（$2.5<[Mo]_{eq}<10$） 这类合金应用最广，在工业钛合金中占主导地位。常用的此类合金有 TC4、TC6、TC11、TC16、TC19、TC21 等。这类合金的性能变化范围大，适应性好，可满足不同的设计与使用要求。在退火状态下，这类合金含有 α+β 两相，（α+β）合金一般以 Ti-Al 为基础再添加 β 稳定元素，这些合金除含有 6%以上的 Al 以外，还添加一定量的 Sn、Zr 以及 Mo、V 等 β 稳定元素。添加 β 稳定元素可以提高高温拉伸性能，改善合金的热稳定性。这些合金中还添加一定量的 Si，以提高抗蠕变性。α+β 合金一般在退火状态下使用，有较高的强度和良好的塑性，可进行热处理强化，但其耐热性和焊接性能低于 α 合金。此类合金的使用温度为 550℃以下，常用的在 400~500℃范围内。

（4）过渡型钛合金（$10<[Mo]_{eq}<12$） 过渡型钛合金在 β 相区温度淬火组织主要为 β 相，此类合金综合了（α+β）合金和近 β 型钛合金的优点，在退火或固溶处理状态下具有很好的工艺塑性和成形性，淬透性高。通过淬火及时效处理，此类合金可获得高的强度和断裂韧性。典型的过渡型钛合金为 TB6。

（5）近 β 型钛合金（$12<[Mo]_{eq}<30$） 这类合金从固溶温度快速冷却时，可使 β 相全部保留到室温。这类合金具有塑性好、强度高、深淬透性和高断裂韧性等优点，在淬火状态下具有良好的工艺塑性。典型的近 β 型钛合金为 TB2、TB5 等。

（6）β 钛合金（$[Mo]_{eq}\geqslant 30$） 这类合金在平衡状态下，全部由稳定的 β 相组成。其特点是：密度大，不能进行热处理强化，合金中 Mo、V 等元素含量高。这类合金的优点是：在腐蚀介质中的抗蚀性高。典型的 β 钛合金为 TB7。

二、钛合金的显微组织

钛合金一般以 α 固溶体、β 固溶体或两者的组合为基体。钛合金经变形和热处理后，组织形态呈现多种特征。钛合金的组织术语在 GB/T 6611—2008《钛及钛合金术语和金相图谱》中已标准化。该标准可用于钛及钛合金金相组织的分析鉴别。

（1）等轴 α（Equiaxed α） α 相呈多边形结构，各方向尺寸相近。纯钛及近 α 合金退火后组织或（α+β）合金等轴、双态组织中的初生 α 相如图 10-28、图 10-32、图 10-33 和图

10-36 所示。

（2）锯齿 α（Serration α）　α 相以不规则的晶粒和锯齿形晶界为特征。这类组织是 α 型合金在相变点以上加热快速冷却而形成的，如图 10-29 所示。

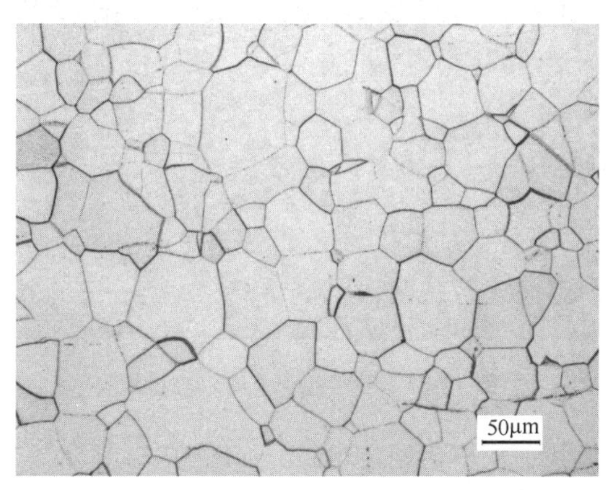

图 10-28　TA2　等轴 α

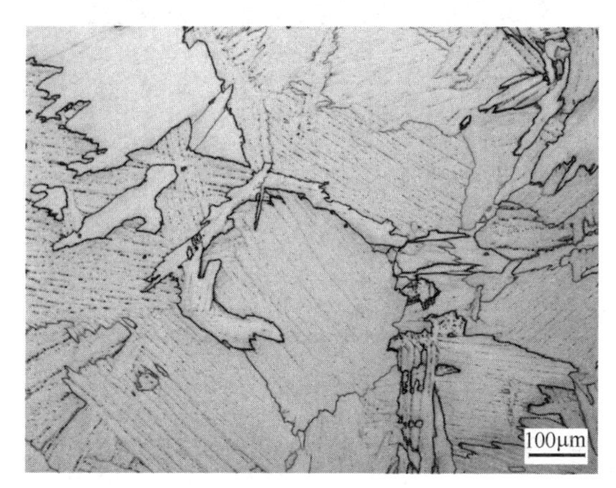

图 10-29　TA2　锯齿 α

（3）片状 α（Platelet α）　α 相以较宽且被拉长的晶粒为特征。通常是在 α 或（α+β）合金中，当加热在（α+β）或 β 相区进行，并缓慢冷却（空冷）而形成的。TA7 棒材组织如图 10-30 所示。

（4）针状 α（Acicular α）　α 相以细针状外形为特征。这是 α 或（α+β）合金加热到 β 相区后以较快的速度冷却而形成的，如图 10-31 所示。

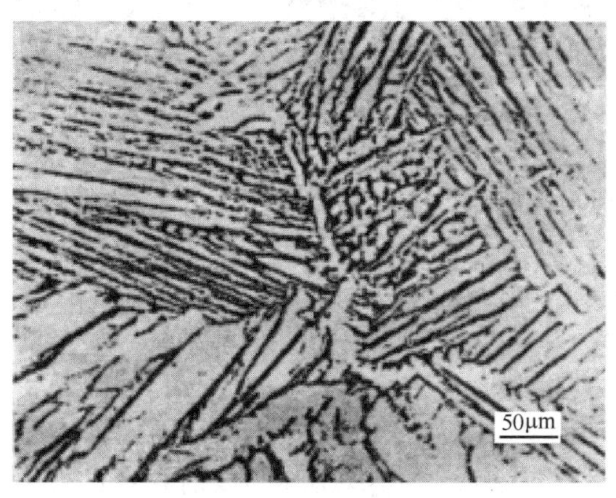

图 10-30　TA7　片状 α

图 10-31　TA7　针状 α

（5）等轴组织（Equiaxed Structure）　一种多角的或类似球形的显微组织，各个方向具有大致相同的尺寸。钛合金在两相区热加工时，由于温度较高，在变形过程中 α 相和 β 相相继发生了再结晶，获得了完全等轴的（α+β），图 10-32 所示为 TC4 合金的等轴组织。

（6）双态组织（Bimodal Structure）　两相钛合金在两相区上部温度变形，或在两相区变形后，再加热到两相区上部温度后冷却，即可得到双态组织。即组织中 α 有两种形态，一种是等轴的初生 α，另一种是 β 转变组织中的片状 α，如图 10-33 所示。

（7）网篮组织（Basketweave Structure）　β 区加热经较大 β 区变形、在（α+β）区终止变形后得到的组织，变形量达 50%或更大，原始 β 晶界得到基本破碎、α 片或（α+β）小

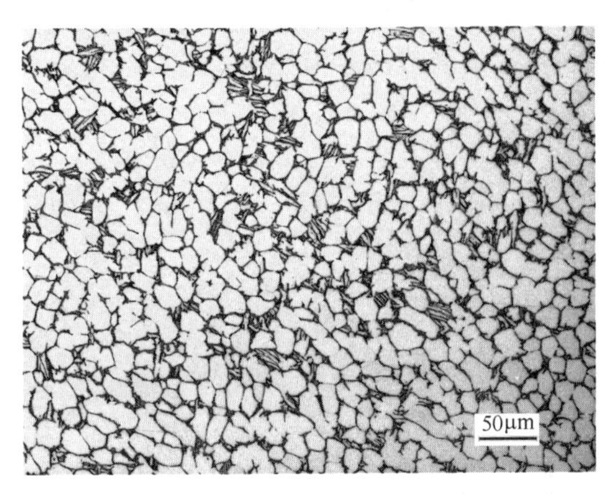

图 10-32 TC4 合金的等轴组织

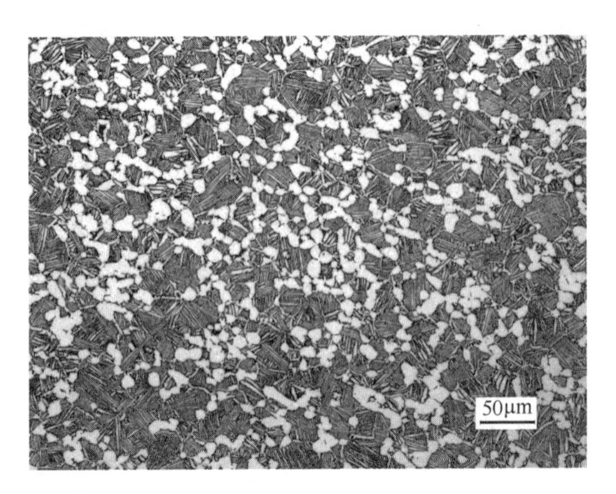

图 10-33 TC4 钛合金的双态组织

片短而歪扭，且纵横交错排列，如同编织网篮的形状，故称为网篮组织，如图 10-34 所示。

（8）魏氏组织（Widmanstratten Structure） 当变形开始和终了温度都在 β 相区，变形量又不是很大（一般小于 50%）时，或加热到 β 相区后较慢冷却，都将得到魏氏组织。其组织特征是：具有粗大等轴的原始 β 晶粒，在原 β 晶界上有较完整的 α 网，原始 β 晶界清晰完整，在原 β 晶内有长条 α，α 条间夹有 β，如图 10-35 所示。

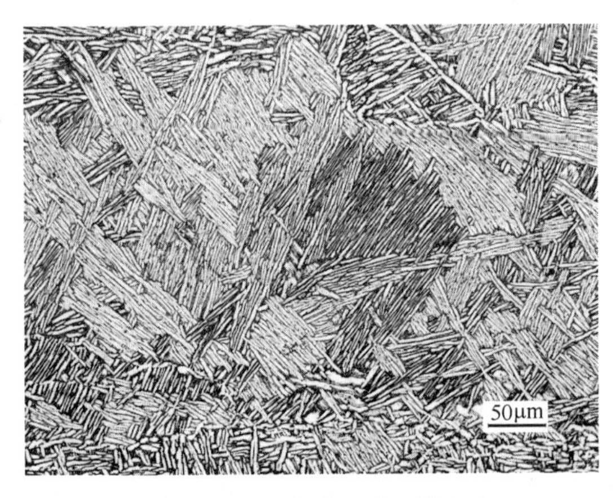

图 10-34 TC4 钛合金的网篮组织

图 10-35 TC4 钛合金的魏氏组织

（9）初生 α（Primary α） 钛合金在加热和冷却过程中，始终未发生转变的 α 相称为初生 α。初生 α 相的形态可呈等轴状、块状或板条状，其形状、大小与原始组织、变形量、加热温度和保温时间有关。如图 10-32、图 10-33 中的初生 α 相所示。

（10）原始 β 晶粒（Prior β Grain） 最后一次进入到 β 相区时形成的 β 晶粒，这些晶粒可能会在 β 转变点以下的加工时变形。TC4 钛合金魏氏组织中由原始 β 晶界（晶界 α）围成的 β 晶粒即原始 β 晶粒，如图 10-35 所示。

（11）晶间 β（Intergranular β） 在（α+β）合金中，α 相间存在的 β 相。当合金加热到两相区以上较高温度后缓慢冷却（炉冷）时，从 β 相析出的 α 相长大聚集或与原初生 α 相合并为等轴或片状，β 相则以岛状或片状存在其间，如图 10-36 所示。

（12）转变 β（Transformed β） 两相钛合金加热到（α+β）两相区较高温度或 β 相区

后，在较慢冷却过程中，由β相析出的次生α相与β相混合的一种组织，通常由片状的（α-β）组成。片状α可能被β相隔离，可能并存初生α相，典型组织形貌如图10-33所示。

（13）马氏体 α及（α+β）合金加热到两相区较高温度或β相区后以极快的速度冷却到*Ms*点以下，由β相析出α相的过程来不及进行，但β相的晶体结构仍然发生了转变，即以非扩散方式转变形成的α产物，亦称马氏体α。其特征为隐针或针状马氏体，典型形貌如图10-37所示。

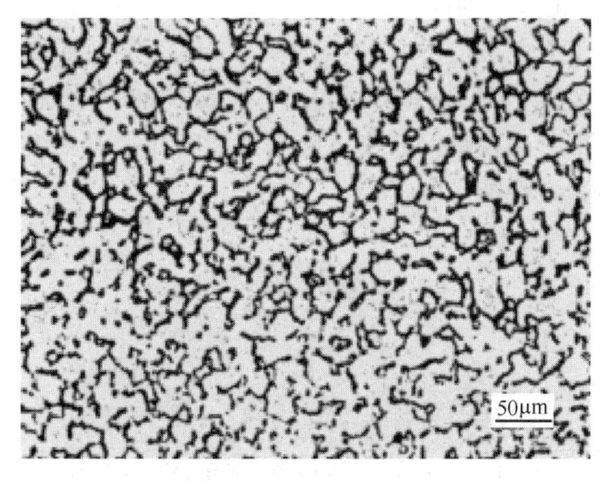

图10-36 TC4钛合金 等轴α+晶间β组织

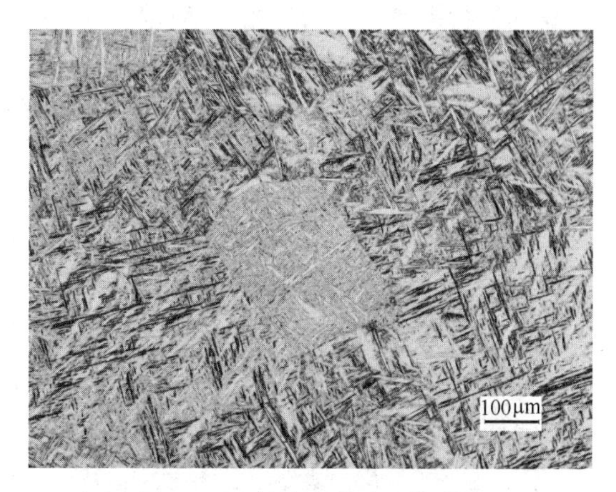

图10-37 钛合金的马氏体组织

（14）亚稳定β（Metastable β） 一种非平衡的β相，在随后的处理及使用中，由于热或应变能的激发可部分或全部转变成马氏体、α或共析分解产物，如图10-38所示。

（15）时效β（Aged β） 时效时形成的特别细小的α沉淀在β基体上，如图10-39所示。

图10-38 亚稳定β组织

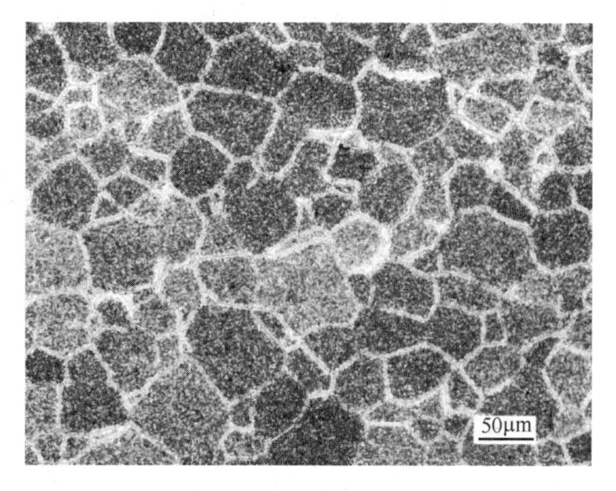

图10-39 时效β组织

三、钛及钛合金金相检验项目

通常，钛合金金相检验主要包括宏观检验、显微组织检验、β转变温度测定和缺陷分析等。钛及钛合金的金相检验方法按GB/T 5168—2020《钛及钛合金高低倍组织检验方法》进行，标准中规定了α型、α-β型、β型钛及钛合金加工制品、焊接件及成品零件高低倍组织检验的样品制备、腐蚀要求、检验流程和结果的判定。

1. 钛及钛合金的宏观（低倍）组织检验

钛及钛合金的宏观检验通常检验宏观晶粒度、锻件流线、组织均匀性、偏析、折叠、裂纹、夹杂及严重的缺陷未清除区等。

按照检验方法对样品进行制备后，可应用10mL HF +25mL HNO_3+65mL H_2O 腐蚀液对检验面进行适当腐蚀。典型钛及钛合金低倍组织及缺陷可参照GB/T 5168—2020《钛及钛合金高低倍组织检验方法》附录A~附录D中的图片进行评判。图10-40所示为TC4棒材的α偏析宏观图，图10-41所示为TB6棒材的β斑宏观图，图10-42所示为TC11锻件宏观低倍流线图。有些钛合金宏观组织检验分为10级或12级，图10-43所示为TC11锻件的12级宏观组织分类评级图。钛合金的宏观组织按晶粒特征分为模糊晶、半清晰晶和清晰晶。等轴组织一般为模糊晶，粗晶一般为清晰晶，模糊晶的力学性能较好。

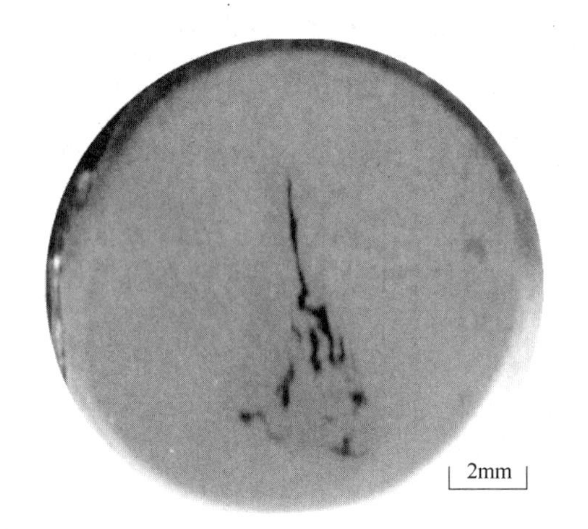

图10-40 TC4棒材α偏析宏观图

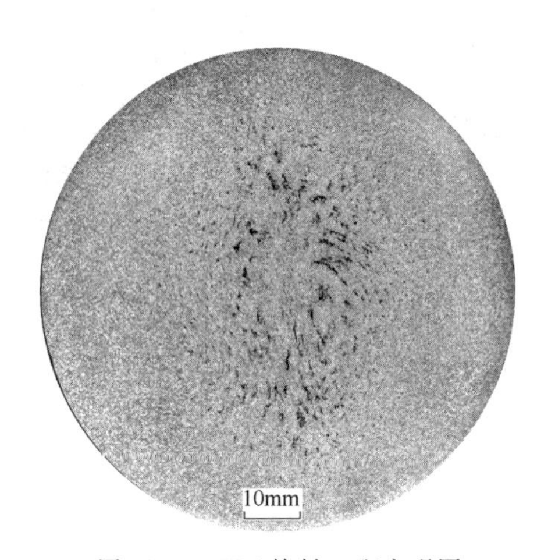

图10-41 TB6棒材β斑宏观图

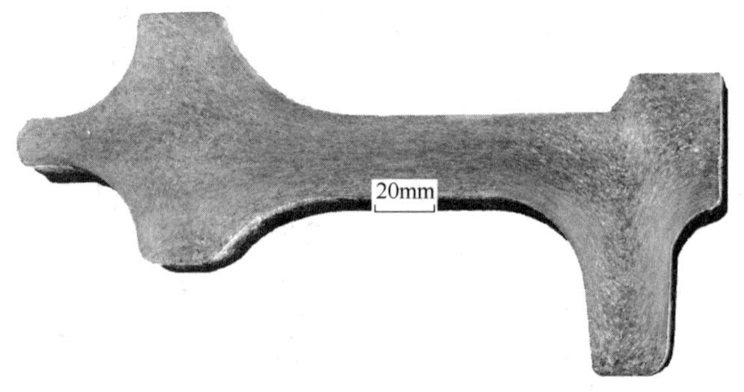

图10-42 TC11锻件宏观低倍流线图

2. 钛及钛合金的显微（高倍）组织检验

钛及钛合金的显微组织检验通常用于进行显微组织及级别评定、初生α相含量测定、晶粒度评定、表面污染、表面处理组织、β转变温度测试及组织缺陷检验等。

钛及钛合金的显微组织检验样品需经过由粗到细不同粒度的砂纸或磨盘，置于磨样机上依次进行磨制，应用5 mL HF+12mL HNO_3+83mL H_2O 腐蚀剂进行腐蚀5~10s后，置于显微镜下选择由低到高倍数进行观察检验。

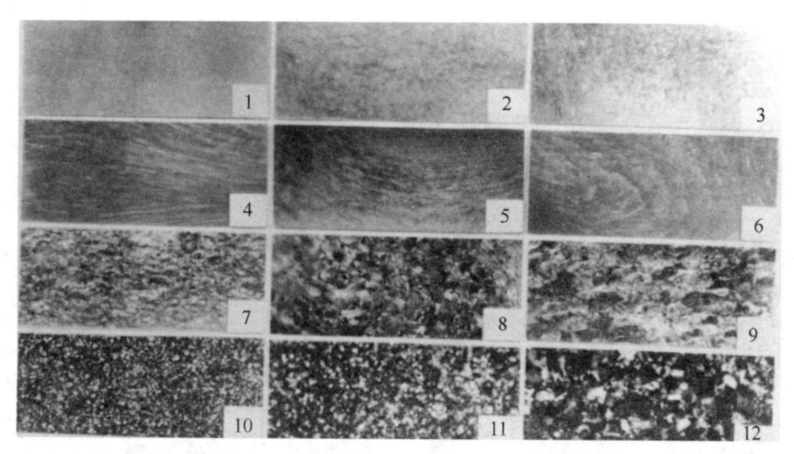

图 10-43　TC11 锻件的 12 级宏观组织分类评级图

（1）一般显微组织检验　常见的高倍组织可按 GB/T 6611—2008《钛及钛合金术语和金相图谱》识别和评判。钛合金的典型组织、冶金缺陷、加工缺陷及不均匀组织可参照 GB/T 5168—2020《钛及钛合金高低倍组织检验方法》附录 A～附录 D。不同的钛合金根据不同的性能要求，有材料各自的显微组织评级图。检验时，按照不同的评级图片对比评定。这些标准图片是按照显微组织的类型、初生 α 相的形态及含量等作为组织评定级别的依据。

（2）晶粒度　钛及钛合金的晶粒度检验可按照 GB/T 6394—2017《金属平均晶粒度测定方法》进行。

（3）初生 α 相含量的测定　钛合金中初生 α 相含量的测定可参照 GB/T 5168—2020《钛及钛合金高低倍组织检验方法》附录 E 进行，也可依据 GB/T 15749—2008《定量金相测定方法》进行。

（4）α 层检验　α 层检验用于钛合金原材料和零件表面的检验。当钛合金在较高温度下暴露于空气中，吸收空气中的氧、氮及碳，易形成富集氧、氮及碳的 α 稳定表面层。α 层通常硬而脆，是一种有害层，属不允许的组织。可以依据 GB/T 23603—2009《钛及钛合金表面污染层检测方法》进行检测，典型组织形貌如图 10-44、图 10-45 所示。

图 10-44　TC4 等轴组织 α 层

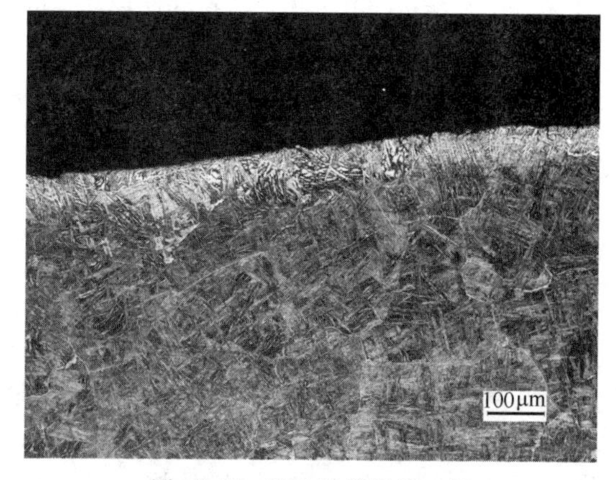

图 10-45　TC4 针状组织 α 层

（5）β 转变温度测试　钛合金在加热过程中全部转变为 β 相组织的最低温度，用 T_β 表示。其测试方法可依据 GB/T 23605—2009《钛合金 β 转变温度测定方法》进行。例如，TC4 棒材 T_β 测定结果为 998℃，测试温度样品淬火显微组织如图 10-46、图 10-47 所示。

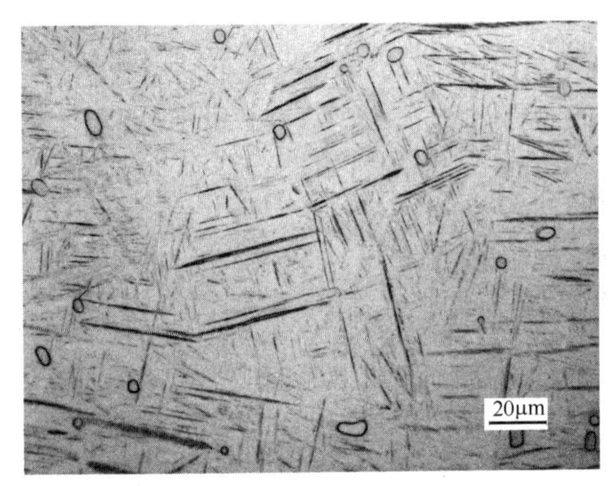

图 10-46 TC4 棒材 995℃组织

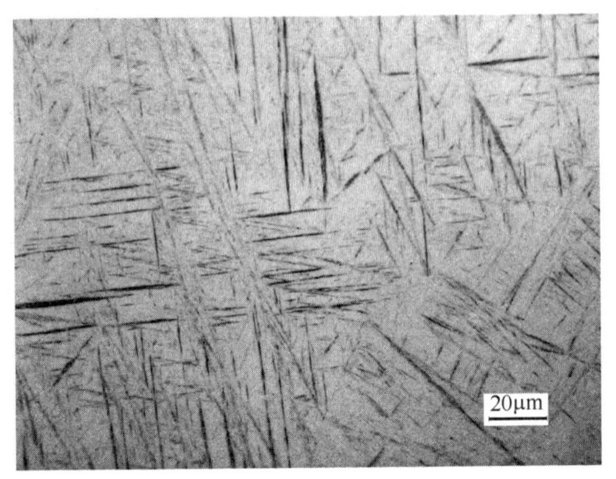

图 10-47 TC4 棒材 1000℃组织

模块四 锆合金的金相检验

锆具有良好的塑性和强度，热中子吸收截面小，有独特的核性能；耐蚀性好；膨胀系数低，仅为钛的 2/3、铁素体钢的 1/2 以及铝的 1/4；弹性模量小，为钢和镍的 1/2；热导率高，比不锈钢高 1/3；无毒，生物相容性好；具有储氢、可燃等特殊功能。锆主要应用于核反应堆结构材料、核燃料包壳材料，其次用于化工处理中的强耐蚀结构材料、生物医学材料和新型功能材料；此外，锆还可用于石油化工、兵器、冶金和造纸等工业。

一、锆合金的金相组织

锆合金的新鲜表面呈银白色，锆合金活性较强，在室温下易与氧发生反应，生成一层氧化膜。温度升高时会发生同素异晶转变，由低温时的密排六方结构（α 相）转变为高温时的体心立方结构（β 相）。锆在 862℃发生同素异晶转变。

1. 锆合金的分类

锆合金按照其用途可分为如下两类：

1）工业级锆合金，有 Zr-1、Zr-3、Zr-5，主要特征为含锆量约为 4. 5%。

2）核级锆合金，有 Zr-4（Zr-Sn）、ZIRLO（Zr-1. 0Sn-1. 0Nb-0. 1Fe）、M5（Zr-1. 1Nb0. 12O）等，主要特征为基本不含锆。

2. 锆合金的金相组织

（1）锻棒的金相组织 锆合金从铸锭到坯料加工过程中，普遍采用的加工方式为：在 β 相区（1000~1050℃）热锻，在 β 相均匀化（1000℃）后水淬。在水淬时，由于大件的冷速慢，β 晶粒通过贝氏体转变成 α 针状组织，这些 α 组织在晶界上形核，每个原先 β 晶粒产生了一系列结晶学位向的 α 晶粒，这样的组织成为网篮组织。

锻棒组织检验按照企业标准在锻棒横截面上边缘处、1/2 半径处和中心处分别取样进行组织检查，组织为网篮组织。图 10-48~图 10-50 所示分别为边缘处、1/2 半径处和中心处的

图 10-48 锻棒边缘处的显微组织（100×）

图 10-49 锻棒 1/2 半径处的显微组织（100×）

显微组织。

另外，锻棒低倍检验通常是截取棒材端头，对锻棒横截面进行阳极发黑处理，与标准块做对比，根据端面呈现的色泽、痕迹特征，判断是否存在夹杂、铪超标和裂纹等缺陷。

（2）加工态组织 锆合金管、板、棒材需通过轧制或挤压等加工最终成形，不同的加工方式会得到不同状态的组织形貌。图 10-51～图 10-53 所示分别为冷轧加工流线、锻造组织和焊接热影响区组织。

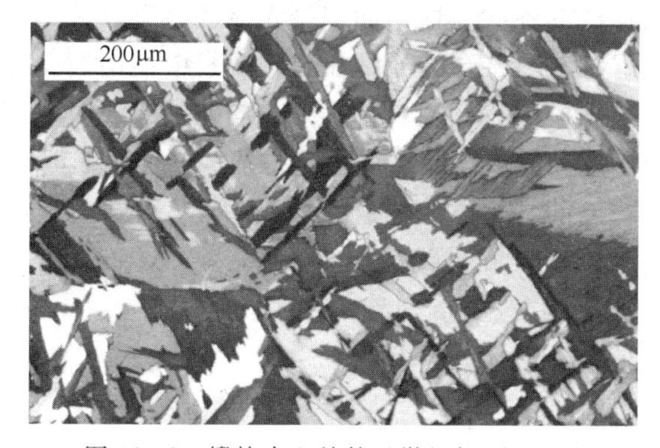

图 10-50 锻棒中心处的显微组织（100×）

图 10-51 冷轧加工流线（200×）

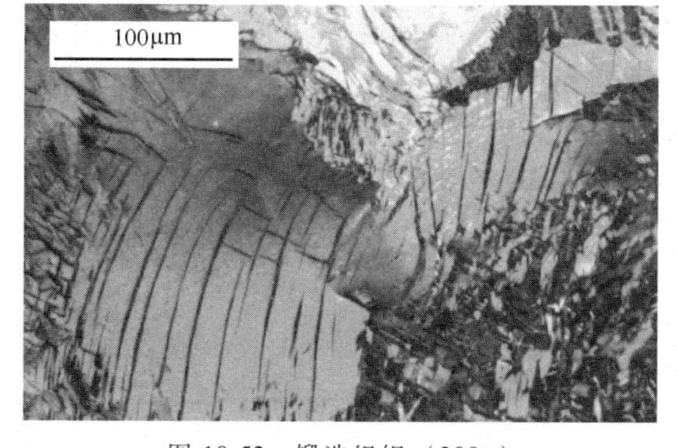

图 10-52 锻造组织（200×）

图 10-53 焊接热影响区组织（100×）

（3）再结晶组织 锆合金管、板、棒材成品最终状态为再结晶态，组织为大小分布均匀的等轴晶（Equiaxed Structure）。图 10-54 所示为合金成品棒材（ϕ9.8mm）完全再结晶组织（等轴 α 相）。

（4）异常组织 锆合金锻造工艺存在问题，组织细化过程不彻底，大晶粒保留下来，后续经过热轧仍然保留，因此板材金相检验到异常组织，如图 10-55 所示。

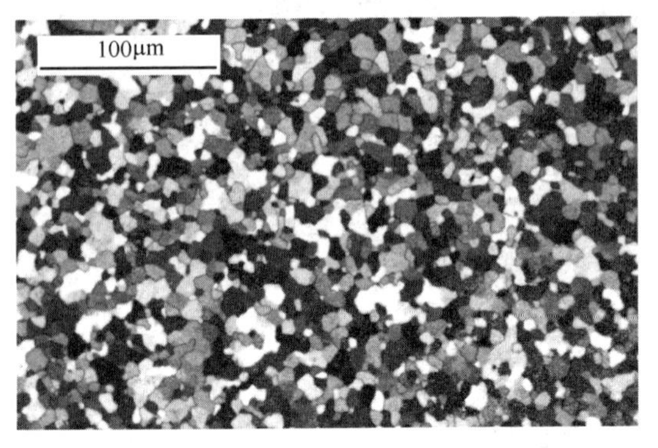

图 10-54 Zr-4 合金棒材（ϕ9.8mm）完全再结晶组织（等轴 α 相）（200×）

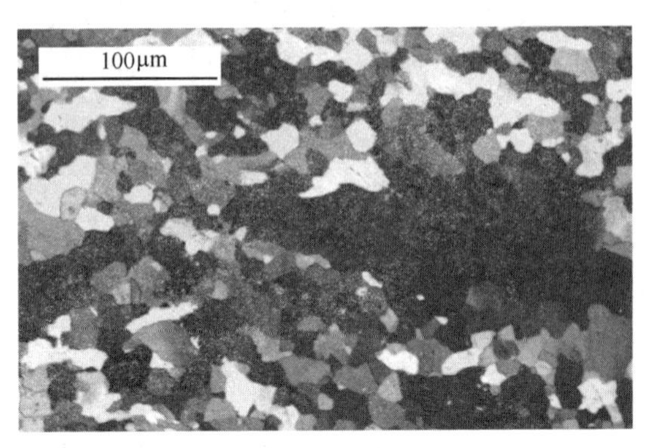

图 10-55 Zr-4 板材异常组织（200×）

二、锆合金的金相检验

锆合金在加工以及热处理过程中表现出不同程度的各向异性，而偏振光能够显露晶粒的微弱取向差别，并能显露夹杂物、浸蚀效应的组织细节。锆合金通常在金相观察中使用偏振光，同时为了增加组织间衬度，在样品腐蚀后增加阳极氧化处理，可得到最佳的效果。

锆合金晶粒度的评定可参照 GB/T 6394—2017《金属平均晶粒度测定方法》进行。该标准规定了用比较法、面积法和截点法测定金属晶粒度的具体方法，通常采用比较法。该标准适宜单相或以单相为主的金属材料退火状态的晶粒度。试样直接从交货状态的产品上取下，不得经过热处理或塑性变形。

锆合金加工状态组织评定依据企业标准方法评定。

三、锆合金制样注意事项

由于锆合金相对比较黏一些，且锆屑容易起火，研磨过程只能在有流动水的水砂纸上进行。抛光过程中，由于锆合金硬度较低，抛光剂不能选用金刚石抛磨膏（剂），建议选择粒度较小的二氧化硅抛光剂。锆合金的腐蚀剂配比一般为硝酸 45mL+水 45mL+氢氟酸 10mL 或乳酸 45mL+硝酸 45mL+氢氟酸 6mL。采用擦拭的方式进行腐蚀，时间约为 10～15s。腐蚀完毕后立即在流动的水中用脱脂棉擦拭样品，目的是去除样品表面的腐蚀产物，避免出现假象。建议严格控制腐蚀时间，腐蚀时间过长，基体快速腐蚀，会使表面第二相脱落，形成腐蚀坑。在偏光下，腐蚀坑呈现为白色亮点，影响组织观察。

【思考题】

1. 非铁金属材料常用的有哪几种？
2. 铝合金如何分类？
3. 铸造铝合金共有哪几大类？

4. 什么叫变质处理？起到何种作用？
5. 变形铝合金如何分类？与铸造铝合金在显微组织方面有何明显区别？
6. 黄铜的应力腐蚀倾向如何评定？
7. 钛合金一般分几类？组织分别是什么？
8. 钛合金的 α 层是怎么形成的？
9. 什么是钛合金的网篮组织？

金相检验报告

报告编号：

<table>
<tr><td rowspan="2">材料名称</td><td colspan="2">试样 1</td><td colspan="2">试样 2</td><td colspan="2">试样 3</td></tr>
<tr><td colspan="2"></td><td colspan="2"></td><td colspan="2"></td></tr>
<tr><td>技术要求</td><td colspan="2"></td><td colspan="2"></td><td colspan="2"></td></tr>
<tr><td>处理状态</td><td colspan="2"></td><td colspan="2"></td><td colspan="2"></td></tr>
<tr><td>浸蚀剂</td><td colspan="2"></td><td colspan="2"></td><td colspan="2"></td></tr>
<tr><td>检验项目</td><td colspan="2"></td><td colspan="2"></td><td colspan="2"></td></tr>
<tr><td>取样部位</td><td colspan="2"></td><td colspan="2"></td><td colspan="2"></td></tr>
<tr><td>检验结果
及组织说明</td><td colspan="6">备注：使用标准________________</td></tr>
<tr><td>报告人</td><td></td><td>日期</td><td></td><td>单位</td><td colspan="2"></td></tr>
<tr><td>审核人</td><td></td><td>日期</td><td></td><td>单位</td><td colspan="2"></td></tr>
</table>

参考文献

［1］ 机械工业理化检验人员技术培训和资格鉴定委员会．金相检验［M］．上海：上海科学普及出版社，2003.

［2］ 李炯辉，林德成．金属材料金相图谱：上，下册［M］．北京：机械工业出版社，2006.

［3］ 陆兴．热处理工程基础［M］．北京：机械工业出版社，2007.

［4］ 戴起勋．金属材料学［M］．北京：化学工业出版社，2005.

［5］ 屠海令，干勇．金属材料理化测试全书［M］．北京：化学工业出版社，2007.

［6］ 李泉华．热处理技术400问解析［M］．北京：机械工业出版社，2002.

［7］ 王英杰．金属工艺学［M］．北京：机械工业出版社，2008.

［8］ 任颂赞．钢铁金相图谱［M］．上海：上海科学技术文献出版社，2003.

［9］ 赵忠，丁仁亮，周而康．金属材料及热处理［M］．3版．北京：机械工业出版社，2000.

［10］ 崔忠圻．金属学与热处理［M］．北京：机械工业出版社，2001.

［11］ 丁建生．金属学与热处理［M］．北京：机械工业出版社，2004.

［12］ 李春胜．钢铁材料手册［M］．南昌：江西科学技术出版社，2004.

［13］ 丁惠麟，辛智华．实用铝、铜及其合金金相热处理和失效分析［M］．北京：机械工业出版社，2008.

［14］ 王群骄．有色金属热处理技术［M］．北京：化学工业出版社．2008.

［15］ 中国标准出版社第二编辑室．有色金属工业标准汇编［S］．北京：中国标准出版社，2001.

［16］ 钱士强．材料检验［M］．上海：上海交通大学出版社，2007.

［17］ 陈祝年．焊接工程师手册［M］．北京：机械工业出版社，2002.

［18］ 郭守信．金相学史话（1）：金相学的兴起［J］．材料科学与工程，2000，18（4）：2-9.

［19］ 燕样样，刘晓燕．金相热处理综合实训［M］．北京：机械工业出版社，2013.

［20］ 路俊攀，李湘海．加工铜及铜合金金相图谱［M］．长沙：中南大学出版社，2010.

［21］ 机械工业理化检验人员技术培训和资格鉴定委员会．金相检验［M］．北京：中国计量出版社，2008.

［22］ 李学朝．铝合金材料组织与金相图谱［M］．北京：冶金工业出版社，2010.